高等学校信息技术类新方向新动能新形态系列规划教材
教育部高等学校计算机类专业教学指导委员会 -Arm 中国产学合作项目成果
Arm 中国教育计划官方指定教材

arm 中国

计算智能

毕晓君 / 编著

人 民 邮 电 出 版 社
北 京

图书在版编目（CIP）数据

计算智能 / 毕晓君编著. -- 北京 : 人民邮电出版社, 2020.6（2024.1重印）
高等学校信息技术类新方向新动能新形态系列规划教材
ISBN 978-7-115-53476-7

Ⅰ. ①计… Ⅱ. ①毕… Ⅲ. ①人工神经网络－计算－高等学校－教材 Ⅳ. ①TP183

中国版本图书馆CIP数据核字(2020)第079798号

内 容 提 要

计算智能是人工智能领域较为前沿的研究方向，它是受“大自然智慧”启发而被设计出的一类算法的统称。计算智能所具有的全局搜索、高效并行等优点为解决复杂优化问题提供了新思路和新手段，引起了国内外学者的广泛重视并掀起了研究热潮。目前，计算智能的相关技术已成功应用于信息处理、调度优化、工程控制、经济管理等众多领域。

本书在归纳近年来计算智能研究成果的基础上，系统且详细地介绍了计算智能中较为典型的 9 种算法——人工神经网络、遗传算法、蚁群算法、人工免疫算法、粒子群优化算法、人工蜂群算法、生物地理学优化算法、多目标优化算法以及约束优化算法，并给出了各个算法基于 MATLAB 软件的仿真实现过程和在信号与通信领域的应用实例，这使本书知识点的讲解通俗易懂、直观生动，易于读者快速掌握。

本书可作为高等学校信号与信息处理、计算机应用技术、人工智能、模式识别与智能系统、自动化等专业本科生和研究生的教材，也可供计算智能相关领域的研究人员学习参考。

◆ 编　　著　毕晓君
　责任编辑　祝智敏
　责任印制　王　郁　陈　犇
◆ 人民邮电出版社出版发行　　北京市丰台区成寿寺路 11 号
　邮编　100164　　电子邮件　315@ptpress.com.cn
　网址　https://www.ptpress.com.cn
　北京盛通印刷股份有限公司印刷
◆ 开本：787×1092　1/16
　印张：18.75　　　　　　2020 年 6 月第 1 版
　字数：455 千字　　　　　2024 年 1 月北京第 6 次印刷

定价：59.80 元

读者服务热线：(010)81055256　印装质量热线：(010)81055316
反盗版热线：(010)81055315
广告经营许可证：京东市监广登字 20170147 号

序

拥抱万亿智能互联未来

在生命刚刚起源的时候，一些最最古老的生物就已经拥有了感知外部世界的能力。例如，很多原生单细胞生物能够感受周围的化学物质，对葡萄糖等分子有趋化行为；并且很多原生单细胞生物还能够感知周围的光线。然而，在生物开始形成大脑之前，这种对外部世界的感知更像是一种“反射”。随着生物的大脑在漫长的进化过程中不断发展，或者说直到人类出现，各种感知才真正变得“智能”，通过感知收集的关于外部世界的信息开始经过大脑的分析作用于生物本身的生存和发展。简而言之，是大脑让感知变得真正有意义。

这是自然进化的规律和结果。有幸的是，我们正在见证一场类似的技术变革。

过去十年，物联网技术和应用得到了突飞猛进的发展，物联网技术也被普遍认为将是下一个给人类生活带来颠覆性变革的技术。物联网设备通常都具有通过各种不同类别的传感器收集数据的能力，就好像赋予了各种机器类似生命感知的能力，由此促成了整个世界数据化的实现。而伴随着5G技术的成熟和即将到来的商业化，物联网设备所收集的数据也将拥有一个全新的、高速的传输渠道。但是，就像生物的感知在没有大脑时只是一种“反射”一样，这些没有经过任何处理的数据的收集和传输并不能带来真正进化意义上的突变，甚至非常可能在物联网设备数量以几何级数增长的情况下，由于巨量数据传输造成5G等传输网络的拥堵甚至瘫痪。

如何应对这个挑战？如何赋予物联网设备所具备的感知能力以“智能”？我们的答案是：人工智能技术。

人工智能技术并不是一个新生事物，它在最近几年引起全球性关注并得到飞速发展的主要原因，在于它的三个基本要素（算法、数据、算力）的迅猛发展，其中又以数据和算力的发展尤为重要。物联网技术和应用的蓬勃发展使得数据累计的难度越来越低；而芯片算力的不断提升使得过去只能通过云计算才能完成的人工智能运算现在已经可以下沉到最普通的设备之上完成。这使得在端侧实现人工智能功能的难度和成本都得以大幅降低，从而让物联网设备拥有“智能”的感知能力变得真正可行。

物联网技术为机器带来了感知能力，而人工智能则通过计算算力为机器带来了决策能力。二者的结合，正如感知和大脑对自然生命进化所起到的必然性决定作用，其趋势将无可阻挡，并且必将为人类生活带来巨大变革。

未来十五年，或许是这场变革最最关键的阶段。业界预测到 2035 年，将有超过一万亿个智能设备实现互联。这一万亿个智能互联设备将具有极大的多样性，它们共同构成了一个极端多样化的计算世界。而能够支撑起这样一个数量庞大、极端多样化的智能物联网世界的技术基础，就是 Arm。正是在这样的背景下，Arm 中国立足中国，依托全球最大的 Arm 技术生态，全力打造先进的人工智能物联网技术和解决方案，立志成为中国智能科技生态的领航者。

万亿智能互联最终还是需要通过人来实现，具备人工智能物联网 AIoT 相关知识的人才，在今后将会有更广阔的发展前景。如何为中国培养这样的人才，解决目前人才短缺的问题，也正是我们一直关心的。通过和专业人士的沟通发现，教材是解决问题的突破口，一套高质量、体系化的教材，将起到事半功倍的效果，能让更多的人成长为智能互联领域的人才。此次，在教育部计算机类专业教学指导委员会的指导下，Arm 中国能联合人民邮电出版社一起来打造这套智能互联丛书——高等学校信息技术类新方向新动能新形态系列规划教材，感到非常的荣幸。我们期望借此宝贵机会，和广大读者分享我们在 AIoT 领域的一些收获、心得以及发现的问题；同时渗透并融合中国智能类专业的人才培养要求，既反映当前最新技术成果，又体现产学合作新成效。希望这套丛书能够帮助读者解决在学习和工作中遇到的困难，能够为读者提供更多的启发和帮助，为读者的成功添砖加瓦。

荀子曾经说过：“不积跬步，无以至千里。”这套丛书可能只是帮助读者在学习中跨出一小步，但是我们期待着各位读者能在此基础上励志前行，找到自己的成功之路。

安谋科技（中国）有限公司执行董事长兼 CEO　**吴雄昂**

2019 年 5 月

序二

人工智能是引领未来发展的战略性技术，是新一轮科技革命和产业变革的重要驱动力量，将深刻地改变人类社会生活、改变世界。促进人工智能和实体经济的深度融合，构建数据驱动、人机协同、跨界融合、共创分享的智能经济形态，更是推动质量变革、效率变革、动力变革的重要途径。

近几年来，我国人工智能新技术、新产品、新业态持续涌现，与农业、制造业、服务业等各行业的融合步伐明显加快，在技术创新、应用推广、产业发展等方面成效初显。但是，我国人工智能专业人才储备严重不足，人工智能人才缺口大，结构性矛盾突出，具有国际化视野、专业学科背景、产学研用能力贯通的领军型人才、基础科研人才、应用人才极其匮乏。为此，2018 年 4 月，教育部印发了《高等学校人工智能创新行动计划》，旨在引导高校瞄准世界科技前沿，强化基础研究，实现前瞻性基础研究和引领性原创成果的重大突破，进一步提升高校人工智能领域科技创新、人才培养和服务国家需求的能力。由人民邮电出版社和 Arm 公司联合推出的"高等学校信息技术类新方向新动能新形态系列规划教材"旨在贯彻落实《高等学校人工智能创新行动计划》，以加快我国人工智能领域科技成果及产业进展向教育教学转化为目标，不断完善我国人工智能领域人才培养体系和人工智能教材建设体系。

"高等学校信息技术类新方向新动能新形态系列规划教材"包含 AI 和 AIoT 两大核心模块。其中，AI 模块涉及人工智能导论、脑科学导论、大数据导论、计算智能、自然语言处理、计算机视觉、机器学习、深度学习、知识图谱、GPU 编程、智能机器人等人工智能基础理论和核心技术；AIoT 模块涉及物联网概论、嵌入式系统导论、物联网通信技术、RFID 原理及应用、窄带物联网原理及应用、工业物联网技术、智慧交通信息服务系统、智能家居设计、智能嵌入式系统开发、物联网智能控制、物联网信息安全与隐私保护等智能互联应用技术及原理。

综合来看，"高等学校信息技术类新方向新动能新形态系列规划教材"具有三方面突出亮点。

第一，编写团队和编写过程充分体现了教育部深入推进产学合作协同育人项目的思想，既反映最新技术成果，又体现产学合作成果。在贯彻国家人工智能发展战略要求的基础上，以"共搭平台、共建团队、整体策划、共筑资源、生态优化"的全新模式，打造人工智能专业建设和人工智能人才培养系列出版物。知名半导体知识产权（IP）提供商 Arm 公司在教材编写方面给予了全面支持，丛书主要编委来自清华大学、北京大学、北京航空航天大学、北京邮电大学、南开大学、哈尔滨工业大学、同济大学、武汉大学、西安交通大学、西安电子科技大学、南京大学、南京邮电大学、厦门大学等众多国内知名高校人工智能教育领域。

从结果来看，“高等学校信息技术类新方向新动能新形态系列规划教材”的编写紧密结合了教育部关于高等教育“新工科”建设方针和推进产学合作协同育人思想，将人工智能、物联网、嵌入式、计算机等专业的人才培养要求融入了教材内容和教学过程。

第二，以产业和技术发展的最新需求推动高校人才培养改革，将人工智能基础理论与产业界最新实践融为一体。众所周知，Arm 公司作为全球最核心、最重要的半导体知识产权提供商，其产品广泛应用于移动通信、移动办公、智能传感、穿戴式设备、物联网，以及数据中心、大数据管理、云计算、人工智能等各个领域，相关市场占有率在全世界范围内达到 90%以上。Arm 技术被合作伙伴广泛应用在芯片、模块模组、软件解决方案、整机制造、应用开发和云服务等人工智能产业生态的各个领域，为教材编写注入了教育领域的研究成果和行业标杆企业的宝贵经验。同时，作为 Arm 中国协同育人项目的重要成果之一，“高等学校信息技术类新方向新动能新形态系列规划教材”的推出，将高等教育机构与丰富的 Arm 产品联系起来，通过将 Arm 技术用于教育领域，为教育工作者、学生和研究人员提供教学资料、硬件平台、软件开发工具、IP 和资源，未来有望基于本套丛书，实现人工智能相关领域的课程及教材体系化建设。

第三，教学模式和学习形式丰富。“高等学校信息技术类新方向新动能新形态系列规划教材”提供丰富的线上线下教学资源，更适应现代教学需求，学生和读者可以通过扫描二维码或登录资源平台的方式获得教学辅助资料，进行书网互动、移动学习、翻转课堂学习等。同时，“高等学校信息技术类新方向新动能新形态系列规划教材”配套提供了多媒体课件、源代码、教学大纲、电子教案、实验实训等教学辅助资源，便于教师教学和学生学习，辅助提升教学效果。

希望“高等学校信息技术类新方向新动能新形态系列规划教材”的出版能够加快人工智能领域科技成果和资源向教育教学转化，推动人工智能重要方向的教材体系和在线课程建设，特别是人工智能导论、机器学习、计算智能、计算机视觉、知识工程、自然语言处理、人工智能产业应用等主干课程的建设。希望基于“高等学校信息技术类新方向新动能新形态系列规划教材”的编写和出版，能够加速建设一批具有国际一流水平的本科生、研究生教材和国家级精品在线课程，并将人工智能纳入大学计算机基础教学内容，为我国人工智能产业发展打造多层次的创新人才队伍。

教育部人工智能科技创新专家组专家
教育部科技委学部委员
IEEE/IET/CAAI Fellow
中国人工智能学会副理事长

焦李成
2019 年 6 月

前言

近年来，随着人工智能的兴起，计算智能受到了国内外学者的广泛重视，这促进了许多重要理论和应用研究成果的产生。随着相关研究的不断深入，计算智能已成为人工智能领域迅速发展起来的一个非常重要的研究方向，其在工业生产和国防科技等诸多方面显示出了广阔的应用前景。

编者从 2004 年开始讲授研究生课程“信息智能处理技术”，至今已达 16 年，积累了丰富的教学经验。信息智能处理技术的核心便是计算智能，这为本书的编写打下了坚实的基础。此外，编者还将新兴的计算智能方法——多目标优化算法和约束优化算法编入了本书，这使本书对计算智能的介绍形成了一个较为完整的体系。

编者的主要研究方向是信息智能处理技术。编者多年来致力于计算智能相关算法的改进及其在数字图像处理等领域的应用研究，尤其是对人工神经网络、蚁群算法、粒子群优化算法等在数字图像处理过程中的应用进行了深入研究，并取得了一定的研究成果，发表了多篇这个领域的学术论文。多年来积累的教学与科研经验使编者能够更加深入浅出、重点突出地编写本书，并将一些研究成果作为实例编入书中，这使本书的知识点能够更加直观、生动地呈现给读者。

本书系统而翔实地介绍了计算智能的基础理论以及具有代表性的 9 种计算智能算法。全书共 10 章：第 01 章概述计算智能，第 02 章介绍能够模拟任意非线性函数的人工神经网络，第 03 章介绍模拟大自然生物进化过程的遗传算法，第 04 章介绍模拟蚁群觅食过程的蚁群算法，第 05 章介绍模拟生物免疫机理的人工免疫算法，第 06 章介绍模拟鸟群在觅食过程中迁徙和群聚行为的粒子群优化算法，第 07 章介绍模拟蜂群采蜜行为的人工蜂群算法，第 08 章介绍模拟物种在栖息地间迁移、繁衍与灭绝等过程的生物地理学优化算法，第 09 章介绍多目标优化算法（包括二维、三维和高维多目标优化算法），第 10 章介绍约束优化算法（包括单目标约束和多目标约束的智能优化算法）。

本书所含内容既包括基础理论的详细介绍，又包括相关算法的 MATLAB 仿真实现，同时还包括针对具体问题的应用实例。编者由衷希望本书的出版能对计算智能技术的研究与推广起到积极的促进作用。本书的特色可以概括为以下 3 点。

（1）本书通过归纳多个典型的计算智能算法，系统且详细地介绍了计算智能的基础理论，便于读者理解和融会贯通计算智能的相关算法。

（2）本书在介绍每种算法的过程中加入了信号与通信领域的具体应用实例，便于读者深入理解和实际应用计算智能的相关算法。

（3）本书在配套的教辅资源（电子资源）中针对每种算法的具体应用实例给出了基于 MATLAB 软件的仿真程序和详细注释，便于读者理解和动手实践计算智能的相关算法。

在本书的编写过程中，编者得到了许多专家学者的支持，还参考了大量国内外相关学术论文和著作，在此对各位专家学者和著作者一并表示衷心感谢。编者指导的博士生和硕士生在本书的整理与校对过程中做了大量工作，在此由衷地感谢他们的辛勤付出。此外，本书还获得了 2018 年教育部产学合作协同育人项目的支持。

由于编者水平有限，本书肯定存在不足之处，恳请同行专家学者和读者拨冗指正并不吝提出宝贵建议。

毕晓君

2020 年 1 月

目录
CONTENTS

01 绪论

02 人工神经网络理论

03

遗传算法

04

蚁群算法

05

人工免疫算法

06

粒子群优化算法

07

人工蜂群算法

08

生物地理学优化算法

09

多目标优化算法

10 约束优化算法

01 chapter

绪论

本章学习目标：

（1）了解最优化问题及其数学模型；

（2）掌握最优化问题和最优化方法的分类；

（3）了解计算智能方法的未来发展方向。

1.1 概述

计算智能（Computational Intelligence，CI）也称为智能计算，是人工智能领域的一个重要的研究方向。目前关于计算智能的定义有很多种，本书所指的计算智能是受“大自然智慧”启发而被设计出的一类算法（亦称为计算智能方法）的统称。这类方法主要依据生物的遗传、变异和生长等规律，采用了“物竞天择、适者生存”的自然选择思想。计算智能方法是基于结构演化的智能优化方法，其内容涉及生物进化、人工智能、神经科学等诸多学科。计算智能方法通常是建立在生物智能或物理现象基础上的随机搜索算法，因此在理论上远不如传统优化方法完善，有时还不能确保解的最优性。这类方法通常从任意一组初始解出发（传统优化方法仅从一个初始解出发），按照某种搜索机制在整个求解空间中寻找最优解。它们由于可以把搜索空间扩展到整个变量空间，因而具有全局优化的特点。同时，这类方法一般不要求目标函数和约束条件具有连续性、凸性、可微可导性等，有时甚至都不要求它们有解析表达式，对计算中的数据的不确定性也有很强的适应能力。计算智能方法以其具有的全局搜索、高效并行等优点，为解决复杂优化问题提供了新思路和新手段，因此引起了国内外学者的广泛关注和研究热潮。目前，计算智能已成功应用于信息处理、调度优化、工程控制、经济管理等众多领域，展示出了强劲的发展势头。

1.2 最优化问题及其数学模型

计算智能主要解决的是最优化问题，因此有必要先系统地了解一下最优化问题的概念。在科学研究和工程实践中，最优化问题是最常见的问题之一，它反映着人类在认识世界和改造世界过程中的智慧，即在一定的现实环境的要求下，依据某个判定条件寻求最优解决方案，以获得最大的实际价值。最优化问题可谓无处不在，例如，我们开车上班怎样选择路线才能最快到达单位，旅游如何选择航班和宾馆才能既省钱又能参观更多的景点，这些都是最优化问题。下面介绍最优化问题的一般数学模型。

所谓最优化问题就是在一个给定的变量空间内，依据一定的判定条件，在多个已知解中选择最优解的问题。为了便于理解，下面举例说明。某人从家到单位的各条路线均包含多个中间地点，假设他共有 N 条可以从家到达单位的路线，其中有的路线最近，有的路线用时最少，如果要从这 N 条路线中选择用时最少的，那么这个问题就是最优化问题。上述例子中，中间地点称为设计变量，由中间地点构成的从家到单位的路线称为已知解，中间地点构成的集合称为变量空间；用时最少是判定条件，在最优化问题中其常被称为目标函数或者适应度函数；N 条路线中用时最少的路线就是所要寻求的最优解。从上述例子中可以看出，最优化问题的求解过程其实可以分为“建模”和“优化”两个阶段。“建模”就是将所求解的实际问题转化成最优化数学模型的过程，包括设计变量的确定、所有已知解的表达以及目标函数的构建等；“优化”就是选择相应的优化方法以对模型问题进行求解并最终给出最优解的过程，而计算智能即可提供这样一类优化方法。在最优化问题中，有时候会存在多个判定条件，如在上述例子中若要寻找用时最少且路程最近的路线，则目标函数就有 2 个，这样的最优化问题又被称为多目标优化问题。此外，有的最优化问题还存在约束条件，在上述的例子中假如某些路线有特殊情况，如道路施工封路，则“该路线无法通行”即为约束条件，且在寻优过程中需要考虑该约束条件，此时最优化问题又被称为约束优化问题。关于最优化问题的分类和定义将在后面的章节中进行详细介绍。

为了不失一般性，这里以最小化优化问题（求目标函数的最小值）为例，介绍最优化问题的数学模型。一个具有 n 个设计变量、m 个目标函数和 $p+q$ 个约束条件的最优化问题的数学模型如式（1.1）所示。

$$\begin{aligned} &\min_{\boldsymbol{X}\in\boldsymbol{R}^n} \ F(\boldsymbol{X})=[f_1(\boldsymbol{X}),f_2(\boldsymbol{X}),\cdots,f_m(\boldsymbol{X})] \\ &\text{s.t.}\begin{cases} g_i(\boldsymbol{X})\leqslant 0, & i=0,1,\cdots,p \\ h_j(\boldsymbol{X})=0, & j=0,1,\cdots,q \end{cases} \end{aligned} \tag{1.1}$$

式中，$\boldsymbol{X}=(x_1,x_2,\cdots,x_n)^{\mathrm{T}}\in\boldsymbol{R}^n$ 称为已知解，$x_1,x_2,\cdots,x_n$ 称为设计变量，$\boldsymbol{R}^n$ 称为 n 维变量空间，$F(\boldsymbol{X})$ 称为目标函数，$g_i(\boldsymbol{X})\leqslant 0$ 为第 i 个不等式约束条件，p 为不等式约束条件的个数，$h_j(\boldsymbol{X})=0$ 为第 j 个等式约束条件，q 为等式约束条件的个数。特别的，当 m=1 且 i=j=0 时，式（1.1）称为单目标无约束优化问题，是最简单的最优化问题。

在实际的最优化问题中，目标函数可能需要最大化，也可能需要最小化。因此，针对某一最优化问题，其所有目标函数可有 3 种情况：① 所有目标函数都需要最小化；② 所有目标函数都需要最大化；③ 部分目标函数需要最小化，部分目标函数需要最大化。其实，最小化问题和最大化问题可以相互转化，转化公式如式（1.2）和式（1.3）所示。

$$\max_{\boldsymbol{X}\in\boldsymbol{R}^n} \ F(\boldsymbol{X}) \Leftrightarrow \min_{\boldsymbol{X}\in\boldsymbol{R}^n} \ \{-F(\boldsymbol{X})\} \tag{1.2}$$

$$\max_{\boldsymbol{X}\in\boldsymbol{R}^n} \ F(\boldsymbol{X}) \Leftrightarrow \min_{\boldsymbol{X}\in\boldsymbol{R}^n} \ \{M-F(\boldsymbol{X})\} \tag{1.3}$$

在式（1.3）中，M 是一个较大的正实数。

为了便于处理，通常将所有目标函数统一转化成最小化或最大化问题。本书所有内容的介绍均以目标函数最小化问题为例。

1.3 最优化问题的分类

依据最优化问题的不同要素，可以从 3 个角度入手对其进行分类：①根据目标的数量，最优化问题可分为单目标优化问题（Single-objective Optimization Problems，SOPs）和多目标优化问题（Multi-objective Optimization Problems，MOPs），多目标优化问题又可分为二维多目标优化问题、三维多目标优化问题和高维多目标优化问题（Many-objective Optimization Problems，MaOPs）；②根据设计变量是否连续，最优化问题可分为连续变量优化问题和离散变量优化问题；③根据是否有约束条件，最优化问题可分为无约束优化问题和约束优化问题。在最优化领域，上述从不同角度进行的最优化问题分类是互相交叉的，但是最为常见的是第一种分类。本书后面的章节中对于优化问题和优化算法的介绍，均是采用第一种分类。

1. 单目标优化问题和多目标优化问题

根据目标数量的不同，最优化问题可分为单目标优化问题和多目标优化问题。当目标数量为 1 个时，其被称为单目标优化问题。当目标数量至少为 2 个时，其被称为多目标优化问题。

具体来说，在式（1.1）中，$m=1$为单目标优化问题，$m\geqslant 2$为多目标优化问题。多目标优化问题又可分为一般多目标优化问题和高维多目标优化问题，前者的目标数量为2～3个，后者的目标数量超过3个。单目标优化问题根据极值的多少又可分为单峰优化问题和多峰优化问题。在多峰优化问题中，由于存在多个局部极值，因此对其求解容易陷入局部最优。不同于单目标优化问题，在多目标优化问题中，由于多个目标之间通常会发生冲突，即某目标性能的改善可能会引起其他目标性能的降低，因此，多目标优化问题的求解难度远远大于单目标优化问题，其主要有两个关键性的难题需要解决：①为了朝最优解集的方向搜索，如何进行适应度赋值？②为了避免未成熟收敛和获得均匀分布且范围最广的 Pareto 解，如何保持解的多样性？特别是当目标超过3个时，各目标之间的优劣关系难以评价，优化的难度急剧增加。这里将目标数量超过3个的优化问题称为高维多目标优化问题，其已成为优化领域公认的研究难点和热点。根据目标数量进行的最优化问题分类如图1.1所示。

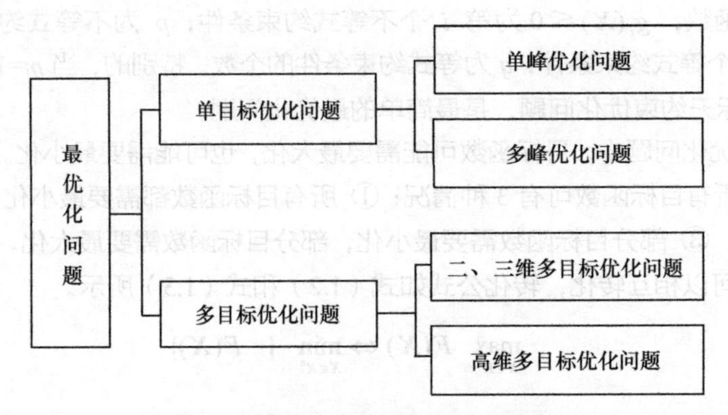

图1.1 根据目标数量进行的最优化问题分类

2. 离散变量优化问题和连续变量优化问题

根据设计变量是处于离散状态还是处于连续状态，最优化问题可分为离散变量优化问题和连续变量优化问题。在式（1.1）中，对于设计变量$x_1, x_2, \cdots, x_n$而言，如果其为离散的，则称最优化问题为离散变量优化问题；如果其为连续的，则称最优化问题为连续变量优化问题。在离散变量优化问题中最常见的问题是组合优化问题，如旅行商问题（Traveling Salesman Problem，TSP）、调度问题（Scheduling Problem）、背包问题（Knapsack Problem）、装箱问题（Bin Packing Problem，BPP）、图着色问题（Graph Coloring Problem，GCP）、聚类问题（Clustering Problem）等。连续变量优化问题中最常见的问题是函数优化问题，如单峰函数优化问题、多峰函数优化问题、动态目标函数优化问题等。根据设计变量进行的最优化问题分类如图1.2所示。

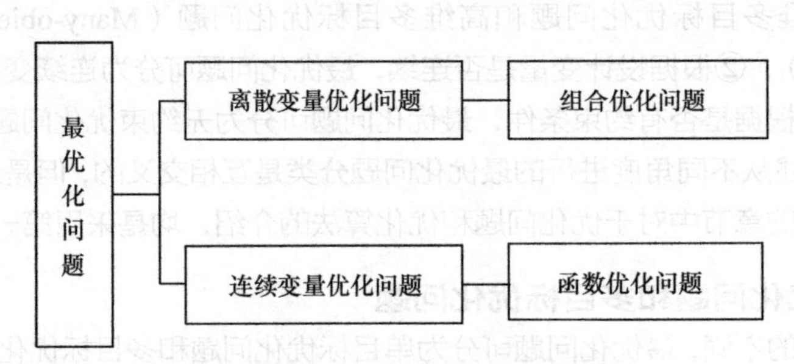

图1.2 根据设计变量进行的最优化问题分类

3. 无约束优化问题和有约束优化问题

根据目标函数和设计变量是否有约束条件，最优化问题又可分为无约束优化问题（简称优化问题）和有约束优化问题（简称约束优化问题）。在式（1.1）中，仅当 $g_i(X) \leqslant 0$ 和 $h_j(X)=0$ 中的 $i=j=0$ 时，对应的问题才被称为无约束优化问题，否则就被称为约束优化问题。约束条件的存在会使变量空间（由可行域和不可行域组成）中的可行域变得非常狭小且不连贯，因此，约束优化问题的处理更为困难，本书将在第 10 章中对其进行详细介绍。根据是否有约束条件进行的最优化问题分类如图 1.3 所示。

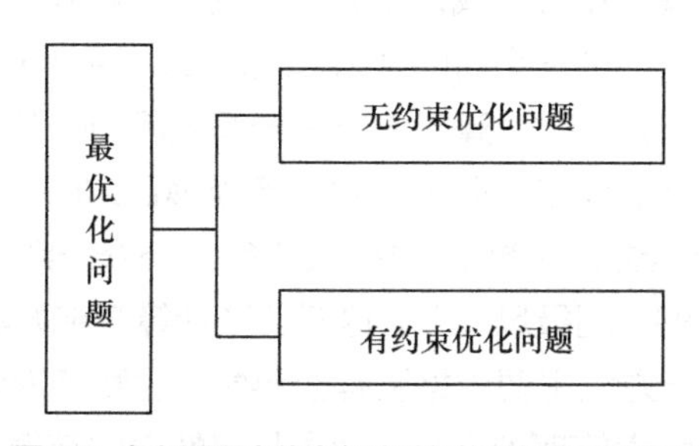

图 1.3　根据是否有约束条件进行的最优化问题分类

1.4 最优化方法的发展及分类

最优化方法是研究从问题所有可能解中寻找最优解的算法，在现实生活中有着广泛的应用需求。传统的最优化方法主要基于数学模型的建立，其中动态规划、最大值原理和变分法是传统最优化方法最基本的内容。数学模型的描述能力和求解方法存在的局限性，使传统的最优化方法在工程实践中受到了很大的限制。近年来，随着计算机技术和人工智能的飞速发展，一些智能最优化方法应运而生，并在得到研究人员的重视之后迅速发展。由于其能够较好地适应实际优化问题的复杂性、约束性、非线性和不确定性，因此，时至今日智能最优化算法在解决许多领域的复杂优化问题方面取得了很大成功。

从数学意义上看，最优化方法是一种求极值的方法，即在某些约束条件的限制下，确定可选择变量的取值，以使所设计系统的目标函数达到最优。从经济意义上看，最优化方法是指在一定的人力、物力和财力资源条件下，利用最新科技手段和处理方法，实现系统经济效益的最大化，为系统的设计、运行与管理提供最优方案。最优化方法的主要研究对象是各种有组织系统的管理问题及生产经营活动。最优化方法的目的在于针对所设计的系统，求取一个运用人力、物力和财力的最佳方案，最终达到系统整体性能的最优化。实践表明，随着科学技术的飞速发展和生产经营的日益完善，最优化方法已成为现代管理科学的重要理论基础，被广泛地应用于人工智能、工程设计、管理决策、自动控制等多个领域，发挥着越来越重要的作用。

最优化方法的起源可以追溯到公元前 500 年古希腊人民在讨论建筑美学时所提出的黄金分割法，至今，其在优选法中仍被广泛应用。在微积分出现以前，已有许多学者开始研究用数学方法解决最优化问题，如阿基米德（Archimedes）证明“在给定周长时圆所包围的面积最大”。然而，最优化方法真正成为科学方法，则是在 17 世纪牛顿（Newton）和莱布尼茨（Leibniz）创建微积分并提出求解具有多个设计变量的实值函数极值的方法后。这段时期的最优化方法可以被称为古典最优化方法。第二次世界大战前后，由于军事上的需要和科学技术与生产的迅速发展，许多实际的最优化问题已经无法用古典最优化方法来解决，这就推动了近代最优化方法的产生与发展。这个时期最重要的事件有：法国科学家柯西（Cauchy）提出最速下降法，苏联科学家康托罗维奇（Kantorovich）和美国科学家丹齐克（Dantzig）提出线性规划法，美国科学家库恩（Kuhn）和塔克尔（Tucker）提出非线性规划法，美国科学家贝尔曼（Bellman）提出动态规划法，苏联科学家庞特里亚金（Pontriagin）提出极大值原理等。这些方法/原理形成体系并成为了近代很活跃的学科，对促进运筹学、管理科学、控制论和系统工程等学科的发展起到了重要的推动作用。直到 20 世纪 40 年代，由于生产力和科学技术的迅猛发展，特别是随着计算机技术的广泛应用，最优化方法成为十分迫切的需要和强有力的工具。至此，最优化理论与方法开始迅速发展，并形成了一个新的学科。进入 20 世纪 80 年代后，随着人工神经网络的兴起和计算机技术的进一步发展，计算智能方法异军突起，吸引了国内外不同领域众多学者的极大关注，并成为了 20 世纪 90 年代以来学术界备受瞩目的研究热点。近年来，随着新一轮科技革命和产业变革的不断推进，大数据、5G 技术等为公众所熟知，人工智能正在全球范围内蓬勃兴起，成为科技创新的“超级风口”，这赋予了计算智能方法新的内涵与形式。作为人工智能“新生代”，计算智能方法主要依据脑神经科学、生物行为学、社会认知学等知识，借助计算机科学、控制与系统科学等理论工具，力求从自然界中获得启发，通过对进化过程、智能行为等机制进行借鉴和模拟，设计各类计算智能优化模型，用于求解现实世界中大规模、非线性的复杂优化问题。目前，围绕计算智能研究而产生的计算智能方法已经在复杂优化问题和实际工程领域被广泛应用，并显现出了巨大的应用潜力。

根据以上最优化理论与方法的发展特点，可以将最优化方法分为传统优化方法和计算智能方法，下面分别介绍这两类原理截然不同的最优化方法。

1.4.1 传统优化方法

传统优化方法属于确定性的数学类方法，它们按照固定的搜索方式来寻求最优解。最常见的有梯度下降法、共轭梯度法、牛顿法、拟牛顿法等，这类方法的实现主要包括以下 3 个步骤。

（1）选择一个初始解，该解通常需要为可行解。

（2）改进解的移动方向，一般表现为优化梯度。

（3）判断终止条件，该条件一般被设置为最大迭代次数小于某一正整数或前后两次迭代求解中解的目标函数值的差值小于一个很小的实数。

传统优化方法具有计算简单、优化效率高、可靠性强等优点，是十分重要且应用广泛的优化方法。然而，传统优化方法通常在以下 3 个方面存在局限性。

（1）单点计算方式大大限制了计算效率的提升。传统优化算法是从一个初始解出发进行迭代计算的，每次迭代只对一个点进行计算，这种方式难以发挥现代计算机高速计算这一特点。

（2）改进解的移动方向时容易陷入局部最优，不具备全局搜索能力。传统优化算法在每一次迭代计算过程中，要求解能够向降低目标函数值的方向移动，这种算法不具有“跳出局部”的能力，即算法一旦进入某个局部极值区域，就难以再跳出。

（3）对目标函数和约束条件函数的性质有要求，限制了算法的应用范围。传统优化算法通常要求目标函数和约束条件是连续可导的、凸的，可行域是凸集，但是对于实际问题而言，这些条件通常难以满足。

总之，最优化方法是研究和解决从问题所有可能解中寻找最优解的算法，在现实生活中有着广泛的应用需求。传统优化方法主要基于数学模型的建立。数学模型的描述能力和求解方法存在局限性，这使传统优化方法在工程实践中受到了很大的限制。

1.4.2 计算智能方法

随着需要实际解决的优化问题越来越复杂、设计变量规模越来越大、约束条件越来越多，采用传统优化方法已经不能在可以接受的时间内找到目标函数的最优解。为此，学者们努力尝试开发新的优化方法，他们不以寻找问题的最优解为目的，而是追求在有限的时间内找到满足需要的近似解。计算智能方法正是在这种情况下诞生的，它是由多个学科相互交叉而形成的一门新兴学科，涉及计算机科学、脑神经科学、人工智能、控制与系统科学等诸多学科的思想，已成为学术界和工业界广泛关注的研究热点。目前学者们提出的大部分计算智能算法都来自于自然界或生物进化机制的启发，这些算法能够较好地解决实际优化问题的复杂性、约束性、非线性和不确定性。时至今日，计算智能算法在解决许多领域的复杂优化问题方面已经取得了很大的成功。

计算智能的研究之路开始于 1943 年学者提出的人工神经网络概念，它通过模拟生物的神经系统，给出了全新的迭代逼近求解方法，实现了非线性数学模型的网络建立。到了 1975 年，人们通过学习大自然生物进化过程成功提出了遗传算法，它是第一个用于解决最优化问题的计算智能算法，从此计算智能的研究翻开新的篇章。学者们逐渐发现最优化问题的求解过程就是寻优过程，它与大自然生物进化过程极其相似，由此一系列计算智能算法通过模拟各种自然现象和生物进化过程而被提出，如模拟物理热力学中退火现象的模拟退火算法、模拟一群蚂蚁觅食过程的蚁群算法、模拟人体自觉抗病机理的人工免疫算法等，这些算法后来也被称为智能优化算法，它们各有利弊，同时也各有不同的应用场景。限于篇幅，本书将主要介绍计算智能方法中具有代表性的 9 种算法。为了便于理解，图 1.4 给出它们被提出时的时间，该时间顺序也决定了本书各章的排列顺序。

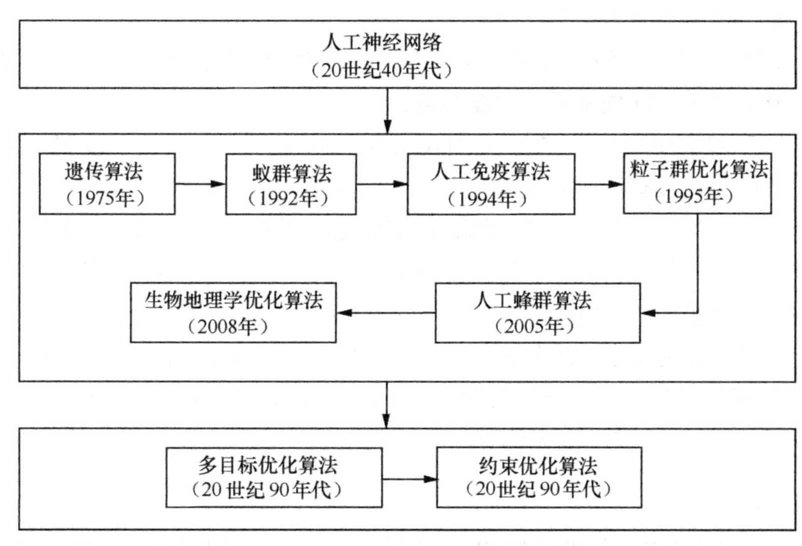

图 1.4 本书介绍的 9 种代表性计算智能方法

1. 人工神经网络

人工神经网络（Artificial Neural Network，ANN）的研究最早可以追溯到 1943 年心理学家麦卡洛克（McCulloch）和数理逻辑学家皮特斯（Pitts）建立的神经网络和数学模型，这开创了人工神经网络研究的先河。进入 20 世纪 80 年代，随着误差反向传播算法被提出，人工神经网络逐渐成为计算智能领域的研究热点。人工神经网络是从信息处理的角度出发，对人脑神经网络结构和运行机制进行抽象、简化和模拟而建立的一种信息处理系统。它是由大量的节点（神经元）互相连接而形成的复杂网络结构。每个节点代表一种特定的输出函数，其也被称为激励函数。两个节点间的连接代表通过该连接的加权值（权重）。网络通过对已知信息的反复学习，可以不断调整神经元的连接权重，进而达到模拟输入/输出间关系的目的。网络的输出通常会随着节点的连接方式、激励函数、权重值的变化而变化。

近年来，随着人工神经网络研究工作的不断深入，人工神经网络在自动控制、生物医学、经济管理、智能机器人等领域已成功地解决了许多现代计算机难以解决的实际问题，表现出了良好的智能特性。

2. 遗传算法

遗传算法（Genetic Algorithm，GA）是模拟生物在自然环境中的遗传和进化过程而形成的自适应全局优化算法。20 世纪 60 年代，霍兰德（Holland）教授在对自然和人工自适应系统进行研究的过程中提出了遗传算法的思想。20 世纪 70 年代，德荣（K. A. De Jong）基于遗传算法的思想，在计算机上进行了大量的数值函数优化计算的实验，并取得了良好的效果。20 世纪 80 年代，古德伯格（Goldberg）在一系列前期研究工作的基础上，归纳总结出了遗传算法的主要研究成果，全面而完整地论述了遗传算法的基本原理及其应用，奠定了现代遗传算法的科学基础。20 世纪 90 年代，遗传算法迎来了兴盛发展时期，无论是理论研究还是应用研究都成为了十分热门的研究课题。

随着应用领域的不断扩展，遗传算法的研究出现了以下 5 个引人注目的新方向。

（1）基于遗传算法的机器学习方法把遗传算法从基于离散搜索空间的优化搜索机制扩展到了具有独特的规则生成功能的机器学习算法中。这一新的学习机制给解决人工智能中知识获取和知识优化精炼等瓶颈难题带来了希望。

（2）遗传算法正在同神经网络、模糊推理以及混沌理论等其他计算智能方法相互渗透与结合，这对开拓新的计算智能技术具有重要的意义。

（3）用于并行计算的遗传算法的研究引人注目，其对遗传算法本身的发展和新一代计算智能机体系结构的研究均具有重要的参考意义。

（4）遗传算法正在与人工生命这一崭新研究领域进行不断融合。所谓人工生命即是用计算机模拟自然界丰富多彩的生命现象，其重点是研究生物的自适应、进化和免疫等现象，而遗传算法可以在这一方面发挥一定的作用。

（5）遗传算法同进化规划、进化策略等进化计算理论的结合日益紧密。进化规划和进化策略几乎是与遗传算法同时独立发展起来的，它们都是模拟自然界生物进化机制的计算智能方法。目前，这三者之间的比较研究和互相结合正在成为研究热点。

3. 蚁群算法

蚁群优化（Ant Colony Optimization，ACO）算法是在 1992 年，由意大利学者多里戈（Dorigo）等人通过模拟自然界中蚂蚁集体觅食行为而提出的一种基于种群的启发式随机搜索算法。科学家通过研究蚂蚁发现，蚂蚁可以在没有任何提示的情形下找到从巢穴到食物源的最短路径，并且能随环境的变化而自适应地搜索新的路径。其根本原因是蚂蚁在寻找食物时能在其走过的路径上释放一种特殊的分泌物—信息素，它会随着时间的推移而逐渐挥发（变少），也会因为有更多蚂蚁经过而不断积聚（增多）。蚂蚁们选择某条路径的概率与该路径上信息素的浓度成正比。当一条路径上通过的蚂蚁越多时，信息素浓度也会越高，其他蚂蚁选择该路径的概率也就越高。反过来，信息素浓度高的路径又会吸引更多的蚂蚁，从而就会形成一种正反馈机制。通过这种正反馈机制，蚂蚁最终可以发现距离食物最近的路径。蚁群算法正是通过这种协同进化、分布式计算、无中心控制、分布式个体之间互相通信的思想，实现蚂蚁种群寻找最优觅食路径的。

蚁群算法在组合优化问题（如旅行商问题、指派问题、Job—Shop 调度问题、车辆路由问题、图着色问题和网络路由问题等）中得到了广泛应用。近年来，蚁群算法在网络路由问题中的应用也逐渐引起了学者们的关注。网络路由具有分布式、动态性、随机性和异步性等特点，而蚁群算法又正好能适应网络路由的这些特点，因此，部分学者提出了一些新的基于蚁群算法的路由算法。

4. 人工免疫算法

人工免疫算法（Artificial Immune Algorithm，AIA）是基于生物免疫系统的作用机理和信息处理机制，通过模拟生物免疫系统的抗原识别和抗体增殖过程，促进“高亲和度”抗体生成并抑制高浓度抗体种群成为目标，以维持抗体的多样性而提出的一种新型计算智能算法。人工免疫算法的基本思想是通过抗原识别，抗体增殖、分化、选择和变异等一系列操作，逐步使抗体的亲和度变为最高（即算法搜索到最优解）。人工免疫算法通过抗体调节机制使高亲和度、低浓度的抗体以较大概率被选择到下一代抗体群，使低亲和度、高浓度的抗体以较小概率被选择到下一代抗体群，从而保持了抗体的多样性，加大算法的全局搜索能力。同时，人工免疫算法促进亲和度较高的抗体进行变异和更新，并将一部分亲和度较高的抗体当作记忆细胞留存起来，以降低每一代中解的相似度，并缩短算法的寻优时间。

人工免疫算法具有搜索效率高、多样性维护能力强、健壮性好等特点，并且拥有自适应、记忆性等进化机理的优点，为解决复杂的工程问题提供了新的思路，目前在控制工程、生产决策、故障诊断、计算机安全、智能优化等领域得到了广泛的应用。

5. 粒子群优化算法

粒子群优化（Particle Swarm Optimization，PSO）算法是受人工生命研究结果的启迪，通过模拟鸟群觅食过程中的迁徙和群聚行为而提出的一种基于群体智能的全局随机搜索算法。粒子群优化算法基于“种群”和“进化”的概念，通过粒子个体间的协作与竞争，实现复杂空间最优解的搜索。它将群体中的个体看成是在搜索空间中的粒子，每个粒子以一定的速度在搜索空间内运动，并向自身历史最佳位置和邻域历史最佳位置聚集，实现候选解的进化。

粒子群优化算法由于具有操作简单、易于实现、便于理解、算法参数少等优点，并针对非线性与多峰值问题具有较强的全局搜索能力，因此其一经被提出便立刻引起了进化计算领域学者们的极大关注。目前，粒子群优化算法已广泛应用于函数优化、神经网络训练、模糊系统控制以及其他优化算法的应用领域。

6. 人工蜂群算法

人工蜂群（Artificial Bee Colony，ABC）算法是 Karaboga 小组于 2005 年为优化代数问题而提出的一种新颖的基于群体智能的全局优化算法。人工蜂群算法模拟蜂群的采蜜行为，通过蜂群的相互协作，实现蜂群信息的共享与交流，最终使蜂群能够快速高效地聚集到优质蜜源处，即优化问题的最优解。通常在每一个蜂巢中，都有三种类型的蜜蜂：一只蜂王、众多雄蜂和工蜂。三种蜜蜂的职责各不相同：蜂王负责产卵，雄蜂负责与蜂王进行交配以繁殖后代，工蜂负责采蜜、筑巢、清洁、守卫等工作。其中，工蜂的行为最为复杂，一般地，在一个蜂群里，大多数的工蜂都会首先留在蜂巢内值“内勤”，只有少数工蜂会作为“侦察员”外出四处寻找蜜源。这些“侦察员”专门搜寻新的食物源，一旦搜寻到，它们会立刻变成采集蜂飞回蜂巢并跳上一支圆圈舞蹈或“8”字形舞蹈，舞蹈的持续时间反映蜜源与蜂巢之间的距离，而采集蜂从一侧向另一侧摆动其腹部构成的环形的中轴所指方向就是蜜源的方向，舞蹈的剧烈程度反映蜜源的质量，身上附着的花粉味道则反映蜜源的种类。在这种信息的指引下，整个工蜂蜂群会逐渐飞向质量最好的蜜源采蜜。由此可见，蜜蜂群体的这种奇妙的觅食方式不仅可以充分利用个体的全部特点，而且也能最快地适应环境（资源）的变化。当已有食物源被耗尽或者勘探到更优食物源时，“侦察员”们可以通过传递信息的方式引导整个蜂群尽快飞向新的食物源。

人工蜂群算法具有操作简单、设置参数少、健壮性高、收敛速度快等优点，目前被广泛应用于人工神经网络优化、滤波器设计、认知无线电和盲源信号分离等众多领域，并取得了良好的应用效果，是较有前景的计算智能算法之一。

7. 生物地理学优化算法

生物地理学优化（Biogeography-based Optimization，BBO）算法是 2008 年由西蒙（Simon）等人提出的一种模拟自然界中物种在栖息地间迁移、新物种繁衍与灭绝过程以实现寻优的群体智能优化算法。生物地理学优化算法的思想可以概括为：从某一随机产生的初始栖息地种群开始，对于栖息地种群中每一栖息地而言，首先，根据种群中个体的栖息地适宜度指数确定该栖息地的物种迁入率和迁出率；其次，根据迁入率和迁出率确定栖息地中待迁入的栖息地个体，并进行物种迁移；然后，根据由迁入/迁出率计算出的物种变异率确定待变异的栖息地个体，并进行物种变异；最后，将经过迁移与变异之后的栖息地个体与原来的个体进行比较，若其栖息地适宜度指数高于原来个体的，则在下一次进化中用该迁移与变异后的个体取代原来个体，否则原来栖息地个体作为较优个体被保存。算法通过不断迭代进化，保留了较优栖息地个体，淘汰并进化较差个体，从而引导搜索过程向全局最优个体逼近。

生物地理学优化算法将问题的候选解模拟为生物地理学中的栖息地，巧妙地运用栖息地之间的物种迁移规律来搜索问题的最优解，具有全局搜索能力强、收敛速度快及对当前群体信息有效利用能力强等优点。生物地理学优化算法不仅在求解非线性、不可微等复杂优化问题时表现出了较好性能，而且在生产调度、资源分配、心脏疾病诊断、自动控制和阵列天线设计等实际工程领域也取得了良好的应用效果。

8. 多目标优化算法

20 世纪 90 年代，多目标优化算法处于发展初期。不论是在理论研究层面，还是在实践应用层面，多目标优化算法均主要针对目标数量为二或三的优化问题。此阶段的多目标优化算法多以小生境技术、Pareto 排序、精英选择策略等为特征，称为第一代和第二代多目标优化算法。此时的多目标优化算法主要有非支配排序遗传算法（Non-dominated Sorting Genetic Algorithm，NSGA）、基于小生境的遗传算法（Niched Pareto Genetic Algorithm，NPGA）、NSGA-II、PESA-II 等。随着多目标优化理论的发展及其应用需求的扩大，多目标优化算法领域出现了以生物进化、人工智能、神经科学等交叉学科为基础的各类新型多目标优化算法，即基于各种新优化机制的二、三维多目标优化算法以及高维多目标优化算法，如基于粒子群的多目标优化算法、基于人工免疫系统的多目标优化算法、基于分布估计的多目标优化算法和基于差分进化算法的高维多目标优化算法等，形成了“百花齐放、百家争鸣”的发展形势。

9. 约束优化算法

由于各种资源短缺，大多数实际优化问题都包含有多个约束条件，此时的优化问题称为约束优化问题。约束优化问题中约束条件的存在导致变量空间的拓扑结构变得十分复杂。特别是当所求问题的约束条件数量较多时，可行域空间将变得十分狭小，此时，约束优化算法需要较好地协调全局搜索和局部搜索，以有效兼顾解的多样性分布和收敛性。由此可见，约束优化算法除了要考虑无约束优化算法中的寻优机制和多样性维护策略外，还需要平衡可行解与不可行解以及目标函数与约束条件的关系。目前，约束优化算法可被视为由约束处理技术与寻优机制构成，但其又不是两者简单的叠加，这就需要深入地研究它们的内在机制和相互联系；此外，为了满足求解性能的要求，还要专门对寻优机制、多样性维护方法等关键技术进行改进，以改善算法的整体性能。约束处理技术作为约束优化算法中的关键技术之一，其经过了从最早期的惩罚函数法、特殊算子法、译码解码法、随机排序法等到目前的多目标优化法、可行性准则、ε 约束等的发展。目前，虽然已经提出很多成熟的约束处理技术，但是随着目标数量的增加和约束条件变得复杂，约束优化算法的求解性能亟须进一步提高。目前，约束优化算法的研究已成为计算智能领域国内外公认的研究难点。

以上内容简要介绍了 9 种具有代表性的计算智能算法。由于该领域发展迅速，不断有新的算法被提出，因此，这里未能介绍所有算法。本书主要目的在于抛砖引玉，希望感兴趣的读者通过本书的学习能够进入丰富多彩的计算智能领域。

1.4.3 计算智能方法的特点

与传统优化方法相比，计算智能方法有以下 6 个共同特点。

（1）具有隐并行性、协同进化、全局搜索能力强、健壮性高、适合大规模数据等特点。

（2）不以达到某个最优条件或找到理论上的最优解为目标，而是更看重计算的速度和效率。

（3）对目标函数和约束条件的要求比较宽松，不需要其满足可微可导性、连续性、凸性等要求。

（4）算法的基本思想都是来自对某种自然规律的模仿，具有人工智能的特点。

（5）算法以包含多个进化个体的种群为基础，寻优过程实际上就是种群的进化过程。

（6）算法的理论基础较为薄弱，一般情况下不能保证其一定能够收敛到最优解。

从上述特点出发，计算智能方法被赋予了各种不同的名称。从理论基础出发，它们最早被称为启发式方法；从人工智能的角度出发，它们也被称为智能优化方法；从不以精确解为目标这一角度出发，它们又被归类到软计算方法中；从种群进化的特点出发，它们被称为进化计算；从模仿自然规律的特点出发，它们被称为自然计算。

从应用的角度来看，计算智能方法叫什么名称并不重要，重要的是掌握它们各自的特点，知其所长和所短，这样才能采用最适当的方法求解各类实际问题。

1.5 计算智能方法的未来发展方向

随着现代科技与经济的快速发展，人工智能技术与大数据技术方兴未艾。在科技创新和巨大社会需求的时代背景下，计算智能方法受到了越来越多学者的关注，目前其已被广泛应用到了工业、农业及国防等诸多领域。为了解决传统优化算法难以解决的一些问题，如多峰、强约束、多变量、高维多目标等复杂优化问题，计算智能方法通过模拟自然生态系统机制，把经验的、感性的、类比的传统设计方法转变为科学的、理性的、立足于计算分析的设计方法，展现出了十分可观的发展前景。

1. 计算智能方法的理论研究有待进一步完善

目前，大多数计算智能方法都是通过大量数值仿真实验来验证其性能的，缺乏类似于传统优化方法对收敛性的理论证明和数学解释等基础理论研究。因此，计算智能方法的理论研究需要进一步完善。

2. 计算智能方法在大规模变量、高维多目标问题中将发挥重要作用

随着工程技术的不断革新与发展，系统设计中需要考虑越来越多的技术指标，实际应用中也将会出现大量复杂的大规模优化问题。计算智能方法因具有隐并行性、协同进化等特点，将会成为解决上述问题不错的选择。

3. 计算智能方法与深度学习算法的有机融合极具前景

作为人工智能领域中最热门的技术手段，深度学习算法引起了世界各国学术界和工业界的极大关注，其各类“高大上”应用产品层出不穷，令人眼花缭乱。深度学习算法的应用效果很大程度上取决于模型参数的训练结果，而面对数量巨大的参数优化问题，其目前通常采用传统的优化方法（如梯度下降法等）来优化参数。计算智能方法相比于传统的优化方法具有全局优化能力强、算法健壮性高等优势，将更适用于深度学习模型的参数优化。

4. 构建混合计算智能方法将成为热点

每种计算智能方法都有自身的优势和不足，因此，充分开展不同算法间的优势互补以提升算法性能，将会成为学者们关注的一个热点。

5. 计算智能方法的应用领域将进一步扩展

大多数实际工程设计与管理问题最终都可以被建模成最优化问题。在国家优先发展质量的大环境下，各种系统的优化设计成为必然发展趋势。将计算智能方法应用到未被开发的应用领域，将是一个重要的研究方向。

1.6 章节安排介绍

为了使读者能够系统而深入地了解计算智能的内涵，本书将根据算法提出的时间顺序，逐一介绍计算智能领域中具有代表性的 9 种方法。第 2 章将详细介绍人工神经网络，它是人工智能领域最富有挑战性的研究热点之一。由于它能够模拟任意的非线性函数，并具有大规模并行处理，分布式信息存储，自适应与自组织功能、学习功能、联想功能与容错功能强等优点，在

图像处理、模式识别、语音综合及智能机器人控制等领域得到了广泛的应用，这标志着人类模拟人脑智能行为进行信息智能处理的能力有了质的飞跃。第 3 章将详细介绍模拟大自然生物进化过程的遗传算法。第 4 章将详细介绍模拟蚁群觅食过程的蚁群算法。第 5 章将详细介绍模拟生物免疫机理的人工免疫算法。第 6 章将详细介绍模拟鸟群觅食过程中的迁徙和群聚行为的粒子群优化算法。第 7 章将详细介绍模拟蜂群采蜜行为的人工蜂群算法。第 8 章将详细介绍模拟自然界中物种在栖息地间迁移、新物种繁衍与灭绝过程的生物地理学优化算法。上述各章中的计算智能算法都是为了解决单目标无约束优化问题而提出的，而更具实际需求的多目标优化问题的求解要比单目标优化问题困难得多，它不仅需要用到单目标优化算法中的寻优机制，而且还需要用到多目标协同机制，为此，第 9 章将系统介绍几种多目标优化算法，如二、三目标优化算法和高维多目标优化算法等。此外，考虑到约束优化问题还受可行域变化的影响，即在考虑寻优机制的同时还要考虑不可行解与可行解之间的关系，为此，第 10 章将系统介绍约束优化算法，具体包括单目标约束的智能优化算法和多目标约束的智能优化算法。

图 1.5 给出了本书各章内容的安排情况。

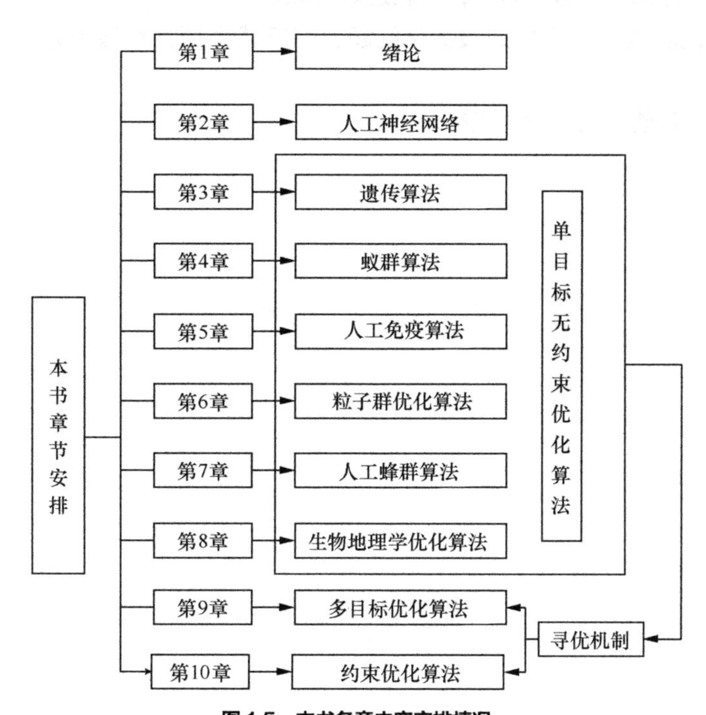

图 1.5　本书各章内容安排情况

计算智能算法近年来虽然获得了越来越多的关注，但是该技术的研究成果较为分散，相关书籍较少且已有书籍对其介绍不够详细和系统。同时，由于该技术具有前沿性，一些理论和算法在理解上对于读者来说具有一定的难度。为此，有必要对计算智能的发展现状进行全面的归纳总结，系统而详细地介绍计算智能的相关理论和算法，以使该领域的研究人员（特别是初涉该领域的学生）能够全面而深入地理解计算智能相关技术，并在实际问题中对其加以应用。本书在写作方面特别注重基本理论知识的细化，凡 MATLAB 语言工具箱中所包含的算法本书均给出了详细介绍。本书介绍的所有算法均给出了配套的 MATLAB 语言仿真应用实例，可使读者更好地理解和掌握计算智能。

1.7 本章小结

本章首先简要介绍了计算智能的起源与发展，并给出了最优化问题的基本定义、数学模型和三种角度的分类；其次重点阐述了最优化方法的发展，并将最优化方法分为传统优化方法和计算智能方法；然后简要介绍了 9 种具有代表性的计算智能方法及其特点；最后对最优化方法的未来发展方向进行了展望。

1.8 习题

（1）简要叙述最优化问题的分类及其依据。

（2）简要介绍传统优化方法与计算智能方法各自的特点。

（3）试列出其他的计算智能方法，并叙述其特点。

（4）试举例说明实际生活中的最优化问题，并简述利用计算智能方法对其进行求解的过程。

（5）简述计算智能方法的发展趋势。

chapter 02

人工神经网络理论

本章学习目标：

（1）掌握人工神经网络的基本模型与结构；

（2）掌握几种常用的神经网络的原理；

（3）掌握 BP 网络和 RBF 网络的 MATLAB 程序实现。

2.1 概述

早在20世纪40年代初期，心理学家莫克罗（McCulloch）和数理逻辑学家彼特（Pitts）通过对生物神经系统进行深入研究联合提出了人工神经网络的第一个数学模型，其虽然不够成熟，但开启了神经科学理论的研究时代。到了1957年，学者罗森布拉特（Rosenblatt）提出了感知器模型和全新的迭代逼近求解方法，其到目前为止也一直是人工神经网络的求解模式。但是由于感知器模型过于简单，所能解决的非线性问题有限，因此人工神经网络经历了很长一段时间的萧条期。直到20世纪80年代，由于以冯·诺依曼体系为依托的传统算法在知识处理方面日渐“力不从心”，而与此同时前馈型人工神经网络算法被提出并逐渐成熟，研究者们这才重新对人工神经网络产生了兴趣，并开始了人工神经网络的复兴。人工神经网络发展到今天，其研究方法已形成了多个流派，最成功的研究成果有误差反向传播（Error Back-Propagation，BP）神经网络、径向基函数（Radial Basis Function，RBF）神经网络、Hopfield神经网络模型和自组织特征映射（Self-Organizing Feature Mapping，SOFM）模型等。目前，人工神经网络已成为人工智能领域最富有挑战性的研究热点之一，也是深度学习算法的理论基础。它由于能够模拟任意的非线性函数，并具有大规模并行处理，分布式信息存储，自适应与自组织功能、学习功能、联想功能与容错功能强等优点，在图像处理、模式识别、语音综合及智能机器人控制等领域得到了广泛应用。

人工神经网络是在人类认识生物神经系统的基础上，人工构造的能够实现非线性数学建模的网络系统。它是理论化的生物神经系统的数学模型，是通过模仿大脑神经网络结构和功能而建立的一种信息处理系统。人工神经网络实际上是由大量的简单组件相互连接而形成的复杂网络，具有高度的非线性，能够进行复杂的逻辑操作和非线性关系实现。它突破了传统算法以线性处理为基础的局限，标志着人类使用电子计算机模拟智能行为进行信息智能处理的能力有了质的飞跃。

在应用方面，随着实际问题非线性复杂程度的不断提高，数学模型的计算量越来越大，人工神经网络针对数学模型中的一些较复杂的实际问题显示出了一定的求解优势。第一，人工神经网络不需要任何数值算法来建立模型，它仅通过学习样本数据就能建立输入与输出的映射关系，而不需要像数学模型那样描述现实系统的数量关系和空间分布形式；第二，人工神经网络快捷、方便，只要训练数据齐备，即使是复杂的网络也能被很快建立，并能根据初始条件的变化动态地输出结果；第三，人工神经网络固有的非线性数据结构和计算过程使它非常适用于处理非线性映射关系；第四，人工神经网络分布式信息存储与处理合二为一，在这种数据存储结构下，错误输入的影响可以被剔除或减小，因此其容错性好。正因上述多个优点，人工神经网络在非线性函数逼近、模式识别与分类、滤波、自动控制、预测等方面展示了非凡的处理能力。它通过不断地学习，无须知道数据的分布规律就能够从未知模式的大量复杂数据中发现规律，这是许多传统方法所无法比拟的。时至今日，人工神经网络技术在民用、军用两大领域得到了十分广泛的应用。

虽然人工神经网络与人脑神经网络有很多差别，但由于它吸取了生物神经网络的许多优点，因而具有以下特点。

1. 分布式存储信息

人工神经网络是指由大量神经元相连接而形成的网络，各连接权值的大小可表示特定的信息。人工神经网络通过各连接权值分布式存储信息，可使网络在局部受损或输入信号因各种原因发生部分畸变时仍能正确输出，提高自身的容错能力。可以说，分布式存储方式使人工神经网络具有了良好的健壮性和容错性。

2．并行协同处理信息

人工神经网络中的每个神经元都可以根据接收到的信息进行独立运算，并输出结果，同一层的各个神经元的输出结果可被同时计算出来，然后同时传输到下一层以进行下一步处理，这体现了人工神经网络并行运算的特点，这一特点使网络具有非常强的实时性。

3．信息处理与存储合二为一

人工神经网络的每个神经元都兼有信息处理和存储功能，神经元之间连接强度的变化，既可以体现对信息的记忆能力，同时又可以与神经元对激励的响应一起体现对信息的处理能力。

4．信息处理具有自组织、自学习的特点

人工神经网络中神经元之间的连接权值可通过对训练样本的学习而自动变化，此外，随着训练样本量和学习次数的增加，这些神经元之间的连接强度会不断地自动调整，从而会提高神经元对这些样本特征正确反映的灵敏度。

2.2 人工神经网络基本理论

2.2.1 人工神经元基本模型

通过对生物神经系统的研究，科学家发现神经元是生物神经系统的基本组成，神经元通过彼此之间的动态触突连接，可形成错综复杂而又智能灵活的生物神经系统。为了模拟生物神经网络的结构和功能，科学家提出了人工神经元的概念，它是一个多输入、单输出的非线性组件，是人工神经网络的基本单元，图 2.1 给出了一种简化的人工神经元结构，其输入与输出的关系可具体描述为式（2.1）的形式。

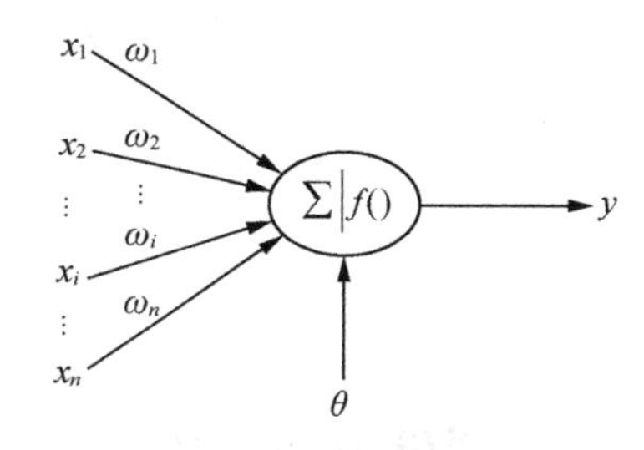

图 2.1　人工神经元示意

$$y = f(I) \tag{2.1}$$

$$I = \sum_{i=1}^{n} \omega_i x_i - \theta$$

式中，$x_i (i = 1,2,\cdots,n)$ 是从其他神经元传来的输入信号，或者是来自外部的信息；ω_i 表示从神经元 i 到本神经元的连接权值，也称加权系数，它表示神经元之间的连接强度，其值通常会动态变化（其值由神经网络的学习过程确定）；θ 为神经元的内部阈值（门限值），它的设置是为了正确分类样本；$f()$ 为激励函数，又称为激活函数、作用函数或变换函数等，它决定了神经元节点的输出。$f()$ 一般为非线性函数，因此其使人工神经网络具有了非线性特性。以下是几种常见的激励函数，它们都已成功应用于不同的人工神经网络模型。

1. 阈值型函数

在神经网络模型中最简单的激励函数就是阈值型函数，其输出只有两种情况，一种可以用阶跃函数表示，函数图形如图 2.2 所示，函数公式如式（2.2）所示。另一种可以用符号函数表示，函数图形如图 2.3 所示，函数公式如式（2.3）所示。

$$f(x)=\begin{cases}1, & x\geqslant 0\\ 0, & x<0\end{cases} \tag{2.2}$$

$$f(x)=\begin{cases}1, & x\geqslant 0\\ -1, & x<0\end{cases} \tag{2.3}$$

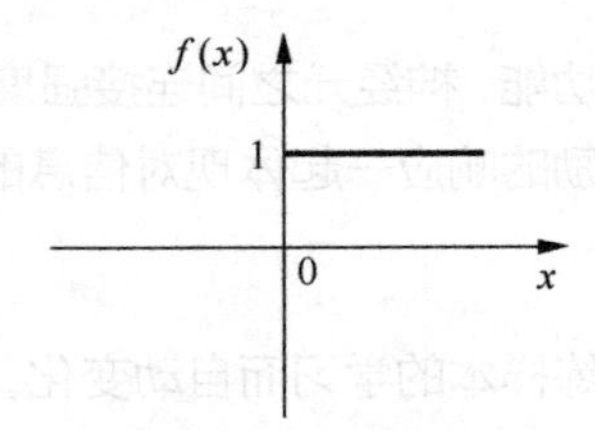

图 2.2　阶跃函数

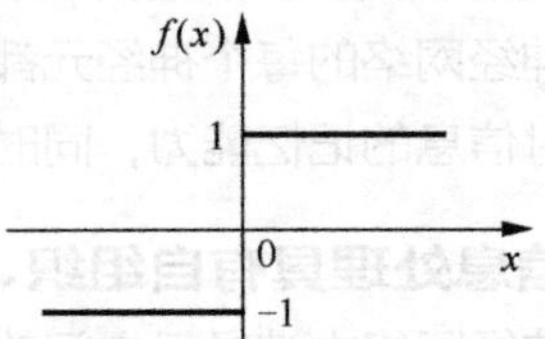

图 2.3　符号函数

2. 饱和型函数

与阈值型函数相比，饱和型函数的输出更加多样性一些，它在某一区间内呈线性变换。其具体函数图形如图 2.4 所示，表达式如式（2.4）所示。

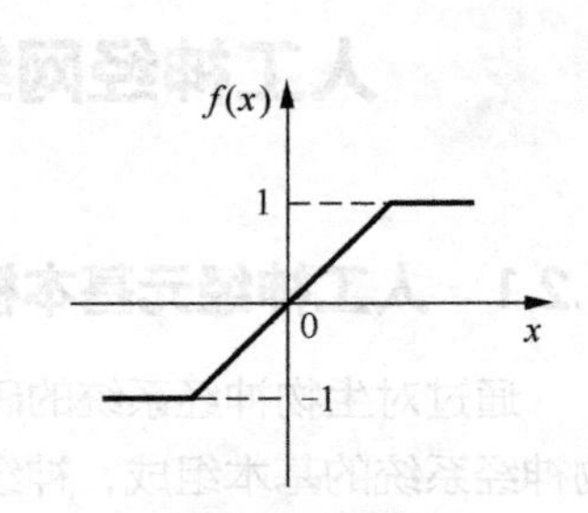

图 2.4　饱和型函数

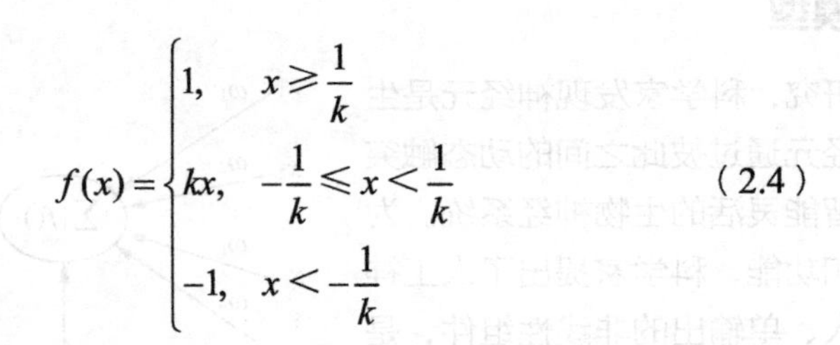

$$f(x)=\begin{cases}1, & x\geqslant \dfrac{1}{k}\\ kx, & -\dfrac{1}{k}\leqslant x<\dfrac{1}{k}\\ -1, & x<-\dfrac{1}{k}\end{cases} \tag{2.4}$$

3. 双曲正切函数

双曲正切函数与饱和型函数的图形相似，但双曲正切函数更接近实际情况，其具体函数图形如图 2.5 所示，表达式如式（2.5）所示。

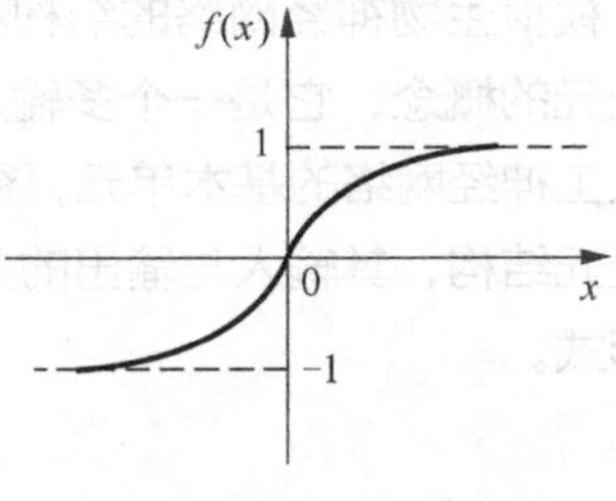

图 2.5　双曲正切函数

$$f(x)=\tanh(x)=\frac{\mathrm{e}^{x}-\mathrm{e}^{-x}}{\mathrm{e}^{x}+\mathrm{e}^{-x}} \tag{2.5}$$

4. S 型函数

人工神经元的激励函数是在（0,1）内连续取值的单调可微函数，其被称为 Sigmoid 函数，简称 S 型函数。著名的 BP 网络模型使用的激励函数就是 S 型函数，函数图形如图 2.6 所示，表达式如式（2.6）所示。

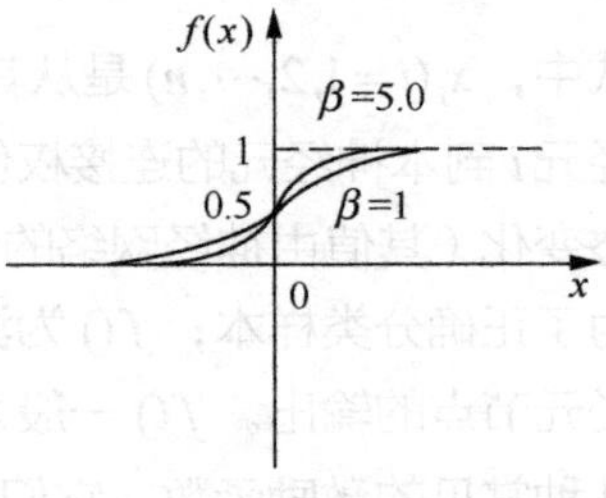

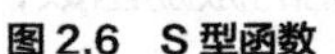

图 2.6　S 型函数

$$f(x)=\frac{1}{1+\exp(1-\beta x)},\ \beta>0 \qquad (2.6)$$

当 β 趋于无穷大时，S 型曲线趋于阶跃函数。通常情况下，β 取值为 1。

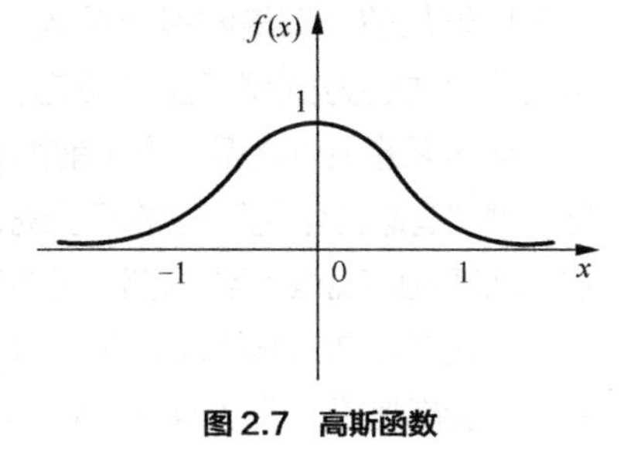

图 2.7　高斯函数

5. 高斯函数

RBF 网络模型使用的激励函数是高斯函数，函数图形如图 2.7 所示，具体表达式如式（2.7）所示。

$$f(x)=e^{-x^2/\delta^2} \qquad (2.7)$$

上述内容介绍了人工神经元的基本模型，下面总结一下人工神经元的信息处理过程。

首先，对所有输入进行加权，连接权值的大小决定了每个输入信号对人工神经元作用的强度；然后，将所有输入信号的权重之和同神经元内部的门限值 θ 进行比较，并经过非线性函数变换获得抑制（通常为 0）或兴奋（通常为 1）输出结果，从而简单地实现人脑细胞的生物特性模仿。

2.2.2　人工神经网络结构

生物学家和神经学家经深入研究发现，人脑大约包含 10^{11} 个神经元，每个神经元大约有 $10^3\sim10^4$ 个树突及相应的突触，它们形成了错综复杂而又灵活多变的神经网络。虽然每个神经元的运算功能十分简单，且信号传输速率也较低（大约 100 次/s），但各神经元之间形成的网络结构具有极度并行互连功能，这使人的大脑能够高速处理复杂信息。

为了模拟生物神经系统而提出的人工神经元只能处理简单的非线性问题。为了使其能够解决复杂的非线性问题，研究者同样模仿人脑神经系统的网络结构，利用人工神经元构成了各种具有不同拓扑结构的神经网络，从而使其具有分布式的信息存储方式和并行计算能力，实现了任意非线性问题的数学建模。目前就人工神经网络的连接形式而言，已有数十种不同的连接方式，其中前馈型神经网络和反馈型神经网络是两种典型的网络结构。

1. 前馈型神经网络

前馈型神经网络（Feedforward Neural Network），以下简称前馈网络，其网络结构如图 2.8 所示。它采用一种单向多层结构，其中每层包含若干个神经元，同层神经元彼此不连接，层间神经元相连并沿着一个方向传递信息。多层结构的第一层称为输入层，最后一层称为输出层，中间层称为隐含层，隐含层可以是一层也可以是多层。由于信息是向前传递的，每个神

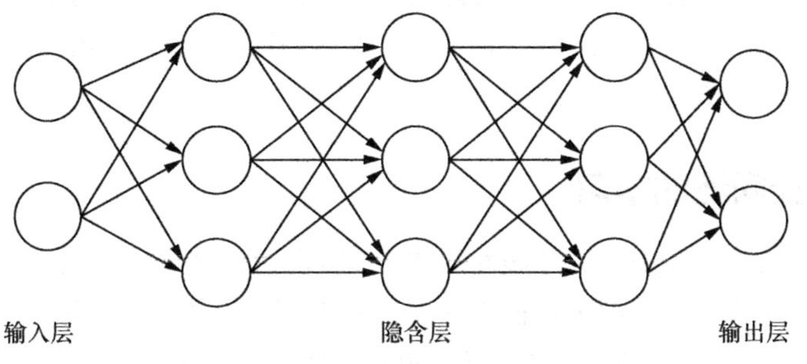

图 2.8　前馈型神经网络结构

经元只能从前一层接收多个输入，并且只有一个输出送给下一层的各神经元，因此这种网络结构的信息传递方式属于正向传递。

从学习的观点来看，由于前馈网络一般事先已知一组或多组输入与输出的对应关系，因此它是一种“有教师学习”的学习系统，其结构简单且易于编程，主要用于解决有训练样本的实际问题；从系统的观点来看，前馈网络是一种静态非线性映射，它通过简单非线性处理单元的复合映射，可获得复杂的非线性处理能力。大部分前馈网络都是学习网络，它们的分类能力和模式识别能力一般都强于反馈型神经网络，典型的前馈网络有感知器网络、BP 网络和 RBF 网络等。

2. 反馈型神经网络

反馈型神经网络（Feedback Neural Network，FNN），以下简称反馈网络，其网络结构如图 2.9 所示。若总节点（神经元）数为 N，则每个节点有 N 个输入和 1 个输出，也就是说，所有节点都是一样的，它们之间相互连接。

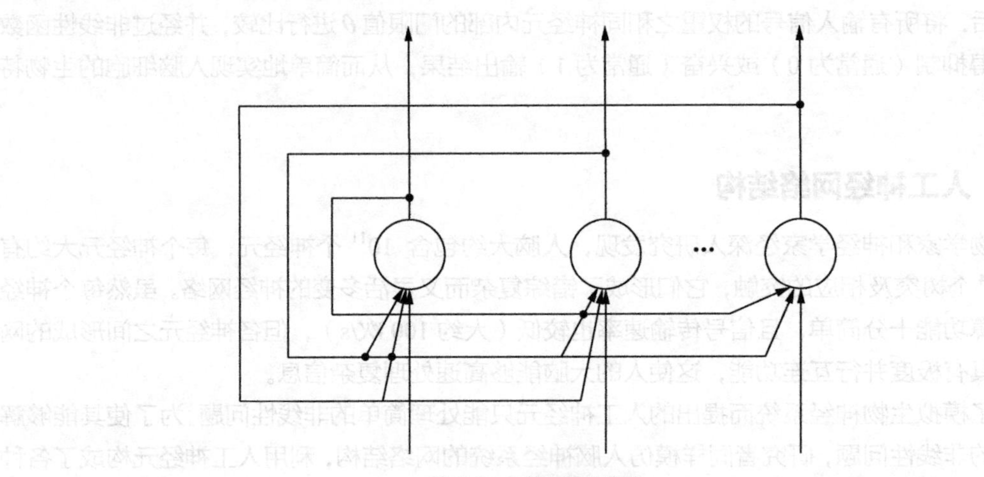

图 2.9 反馈型神经网络

反馈网络的输出信号通过与输入连接而返回到输入端，从而形成一个回路。由于具有这种输出反馈到输入的结构特点，反馈网络在每一时刻的输出不仅取决于当前的输入，而且还取决于上一时刻的输出。其输出的初始状态由输入矢量设定后，会随着网络的运行从输出反馈到输入信号不断改变，也会使输出不断变化，从而使网络表现出暂态特性，这也使反馈网络表现出了前馈网络所不具备的震荡或收敛特性。

从学习的观点来看，反馈网络是一种“无教师学习”的学习系统，由于事先并不知道任意一组或多组输入与输出的对应关系，而是需要通过多次内部调整来实现所需要的输出，因此其结构复杂且计算时间长，主要用于解决没有训练样本的实际问题；从系统的观点来看，反馈网络是一种动力学系统，它需要工作一段时间后才能达到稳定状态。典型的反馈网络有 Hopfield 神经网络、自组织特征映射神经网络等。

2.2.3 人工神经网络的学习

人工神经网络能够模拟任意的非线性函数，其实现过程就是确定具体的网络结构，给出从输入到输出的加权系数的调整规则和输出误差判断规则，并通过“学习”将网络中的各个加权系数求解出来。因此，实现基于人工神经网络的非线性数学建模的关键就是求解加权系数，这个过程叫作人工神经网络的学习，加权系数调整规则和输出误差判断规则统称为学习规则。这正像刚出世的孩子一样，如果我们不教他学习，他就不会做事。对于任何一个人工神经网络而言亦是如此，必须赋予它学习方法和学习规则，它才能求解加权系数，获得自组织和自学习的能力，从而解决较为复杂的非线性问题。

学习的目的在于不断地调整网络中的加权系数，使网络对所输入的模式样本在输出端有正确的响应。当学习结束时，网络上的加权系数可以反映从输入到输出的模式样本的共同特征。换言之，加权系数存储了输入与输出间的关系，由于加权系数分散在网络的不同层上，因此人工神经网络具有分布存储的特点。下面分别介绍人工神经网络的学习方法和学习规则。

1. 学习方法

学习方法也被称为训练方法，人工神经网络加权系数的求解过程不同于一般数学模型的精确求解过程，由于网络各层的加权系数较多，且它们之间存在非线性关系，因此采用经典数学方法求解较为困难。目前人工神经网络通常采用误差逼近法求解加权系数，即通过给定的加权系数调整方法逐渐调整加权系数，直到期望输出值与实际输出值在误差允许范围内为止，因此人工神经网络所求解的加权系数是近似值而不是精确值。根据不同的学习环境可将人工神经网络的学习方法划分为有教师学习（或称监督学习、有指导学习）方法和无教师学习（或称无监督学习、无指导学习）方法两类。教师就是先验数据，也称为训练数据，其不但包括输入数据，还包括与输入数据相对应的输出数据，即期望输出。

在有教师学习中，将一组输入数据加入到人工神经网络的输入端，经过计算可以得到网络的实际输出，将实际输出与相应的期望输出做比较，可以得到输出误差，以此误差来控制权值连接强度的调整过程，使输出误差向小的方向发展，即可通过多次训练实现令输出误差满足要求的权值确定。当样本情况发生变化时，网络经学习可以修改权值以适应新的变化，这个过程称为训练。经训练后的网络可以表示先验数据的非线性关系，即当有一组新的输入数据时，可通过网络逐级计算求得其对应的非线性输出。因此，有教师学习是先进行训练，然后进行工作。前馈网络一般采用有教师学习方法。感知器、BP 网络等都是有教师学习的典型模型。

在无教师学习中，由于网络事先没有先验数据，即网络只有输入数据而没有与之相对应的输出数据，因此无法采用有教师学习的方法，而是需要直接将网络置于环境中，以使其学习阶段与工作阶段成为一体；网络会按照预先设定的规则（如竞争规则等）自动调整权值，而无须通过外部的影响来实现权值调整，此时学习规律的变化服从连接权值的演变方程。反馈网络一般采用无教师学习方法，它最简单的例子是 Hebb 学习规则。自组织特征映射、适应谐振理论网络等都是无教师学习的典型模型。值得说明的是，无教师学习是目前人工神经网络研究的一个难点，现已提出的大部分相关算法都不够成熟，具有一定的实际应用难度。

2. 学习规则

学习规则是修正神经元之间连接强度或加权系数的算法，其可使获得的网络结构能够适应实际需要的变化。具体来说，学习规则就是人工神经网络学习过程中的一系列规定，包括调整加权系数的规则、输出误差判定规则等。通常情况下，学习规则会伴随着人工神经网络算法的提出而被提出，其也是算法改进的关键，因此关于学习规则的研究是人工神经网络基础理论研究的重点部分。为了便于读者理解，下面简要介绍最早被提出的 Hebb 学习规则。一些著名的学习规则将在具体介绍各种人工神经网络算法时详细介绍。

1949 年，心理学家 Hebb 基于其对生物学和心理学的研究，最早提出了关于神经网络学习机理的“突触修正”假设。该假设指出，当神经元的突触前膜电位与后膜电位同时为正时，突触传导增强；前膜电位与后膜电位正负相反时，突触传导减弱。根据该假设定义的权值调整方法被学者们称为 Hebb 学习规则。该规则可以简单归纳为：当神经元 i 与神经元 j 同时处于兴奋状态时，两者之间的连接强度应增强。

Hebb 学习规则是一种联想式学习规则。联想是人脑形象思维过程的一种表现形式。在空间和时间上相互接近的事物和在性质上相似或相反的事物间都容易使人脑产生联想。

Hebb 学习规则也是一种无教师指导的学习规则，它只根据神经元连接间的激励水平改变权值，因此，这种方法又被称为相关学习或关联学习。在 Hebb 学习规则中，学习信号可以简单地等于神经元的输出。当神经元由式（2.1）描述，激励函数采用 β 值为 1 的 S 型函数，即：

$$I_j = \sum_i \omega_{i,j} x_i - \theta_j$$

$$y_j = f(I_j) = 1/[1+\exp(1-I_j)] \tag{2.8}$$

此时，Hebb 学习规则可表示为：

$$\omega_{i,j}(t+1) = \omega_{i,j}(t) + \eta y_i y_j \tag{2.9}$$

式中，$\omega_{i,j}(t)$ 为神经元 i 到 j 的加权系数；y_i、y_j 分别为神经元 i 和 j 的输出；由于神经网络每层的输出是下一层的输入，因此这里的 y_i 等于 x_i；η 称为学习速率或学习步长（经验值），调整其大小可以改变加权系数的调整步伐，其通常可取为 1。

Hebb 学习规则要求在权值初始化时（即在开始学习之前），先对 $\omega_{i,j}(0)$ 赋予 0 附近的小随机数，其典型的应用是反馈型 Hopfield 网络。

由 Hebb 学习规则可知，要使人工神经网络具有学习能力，就要制定调节神经网络之间加权系数的规则。学习的过程就是依据这个规则求解最为合适的加权系数的过程。学习可使人工神经网络具有记忆、识别、分类、信息处理和问题优化求解等功能。

上述内容重点介绍了人工神经网络的学习过程，从中可以更好地了解人工神经网络的算法原理。总之，人工神经网络的实质是输入转化为输出的一种数学表达方式，这种方式是由网络的结构确定的，其实质是一种迭代逼近求解过程。一般而言，人工神经网络与经典计算方法相比并非绝对优越，只有当经典计算方法解决不了问题或问题解决效果不佳时，人工神经网络才能显示出它的优越性。尤其针对机理不明的系统或者不能用数学模型表示的问题，如故障诊断、特征提取等，人工神经网络往往是最有利的工具。另外，人工神经网络处理大量原始数据时不必用规则或公式对其进行描述的特点，表现出了人工神经网络极大的灵活性和自适应性。到目前为止，研究者经过努力已经提出了多个不同的人工神经网络算法，并在实际应用中发挥了较为显著的作用，但是至今为止还没有一个通用的神经网络模型可以很好地解决各类非线性逼近问题。一般情况下，研究者只能按照具体问题的不同来选取不同的人工神经网络算法。下面将根据神经网络模型结构的不同，分两节重点介绍感知器、BP 网络算法、RBF 网络模型、Hopfield 网络算法以及自组织映射神经网络。

2.3 前馈型神经网络的主要算法

前馈型神经网络（前馈网络）属于有监督学习，它的结构特点是每个神经元只接收前一层的输出，并输出给下一层，各层间没有反馈。前馈网络是目前应用最广泛、发展最迅速的人工神经网络之一。自从 1957 年感知器被提出至今，前馈网络的理论研究目前已达到了很高的水平，并在实际应用中取得了很大的成功。下面将详细介绍典型的前馈网络：感知器、BP 网络和 RBF 网络。

2.3.1 感知器

1957 年，美国计算机科学家罗森布拉特提出了感知器（Perceptron），这是最早的前馈网络模型。感知器分单层感知器和多层感知器。单层感知器的网络结构仅有单层神经元，如果将输入层算在内，则为两层，且含有线性阈值组件，因此其是最简单的前馈网络。单层感知器通过对网络权值进行训练，可以使自身对一组输入矢量的响应达到元素为 0 或 1 的目标输出，从而实现对输入矢量的分类。单层感知器的基本结构如图 2.10 所示。

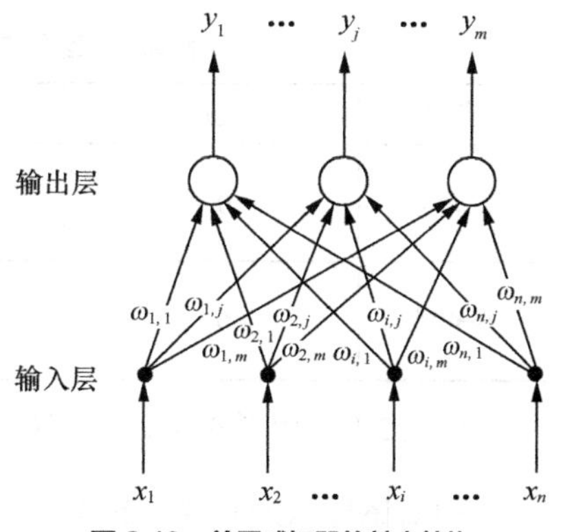

图 2.10 单层感知器的基本结构

单层感知器的输出公式如式（2.10）所示。

$$y_j = f\left(\sum_{i=1}^{n} \omega_{i,j} x_i - \theta_j\right) \tag{2.10}$$

单层感知器学习的基本思想是逐步地将样本输入到网络中，并根据输出结果和期望输出之间的误差调整网络中的加权系数，其具体调整公式如式（2.11）所示。

$$\omega_{i,j}(t+1) = \omega_{i,j}(t) + \eta\left(d_j^p - y_j^p\right)x_i^p \tag{2.11}$$

式中，x_i^p 为输入层第 i 个神经元的第 p 个输入样本，$p=1,2,\cdots,P$；$\omega_{i,j}(t)$ 为第 t 次迭代时输入层第 i 个神经元与输出层第 j 个神经元之间的加权系数；η 为学习速率，用于控制调整速度，一般取 $0<\eta\leqslant 1$；d_j^p 为输出层第 j 个神经元在第 p 个样本输入下的期望输出；y_j^p 为输出层第 j 个神经元在第 p 个样本输入下的实际输出。

单层感知器的训练步骤总结如下。

步骤 1：针对所要解决的实际问题，确定输入样本 $\boldsymbol{x}^p=(x_1^p,x_2^p,\cdots,x_n^p)$ 及其对应的期望输出 $\boldsymbol{d}^p=(d_1^p,d_2^p,\cdots,d_m^p)$，其中 $p=1,2,\cdots,P$，P 为输入样本集中的样本总数。

步骤 2：参数初始化。

（1）对初始权值 $\omega_{i,j}(0)$ 赋予较小的非零随机数。

（2）给出最大训练循环次数 max。

步骤 3：计算实际输出。根据输入样本 x^p 以及当前加权系数 $\omega_{i,j}(t)$，由式（2.10）计算网络的实际输出 $\boldsymbol{y}^p=(y_1^p,y_2^p,\cdots,y_m^p)$。

步骤 4：检查实际输出 $\boldsymbol{y}^p$ 与期望输出 $\boldsymbol{d}^p$ 是否相同，如果相同或已达最大循环次数 max，则算法结束，否则转入步骤 5。

步骤 5：根据式（2.11）调整加权系数，返回步骤 3，输入下一样本及对应的期望输出。

单层感知器特别适合解决线性可分的模式分类问题。当外部输入为线性可分的两类目标时，单层感知器可对其进行有效分类。具体来说：当单层感知器的输出为 1 时，输入属于 l_1 类，当单层感知器的输出为 0 或−1 时，输入属于 l_2 类，由此实现了两类目标的分类与识别。单层感知器也可解决简单的非线性问题，如逻辑代数中的基本运算与、或等。图 2.11 给出了逻辑与和逻辑或的人工神经网络结构图。

表 2.1 给出了逻辑与和逻辑或在人工神经网络结构中参数的选取。

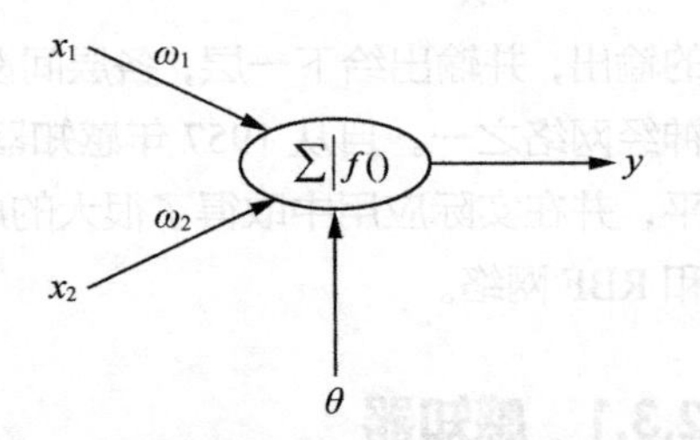

图 2.11　逻辑与和逻辑或的人工神经网络结构图

表 2.1　逻辑与和逻辑或在人工神经网络结构中参数的选取

参数	ω_1	ω_2	θ	$f(x)$
逻辑与	0.5	0.5	0.75	$f(x)=1,\quad x\geqslant 0$ $f(x)=0,\quad x<0$
逻辑或	0.5	0.5	0.25	$f(x)=1,\quad x\geqslant 0$ $f(x)=0,\quad x<0$

从表 2.1 中可以看出，只要阈值有所不同，即可实现逻辑与和逻辑或的不同逻辑关系表达。当 x_1 和 x_2 的输入为 0 或 1 的逻辑值时，根据输入/输出关系 $y=f\left(\sum_{i=1}^{2}\omega_i x_i-\theta\right)$ 可得如下结果。

实现逻辑与：　$y=x_1\cdot x_2$

x_1	x_2	$\sum$	$\sum-\theta$	y
0	0	0	–0.75	0
0	1	0.5	–0.25	0
1	0	0.5	–0.25	0
1	1	1	0.25	1

实现逻辑或：　$y=x_1+x_2$

x_1	x_2	$\sum$	$\sum-\theta$	y
0	0	0	–0.25	0
0	1	0.5	0.25	1
1	0	0.5	0.25	1
1	1	1	0.75	1

在单层感知器上增加一层或多层神经元就可构成多层感知器。除输入层以外，多层感知器中每一层的输入都是前一层神经元输出的加权和，一个典型的多层感知器的结构简化图如图 2.12 所示。

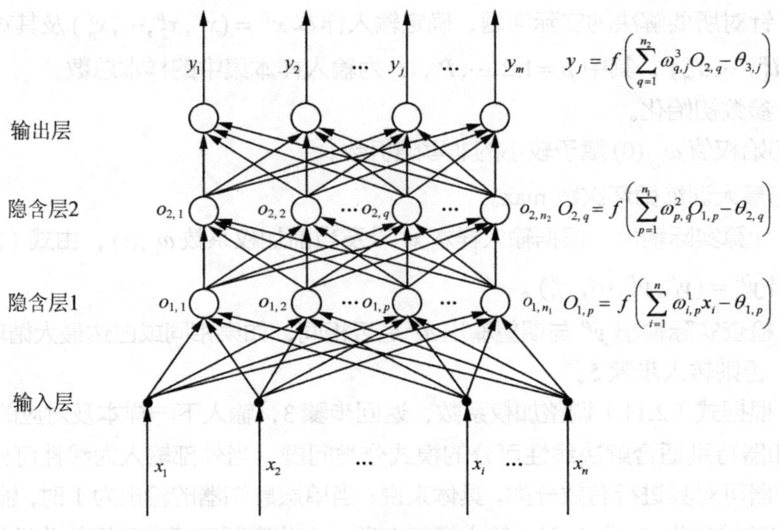

图 2.12　多层感知器的结构简化图

通常情况下，多层感知器的激励函数为 S 型函数或双曲正切函数。

多层感知器的训练与学习过程类似于单层感知器，可以实现许多逻辑功能，如 2 层感知器可以实现异或逻辑。目前理论上已经证明：3 层和 3 层以上的感知器可以以任意精度逼近非线性函数。

2.3.2 BP 网络

BP 网络是鲁梅兰特（Rumelhant）等人于 1985 年提出的前馈网络，目前其已成为应用最为广泛的一种人工神经网络模型。BP 网络本质上是一种由输入到输出的映像，它不需要任何输入和输出之间的精确数学表达式，只要用已知的输入/输出数据对 BP 网络加以训练，网络就能够具有从输入到输出的映射能力。BP 网络对应的算法（BP 算法）的关键是隐含层的学习规则，而隐含层就相当于是输入信息的特征抽取器。

BP 网络是单向传播的多层前馈网络结构，其采用了有教师指导的学习过程。BP 网络除了输入/输出节点外，还有一层或多层隐含层节点，同层节点中没有任何耦合。基于 BP 算法的多层前馈网络的结构如图 2.13 所示。

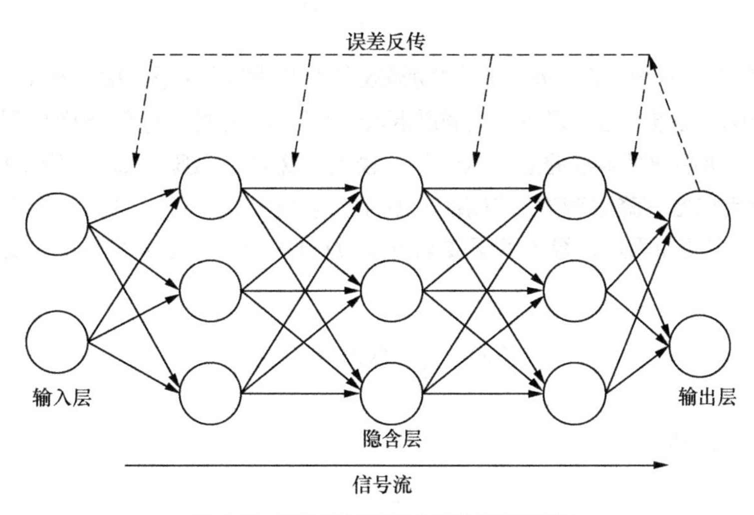

图 2.13　基于 BP 算法的多层前馈网络结构

BP 算法的学习规则是 BP 网络的输出误差判定方法须采用最小二乘法，各层加权系数的调整须采用梯度下降法。BP 算法的学习过程主要分为以下两个阶段。

第一阶段为信号的正向传播过程。首先给定输入信息，然后通过输入层经隐含层逐层计算，最后计算出每个单元的实际输出值。

第二阶段为误差的反向传播过程。若在输出层未能得到期望的输出值，则逐层递归地计算实际输出与期望输出之间的误差均方值，用于调节各层的加权系数。具体来说，就是从输出层开始往前逐层采用梯度下降法修改加权系数，以使输出的误差信号最小。

具体来说，输入信息要先向前传播到隐含层的节点上，经过各单元特性为 S 型的激励函数运算后，再把隐含节点的输出信息传播到输出节点，最后计算出输出结果。在信号正向传播的过程中，每一层神经元的状态只影响下一层神经元网络。如果输出层不能得到期望输出，则表示实际输出值与期望输出值之间有误差，那么就需要转入误差反向传播过程，将误差信号沿原来的连接通路返回，通过修改各层神经元的权值，逐次地向输入层传播下去。正向传播和反向传播这两个学习过程的反复运用，可使误差信号减小。实际上，当输出误差满足给定的要求或权值不再变化时，网络的学习过程就可以结束了。

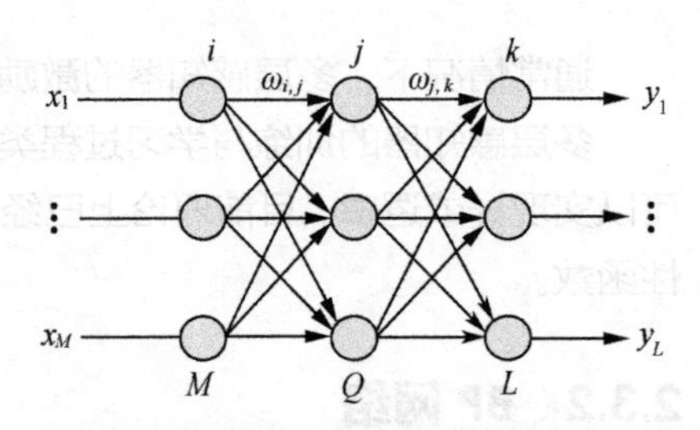

图 2.14　BP 网络公式推导过程中的参数示意

下面介绍 BP 网络具体的数学描述和公式推导过程，图 2.14 为公式推导过程中的参数示意。

不失一般地，设一个共含有 3 层、M 个输入节点和 L 个输出节点的 BP 网络，每层的节点（也称为单元）只接收前一层的输出信息并传给下一层各节点。设给定 N 个样本 $(\boldsymbol{x}^p, \boldsymbol{d}^p)$（$p=1,2,\cdots,N$），其中 $\boldsymbol{x}^p$ 为第 p 个输入样本，$\boldsymbol{d}^p$ 为与输入对应的期望输出值。若任一节点 i 的输出表示为 O_i，则针对某一个输入样本 $\boldsymbol{x}^p$，有节点 i 的输出为 O_i^p，网络的实际输出为 $\boldsymbol{y}^p$。为了书写方便，这里暂时将样本的记号 p 略去，则对于每一个输入样本来说其推导公式都相同。

各节点的激励函数采用 S 型函数，其输出表达式如式（2.12）所示。

$$f(x)=\frac{1}{1+\exp\left(-\frac{x-\theta_j}{\theta_0}\right)} \tag{2.12}$$

式中，θ_j 表示偏置或阈值。正的 θ_j 可使激励函数沿水平轴向右平移。由于 θ_j 起到了阈值作用，因此网络将不再定义神经元的阈值，θ_j 即为网络神经元的阈值。θ_0 的作用是调节激励函数的形状，较小的 θ_0 可使激励函数逼近阶跃函数，较大的 θ_0 可使激励函数变得较为平滑。

BP 网络采用梯度下降法调整加权系数，其中会涉及导数的问题。BP 网络将 S 型函数作为激励函数的一个主要原因是，经 S 型函数输出的 $f(x)$ 关于它的导数有一个重要的特性，具体表示如下。

$$f'(x)=\frac{1}{\theta_0}f(x)[1-f(x)]$$

上式的推导过程如下：

$$f'(x)=\left[\frac{1}{1+\exp\left(-\frac{x-\theta_j}{\theta_0}\right)}\right]'=\frac{1}{\theta_0}\left[\frac{1}{1+\exp\left(-\frac{x-\theta_j}{\theta_0}\right)}\right]^2\left[\exp\left(\frac{x-\theta_j}{\theta_0}\right)\right]$$

$$=\frac{1}{\theta_0}\left[\frac{1}{1+\exp\left(-\frac{x-\theta_j}{\theta_0}\right)}\right]\left[\frac{\exp\left(-\frac{x-\theta_j}{\theta_0}\right)}{1+\exp\left(-\frac{x-\theta_j}{\theta_0}\right)}\right]=\frac{1}{\theta_0}f(x)[1-f(x)]$$

正是因为上述特性，每一层节点输出的导数都很容易通过其本身求出。

用 net 表示各神经元节点的输入之和，O 表示各神经元节点的输出，则根据人工神经元输入/输出关系式（2.1），可将每一层节点的输出表示为式（2.13）。

$$\begin{cases} O_i = x_i, \\ O_j = f(\text{net}_j) = \dfrac{1}{1+\mathrm{e}^{-\frac{\text{net}_j - \theta_j}{\theta_0}}}, \text{ 其中 } \text{net}_j = \sum_{i=1}^{M} \omega_{i,j} O_i \\ O_k = f(\text{net}_k) = \dfrac{1}{1+\mathrm{e}^{-\frac{\text{net}_k - \theta_k}{\theta_0}}}, \text{ 其中 } \text{net}_k = \sum_{j=1}^{Q} \omega_{j,k} O_j \\ y_k = O_k, \end{cases} \tag{2.13}$$

BP 网络的学习规则如下所示。

① BP 网络输出误差判定规则（最小二乘法），具体公式如式（2.14）所示。

$$E = \frac{1}{2}\sum_{k=1}^{L}(d_k - O_k)^2 \tag{2.14}$$

② BP 网络加权系数的调整规则（梯度下降法），具体公式如式（2.15）所示。

$$\begin{cases} \omega_{j,k}(t+1) = \omega_{j,k}(t) + \Delta\omega_{j,k}, \text{ 其中} \Delta\omega_{j,k} = -\eta \dfrac{\partial E}{\partial \omega_{j,k}} \\ \omega_{i,j}(t+1) = \omega_{i,j}(t) + \Delta\omega_{i,j}, \text{ 其中} \Delta\omega_{i,j} = -\eta \dfrac{\partial E}{\partial \omega_{i,j}} \end{cases} \tag{2.15}$$

式中，η 为学习速率，又被称为学习因子或学习步长，规定 $\eta > 0$ 。

通过对人工神经网络基本原理的学习可以知道，人工神经网络的学习过程就是求解加权系数的过程，从式（2.15）可知，求解加权系数的关键在于求解 $\Delta\omega_{i,j}$ 和 $\Delta\omega_{j,k}$ 。下面推导求解它们的公式。由于 $\Delta\omega_{j,k}$ 的推导易于 $\Delta\omega_{i,j}$ ，因此我们可以首先推导 $\Delta\omega_{j,k}$ 的求解公式。需要说明的是，在公式推导的过程中省略了系数 $\frac{1}{\theta_0}$ ，最后各系数会统一被系数 η 所包含，这样既可以避免推导的烦琐，又可以保证公式系数的正确性。

（1）推导 $\Delta\omega_{j,k}$

由式（2.15）可知，$\Delta\omega_{j,k} = -\eta \frac{\partial E}{\partial \omega_{j,k}}$ ，其中 $E = \frac{1}{2}\sum_{k=1}^{L}\left(d_k - O_k\right)^2$ 。E 的表达式中没有 $\omega_{j,k}$ ，即无法求解它们的梯度，为此需要通过一些间接的变换来推导公式。

$$\Delta\omega_{j,k} = -\eta \frac{\partial E}{\partial O_k} \cdot \frac{\partial O_k}{\partial \omega_{j,k}} = -\eta \frac{\partial E}{\partial O_k} \cdot \frac{\partial O_k}{\partial \text{net}_k} \cdot \frac{\partial \text{net}_k}{\partial \omega_{j,k}}$$

式中

$$\frac{\partial E}{\partial O_k} = \frac{\partial\left[\frac{1}{2}\sum_{k=1}^{L}(d_k - O_k)^2\right]}{\partial O_k} = -(d_k - O_k)$$

由于

$$O_k = f(\text{net}_k) = \frac{1}{1+\mathrm{e}^{-\frac{\text{net}_k - \theta_k}{\theta_0}}}$$

故有

$$\frac{\partial O_k}{\partial \text{net}_k} = f'(\text{net}_k) = f(\text{net}_k)\left[1 - f(\text{net}_k)\right] = O_k(1 - O_k)$$

$$\frac{\partial \text{net}_k}{\partial \omega_{j,k}} = \frac{\partial \sum_{j=1}^{Q}\omega_{j,k} O_j}{\partial \omega_{j,k}} = O_j$$

于是可以得到

$$\begin{aligned}\Delta\omega_{j,k} &= -\eta\times\left[-(d_k - O_k)\right]\times O_k(1-O_k)\times O_j \\ &= \eta(d_k - O_k)O_k(1-O_k)O_j\end{aligned}$$

（2）推导$\Delta\omega_{i,j}$

$\Delta\omega_{i,j}$的推导要比$\Delta\omega_{j,k}$的推导烦琐，但推导的整体思路是相同的。由式（2.15）可知：

$$\Delta\omega_{i,j} = -\eta\frac{\partial E}{\partial\omega_{i,j}} = -\eta\frac{\partial E}{\partial \mathrm{net}_j}\cdot\frac{\partial \mathrm{net}_j}{\partial\omega_{i,j}}$$

因为 $\mathrm{net}_j = \sum_{i=1}^{M}\omega_{i,j}O_i$， $\frac{\partial \mathrm{net}_j}{\partial\omega_{i,j}} = \frac{\partial\left(\sum_{i=1}^{M}\omega_{i,j}O_i\right)}{\partial\omega_{i,j}} = O_i$

故有 $\Delta\omega_{i,j} = -\eta\cdot O_i\cdot\frac{\partial E}{\partial\,\mathrm{net}_j} = -\eta\cdot O_i\cdot\frac{\partial E}{\partial O_j}\cdot\frac{\partial O_j}{\partial \mathrm{net}_j}$

因为 $O_j = f(\mathrm{net}_j)$， $\frac{\partial O_j}{\partial \mathrm{net}_j} = f'(\mathrm{net}_j) = O_j(1-O_j)$

故有 $\Delta\omega_{i,j} = -\eta O_i O_j(1-O_j)\frac{\partial E}{\partial O_j}$

现求 $-\frac{\partial E}{\partial O_j} = -\sum_{k=1}^{L}\frac{\partial E}{\partial \mathrm{net}_k}\cdot\frac{\partial \mathrm{net}_k}{\partial O_j} = -\sum_{k=1}^{L}\frac{\partial E}{\partial O_k}\cdot\frac{\partial O_k}{\partial \mathrm{net}_k}\cdot\frac{\partial \mathrm{net}_k}{\partial O_j}$

式中

$$\begin{cases}\frac{\partial E}{\partial O_k} = -(d_k - O_k) \\ \frac{\partial O_k}{\partial \mathrm{net}_k} = O_k(1-O_k) \\ \frac{\partial \mathrm{net}_k}{\partial O_j} = \frac{\partial\sum_{j=1}^{Q}\omega_{j,k}O_j}{\partial O_j} = \omega_{j,k}\end{cases}$$

故有 $-\frac{\partial E}{\partial O_j} = \sum_{k=1}^{L}(d_k - O_k)O_k(1-O_k)\,\omega_{j,k}$

最后可以求得 $\Delta\omega_{i,j} = \eta O_i O_j(1-O_j)\sum_{k=1}^{L}(d_k - O_k)\,O_k(1-O_k)\omega_{j,k}$

将输入样本标记p记入$\Delta\omega_{i,j}$和$\Delta\omega_{j,k}$的推导公式中，得到对于所有输入样本通用的调整加权系数公式，如式（2.16）所示。

$$\begin{cases}\Delta\omega_{j,k}^p = \eta\left(d_k^p - O_k^p\right)O_k^p\left(1-O_k^p\right)O_j^p \\ \Delta\omega_{i,j}^p = \eta O_i^p O_j^p\left(1-O_j^p\right)\sum_{k=1}^{L}\left(d_k^p - O_k^p\right)O_k^p\left(1-O_k^p\right)\omega_{j,k}\end{cases} \tag{2.16}$$

基于式（2.16）可以进行加权系数的调整，即反复进行正向传播过程和反向传播过程，直到实际输出值逼近期望输出值。BP 算法的步骤可概括如下。

步骤 1：确定前馈网络结构，并给出所有参数的定义。

步骤 2：将网络中所有加权系数的初始值设置为较小的分布在 0 ~ 1 之间的随机数。

步骤 3：给定一组输入向量 $\boldsymbol{X}^p=(x_1,x_2,\cdots,x_M)^p$ 和期望的目标输出向量 $\boldsymbol{D}^p=(d_1,d_2,\cdots,d_L)^p$，其中 $p=1,2,\cdots,N$，表示共有 N 个训练样本；令 $p=1$。

步骤 4：输入信号并进行正向传播过程，即根据式（2.13）计算隐含层和输出层的实际输出，得到 O_j^p 和 O_k^p。

步骤 5：根据式（2.14）计算期望值与实际输出值的均方差 E^P。

步骤 6：进行误差反向传播过程，即根据式（2.16）计算加权系数的修正值 $\Delta\omega_{i,j}^p$ 和 $\Delta\omega_{j,k}^p$，并根据式（2.15）调整各层的加权系数。

步骤 7：返回步骤 4 重复计算，直到输出误差满足给定的要求或权值不再变化。

步骤 8：令 $p=p+1$，返回步骤 3 重复计算，直到所有输出误差满足给定的要求或所有样本对应的网络权值不再变化。

BP 算法的流程如图 2.15 所示。

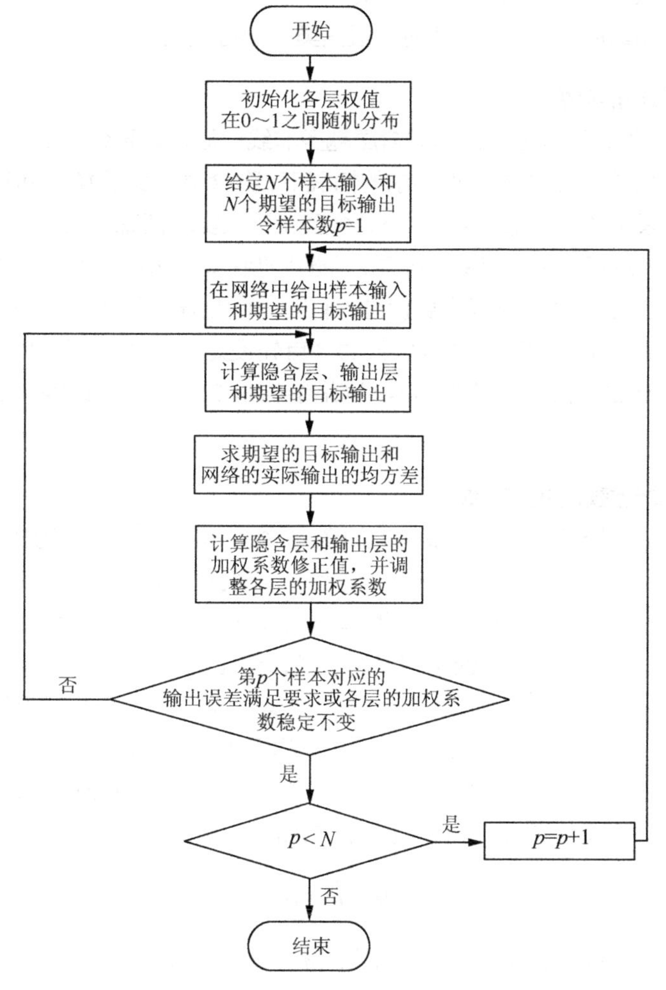

图 2.15　BP 算法的流程

BP 网络自被提出以来，由于其有效地解决了传统数学方法难以解决的复杂非线性数学建模问题，并得到了广泛而成功的应用，因此目前已成为人工神经网络中最具影响力的算法。在 BP 网络的实际应用中，参数的设定较为关键，通常需要反复进行实验并积累经验后才能设定参数。下面我们将对主要参数的设定进行说明。

1. 输入/输出层的设计

输入的神经单元维数根据需要求解的问题和数据表示的方式而定。如果输入的是模拟信号波形，那么输入层可以根据波形的采样点数决定输入单元的维数，此时也可以用一个单元作为输入，这时输入样本为采样的时间序列。如果输入为图像，则输入单元可以为图像的像素，也可以为经过处理后的图像特征。

输出层的维数须根据使用者的要求来确定。如果 BP 网络被用作分类器，类别为 m 个，则有两种方法确定输出层神经元的个数。

（1）输出层有 m 个神经元，其训练样本集中 $\boldsymbol{X}^{p_i}$ 属于第 j 类，要求其输出为：

$$y = (0, 0, \cdots, 0, 1, 0, 0, \cdots, 0)^{\mathrm{T}}$$

即第 j 个神经元的输出为 1，其余输出均为 0。

（2）输出层有 $\log_2 m$ 个神经元，此时须根据类别进行编码。

2. 隐含层数的选择

对于多层 BP 网络，从理论上讲其隐含层越多非线性逼近效果会越好，但是这样会使算法的计算量激增。因此，在满足函数逼近要求的情况下，隐含层越少越好。1988 年，学者 Cybenko 指出：当各节点均采用 S 型函数时，一个隐含层就足以实现任意判决的分类，而两个隐含层则足以表示输入图形的任意输出函数。同时，经验表明：对于小型非线性函数逼近问题，两层隐含层网络并不一定比单隐含层网络更优越，有时即使是连续输出，用一个隐含层也可以满足要求。因此，一般来说，在确定隐含层数时会首先设定一个隐含层，然后根据实际要求决定是否增加一个隐含层。目前最常用的 BP 网络结构是 3 层结构，即输入层、输出层和一个隐含层。

3. 隐含层单元数目的选择

隐含层单元数的选择是一个十分复杂的问题，其往往需要根据设计的经验和实验结果来确定，因而其无法通过很好的解析式来表示。换言之，隐含层单元数与问题的要求、输入/输出单元的多少等均有直接的关系，但这并不代表隐含层单元数一定要与输入单元数相等。通常情况下，隐含层单元数太多不仅会导致学习时间过长，而且会将样本中非规律性的内容（如干扰和噪声等）存储进去，这样反而会降低泛化能力，误差也不一定最佳；隐含层单元数若太少，则容错性差，学习的容量有限，其不足以存储训练样本中蕴含的所有规律，很难识别以前没有学习过的样本。因此，对于 BP 网络而言存在一个最佳的隐含层单元数。有学者经深入研究和反复实验提供了两个公式，如式（2.17）和式（2.18）所示。

$$n_1 = \sqrt{n+m} + \alpha \tag{2.17}$$

式中，n_1 为隐含层单元数，n 为输入神经元数，m 为输出神经元数，α 为 1 ~ 10 之间的常数。

$$n_1 = \log_2 n \tag{2.18}$$

式中，n 为输入神经元数。

对于数据压缩情况下的 BP 网络而言，隐含层单元与输入单元的比为其数据的压缩比，它可参照上式来确定。

还有一种策略是：使隐含层单元的数目可变，或初始放入网络中足够多的隐含层单元，然后把学习后所得不起作用的隐含层单元逐步去掉，一直减少到不可收缩为止；也可初始放入网络中比较少的隐含层单元，学习一定次数后，若不成功则再增加隐含层单元数，一直达到比较合理的隐含层单元数为止。

4. 初始权值的选取

初始权值对于学习是否能收敛到全局最小以及学习时间的确定都至关重要。传统 BP 网络中的初始权值一般取随机数，而且这个数要比较小，这样才能保证每个神经元一开始都在它们的激励函数变化最大的地方进行计算。这样的选取策略虽然最后能够实现全局最优，但仍具有一定的盲目性和随机性，导致同一输入通过不同次计算时，由于初始权值的随机性，计算时间、迭代次数会不同，甚至会因为陷入局部最小而获得不同的结果。逐步搜索法是一个较为理性的初始权值确定法，其具体操作是：先将初始权值区域 N 等分，在这 N 个区域内分别随机产生初始权值并进行学习，选取对应误差函数 E 最小的那个区域再 N 等分；然后在这 N 个小区域内重复上述步骤，当误差函数 E 不再减小时，即可认为找到了最优点并停止迭代。因此，只要区域取得足够小，这种方法可以比较有效地避免局部行为，并且能提高算法的效率。

5. 学习速率 η 的选取

学习速率 η 的选取会直接影响权值调整量的大小，故其与网络的收敛能力及收敛速率密切相关。学习速率 η 选取过小，每次权值的调整量就小，网络收敛速度就很慢，可能会使网络陷于局部极小；学习速率 η 选取过大，权值的调整量就大，可能会使收敛过程在最小值点附近来回跳动而产生振荡，甚至使网络发散。在传统的 BP 网络中，学习速率 η 一般为常数，这显然不合理，最为理想的情况是学习速率 η 是动态变化的，即当输出误差较大时学习速率 η 就变大一些，当输出误差较小时学习速率 η 就变小一些。为了避免训练单个样本对权值的修正过程中可能出现的网络“振荡”问题，一般采用批训练法选取 η，即将一批样本所产生的修正值累计之后，对它们统一进行一次修正。基于这种思想可知，批处理半恢复自适应调整法可使整体收敛性更好，其具体思路如下。

假设网络需要训练 L 次，先计算出第 t 次训练的总误差 $E(t)$，然后将其与上一次计算的总误差 $E(t-1)$ 进行比较，若 $E(t) \leqslant E(t-1)$，则表明此时的学习效果好，可以增大学习速率；反之，则学习效果差，此时除了降低学习速率外，还要将权值恢复到本批处理时中间那个样本调整后的值（即半恢复），但不能将其完全恢复，因为完全恢复会使网络陷入局部极小或迭代停滞不前。学习速率的调整公式如式（2.19）所示。

$$\eta(t+1)=\begin{cases}1.05\eta(t) & E(t)<E(t-1)\\ 0.7\eta(t) & E(t)>1.04E(t-1)\\ \eta(t) & \text{其他}\end{cases} \tag{2.19}$$

当误差减小时步长应加大，误差增大时步长应减小。采用变学习速率的办法训练网络时，起初可以选取一个相对较大的学习速率，以加快网络的训练速度；随着训练次数不断增加，用式（2.19）对学习速率进行调整，以使学习速率具有自适应性，可以适当减小网络陷入极小值的次数，使网络的性能有所提高。

6. 激励函数的选取

因为隐含层和输出层均选用 S 型激励函数时，BP 网络可以完成任意精度的非线性函数映射，所以传统的 BP 网络各层的输出均采用 S 型激励函数。但是具体问题应具体分析，假如所求问题可以用较为简单的激励函数表示，则各层的激励函数不必完全一致。

基于上述思想，为了减少反向传播算法的计算复杂度，可以选取输出层节点的激励函数为简单的线性函数（如 Purelin 函数），简单地将神经元的输入经阈值调整后输出。由于线性函数的导数为常数，因此其可降低误差反向传播算法的计算复杂度。

总之，BP 网络及其算法已成为人工神经网络研究中的重要内容之一。由于 BP 算法推导清晰、学习精度高，可成功解决感知器无法解决的非线性可分离模式的分类问题，因此它被广泛地用于函数逼近、模式识别、分类和数据压缩等领域。

（1）函数逼近：用输入矢量和相应的输出矢量训练一个网络以使其逼近一个函数。

（2）模式识别：用一个特定的输出矢量将自身与输入矢量联系起来。

（3）分类：对输入矢量以所定义的合适方式进行分类。

（4）数据压缩：减少输出矢量的维数以便于其传输或存储。

BP 网络还存在一些不足，归纳起来主要有以下 4 点。

（1）学习效率低、收敛速度慢。BP 算法是利用误差函数对权值的一阶导数来指导权值调整的。在执行过程中，网络每次调整的幅度，均等于一个与网络误差函数或其对权值的导数成正比的项乘以一个常数因子 η。这样，在误差曲面的曲率较大处，该偏导数值较大，网络参数调整的幅度也大，难以收敛到最小值。为保证算法的收敛效果，η 必须很小，而这又会导致迭代次数的增加，这就是 BP 算法学习慢的一个重要原因。

（2）易陷于局部极小值。梯度下降法的一个不可克服的弱点是其不可避免地存在局部极小值问题。只有当误差的平方和函数在权空间满足正定的条件时，求解才不易陷入局部极小。但是，实际问题的求解空间常常是复杂的多维曲面，存在许多局部极小值点，这极大程度增加了求解陷入局部极小的可能性。

（3）网络泛化与适应能力较差。BP 算法中权值的学习采用的是均方误差和最小的方式，采用该方式所确定的权值必须使所有样本的均方误差最小，因此其网络泛化能力较差。此外，由于实际系统的复杂性，在网络训练中事先获得的训练样本很难包括系统可能具有的全部的模式特性。

（4）隐含层的层数及神经元个数的选取缺乏理论指导，通常只能根据经验来进行。

为加快 BP 算法的学习过程，目前不少学者提出了一些改进的方法，如在学习过程中动态地改变学习速率的大小，开始时可以设定一个较大的学习速率，以加快收敛过程，随着学习的深入逐渐减小学习速率，以避免产生振荡。另外，在权值更新过程中增加动量因子也是加快学习过程的一种方法。

目前 BP 改进算法的研究主要分成两类。一类指那些使用启发式信息技术的 BP 算法，包括使学习速率可变、在学习算法中加入动量项等方法，如 Vogl 的快速学习算法、Jacobs 的 Delta-Bar-Delta 算法等，其实质都是在误差梯度变化缓慢时增大学习速率，变化剧烈时减小学习速率的基础上提出的。另一类指加入数值优化技术的 BP 算法，因为训练前馈网络以减小均方误差本身就是一个数值优化问题，所以该类技术已非常成熟，较为典型的有牛顿法、共轭梯度法、Marouardt 算法等。对于一个给定的问题，通常很难判断用哪种训练方法是最快捷的，因为其取决于很多因素，如问题的复杂程度、所研究问题的性质、训练样本的多少、网络的结构、权值和偏置值的数目、误差目标、参数取值等。例如：对于函数逼近、非线性回归问题，采用牛顿法比较合适，而对于模式识别问题，则选用共轭梯度法较好。在实际应用中，通常要根据具体问题对这几种方法进行仿真比较，以选用较为合适的一种方法。

2.3.3 RBF 网络

RBF 网络是一种非线性局部逼近的神经网络，其结构属于前馈网络结构。1985 年，鲍威尔（Powell）提出了用于多维空间中严格多变量插值的 RBF 函数方法，随后布莱姆怀德（Broomhead）和劳（Lowe）又将其用于神经网络设计之中，他们在 1988 年发表的论文中初步探讨了将 RBF 用于神经网络设计和传统插值领域的不同，进而提出了一种具有单隐层的 RBF 网络模型。穆迪（Moody）和戴肯（Darken）在 1989 年发表的文章中提出一种新颖的神经网络——RBF 网络，它是具有单隐层的前馈网络，这种网络实际上与布莱姆怀德和劳提出的 RBF 网络是一致的；此外，他们还提出了 RBF 网络的训练算法。同年，杰克（Jackon）论证了 RBF 网络对非线性连续函数的一致逼近性能。之后，研究者的工作多为对网络存在问题进行改进，如 Chen 提出的正交最小二乘（Orthogonal Least Square，OLS）算法、Platt 提出的资源分配网络（Resource Allocating Network，RAN）算法、Kadirkamanathan 和 Niranjan 提出的扩展卡尔曼滤波 RAN（RAN via Extended Kalman Filter，RANEKF）算法等。

从函数逼近角度进行分类，人工神经网络可分为非线性全局逼近网络和非线性局部逼近网络。前面讲到的 BP 网络就属于非线性全局逼近网络，它的隐含层激励函数是全局响应的函数，网络的一个或多个可调参数（权值和阈值）对每一个输出都有影响，因此对于每一组训练样本而言，网络的所有权值和阈值都要进行修正，进而导致网络学习速度较慢，这对于有实时性要求的应用来说通常是不可容忍的。而 RBF 网络作为非线性局部逼近网络，其隐含层激励函数是局部响应的函数，网络输入空间的某个局部区域只有少数几个连接权值会影响网络的输出，因此对于每一组训练样本而言，只有少量的连接权值需要进行调整。RBF 网络具有学习速度快的优点，比通常的 BP 网络要快 $10^3 \sim 10^4$ 倍，这对于有实时性要求的应用来说至关重要。另外，局部响应的特点使 RBF 网络在隐含层节点数足够多时可以以任意精度逼近任意非线性函数。这些优点使 RBF 网络显示出了比 BP 网络更强的生命力，目前，它已广泛应用于模式识别、函数逼近、信号处理、自动控制等众多领域。

1. RBF 网络模型

RBF 网络是单隐含层的前馈网络，包含有一个维数足够高的隐含层，可以对输入空间进行非线性映射；其输出层提供了从隐含层到输出空间的一种简单线性变换。

RBF 网络的核心思想介绍如下。

① 将 RBF 网络作为隐含层的“基”构成隐含层空间，将输入矢量映射到隐含层空间。

② 当 RBF 网络的中心点确定以后，这种映射关系也就确定了。

③ 隐含层空间到输出层空间的映射是线性的，即网络的输出是隐含层单元输出的线性加权和，此处的权即为网络的可调参数。

根据隐含层神经元的个数，RBF 网络可分为两种模型：正则化 RBF 网络和广义 RBF 网络。

（1）正则化 RBF 网络

正则化 RBF 网络有以下特点。

① 隐含层神经元就是训练样本，所以正则化 RBF 网络的隐含层神经元数等于网络输入层训练样本的数目。

② 隐含层神经元的激励函数常取高斯函数，并将所有输入样本设为径向基函数的中心。

③ 各径向基函数取统一的宽度。

一个典型的正则化 RBF 网络如图 2.16 所示。一般情况下，网络输出层为 1 个神经元，网络输入训练样本有 N 个。

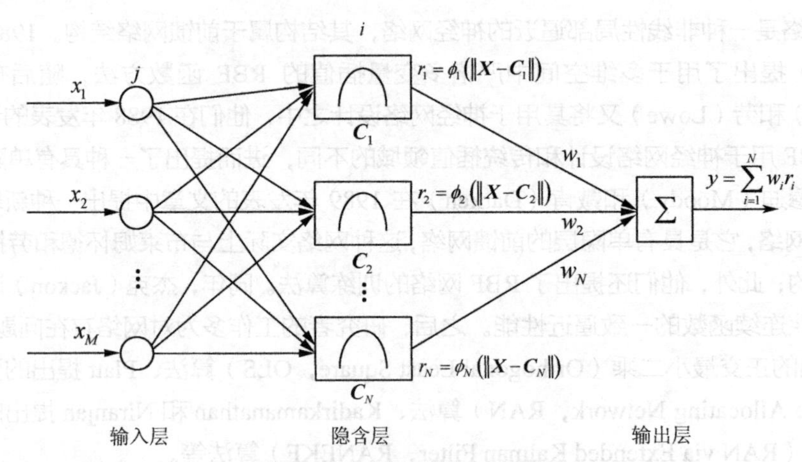

图 2.16　典型的正则化 RBF 网络

第一层为输入层，其由信号源节点组成，将网络与外界环境连接起来。假设输入层有 M 个神经元，即网络输入向量 $\boldsymbol{X}$ 的维数为 M，其中任一神经元用 j 表示，$\boldsymbol{X}=[x_1,x_2,\cdots,x_j,\cdots,x_M]$。网络的输入训练样本有 N 个，即网络总共输入 N 个这样的 M 维向量 $\boldsymbol{X}$ 进行训练。

第二层为隐含层，其采用对中心点径向对称且衰减的非负非线性函数——径向基函数作为激励函数，输入信号将在局部产生响应，以完成从输入空间到隐含层空间的非线性变换。之所以选用径向基函数作为隐含层的激励函数，是因为它具有以下特性：第一，当函数的输入信号靠近基函数中央时，隐含层节点将产生较大的输出，即径向基函数具有局部响应特性，也称为局部感知场函数；第二，径向基函数具有径向对称性。目前径向基函数存在各种各样的形式，如高斯函数、三角函数、双指数函数等，但最常用的形式是高斯函数，其具备以下优点：

① 表示形式简单，即使对于多变量输入也不会增加太多的复杂性；

② 径向对称性好；

③ 光滑性好，存在任意阶导数；

④ 表示简单且解析性好，便于进行理论分析。

高斯函数模型可用式（2.20）表示。

$$\phi(t)=\exp\left(-\frac{t^2}{\sigma^2}\right)\qquad(\sigma>0, t\in R)\tag{2.20}$$

当将高斯函数作为径向基函数时，高斯径向基函数的输入 t 则为 RBF 网络的输入向量 $\boldsymbol{X}$ 和高斯径向基函数中心 $\boldsymbol{C}$ 之间的距离，即 $t=\|\boldsymbol{X}-\boldsymbol{C}\|$。$\sigma$ 为高斯径向基函数的宽度。

图 2.17 给出了基于 MATLAB 7.0 的高斯径向基函数仿真结果，其中宽度常数 σ 取 0.5。由高斯径向基函数可推导出 RBF 网络的激励函数的表达式，如式（2.21）所示。

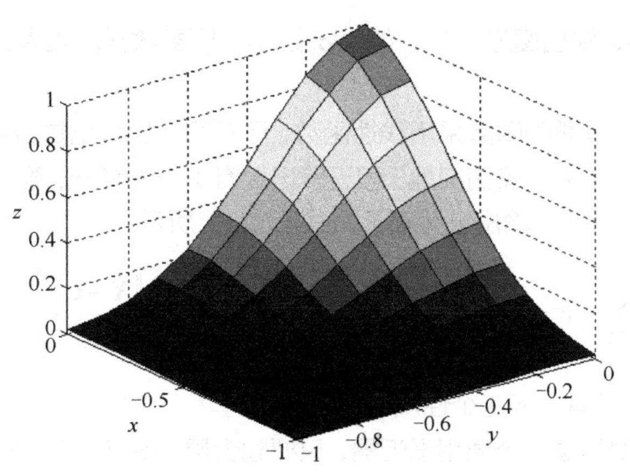

图 2.17　宽度常数 σ 为 0.5 时的高斯径向基函数

$$\phi(\| \boldsymbol{X}-\boldsymbol{C} \|)=\exp\left(-\frac{\| \boldsymbol{X}-\boldsymbol{C} \|^2}{\sigma^2}\right) \qquad (\sigma>0, \boldsymbol{X}\in R) \tag{2.21}$$

式中，$\boldsymbol{C}$ 为高斯径向基函数中心，σ 为高斯径向基函数的宽度，$\|\cdot\|$ 为欧式范数。

隐含层将低维的输入数据变换到高维空间内，使 RBF 网络在低维空间内的线性不可分问题在高维空间内线性可分。因此，隐含层空间的维数越高（隐含层神经元数目越多），网络的逼近精度就越高，但同时网络计算的复杂度也会随之提高。如图 2.16 所示，若输入层输入的任一训练样本为 $\boldsymbol{X}=[x_1, x_2,\cdots,x_j,\cdots, x_M]$，隐含层有 N 个神经元（与输入的训练样本数相同），其中任一神经元用 i 表示，$i=1, 2,\cdots, N$，则经过隐含层神经元的径向基函数（高斯函数）变换产生的隐含层神经元输出为 $\boldsymbol{R}=[r_1, r_2,\cdots, r_i,\cdots,r_N], (i=1,2,\cdots,N)$，其中 r_i 表示隐含层第 i 个神经元的输出，其表达式如式（2.22）所示。

$$r_i=\phi_i\left(\|\boldsymbol{X}-\boldsymbol{C}_i\|\right)=\exp\left(-\frac{\|\boldsymbol{X}-\boldsymbol{C}_i\|^2}{{\sigma_i}^2}\right)=\exp\left(-\frac{\sum_{j=1}^{M}(x_j-c_{i,j})^2}{{\sigma_i}^2}\right) \tag{2.22}$$

式中，ϕ_i 为隐含层第 i 个神经元的激励函数（即径向基函数），其为局部分布的对中心点径向对称衰减的非负非线性函数，在此取高斯函数。

$\boldsymbol{C}_i$ 是隐含层第 i 个神经元的径向基函数（高斯函数）的中心矢量，其与输入训练样本同维，即 $\boldsymbol{C}_i=[c_{i,1},c_{i,2},\cdots,c_{i,j},\cdots,c_{i,M}]$。$\|\boldsymbol{X}-\boldsymbol{C}_i\|$ 是向量 $\boldsymbol{X}-\boldsymbol{C}_i$ 的欧几里得范数，表示输入向量 $\boldsymbol{X}$ 与隐含层第 i 个神经元的中心 $\boldsymbol{C}_i$ 之间的距离测度。输入向量 $\boldsymbol{X}$ 离 $\boldsymbol{C}_i$ 越近，经过高斯径向基函数后能够得到的输出值 r_i 越大，即当 $\|\boldsymbol{X}-\boldsymbol{C}_i\|$ 值为 0 时，r_i 有唯一的最大值 1。输入向量 $\boldsymbol{X}$ 离 $\boldsymbol{C}_i$ 越远，经过高斯径向基函数后能够得到的输出值 r_i 越小，其最小值为 0。

σ_i 为隐含层第 i 个神经元的径向基函数（高斯函数）的宽度或平坦度，代表了 RBF 网络的局部程度。σ_i 表示距离中心 $\boldsymbol{C}_i$ 半径为 σ_i 范围内的输入向量 $\boldsymbol{X}$ 是可被接受的，并且此输入向量经过隐含层神经元的径向基函数会产生一定量的输出值 r_i。σ_i 越大，以 $\boldsymbol{C}_i$ 为中心的等高线越稀疏，隐含层神经元输出图形 r_i 越平坦，对其他隐含层神经元的高斯径向基函数输出影响也就越大。如果 σ_i 过大，则其通过影响高斯径向基函数会使输出的样本数据过多，进而会使该函数不能表征特定样本输入数据的输出贡献，这样不利于 RBF 网络局部与分布式处理特征的发挥。相反，σ_i越小，输出图形越窄，如果σ_i过小，则多数样本输入数据将会被该高斯径向基函数忽略。

第三层为输出层，其激励函数采用线性函数，可对隐含层输出进行线性组合，进而产生对激励信号的响应信号。不失一般情况地，假设输出层有 1 个神经元，隐含层与输出层之间的权值用w_i表示，则 RBF 网络的输出y可表示为式（2.23）所示。

$$y=\sum_{i=1}^{N}w_i r_i=\sum_{i=1}^{N}w_i\phi_i\left(\|\boldsymbol{X}-\boldsymbol{C}_i\|\right)=\sum_{i=1}^{N}w_i\exp\left(-\frac{\|\boldsymbol{X}-\boldsymbol{C}_i\|^2}{\sigma_i^2}\right) \tag{2.23}$$

正则化 RBF 网络具有以下 3 个性质。

① 正则化 RBF 网络是一个通用逼近器，只要隐含层神经元足够多，它就可以以任意精度逼近任意的多元连续函数。

② 由于正则化理论导出的逼近格式的未知系数是线性的，因此正则化 RBF 网络具有最佳的逼近性能。这说明给定一个未知的非线性函数f，总可以选择出一组系数使它对f的逼近优于所有其他可能的选择。

③ 由正则化 RBF 网络求得的解是最佳的。这里的“最佳”是指正则化 RBF 网络可以使测量训练样本的输出值与期望值的偏差的泛函最小。

（2）广义 RBF 网络

正则化 RBF 网络的训练样本与网络隐含层的径向基函数之间是一一对应的关系，如果网络输入的训练样本数目N过大，则网络的计算量将大得惊人。特别是在计算网络输出层的权值时，要求计算一个$N\times N$阶矩阵的逆，其计算量会按N的多项式增长（大约为N^3）。另外，矩阵越大，其发生病态的可能性就越高。

为了克服这些计算上的困难，通常须降低网络的复杂度，即用 Galerkin 方法来减少隐含层神经元的个数，具体做法为：假设网络输入样本数仍为N，则隐含层神经元的个数由原来的网络输入样本数N降为H，通过此法先求一个正则化解的近似，再在一个较低维数的空间中求一个次优解，进而即可获得网络复杂度降低的广义 RBF 网络。

广义 RBF 网络的基本思想是：将径向基函数作为隐含层神经元的“基”，构建隐含层空间。隐含层对输入向量进行变换，将低维空间的模式变换到高维空间内，使得在低维空间内的线性不可分问题在高维空间内线性可分。

图 2.18 所示为广义 RBF 网络的结构，其与图 2.16 所示的正则化 RBF 网络的不同之处有以下 4 点。

① 网络隐含层径向基函数的个数不再等于网络训练输入样本的个数N，而是等于H，通常情况下H远小于N。

② 径向基函数的中心不再被限制在网络输入样本的数据上，而是由训练算法确定。

③ 各径向基函数的宽度不再统一，它们值由训练算法确定。

④ 在输出层神经元处多设置了阈值ϕ_0（见图 2.18），用于补偿基函数在样本集上的平均值与目标值之间的差别。这一做法的实现是：令隐含层的一个神经元的输出r_0恒为 1，令输出层神经元与其相连的权值为w_0。

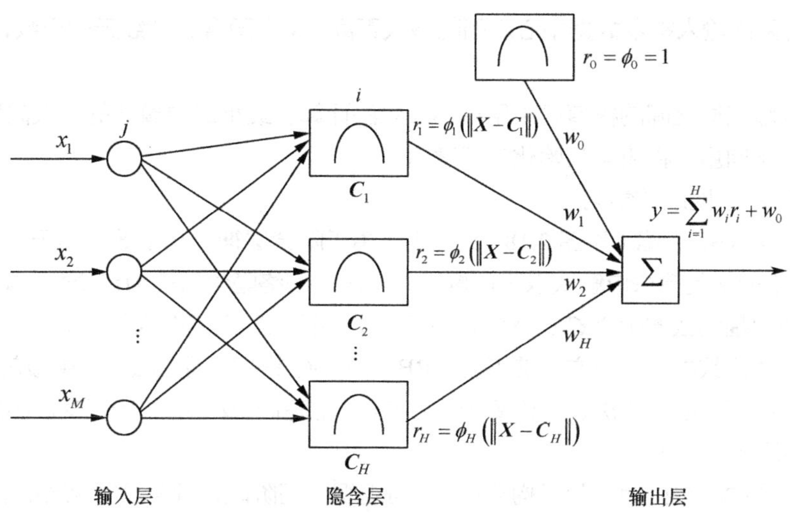

图 2.18　广义 RBF 网络

2. RBF 网络的学习

RBF 网络的学习主要包括结构和参数两方面的问题。结构方面主要须解决如何确定隐含层中心的数目问题，参数方面主要须解决 RBF 网络中各种参数的学习问题。RBF 网络需要学习的参数有 3 个：径向基函数的中心 $\boldsymbol{C}$ 、宽度 σ 、隐含层与输出层之间的权值 $\boldsymbol{w}$ 。

隐含层中心的数目（即隐含层节点的数目）与中心的位置对 RBF 网络的结构和性能影响很大，不恰当的隐含层节点数会使 RBF 网络无法正确地反映输入样本空间的实际划分，即隐含层节点空间无法实现从非线性的输入空间到线性的输出空间的转换。具体表现为中心数目过多将导致网络过度适应，即网络倾向于记住所有训练数据的影响，包括噪声数据的影响等。网络的泛化能力（即训练后的神经网络对未参与训练的、出自同一对象的以及具有相同特性的数据样本做出准确响应的能力）过高反而会使实际系统的拟合精度降低；而如果中心数目过少，网络的复杂性相对较小，同样会使网络的泛化能力不足，进而影响其拟合精度。因此，RBF 网络设计的一个核心问题就是确定恰当的中心点数目及其位置，并对网络权值进行训练。

研究表明，一旦 RBF 网络的中心和宽度确定后，网络隐含层与输出层之间的权值即可通过解线性方程组得出。因此，确定 RBF 网络的中心和宽度是设计 RBF 网络的重要工作。此外，在 RBF 网络中，隐含层与输出层所完成的任务是不同的，因此采用的学习策略也不同。隐含层是对径向基函数的参数进行调整，采用非线性优化策略，学习速度比较慢。输出层是对线性权值进行调整，采用线性优化策略，学习速度比较快。因此，RBF 网络的学习一般分为两个层次进行，下面分别对常见的正则化 RBF 网络和广义 RBF 网络进行详细介绍。

（1）正则化 RBF 网络的学习

当采用正则化 RBF 网络（见图 2.16）结构时，隐含层神经元个数即为网络输入样本数目，各个径向基函数的中心即为网络输入样本本身。因此，正则化 RBF 网络的学习只须考虑各径向基函数的宽度和隐含层与输出层之间的权值。

径向基函数的宽度可根据网络输入样本数据中心的分布来确定。为了避免每个径向基函数太尖或太平，通常将所有径向基函数的宽度按式（2.24）进行计算。

$$\sigma=\frac{d_{\max}}{\sqrt{2N}} \tag{2.24}$$

式中，d_{max} 为网络输入样本数据中心之间的最大距离，N 为隐含层神经元的个数，即网络输入样本数目。

隐含层与输出层之间的权值可采用最小二乘法计算。最小二乘算法的输入向量为 RBF 网络隐含层的输出向量。权值可初始化为任意值。

（2）广义 RBF 网络的学习

当采用广义 RBF 网络（见图 2.18）结构时，由于隐含层神经元个数不等于输入样本数目，因此 RBF 网络的学习算法应解决以下问题：如何确定网络隐含层的节点个数，如何确定网络隐含层中各径向基函数的中心 $\boldsymbol{C}$ 、宽度 σ 及隐含层与输出层之间的权值 $\boldsymbol{w}$ 。

根据径向基函数中心选取方法的不同，RBF 网络有多种学习方法，其中最常用的 4 种学习方法为：自组织选取中心法、有监督选取中心法、随机选取中心法和正交最小二乘法。

① 自组织选取中心法

自组织选取中心法由两个阶段构成：一是自组织学习阶段，即学习隐含层基函数的中心与宽度（方差）；二是有监督学习阶段，即学习隐含层与输出层之间的权值。具体的学习过程介绍如下。

a. 学习中心 $\boldsymbol{C}_i\ (i=1,2,\cdots,H)$

自组织学习过程利用了聚类算法，常用的聚类算法是 K−均值聚类算法，其特点是算法简单，易于实现，计算复杂度低，但是精度不高。由于通过聚类得到的中心不是网络输入样本数据本身，因此须用 $\boldsymbol{C}_i(n)\ (i=1,2,\cdots,H)$ 表示第 n 次迭代时隐含层基函数的学习中心。K−均值聚类算法的具体步骤介绍如下。

步骤 1：初始化聚类中心。从样本输入空间 $\boldsymbol{X}$ 中的重要样本数据点所在区域上选取径向基函数的中心，使得选取的中心具有“代表性”。样本点密集的地方中心点要适量地多些，如果输入样本数据本身是均匀分布的，则中心点也须均匀分布。因此，可以从 N 个输入训练样本中随机选取 H 个不同的样本作为初始聚类中心 $\boldsymbol{C}_i(0)\ (i=1,2,\cdots,H)$，$H$ 为隐含层节点个数，并且设置迭代步数 $n=0$ 。

步骤 2：随机输入训练样本 $\boldsymbol{X}_k$，$k=1,2,\cdots,N$ 。

步骤 3：计算所有输入训练样本与聚类中心的距离 $\|\boldsymbol{X}_k-\boldsymbol{C}_i(n)\|$，寻找距离输入训练样本 $\boldsymbol{X}_k$ 最近的中心，并找到下标值 $i(\boldsymbol{X}_k)$ 满足式（2.25）的最近中心。

$$i(\boldsymbol{X}_k)=\arg\min_i\|\boldsymbol{X}_k-\boldsymbol{C}_i(n)\|,\quad i=1,2,\cdots,H \tag{2.25}$$

式中，$\boldsymbol{X}_k$ 被归为第 i 类，$\boldsymbol{C}_i(n)$ 是第 n 次迭代时第 i 个神经元的径向基函数的中心。

步骤 4：利用式（2.26）调整基函数的中心。

$$\boldsymbol{C}_i(n+1)=\begin{cases}\boldsymbol{C}_i(n)+\eta\left[X_k-\boldsymbol{C}_i(n)\right], & i=i(\boldsymbol{X}_k)\\ \boldsymbol{C}_i(n), & \text{其他}\end{cases} \tag{2.26}$$

式中，η 为学习步长，且有 $0<\eta<1$。

步骤 5：判断是否学完所有的训练样本且中心的分布是否不再变化，是则结束，否则，令 n=n+1，转到步骤 2。

最后得到的 $\boldsymbol{C}_i\ (i=1,2,\cdots,H)$ 即为 RBF 网络最终的基函数的中心。

b. 确定基函数的宽度 $\sigma_i\ (i=1,2,\cdots,H)$

当 RBF 网络选用高斯函数时，宽度（方差）可用式（2.27）计算求得。

$$\sigma_i = \frac{d_{\max}}{\sqrt{2H}}, \qquad (i = 1,2,\cdots,H) \tag{2.27}$$

式中，H 为隐含层神经元的个数，$d_{\max}$ 为所选中心间的最大距离。

c. 学习权值 $w_i(i = 1,2,\cdots,H)$

当隐含层节点的中心和宽度确定后，输出权值就可以用最小二乘法进行计算，此方法可使目标函数值（即神经元实际输出与期望输出之间的均方差）最小。在单输出情况下，可定义目标函数为式（2.28）所示形式。

$$J(n) = \sum_{k=1}^{N} e_k(n) = \frac{1}{2}\sum_{k=1}^{N} \Lambda(k)\left\|d_k - y_k(n)\right\|^2 \tag{2.28}$$

式中，N 为输入训练样本的个数，$e_k(n)$ 为第 n 次迭代时网络对应第 k 个输入训练样本 $\boldsymbol{X}_k$ 的输出层误差；d_k 为网络对应第 k 个输入训练样本 $\boldsymbol{X}_k$ 的输出层期望输出；$y_k(n)$ 为第 n 次迭代时网络对应第 k 个输入训练样本 $\boldsymbol{X}_k$ 的输出层实际输出；$\Lambda(k)$ 是加权因子，表征第 k 个输入训练样本 $\boldsymbol{X}_k$ 的可靠性，样本越可靠，加权因子越大，其值通常按式（2.29）进行计算。

$$\Lambda(k) = \lambda^{N-k}, \quad 0 < \lambda < 1, k = 1,2,\cdots,N \tag{2.29}$$

最小二乘法的输入为 RBF 网络隐含层的输出，RBF 网络输出层的神经元只对隐含层神经元的输出进行加权求和。对于 RBF 网络而言，其权值 w 的调整公式如式（2.30）所示。

$$w_i(n+1) = w_i(n) + \alpha\frac{e(n)r_{k,i}}{\left\|r_k\right\|^2} \tag{2.30}$$

式中，$w_i(n)$ 为第 n 次迭代时隐含层第 i 个神经元与输出层神经元之间的权值；α 是常数，且有 $0 < \alpha < 2$；$e(n)$ 为第 n 次迭代时网络输出层的误差；$r_{k,i}$ 为 RBF 网络隐含层第 i 个神经元对应网络第 k 个输入训练样本 $\boldsymbol{X}_k$ 的输出；r_k 为 RBF 网络隐含层所有神经元对应网络第 k 个输入训练样本 $\boldsymbol{X}_k$ 的输出；权值 w 可被初始化为任意值，当目标函数 $J(n) \leqslant \varepsilon$ 时，算法结束，ε 为某一容差。

权值可以用最小二乘法求得，也可以直接用伪逆法求得，求解公式如式（2.31）所示。

$$\boldsymbol{w} = \boldsymbol{R}^{+}\boldsymbol{d} \tag{2.31}$$

式中，d 是输出层的期望输出；$\boldsymbol{R}$ 是隐含层输出矩阵；$\boldsymbol{R}^{+}$ 是矩阵 $\boldsymbol{R}$ 的伪逆，其计算公式如式（2.32）所示。

$$\boldsymbol{R}^{+} = (\boldsymbol{R}^{\mathrm{T}}\boldsymbol{R})^{-1}\boldsymbol{R}^{\mathrm{T}} \tag{2.32}$$

对于自组织选取中心学习算法，需要注意以下 4 点。

第一，K–均值聚类算法的终止条件是网络学完所有的训练样本且中心的分布不再变化。

第二，“基函数”除了选用高斯函数外，也可选用多二次函数和逆多二次函数，它们都是可对中心点径向对称的函数。

第三，在介绍自组织选取中心法时，假设了所有的基函数方差都是相同的，而实际上每个基函数都有自己的方差，需要在训练过程中根据自身的情况进行确定。

第四，K–均值聚类算法实际上是自组织映射竞争学习过程的特例。它的缺点是过分依赖于初始中心的选择，容易陷入局部最优值。

② 有监督选取中心法

有监督选取中心法是一种有导师学习方法，其也被称为监督学习算法。径向基函数的中心以及 RBF 网络的所有其他参数都将经历一个监督学习的过程。换句话说，RBF 网络将采用误差修正学习过程，它可以很方便地使用梯度下降法。RBF 网络的梯度训练方法与 BP 算法训练多层感知器的原理类似，也是通过最小化目标函数实现对各隐含层节点数据的中心、宽度和输出权值进行调节。与聚类方法相比，有监督选取中心法将同时确定隐含层参数与权值，因变量参与其中，故其整体性较强。这种算法与初值有关，且难以找到全局最优值，这也限制了监督学习方法的应用，因此这里仅对其做简单介绍。

③ 随机选取中心法

随机选取中心法是一种最简单的中心选取算法，其输入训练数据是以当前问题的典型方式分布的，隐含层节点的中心随机地从输入训练样本数据中选取，且在网络的训练过程中此中心值固定不变。隐含层单元的激励函数是固定的径向基函数，即径向基函数的宽度为一定值。径向基函数使用一个各向同性的高斯函数，其标准偏差会根据中心散布情况进行确定。中心确定以后，高斯函数的宽度 σ_i 可由式（2.27）进行确定。这样选择 σ_i 的目的是使高斯函数的形状适度：既不太尖，也不太平。输出层的权值可采用伪逆法直接求得。对于这种选取算法，如果输入样本数据的分布具有代表性，则其不失为一种简单可行的方法。但是在大多数情况下，如果输入样本数据具有一定的冗余性，那么这种选取算法并不可行。

④ 正交最小二乘法

RBF 网络的另一种重要的学习方法是正交最小二乘法，其来源于线性回归模型。正交最小二乘法的基本思想是：将径向基函数的中心选作训练模式的子集，一次选择一个样本，通过正交化回归矩阵 $\boldsymbol{P}$（实际为网络隐含层的输出矩阵 $\boldsymbol{R}$）的各分量 P_i（$\boldsymbol{P}$ 的第 i 列），选择可使误差压缩比大的回归算子，并通过选定的容差确定回归算子数，进而求出网络权值。在网络中心的选取过程中，每增加一个正交向量作为网络的中心，得到的网络精度就会进一步提高，而且每次选择的下一个中心都是在余下的未选中的正交向量中对减小网络误差贡献最大的向量。正交最小二乘法由于能够有效地解决因中心靠得太近而产生的数值病态问题，因此在神经网络中得到了广泛的应用。

假定 RBF 网络的输出层中只有一个神经元，根据线性回归模型，网络的期望输出响应如式（2.33）所示。

$$d_k = \sum_{i=1}^{H} p_{k,i} w_i + e_k \tag{2.33}$$

将其写成矩阵形式为：

$$\boldsymbol{d} = \boldsymbol{P}\boldsymbol{w} + \boldsymbol{e}$$

式（2.33）中，$p_{k,i}$ 是回归算子，实际上其是网络对应第 k 个样本输入的隐含层第 i 个神经元的输出，其可表示为式（2.34）所示的形式。

$$p_{k,i} = \phi\left(\left\|\boldsymbol{X}_k - \boldsymbol{C}_i\right\|\right), k = 1,2,\cdots,N, i = 1,2,\cdots,H \tag{2.34}$$

式（2.34）中 N 为训练样本数，H 为隐含层节点数，且有 $H < N$ 。w_i 为隐含层第 i 个节点与输出节点之间的权值。而 RBF 中心 $\boldsymbol{C}_i$ 一般是输入数据样本集合的一个子集，每一组 $\boldsymbol{C}_i$ 对应输入数据样本可得到一个回归矩阵 $\boldsymbol{P}$。因此，从输入数据集中选取适当的 RBF 中心的问题就可以被看成是从一个给定的具有 H 个备选回归算子的集合中，选出一组重要的回归算子。e_k 是网络对应第 k 个样本输入的网络输出层误差信号，它和回归算子不相关，但与回归算子的变

化以及隐含层节点数的选择有关。每个回归算子对降低误差e的贡献是不同的，要选取出那些贡献显著的算子。

利用正交最小二乘法通过学习选择合适的回归算子p_i及其个数H（与隐含层节点个数相同），可使网络输出满足二次性能指标要求。正交最小二乘法的基本思想是：通过正交化回归算子$p_i(i=1,2,\cdots,H)$，分析p_i对降低误差的影响；选择合适的回归算子，并根据性能指标确定其个数H。

先讨论回归矩阵的正交问题，将回归矩阵进行三角分解，则有：

$$\boldsymbol{P}=\boldsymbol{U}\boldsymbol{A}$$

式中，$\boldsymbol{A}$是一个$H\times H$的上三角矩阵，且主对角线元素为1，表示如下。

$$\boldsymbol{A}=\begin{bmatrix} 1 & \alpha_{12} & \alpha_{13} & \cdots & \alpha_{1H} \\ 0 & 1 & \alpha_{23} & \cdots & \alpha_{2H} \\ 0 & 0 & 1 & \cdots & \vdots \\ \vdots & 0 & 0 & 1 & \alpha_{H-1H} \\ 0 & 0 & 0 & \cdots & 1 \end{bmatrix}$$

$\boldsymbol{U}$是一个$N\times H$的正交矩阵。则有：

$$\boldsymbol{d}=\boldsymbol{P}\boldsymbol{w}+\boldsymbol{e}=\boldsymbol{U}\boldsymbol{A}\boldsymbol{w}+\boldsymbol{e}=\boldsymbol{U}\boldsymbol{g}+\boldsymbol{e}$$

式中，$\boldsymbol{g}$为新的回归参数向量。利用正交最小二乘法可求出$\hat{g}_i$，如式（2.35）所示。

$$\hat{g}_i=\frac{\boldsymbol{u}_i^{\mathrm{T}}\boldsymbol{d}}{\boldsymbol{u}_i^{\mathrm{T}}\boldsymbol{u}_i} \tag{2.35}$$

式中，$\hat{g}_i$为$\hat{g}$的分量。

使用施密特方法将$\boldsymbol{P}$正交化：首先令$u_1=p_1$，然后从$k=2$开始对p_k做正交运算，直到$k=H$为止，这时假定p_k前面的$k-1$个向量已经是正交向量，则最终可获得一个正交的矩阵$\boldsymbol{U}$，它的任意两个不同列之间都是正交的。其正交化过程可用式（2.36）表示。

$$\left.\begin{aligned} u_i &= p_i \\ a_{i,k} &= \frac{u_i^{\mathrm{T}} p_k}{u_i^{\mathrm{T}} u_i} \\ u_k &= p_k-\sum_{i=1}^{k-1} a_{i,k} u_i \end{aligned}\right\} i=1,2,\cdots,k;\ k=2,3,\cdots,H \tag{2.36}$$

利用正交最小二乘法进行学习的步骤总结如下。

步骤1：预选一个隐含层单元数H。

步骤2：预选一组RBF网络中心矢量$\boldsymbol{C}_i,i=1,2,\cdots,H$。

步骤3：根据上一步选定的中心矢量，使用输入样本矢量$\boldsymbol{X}_k$计算回归矩阵$\boldsymbol{P}$。

步骤4：按照上述方法正交化回归矩阵$\boldsymbol{P}$的各列。

步骤5：分别计算$\hat{g}_i$和ε_i。

$$\hat{g}_i=\frac{\boldsymbol{u}_i^{\mathrm{T}}\boldsymbol{d}}{\boldsymbol{u}_i^{\mathrm{T}}\boldsymbol{u}_i}$$

$$\varepsilon_i=\frac{g_i^2 u_i^T u_i}{d^T d}$$

步骤 6：计算上三角矩阵 A，并由三角方程 $\boldsymbol{g}=\boldsymbol{Aw}$ 求解连接权值矢量 $\boldsymbol{w}$，其中 $\boldsymbol{g}=[g_1,g_2,\cdots,g_H]^{\mathrm{T}}$。

步骤 7：检查下式是否成立。

$$1-\sum_{i=1}^{H}\varepsilon_i<\rho$$

式中，$0<\rho<1$ 为选定的容差。若成立，则停止计算，否则，转至步骤 2，即重新选择 RBF 网络的中心矢量。

以上介绍了 RBF 网络学习的过程。从中可以看出，RBF 网络的学习过程与 BP 网络的学习过程类似，两者的主要区别在于使用了不同的激励函数。BP 网络中隐含层与输出层的节点都使用了 S 型函数，其值在输入空间中无限大的范围内为非零值，因而该网络是一种全局逼近的人工神经网络；而 RBF 网络中的隐含层节点使用的是高斯函数，输出层节点使用的是线性函数，它在输入空间较集中的小区域内为非零值，而在大部分区域内为零值，因此 RBF 网络是一种局部逼近的人工神经网络，适用于解决局部逼近的实际问题。

值得一提的是，随着 RBF 网络模型的广泛应用，MATLAB 软件也提供了 RBF 网络工具箱。但是其在结构图和表述方法上，与通常所讲的有所不同，这容易给使用者带来误解或疑惑，因此这里对其重点说明一下。

在基于 MATLAB R2016b 的 RBF 网络工具箱的相关书籍中可以看到，RBF 网络的输入层与隐含层之间还有权值，其学习的目的是求取或调整四个参数：输入层与隐含层之间的权值、隐含层与输出层之间的权值、隐含层的阈值、输出层的阈值，而不是求解基函数的中心、宽度以及隐含层与输出层之间的权值。其实，它们是从不同的角度用不同的定义来表述同一个问题。在基于 MATLAB R2016b 的 RBF 网络工具箱中，输入层与隐含层之间的权值学习规则与径向基函数中心的学习规则是一样的，其隐含层的阈值确定方法与径向基函数宽度的确定方法相同。因此，MATLAB 工具箱中增加的输入层与隐含层之间的权值和隐含层的阈值其实就是径向基函数的中心和宽度，这样更改称谓的好处是可以与其他类型的人工神经网络在定义上达成一致，便于理解和记忆。目前关于如何训练这四个参数的理论及数学模型的相关资料较少，其只是在 RBF 网络的 MATLAB 实现中有所提及，这里对其做简单介绍。

面向 MATLAB 工具箱的 RBF 网络包括输入层、隐含层（径向基层）和输出层（线性层），其结构如图 2.19 所示。

图 2.19 中，R 表示网络输入向量 $\boldsymbol{P}$ 的维数，$j=1,2,\cdots,P$；S^1 表示网络隐含层的神经元个数，$i=1,2,\cdots,S^1$；S^2 表示网络输出层的神经元个数，$l=1,2,\cdots,S^2$。隐含层神经元输出为 $a^1=\left[a_1^1\cdots a_i^1\cdots a_{S^1}^1\right]$，输出层神经元输出为 $y=a^2=\left[a_1^2\cdots a_l^2\cdots a_{S^2}^2\right]$。

此结构与图 2.16 或图 2.18 所介绍的 RBF 网络在原理以及网络的功能、特性等方面都相同，但是在模型的符号表示及学习方式的表述上有所不同，具体介绍如下。

（1）在图 2.16 或图 2.18 所示的 RBF 网络中，通常将输入样本向量 $\boldsymbol{X}$ 与隐含层径向基函数中心 $\boldsymbol{C}$ 之间的欧式距离 $\|\boldsymbol{X}-\boldsymbol{C}\|$ 作为隐含层径向基函数的输入。而图 2.19 所示 RBF 网络则将网络输入样本向量 $\boldsymbol{P}$ 与权值向量 $\mathbf{IW}^{1,1}$ 之间的欧氏距离 $\left\|\mathbf{IW}^{1,1}-\boldsymbol{P}\right\|$ 同隐含层径向基函数的阈值 b^1 的乘积 $\left\|\mathbf{IW}^{1,1}-\boldsymbol{P}\right\|b^1$ 作为了隐含层径向基函数的输入。输入层与隐含层之间的权值 $\mathbf{IW}^{1,1}$ 其实就确定了径向基函数的中心 $\boldsymbol{C}$，$\boldsymbol{C}$ 和 $\mathbf{IW}^{1,1}$ 的初始值均来自网络的样本输入，两者的作用都是确定其与网络输入向量 $\boldsymbol{X}$（或者 $\boldsymbol{P}$）之间的欧氏距离，从而决定隐含层神经元的输出。

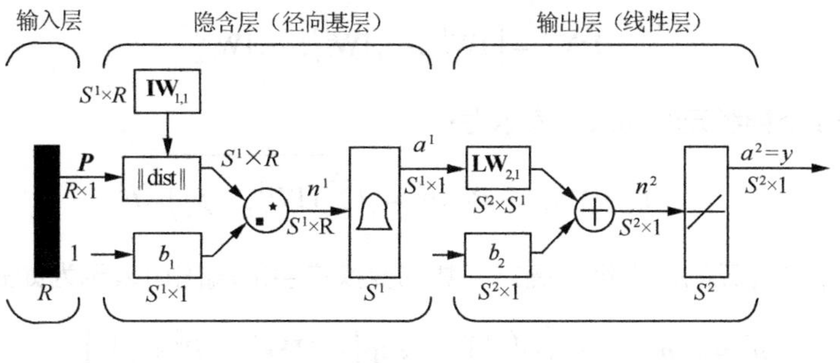

$$a^1 = \text{radbas}\left(\left\|\mathbf{IW}^{1,1} - \boldsymbol{P}\right\| b^1\right) \qquad a^2 = \text{purelin}\left(\text{LW}^{2,1} a^1 + b^2\right)$$

图 2.19 面向 MATLAB 工具箱的 RBF 网络结构

（2）图 2.16 和图 2.19 所示的 RBF 网络中隐含层的径向基函数均采用了高斯函数，但两者所采用的高斯函数形式不同。图 2.16 所示 RBF 网络中使用的高斯函数如式（2.37）所示。

$$\phi(x) = \exp\left(-\frac{x^2}{\sigma^2}\right), \quad (\sigma > 0, x \in R) \tag{2.37}$$

式中，σ 决定了径向基函数 $\phi(x)$ 的宽度，即其形状。

而图 2.19 所示 RBF 网络中使用的高斯函数如式（2.38）所示。

$$\phi(x) = \exp(-x^2), \ (x \in R) \tag{2.38}$$

径向基函数 $\phi(x)$ 的宽度由径向基函数的阈值 b^1 来确定，即阈值 b^1 可以调节径向基函数的灵敏度，但在实际工作中更常用的是另一参数 C（其称为扩展常数，与中心 C 不是同一个量）。b^1 和 C 的关系有多种确定方法，在 MATLAB R2016b 的 RBF 网络工具箱中，b^1 和 C 的关系为 $b^1 = 0.8326/C$。由此可见 C 值的大小实际上反映了隐含层神经元的输出对于输入的响应宽度。C 值越大，隐含层神经元对输入矢量的响应范围越大，且神经元间的平滑度也会越好。

（3）图 2.19 所示 RBF 网络的输出层中有阈值 b^2，当隐含层单元数等于输入样本数时，取 $b^2 = 0$。因此，在计算图 2.19 所示 RBF 网络的输出时通常不对它们进行考虑。

图 2.19 所示的 RBF 网络的隐含层神经元将径向基函数作为激励函数，该径向基函数一般取为高斯函数。RBF 网络的隐含层第 i 个径向基神经元结构如图 2.20 所示。

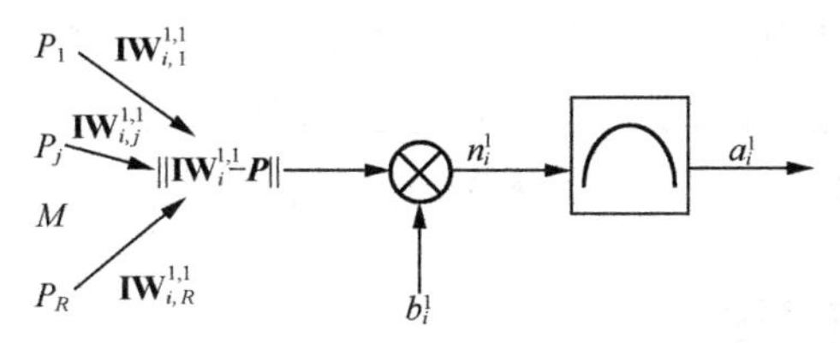

图 2.20 径向基神经元结构

输入层输入 $\boldsymbol{P}$ 可表示为：

$$\boldsymbol{P} = [p_1, \cdots, p_j, \cdots, p_R]$$

隐含层第 i 个神经元与输入层之间的权值可表示为：

$$\mathbf{IW}_i^{1,1} = \left[\mathrm{IW}_{i,1}^{1,1}, \cdots, \mathrm{IW}_{i,j}^{1,1}, \cdots, \mathrm{IW}_{i,R}^{1,1}\right]$$

则隐含层第 i 个神经元的输入可表示为：

$$n_i^1 = \left\|\mathbf{IW}_i^{1,1} - \boldsymbol{P}\right\| \times b_i^1 = \sqrt{\sum_{j=1}^{R}\left(\mathrm{IW}_{i,j}^{1,1} - p_j\right)} \times b_i^1$$

隐含层第 i 个神经元的输入经过高斯函数的变换产生的输出可表示为如式（2.39）所示。

$$a_i^1 = \phi\left(n_i^1\right) = \exp\left(-\left(n_i^1\right)^2\right) = \exp\left(-\left(\left\|\mathbf{IW}_i^{1,1} - \boldsymbol{P}\right\| \times b_i^1\right)^2\right) \tag{2.39}$$

此时，隐含层神经元的输出可表示为如式（2.40）所示。

$$a_i^1 = \exp\left\{-\left(\frac{\left\|\mathbf{IW}_i^{1,1} - \boldsymbol{P}\right\| \times 0.8326}{C_i}\right)^2\right\} = \exp\left(-0.8326^2 \times \left(\frac{\left\|\mathbf{IW}_i^{1,1} - \boldsymbol{P}\right\|}{C_i}\right)^2\right) \tag{2.40}$$

输出层的输入为各隐含层神经元输出的加权求和。由于激励函数为纯线性函数，因此，输出层第 l 个神经元的输出可表示为如式（2.41）所示。

$$a_l^2 = \sum_{i=1}^{S^1} a_i^1 \times \mathrm{LW}_{l,i}^{2,1} + b_l^2 = \sum_{i=1}^{S^1} \exp\left(-0.8326^2 \times \left(\frac{\left\|\mathbf{IW}_i^{1,1} - \boldsymbol{P}\right\|}{C_i}\right)^2\right) \times \mathrm{LW}_{l,i}^{2,1} + b_l^2 \tag{2.41}$$

式中，$\mathrm{LW}_{l,i}^{2,1}$ 表示输出层第 l 个神经元与隐含层各神经元之间的权值。

至此，本节完成了关于 RBF 网络的介绍。RBF 网络自被提出以来，以其结构自适应确定、输出与初始权值无关等优良特性，在解决局部逼近问题方面显示出了卓越的优势，在多维曲面拟合、自由曲面重构和大型设备故障诊断等领域已取得了成功的应用。目前，应用 RBF 网络解决实际问题的需求越来越多。因此，在 MATLAB R2016b 语言工具箱中也为 RBF 网络提供了配套的工具箱函数，这极大地方便了用户开展设计、分析与应用等工作。本书将在 2.5.3 节中详细介绍 MATLAB 语言工具箱中与 RBF 网络相关的工具箱函数，并将通过多个实例来讲解 RBF 网络的实现方法和编程过程。

2.4 反馈型神经网络的主要算法

反馈型神经网络（反馈网络）模型的主要特点是所有节点之间都可以相互连接，它属于无教师学习系统，其训练数据只有输入，而没有与之相对应的输出数据；网络必须根据一定的判定规则来自行调整权重，以解决没有训练样本这一实际问题。

2.4.1 Hopfield 网络算法

1982 年，美国加州理工学院生物物理学家霍普菲尔德（Hopfield）提出了可用作联想存储器的互联网络，这个网络被称为 Hopfield 网络。该网络是反馈网络的典型代表，其结构从输出到输入有反馈连接，进而使自身连成了一种循环神经网络。当 Hopfield 网络有输入作用时，其可以得到相应的输出，这个输出又会反馈到输入进而产生新的输出，这一反馈过程会一直进行下去。如果 Hopfield 网络是一个能收敛的稳定网络，则这个反馈与迭代所产生的变化会越来越小，直至达到稳定平衡状态，此时 Hopfield 网络会输出一个稳定的恒值。Hopfield 网络引入了类似于李雅普诺夫（Lyapunov）函数的能量函数这一概念，若把神经网络的拓扑结构（用加权系数矩阵表示）与所求问题（用目标函数描述）进行对应，则可将所求问题转换为神经网络动力学系统的演化问题。其演变过程可视为是一个非线性动力学系统，可以用一组非线性差分方程（离散型）或微分方程（连续型）来对其进行描述。系统的稳定性可用所谓的“能量函数”进行分析，某种“能量函数”的能量在网络运行过程中会不断地减少，最后会趋于稳定的平衡状态。

图 2.21 给出了 Hopfield 网络的典型结构。

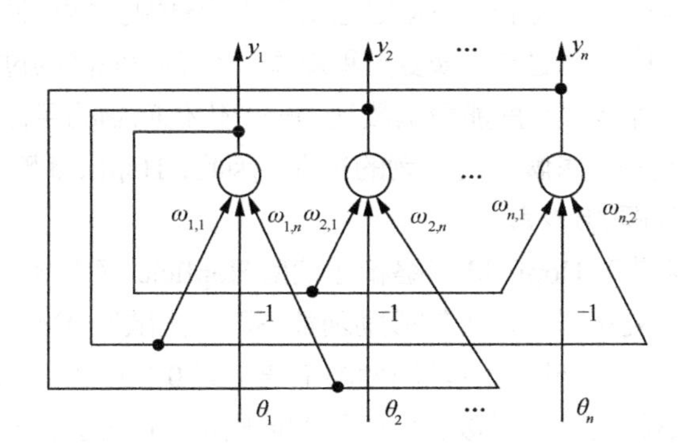

图 2.21　Hopfield 网络的典型结构

在图 2.21 中，若有 n 个神经元，且神经元 i 与神经元 j 之间的加权系数为 $\omega_{i,j}$，则由 $\omega_{i,j}$ 可构成一个 $n \times n$ 维的矩阵，被称为权矩阵。每个神经元都有一个阈值（亦称为门限值），其可以看作是神经元节点的输入，它的加权系数恒定为−1。进而可得每一个神经元的输出公式如式（2.42）所示。

$$y_i(t+1) = f\left(\sum_{j=1}^{n} \omega_{i,j} y_j(t) - \theta_i\right) \tag{2.42}$$

加权系数构成的权矩阵和所有神经元阈值构成的阈值向量唯一表达了一个 n 维的 Hopfield 网络。

通常情况下考虑到网络的稳定问题，Hopfield 网络对加权系数有两个要求：①神经元之间的连接须是对称的，即 $\omega_{i,j} = \omega_{j,i}$；②神经元须没有自反馈，即 $\omega_{i,i} = 0$。

Hopfield 网络是渐进稳定的，随着输入到输出再到输入的不断循环，网络状态会向能量减少的方向推移，直到网络能量达到极小值，系统处于稳定平衡状态，此时 $y(t+1) = y(t)$，网络被称为是稳定的。若初始状态即为稳定平衡状态，则此状态会保持不变；否则，网络会通过多次反馈达到稳定平衡状态。

对于一个输入样本而言，输出经过多次变化，最后会收敛于一个稳定状态，这个稳定状态被称为是网络稳定点或网络的吸引子。一个 Hopfield 网络一般可以对多个输入样本收敛于稳定状态。网络稳定状态的个数（网络吸引子的个数）被称为存储容量。

系统的稳定性可以用能量函数来分析。Hopfield 网络通过构造 Lyapunov 函数定义了能量函数 E，由于离散型和连续型能量函数的公式有所不同，因此在具体介绍这两种网络时将给出具体的公式。能量函数在表达形式上与物理意义上的能量概念是一致的。能量函数用于表征网络状态的变化趋势，其可依据 Hopfield 网络的工作运行规则不断进行状态变化，最终达到某个极小值。网络收敛就是指能量函数达到了极小值。

Hopfield 网络的工作运行规则决定了它具有一个重要的特性就是能量函数有界，即无论初始输入如何，网络总能收敛于一个稳定点。当网络达到稳定状态时，其能量函数达到最小。理论推导已经证明，在满足一定条件要求时，Hopfield 网络在不断的反馈过程中其能量函数总能不断减少，直到网络进入平衡状态，此时能量情况如式（2.43）所示。

$$\begin{array}{ll}\text{任一节点的能量} & E_i(t+1)\leqslant E_i(t)\\ \text{网络总能量} & E(t+1)\leqslant E(t)\end{array} \tag{2.43}$$

目前，Hopfield 网络已广泛应用于联想记忆和优化计算中。如果把系统的稳定点视为一个记忆的话，那么从初态到这个稳定点的演变过程就是一个寻找记忆的过程。如果把系统的稳定点视为一个能量函数的极小点，而把能量函数视为一个优化问题的目标函数，那么从初态朝这个稳定点的演变过程就是一个求解优化问题的过程。因此，Hopfield 网络的演变过程是一个计算联想记忆或求解优化问题的过程。

Hopfield 网络分为离散型 Hopfield 网络和连续型 Hopfield 网络两种，它们的拓扑结构及工作原理基本相同，不同之处在于所选用的激励函数不同。离散型 Hopfield 网络所选用的激励函数一般为符号函数，每一个神经元的输出为离散值 1 或 0（或–1），它们分别代表神经元的激励和抑制状态。正是这样的激励函数，使网络的输出是离散的。而连续型 Hopfield 网络所选用的激励函数为 Sigmoid 函数，相应的神经元输出也就不再只有两个值了，而是会在一个范围内连续变化。

Hopfield 网络的工作方式分为同步（并行）和异步（串行）两种。在同步工作方式下，部分或全部神经元节点同时调整输出状态；在异步工作方式下，每一次只有一个神经元节点调整输出状态，其他节点的输出状态均保持不变。异步工作方式比同步工作方式更稳定，但其缺点是丢掉了神经元节点并行处理信息的优点。在离散型 Hopfield 网络中两种方式都有使用，但异步工作方式的稳定性对权矩阵要求低一些，因此一般采用异步工作方式；在连续型 Hopfield 网络中，因为输出具有连续性，所以只能采用同步工作方式。下面将分别介绍离散型和连续型 Hopfield 网络。

1. 离散型 Hopfield 网络

学者霍普菲尔德最早提出的神经网络是二值神经网络，神经元的输出只取 1 和 0（或者–1）两个值，所以其也被称为离散型 Hopfield 网络，输出的离散值 1 和 0 分别表示神经元处于激励和抑制状态。

用 $y(t)=(y_1(t),y_2(t),\cdots,y_n(t))^{\mathrm{T}},t=1,2,\cdots$ 来表示一个含有 n 个神经元的离散型 Hopfield 网络在 t 时刻的输出状态，其中 $y_i(t)$ 代表第 i 个神经元的输出状态，则离散型 Hopfield 网络可以用式（2.44）表示。

$$y(t+1)=f(\boldsymbol{W}\cdot y(t)-\boldsymbol{\theta}) \tag{2.44}$$

式（2.44）中，$\boldsymbol{W}=(\omega_{i,j})$ 是 $n\times n$ 的权矩阵，$\boldsymbol{\theta}=(\theta_1,\theta_2,\cdots,\theta_n)$ 是阈值向量，激励函数 $f()$ 为符号函数，具体公式如式（2.45）所示。

$$f(x)=\operatorname{sgn}(x)=\begin{cases}1, & x\geqslant 0\\ 0, & x<0\end{cases} \tag{2.45}$$

由于激励函数的输出不是 1 就是 0，因此对于含 n 个神经元的离散型 Hopfield 网络而言，它的输出层就是 n 位二进制数；每一个 n 位二进制数就是一种网络状态，且共有 2^n 个网络状态，

它们可被视为 n 维超立方体的顶角。而网络状态的不断反馈，就相当于从一个顶角到另一个顶角的不停变换。当网络稳定时，其状态就会固定在某一个顶角不动，这个顶角就是网络的吸引子。如果网络的初始输入只有部分正确时，网络将稳定在期望顶角的附近角上。

离散型 Hopfield 网络的能量函数介绍如下。

节点 i 的能量函数如式（2.46）所示。

$$E_i = -\frac{1}{2}\sum_{j=1}^{n}\omega_{i,j}y_i y_j + \theta_i y_i \qquad (2.46)$$

所有节点的总能量函数如式（2.47）所示。

$$E = -\frac{1}{2}\sum_{i=1}^{n}\sum_{j=1}^{n}\omega_{i,j}y_i y_j + \sum_{i=1}^{n}\theta_i y_i \qquad (2.47)$$

关于离散型 Hopfield 网络的稳定性问题，学者科本（Coben）和格罗斯伯格（Grossberg）通过对能量函数进行分析，在 1983 年给出了其充分条件。①在异步工作方式下，若权矩阵 $\boldsymbol{W}$ 的对角线元素为 0，而且 $\boldsymbol{W}$ 矩阵元素对称，则 Hopfield 网络是稳定的。即当权矩阵满足 $\omega_{i,i}=0$，$\omega_{i,j}=\omega_{j,i}$ 时，离散型 Hopfield 网络一定是稳定的。②在同步工作方式下，若权矩阵为非负定对称矩阵，则离散型 Hopfield 网络是稳定的。由此可见同步工作方式比异步工作方式对权矩阵的要求更高，因此在实际操作中通常选用异步工作方式。需要注意的是，上述两点只是离散型 Hopfield 网络稳定的充分条件，其实还有很多离散型 Hopfield 网络并不满足上述关于权矩阵的条件，但是它们仍然是稳定的。

离散型 Hopfield 网络的工作过程包含两个阶段：一个是学习阶段，另一个是联想阶段。下面将详细介绍这两个阶段的具体操作。

（1）学习阶段

学习的目的是为了求解符合要求的网络权矩阵和阈值向量。为了简化计算，通常令阈值向量为 0，那么 Hopfield 网络的学习过程就变成了求解加权系数。

Hopfield 网络的加权系数是设计出来的，设计方法的主要思路是使被记忆的模式样本对应于网络能量函数的极小值。所采用的学习规则通常是 Hebb 学习规则，即若第 i 个神经元和第 j 个神经元同时处于兴奋状态，则它们之间的连接应该增强，也就是加权系数应该增大。

设有 m 个 n 维记忆模式（也称为训练样本），则要设计网络权矩阵 $\boldsymbol{W}$ 以使这 m 个记忆模式正好是网络能量函数的 m 个极小值。最初常用的设计方法是外积法，其加权系数用式（2.48）进行确定。

$$\omega_{i,j} = \begin{cases} \alpha\sum_{k=1}^{m}y_i y_j, & i\neq j, i\neq 0 \\ 0, & i=j \end{cases} \qquad (2.48)$$

式中，α 为不大于 1 的正常数，用于调节训练速度。

外积法的优点是计算简单、运算速度快，缺点是网络存储容量较小，可能会出现伪稳定状态。目前训练过程较多采用局部重复训练法，这种方法可使网络的稳定性和存储容量极大程度地提高。

首先定义一个稳定性因子，根据它来判定不够稳定的存储样本，并对权矩阵进行反复训练，直到它们满足稳定性条件为止。

稳定性因子γ的公式如式（2.49）所示。

$$\gamma_j = \sum_{i=1}^{n} \omega_{i,j} y_i y_j \tag{2.49}$$

加权系数调整公式如式（2.50）所示。

$$\begin{cases} \omega_{i,j}(0) = -\dfrac{1}{n}\sum_{k=1}^{m} y_i y_j \\ \omega_{i,j}(t+1) = \omega_{i,j}(t) + \Delta\omega_{i,j} \\ \Delta\omega_{i,j} = \dfrac{1}{n}(1-\gamma_j)\sum_{k=1}^{m} y_i y_j \end{cases} \tag{2.50}$$

具体操作步骤如下。

步骤1：计算网络加权系数的初始值$\omega_{i,j}(0) = -\frac{1}{n}\sum_{k=1}^{m} y_i y_j$，令$t=0$。

步骤2：检验样本向量的稳定性，计算稳定性因子。

$$\gamma_j = \sum_{i=1}^{n} \omega_{i,j}(t) y_i y_j$$

若$\gamma_j > 0$，则网络稳定，检验下一个训练样本，重新计算稳定性因子；否则，进行下一步。

步骤3：调整加权系数，$\Delta\omega_{i,j} = \frac{1}{n}(1-\gamma_j)\sum_{k=1}^{m} y_i y_j$，$\omega_{i,j}(t+1) = \omega_{i,j}(t) + \Delta\omega_{i,j}$。

步骤4：令$t = t+1$，若$t \leqslant m$，则返回到步骤2；否则，结束调整。

当遍历了所有m个训练样本后，所得到的权矩阵$\boldsymbol{W} = (\omega_{i,j})$可使每个训练样本都成为网络的吸引子。

（2）联想阶段

学习阶段结束后网络将处于等待工作状态。在权矩阵$\boldsymbol{W} = (\omega_{i,j})$保持不变的前提下，给定一个初始样本（其一般是一部分缺失或被干扰的信息），并将其作为网络的输入，则由于反馈的存在节点输出将不断变化，直到所有节点的输出稳定不变，此时输出处于稳定状态，即与输入样本最佳匹配的样本模式。

针对同步工作方式的联想阶段的具体操作步骤介绍如下。

步骤1：给定一组初始的网络状态$y(0)$，令$t=0$；

步骤2：给定一个终止规则C，假设$y(t+\Delta t) = y(t)$，$\Delta t > 0$；

步骤3：利用公式$y(t+1) = f(\boldsymbol{W}\cdot y(t) - \theta)$计算$y(t+1)$，其中$\boldsymbol{W}$为学习后得到的权矩阵，为了方便计算，令阈值向量$\theta$为零向量；

步骤4：判断，若$y(t+1)$满足终止规则C，则停止；否则，令$t = t+1$，转至步骤3。

针对异步工作方式的联想阶段的具体操作步骤介绍如下。

步骤1：给定一组初始的网络状态$y(0)$，令$t=0$；

步骤2：给定一个终止规则C，假设$y(t+\Delta t) = y(t)$，$\Delta t > 0$；

步骤3：按照$(1,2,\cdots,n)$的某个排列顺序或随机选择一个$i(t) \in (1,2,\cdots,n)$，计算$y_{i(t)}(t+1) = f(\boldsymbol{W}_{i(t)}\cdot y_{i(t)}(t) - \theta_{i(t)})$，这里，$\boldsymbol{W}_{i(t)}$是权矩阵$\boldsymbol{W}$的第$i(t)$行所构成的向量，$\theta_{i(t)} = 0$；

步骤4：令$y_j(t+1) = y_j(t)$，$j = 1,2,\cdots,n$且$j \neq i(t)$；

步骤5：判断，若$y(t+1)$满足终止规则C，则停止；否则，令$t = t+1$，转至步骤3。

离散型 Hopfield 网络的重要应用是用作联想存储器。在联想记忆过程中，首先对预存储的标准样本进行学习训练，以确定适当的权矩阵，这个过程可以看成是网络存储记忆的过程。当网络输入某个初始状态时，若无噪声，即初始状态与已存储的某个标准样本完全一致，则网络将一次迭代成功，并收敛于初始状态不变；若初始状态是标准样本的局部或有部分不正确，则网络将按 Hopfield 网络工作运行的动力学机制进行状态更新，最后网络的状态将稳定在能量函数的极小点。此时，网络的输出状态就是初始状态的最接近状态，网络仍然会产生所记忆的信息的完整输出，这样就完成了由部分信息产生的联想过程。

2. 连续型 Hopfield 网络

连续型 Hopfield 网络的拓扑结构和离散型 Hopfield 网络的结构相同，但神经元的输出不再是离散值 0 和 1，而是在某一区间内的连续变化值；通常其激励函数取连续、有界、单调增长的 Sigmoid 函数。由于连续型 Hopfield 网络在时间上是连续的，所以网络中各神经元只能采用同步工作方式。

典型的连续型 Hopfield 网络可以由一个放大器电路实现，如图 2.22 所示。该放大器电路模拟了神经元的非线性转移特性。

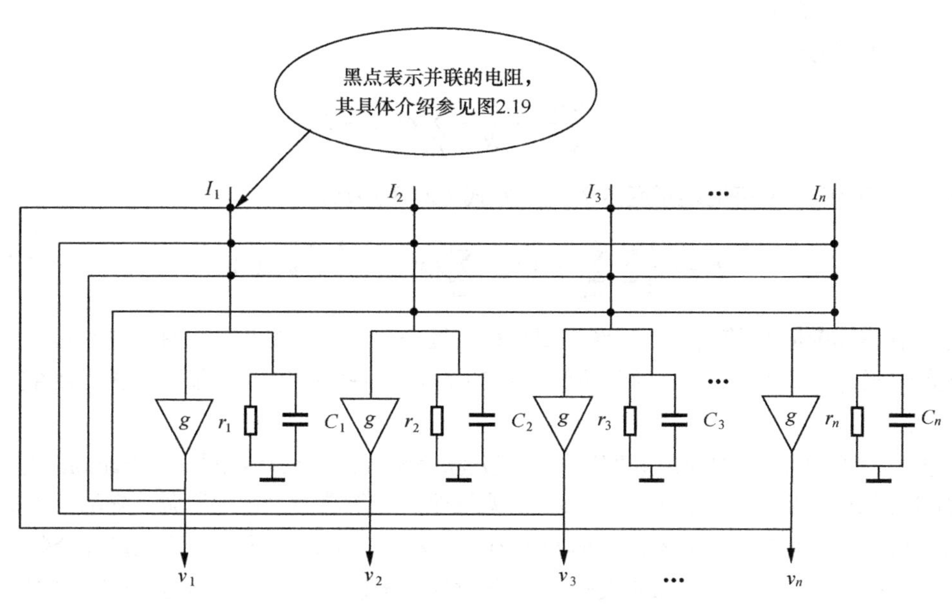

图 2.22 连续型 Hopfield 网络基本结构的电路模型

在图 2.22 中，运算放大器用于模拟神经元的激励函数，电压 u_i 为激励函数的输入，也称为神经元 i 的内部状态，各并联的电阻 $R_{i,j}$ 值决定各神经元之间的连接强度；电容 C_i 和电阻 r_i 用于模拟生物神经元的输出时间常数。整个网络是由 n 个同样的单元并联组成的，单元的电路结构如图 2.23 所示。每个节点有两组输入，即来自其他放大器的反馈和恒定输入，其中，其他放大器的反馈为矢量 $\boldsymbol{V}=(v_1,v_2,\cdots,v_n)$，$v_i$ 为神经元 i 的输出，恒定输入用电流 I_i 表示，其可模拟神经网络的阈值。

根据克西霍夫电路定律，图 2.23 中电路的动力学方程描述如式（2.51）所示。

$$C_i\frac{\mathrm{d}u_i}{\mathrm{d}t}=-\frac{u_i}{r_i}+\sum_{j=1}^{n}\omega_{i,j}(v_j-u_i)+I_i \qquad (i=1,2,\cdots,n) \tag{2.51}$$

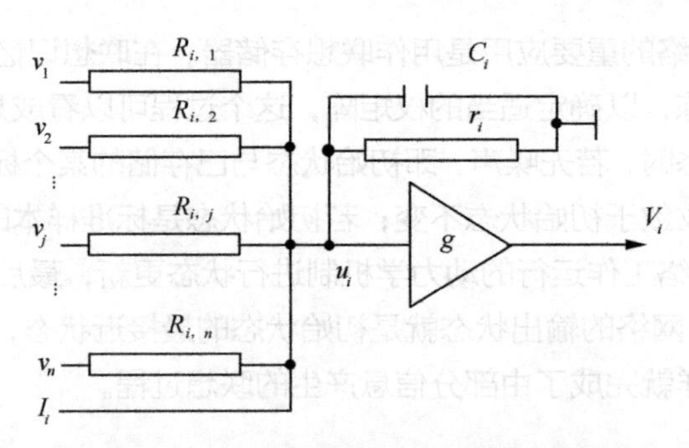

图 2.23　Hopfield 网络基本结构中单元的电路结构

式中，$\omega_{i,j}$ 为第 j 个运算放大器的输出与第 i 个运算放大器的输入之间的连接权值，且有 $\omega_{i,j}=1/R_{i,j}$，$\omega_{i,i}=0$，$\omega_{j,i}=\omega_{i,j}$，$v_j=\varphi_j(u_j)=\dfrac{1}{2}\left[1+\tanh\left(\dfrac{u_j}{T}\right)\right]$，$\varphi_j$ 为 Sigmoid 激励函数，T 是控制 Sigmoid 函数陡度的参数。

若令 $\dfrac{1}{R_i}=\dfrac{1}{r_i}+\sum\limits_{j=1}^{n}\dfrac{1}{R_{i,j}}$，并将其代入上述动力学方程，则可得到动力学方程的另一种表示形式如式（2.52）所示。

$$C_i\frac{\mathrm{d}u_i}{\mathrm{d}t}=-\frac{u_i}{R_i}+\sum_{j=1}^{n}\omega_{i,j}v_j+I_i \tag{2.52}$$

连续型 Hopfield 网络的能量函数的定义如式（2.53）所示。

$$E=-\frac{1}{2}\sum_{i=1}^{n}\sum_{j=1}^{n}\omega_{i,j}v_iv_j-\sum_{i=1}^{n}I_iv_i+\sum_{i=1}^{n}\frac{1}{r_i}\int_0^{v_i}\varphi_i^{-1}(v)\mathrm{d}v \tag{2.53}$$

连续型 Hopfield 网络有两个问题需要注意：其一，能量函数 E 是否有下界？其二，神经元的输入电压 $u_i(t)$ 是否有界？它们是网络稳定（即能求解优化问题）和网络能用硬件实现的必要条件。

数学上已经证明，当 Hopfield 网络的神经元激励函数连续且有界时，如 Sigmoid 函数，并且网络的权矩阵 $\boldsymbol{W}$ 对称，即满足 $\omega_{i,j}=\omega_{j,i}$，则这个网络的能量函数是单调下降的，网络可以达到稳定状态，且稳定点对应着能量函数 $E(t)$ 的极小点。同时，这个结论也是充分条件，目前已经证明：在某种情况下，即使权矩阵 $\boldsymbol{W}$ 非对称，连续型 Hopfield 网络也是收敛的。

在实际应用中，连续型 Hopfield 网络可以实现优化问题的求解。在求解一个优化问题时，首先选择一个合适的表示方法，将神经网络的输出和问题的解对应起来；然后构造能量函数 $E(t)$，并将其作为目标函数，使其最小值对应于原问题的最优解；最后由能量函数推导出神经网络的动力学方程及各个参数，构造硬件电路进行求解或用计算机软件进行仿真模拟。

由于引入了能量函数，神经网络和问题优化直接对应。利用神经网络进行优化计算，就是给出神经网络这一动力系统初始的估计点（即初始条件），并使其随网络的反馈运动进行传递，进而找到相应的极小点。因此，许多优化问题都可以用连续型 Hopfield 网络来求解。

Hopfield 网络的结构具有对称、反馈等特点，其可以用所谓的能量函数来描述自身的状态，它的运行具有收敛到能量极小点的趋势，但是 Hopfield 网络的能量函数是朝梯度减小的方向变化的，这就导致网络仍然存在一个问题：一旦能量函数陷入局部极小值，它将不能自动跳出局部极小点而到达全局最小点，因而无法求得网络最优解。目前，人们根据各自不同的需要对Hopfield网络进行了改进和扩展，提出了各种各样的类Hopfield网络模型，如选择不同的神经元的更新方程、改变神经元的状态值域、突破神经元自反馈为零的限制以及引入辅助网络等。但万变不离其宗，这些网络模型都通过能量函数的递减来保证其收敛性，并且能量函数的形式大同小异。

2.4.2 自组织映射网络算法

自组织映射（Self-Organizing Map，SOM）网络又称Kohonen网络，是芬兰学者科霍嫩（Kohonen）在1981年提出的一种反馈网络模型。通过对人类的神经系统及脑进行研究，发现人脑神经元对某些外部输入信号刺激的响应是其自身按某种顺序的排列，这种排列反映了外部世界的物理特性，如人脑的某一部分进行机械记忆特别有效，而另一部分进行抽象思维特别有效。SOM网络模拟了人脑神经元的这种特性，在接收外界输入时，可通过网络结构的自组织从大量输入数据中自动分出不同的对应区域，各区域对输入模式具有不同的响应特征。SOM网络属于无教师学习的神经网络。

SOM网络是一个两层的神经网络，只包括一个输入层和一个输出层，输入层和输出层各神经元之间双向连接，它能将任意输入模式在输出层中映射成二维离散图形，并保持结构不变。其典型网络结构如图2.24所示。

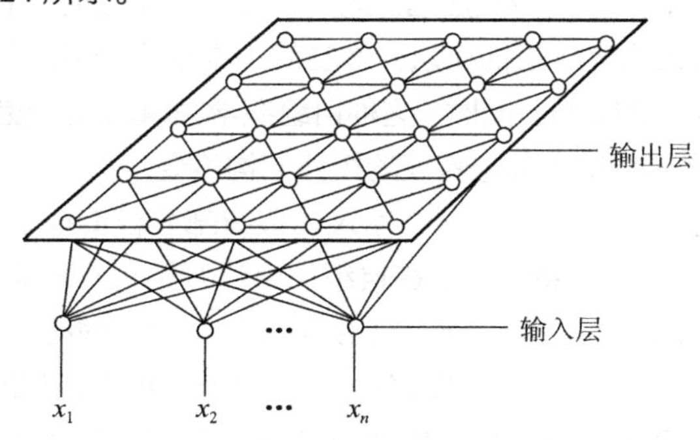

图2.24 SOM网络结构

图2.24中的输入层所在空间称为样本空间，输入层的神经元排成一列，每个神经元通过权值与输出层的每个神经元相连。输出层一般会组成网格形式，称为输出网格，是一个低维空间，又称为拓扑空间。如果输出层的宽度为m，则输出层一共有$M=m\times m$个神经元。输出层若干个神经元会排成一个二维阵列，同时输出层内部也存在大量连接，这些连接会将输出层的神经元相互连接起来。输出层中的神经元对不同的输入模式的响应是通过竞争来实现的，竞争的目的是决定哪个神经元对输入模式具有最大的响应。

当一个输入模式加入到网络输入层时，会引起某个输出神经元C兴奋，C周围$N_C(t)$区域内的神经元也会得到不同程度的兴奋，离神经元C越近的，兴奋程度越大，而在$N_C(t)$区域外的神经元会被抑制。这种侧向抑制作用叫作侧反馈，它反映了胜利神经元（神经元C）对临近神经元的影响。这种影响会体现在训练过程中的学习步长$\eta(t)$中。这种侧向抑制可以使网络自行决定哪一个或哪一组神经元对输入模式有最大的响应，而并不需要外界的指导，因此Kohonen网络的学习是无教师（无监督）学习，其训练数据只有输入数据，没有相对应的输出数据。$N_C(t)$是区域衰减函数，它决定了胜利神经元的影响范围。随着t的增大，区域$N_C(t)$会逐渐减小，直到区域内只剩下一个神经元或一组神经元为止，它们反映了一类输入样本的属性。$N_C(t)$ 区域的形状和变化如图 2.25 所示。

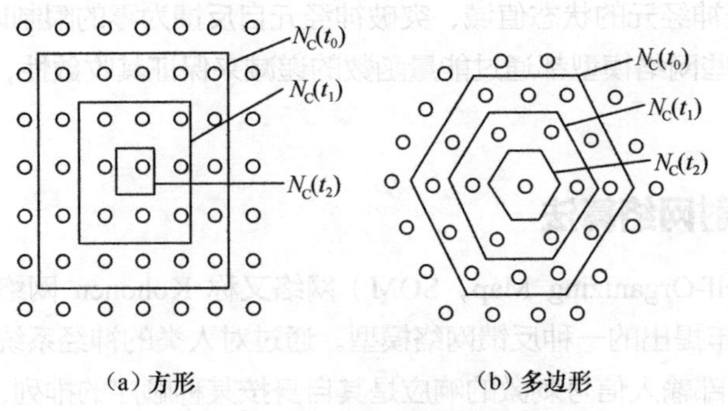

(a) 方形　　(b) 多边形

图 2.25　$N_C(t)$区域的形状和变化情况

当一些随机样本输入到 SOM 网络时，如果样本足够多，则权值分布近似于输入随机样本的概率密度分布，在输出神经元上也会反映这种分布，即概率大的样本会集中在输出空间中的某一个区域。如果输入的样本有几种不同的类型，则它们各自会根据概率分布分别集中到输出空间的各个不同区域内，在同一个区域内的代表是同一类样本。当然这个区域可以逐步减小，以使区域划分变得越来越明显。在这种情况下，不管输入样本是多少维的，都可以投影到低维数据空间的某一个区域上，这就是数据压缩。同时，如果在高维空间中样本比较相近，则它们在低维空间中的投影也比较相近，进而可从样本空间中取得比较多的信息。这种方法和贝叶斯分类器相似，即可以得到好的划分。同时，这种自组织学习算法能够使神经元具有自组织有序特征映射的功能，即能够保持输入矢量特征的拓扑结构不变。

SOM 网络的基本原理是：对于每一个输入，只有部分权值需要调整，调整的目标是使权值矢量尽可能地与输入矢量保持一致。在自组织网络开始进行学习之前，网络需要对所有的权系数随机赋初值。当输入矢量输入到自组织神经网络后，网络会利用随机选取的权值进行运算，并找到获胜的神经元。通过负反馈作用，这个获胜神经元临近的小区域将被激励，区域内的各连接权值将会朝着更有利于它们竞争的方向调整。对输入模式的反复学习，可使连接权矢量空间分布密度与输入模式的概率分布趋于一致，即连接权空间分布可反映输入模式的统计特征。

在 2.2.3 节中讲过，有教师学习的前馈网络结构一般分为训练和工作两部分，即首先对网络进行训练，然后再进行工作。而作为无教师学习的 SOM 网络则须“边干边学”，即须在工作的同时进行训练，因此它的训练和工作两个过程是合二为一的。训练的目标是使输出节点二维阵列能够对特定的输入矢量做出特别反应，以使权值的设定在方向上尽可能与训练输入样本保持一致。由于这个过程是在工作中自动进行的，故称其为自组织过程。SOM 网络的具体步骤介绍如下。

步骤 1：初始化权值。对于有 n 个输入神经元、p 个输出神经元的 SOM 网络，设连接输入神经元 i 和输出神经元 j 的权值 $W_{i,j}$ 的初始值 $W_{i,j}(0)=a$，一般有 $0<a<1$，同时，设邻近区域的初始半径为 $N_C(0)$，令 k=1。

步骤 2：输入模式 X_k，$X_k=\{x_{1,k},x_{2,k},\cdots,x_{n,k}\}$，$k=1,2,\cdots,N$，$t=0$。

步骤 3：求模式 $C\leqslant 1$和所有输出神经元的距离。对于输出神经元 j，它和特定的输入模式 X_k 之间的距离用 $d_{j,k}$ 表示，具体公式如式（2.54）所示。

$$d_{j,k}=\left\|X_k-W_j\right\|=\sqrt{\sum_{i=1}^{n}[x_{i,k}(t)-W_{i,j}(t)]^2}\text{，}\quad(j=1,2,\cdots,p)\tag{2.54}$$

步骤 4：选择最优匹配的输出神经元 C 。和输入模式 X_k 的距离最小的神经元就是最优匹配的输出神经元 C 。用 W_C 表示神经元 C 对输入神经元的权系数向量，则有 $\left\|X_k-W_C\right\|=\min_j\{d_{j,k}\}$ 。

步骤 5：调整参数。对选择出的最优匹配的输出神经元 C 及其邻近区域 $N_C(t)$ 中的所有神经元进行权值修正。修正按式（2.55）执行。

$$W_{i,j}(t+1)=W_{i,j}(t)+\eta(t)\big(X_i(t)-W_{i,j}(t)\big)\tag{2.55}$$

式中，$\eta(t)$ 是递减的增益函数，通常取 $\eta(t)=\dfrac{1}{t+1}$ 或 $\eta(t)=0.2\left(1-\dfrac{t+1}{T}\right)$，并且有 $0<\eta(t)<1$ 。区域 $N_C(t)$ 外的神经元的权系数不变，即有：

$$W_{i,j}(t+1)=W_{i,j}(t)$$

同时，对邻近区域 $N_C(t)$ 进行调整，逐渐缩小它的范围。具体调整公式如式（2.56）所示。

$$N_C(t+1)=\mathrm{INT}\left[N_C(0)\times\left(1-\frac{t+1}{T}\right)\right]\text{（INT 表示取整运算）}\tag{2.56}$$

注意：$\eta(t)$ 和 $N_C(t)$ 都属于经验公式，针对具体问题它们可以有不同的形式。

步骤 6：令 $t=t+1$ ，返回步骤 3 进行计算，直至达到最大循环次数 T 为止（ T 一般取 $500\leqslant T\leqslant 10000$ ）。

步骤 7：令 $k=k+1$ ，$W_{i,j}(0)=W_{i,j}(T)$ ，返回步骤 2 进行计算，直到 $k=N$ ，算法结束。

SOM 网络算法流程如图 2.26 所示。

SOM 网络自组织有序特征映射的主要性能归纳如下。

（1）对输入矢量有聚类作用。用聚类中心（各神经元的连接权矢量）代表原输入，可起到数据压缩的作用，这种压缩是对输入矢量的一个很好的近似。

（2）保持拓扑有序性。在原始空间中位置相近的输入矢量映射后在空间上（输出层）是相邻的，即 SOM 网络所形成的映射可为输入矢量的特征提供一种良好的表达方式。SOM 网络在相近的输入模式激励下，通过竞争合作机制选出的神经元在网络空间中的次序是相近的。

（3）自组织概率分布特性。SOM 网络能够根据样本出现在输入空间中的概率分布密度，自组织形成与这个概率密度相对应的神经元在空间中的分布密度关系，以使样本出现的最频繁区域的神经元数目最为集中。

（4）若干神经元可同时反映分类结果，具有容错性。

（5）具有自联想功能，SOM 网络能将任意输入模式在竞争层映像成二维离散图形。

由于 SOM 网络强大的功能，多年来该网络在数据分类、知识获取、过程监控、故障识别、遥感图像分类和语音识别等领域中得到了广泛应用。但是，SOM 网络不仅要调整神经元的权值，还要对神经元邻域内的所有神经元进行权值修正，导致它收敛速度慢，这是 SOM 网络应用的主要瓶颈。因此，对 SOM 网络结构进行优化和算法改进仍是自组织映射网络应用的主要方向。SOM 学习算法的效率往往取决于学习速率和邻域半径的选择以及连接权值的初始值等，选择不当则不能达到快速学习的目的，甚至会导致学习失败。因此，可以考虑从改进学习速率、邻域半径大小等方面来提高 SOM 网络的性能。目前已有许多学者在这些方面对 SOM 网络进行了改进，并不同程度地提高了 SOM 算法性能，感兴趣的读者可以查找这方面的文献对其进行深入研究。

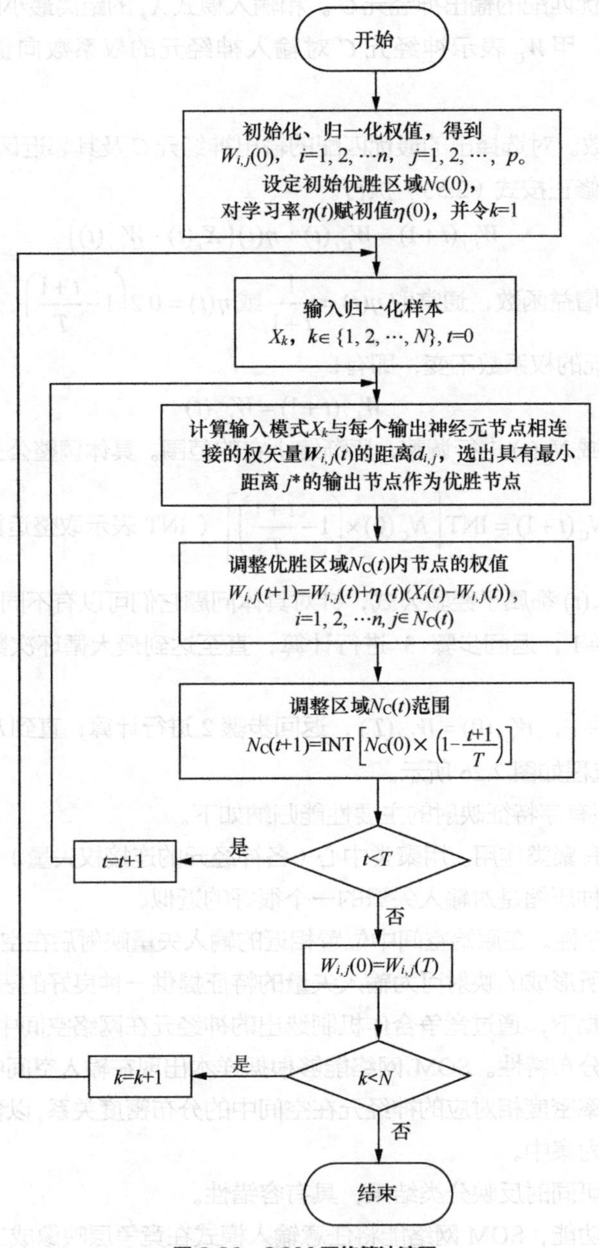
开始
初始化、归一化权值，得到
$W_{i,j}(0)$，i=1, 2, …n，j=1, 2, …，p。
设定初始优胜区域$N_C(0)$，
对学习率$\eta(t)$赋初值$\eta(0)$，并令k=1
输入归一化样本
X_k，$k\in\{1, 2, \cdots, N\}$，t=0
计算输入模式X_k与每个输出神经元节点相连接的权矢量$W_{i,j}(t)$的距离$d_{i,j}$，选出具有最小距离 j^*的输出节点作为优胜节点
调整优胜区域$N_C(t)$内节点的权值
$W_{i,j}(t+1)=W_{i,j}(t)+\eta(t)(X_i(t)-W_{i,j}(t))$,
i=1, 2, …n, $j\in N_C(t)$
调整区域$N_C(t)$范围
$N_C(t+1)=\text{INT}\left[N_C(0)\times\left(1-\frac{t+1}{T}\right)\right]$
是
t=t+1
t<T
否
$W_{i,j}(0)=W_{i,j}(T)$
是
k=k+1
k<N
否
结束

图 2.26　SOM 网络算法流程

2.5 基于 MATLAB 语言的人工神经网络工具箱

人工神经网络工具箱是在 MATLAB 环境下开发出来的众多工具箱之一，它以人工神经网络理论为基础，应用 MATLAB 语言构造了典型神经网络的算法、函数和应用程序，并针对特定的网络结构进行了网络建立、训练、可视化和仿真。自从 MATLAB 5.x 提供了该工具箱后，

人工神经网络工具箱已经成为工程人员进行人工神经网络分析与设计的首选。该工具箱随着MATLAB版本的升级，自身也在不断完善与提高。它主要针对人工神经网络的分析与设计，提供了大量可供直接调用的工具箱函数、图形用户界面和Simulink仿真工具，是进行人工神经网络分析与设计的绝佳工具，也是迄今为止最为全面和强大的人工神经网络工具箱。

目前广泛使用的MATLAB版本是MATLAB R2016b，它与之前的版本在用户界面及一些函数定义上发生了较大变化，并提供了许多App，而且学者们设计了许多在该版本上运行的工具箱，以方便工程人员调用；而之后出现的MATLAB版本与MATLAB R2016b相差不大，因此本书将采用MATLAB R2016b进行相关内容介绍。MATLAB R2016b对应的人工神经网络工具箱版本V9.1对以前的版本而言有了一定的改进，主要包括以下3点。①提供了完整的人工神经网络工具箱，工程人员可以直接使用“nnstart”调出toolbox，然后选择所需要的功能、导入数据、选择训练参数和每层神经元个数，最后即可通过训练得到结果。这一改进使工具箱的使用变得更加简便，易于操作，效率也得到了极大程度的提高。②新增了一些网络函数，并对一些原有的网络函数进行了调整，可读性更好，更易操作，并使计算速度有所提升。③新版人工神经网络工具箱的GUI不但可以通过选择人工神经网络模型来创建网络，还可以通过选择需要实现的功能来创建人工神经网络，这一改进使工具箱更适合对人工神经网络模型的特点不了解的初学者使用。

2.5.1 基本功能介绍

MATLAB中的人工神经网络工具箱可以利用MATLAB语言构造出许多经典神经网络的激励函数，如S型、线性、竞争层、饱和线性等激励函数，这可使设计者将对所选网络输出的计算转变为对激励函数的调用。另外，设计者可以根据各种典型的修正网络权值规则以及网络的训练过程，利用MATLAB语言编写出各种网络设计和训练的子程序。网络的设计者可以根据自己的需要调用工具箱中关于人工神经网络设计与训练的程序，使自己从烦琐的编程工作中解脱出来，进而提高编程效率和程序的质量。

人工神经网络工具箱V9.1的内容非常丰富，可以广泛应用于分类、回归、聚类、降维、时间序列预测、动态系统建模与控制等。同时，工具箱对于每种功能给出了大量示例程序和帮助文档，可帮助用户快速掌握工具箱的使用方法，为用户提供了极大的方便。初学者须多使用MATLAB软件中的help功能，即通过学习帮助文档中对网络模型的分析和网络实例，可以对人工神经网络工具箱有更深的理解。MATLAB软件提供了两种人工神经网络工具箱使用方式：一种是使用人工神经网络工具箱函数直接在Editor/Debugger窗口中编写.m脚本文件并执行；另一种是使用图形用户界面GUI进行人工神经网络的设计与应用。

如果要使用图形用户界面，用户只需在MATLAB R2016b的命令行中输入“nntool”，人工神经网络工具箱的主界面就会出现。主界面由6个部分组成：系统的输入数据、系统的期望输出、网络的计算输出、网络的误差、已经建立的人工神经网络实例以及数据的导入与网络模型的建立。

2.5.2 BP网络的MATLAB实现

MATLAB R2016b的人工神经网络工具箱中包含许多用于BP网络分析与设计的函数，如BP网络创建函数、传递函数（即激励函数）、训练函数等。用户通过使用这些函数进行编程可实现 BP 网络的具体功能与应用。

1. BP 网络基本函数

对于 BP 网络的实现，MATLAB 人工神经网络工具箱提供了 5 个基本函数：feedforwardnet、configure、init、train 和 sim。它们分别对应 5 个基本步骤，即新建、配置、初始化、训练和仿真。

（1）新建函数 feedforwardnet

功能：创建一个 BP 网络。

调用格式：

```
net=feedforwardnet
net=feedforwardnet(hiddenSizes,trainFcn)
```

参数说明：hiddenSizes 为每个隐含层神经元个数的行向量，默认值为 10。例如：若要创建一个有 3 个隐含层的人工神经网络，其中第一个隐含层有 10 个神经元，第二个隐含层有 8 个神经元，第三个隐含层有 5 个神经元，则 hiddenSizes 为[10,8,5]。trainFcn 为反向传播训练函数，可选的训练函数有 trainlm（默认值）、trainbr、trainbfg、trainrp、trainscg 等。

新旧版比较：相较于旧版函数 newff 创建网络时须逐层设置激励函数的形式、神经元数量、输入/输出的范围以及训练方式等，新版函数 feedforwardnet 只须设定每个隐藏层的大小及训练函数即可实现网络创建，使用更加简捷。

（2）配置函数 configure

功能：对新创建的网络进行配置。

调用格式：

```
net=configure(net,P,T)
```

参数说明：net 为创建的网络，P 为输入矩阵，T 为输出矩阵。配置是为了使网络的输入、输出、连接权重和阈值能够匹配输入矩阵和输出矩阵。其实 train 函数可以自动完成这一匹配，但是如果想在使用 train 函数之前就对网络进行仿真，则须先使用 configure 函数。

（3）初始化函数 init

功能：对网络进行自定义的初始化。

调用格式：

```
net=init(net)
```

参数说明：初始化是指对连接权值和阈值进行初始化。BP 网络在训练之前必须要对权值和阈值进行初始化。train()函数可以自动完成这一过程，但是无法重新赋初值。如果想重新赋初值，可以应用 init()函数，其可使网络重新进行初始化。

（4）训练函数 train

功能：对网络的权值和阈值进行反复调整，以减小网络性能函数 net.perforFen 的值，直至其达到预定的要求。

调用格式：

```
[net,tr]=train (net,X,T,Xi,Ai,EW)
```

参数说明：X 和 T 分别为输入和输出矩阵，等号右边的 net 为由 feedforwardnet 函数产生的要训练的网络，Xi 为初始输入延迟条件，Ai 为初始层延迟条件。需要注意的是，T、Xi 和

Ai 的默认值为零矩阵，EW 为误差权重，等号左边的 net 为训练后的网络，tr 为训练的记录（训练步数 epmh 和性能 pelf）。train()是通过调用由参数 net.trainFcn 设定的训练函数来实现网络训练的，而且训练的方式由参数 net.trainParam 的值来确定。

（5）仿真函数 sim

功能：对网络进行仿真。

调用格式：

```
[Y,Xf,Af]=sim(net,X,Xi,Ai,T)
```

参数说明：sim 函数的输入参数与 train 函数的定义相同，而 Y 为仿真输出，Xf 为最终输入延迟条件，Af 为最终层延迟条件。同样的，Xi, Ai, Xf 和 Af 的默认值都是零矩阵。利用此函数可以在网络训练前后分别进行输入/输出仿真，以做比较，从而可以实现对网络进行修改评价。需要注意的是，在网络训练前进行仿真，一定要先进行网络配置操作。

2. BP 网络改进的训练函数

BP 算法的主要缺点是：收敛速度慢、易陷入局部极值、难以确定隐含层数和隐含层节点的个数。MATLAB 人工神经网络工具箱提供了多种 BP 网络改进的训练函数，如 traingd、traingdm、traingdx、trainrp、traincgf、traincgp、traincgb、trainscg、trainbfg、trainoss、trainlm、trainbr 等，每种训练函数各有特点，但是没有一种训练函数能适应所有情况下的训练过程。它们的详细介绍如下。

（1）基本的梯度下降训练函数 traingd

当将参数 trainFcn 的值设置为 traingd 时，执行命令 train，就可以根据基本的梯度下降法沿网络性能参数的负梯度方向调整网络的权值和阈值。

训练函数 traingd 有 7 个参数：epochs、show、goal、time、min_grad、max_fail 和 lr。如果不对它们进行设置就表示应用内定默认值。这 7 个参数介绍如下。

net.trainParam.epochs	最大训练次数（默认值为 10）
net.trainParam.goal	训练要求精度（默认值为 0）
net.trainParam.lr	学习速率（默认值为 0.01）
net.trainParam.max_fail	最大失败次数（默认值为 5）
net.trainParam.min_grad	最小梯度要求（默认值为 1e−10）
net.trainParam.show	显示训练迭代过程（NaN 表示不显示，默认值为 25）
net.trainParam.time	最大训练时间（默认值为 inf）

训练过程中，只要满足以下 5 个条件之一，训练就会停止。

① 超过最大迭代次数 epochs。

② 表现函数值小于误差指标 goal。

③ 训练所用时间超过时间限制 time。

④ 最大失败次数超过失败次数限制 max_fail。

⑤ 梯度值小于要求精度 min_grad。

（2）动量负梯度下降函数 traingdm

动量负梯度下降函数 traingdm 是一种用于实现批处理的前馈网络训练算法，它不但具有更快的收敛速度，而且通过引入一个动量项，有效地避免了局部最小问题在网络训练过程中的出现。所谓引入动量项就是指网络在每次训练过程中的权值和阈值改变量中加入前一次的改变量，第 k 次循环中的权值和阈值改变量可表示为：

$$\begin{aligned}\Delta w(k+1) &= -\alpha_k g_w(k) + \mathrm{mc} \times \Delta w(k-1) \\ \Delta b(k+1) &= -\alpha_k g_b(k) + \mathrm{mc} \times \Delta b(k-1)\end{aligned} \tag{2.57}$$

式中，$g_w(k)$、$g_b(k)$ 分别表示当前性能函数对权值和阈值的梯度，α_k 是学习速率，mc 是动量系数。mc 的值在 0 ~ 1 之间，当 mc 为 0 时，权值和阈值的改变量就由此时计算出的负梯度来确定；当 mc 为 1 时，权值和阈值的改变量就等于它们前一时刻的改变量。而且如果在某个循环内网络的性能函数值超过了参数 max_perf.inc 的值，则 mc 的值将被自动设置为 0。

函数 traingdm 的使用类似于函数 traingd，不同的是它有两个特殊的训练参数 mc 和 max_perf.inc。

（3）自适应修改学习速率算法函数 traingdx

在负梯度算法中，学习速率是一个常数，而且它的值将直接影响网络的训练性能。如果其值选择得太大，会降低网络的稳定性；如果选择得过小，会导致训练时间过长。如果学习速率在训练的过程中可以适当地变化，则不仅可以加快网络的训练速度，而且可以确保网络的稳定性。

函数 traingdx 是因为将自适应修改学习速率的算法和动量负梯度下降算法有机地结合了起来，所以其网络训练速度更快。

（4）有弹回的 BP 算法函数 trainrp

多层的 BP 网络通常使用 S 型函数。S 型函数的特点是可以把无限的输入映射到有限的输出上，而且当输入很大或者很小时，函数的斜率接近于 0。这使得在训练具有 S 型神经元的多层 BP 网络时，计算出的梯度会出现很小的情况，这时网络权值和阈值的改变量也会很小，从而会影响网络的训练速度。

有弹回的 BP 算法的目的就是解决该问题，以消除梯度模值对网络训练带来的影响。有弹回的 BP 算法的训练速度比标准的负梯度算法快得多，而且不需要存储网络权值和阈值的改变量，所以它对内存的需求量也比较小。

（5）共轭梯度算法函数 traincgf、traincgp、traincgb、trainscg

标准的负梯度算法是沿网络性能函数的负梯度方向调整权值和阈值的，虽然这是减小网络性能函数值的最快方法，但是它并不是网络收敛的最快算法。共轭梯度算法是通过变换梯度来加快网络训练的收敛速度的。实验证明，共轭梯度算法的训练速度比自适应修改学习速率的训练速度要快，有时还快于 trainrp。而且它需要的内存也只比一般的算法多一点儿，所以对于训练具有大规模权值的 BP 网络而言，共轭梯度算法是一个非常好的选择。

traincgf：Fletcher-Reeves 共轭梯度法，是共轭梯度法中存储量要求最小的算法。

traincgp：Polak-Ribiers 共轭梯度法，存储量比 traincgf 稍大，仅针对某些问题时收敛快。

traincgb：Powell-Beale 共轭梯度算法，存储量比 traincgp 稍大，但通常情况下收敛更快。

以上 3 种共轭梯度法，都需要进行线性搜索。

trainscg：归一化共轭梯度法，是唯一一种不需要线性搜索的共轭梯度法，即其可免去在每个训练周期中线性地搜索网络的调整方向，节省了大量的搜索时间。

（6）BFGS 法函数 trainbfg

trainbfg 需要的存储空间比共轭梯度法需要的大，每次迭代的时间也要多，但通常在其收敛时所需要的迭代次数要比共轭梯度法少，比较适合小型网络。

（7）一步分割法函数 trainoss

trainoss 为共轭梯度法和拟牛顿法的“折中”方法。

（8）Levenberg-Marquardt 算法函数 trainlm

对中等规模的网络来说，trainlm 是速度最快的一种训练算法，其缺点是占用内存大。

（9）贝叶斯规则法函数 trainbr

trainbr 用于对 Levenberg-Marquardt 算法进行修改，以使网络的泛化能力更好，同时可降低确定最优网络结构的难度。

3．BP 网络函数逼近实例

BP 网络的功能之一即函数逼近。对于 BP 网络而言一个重要结论为：3 层或 3 层以上的 BP 网络可以逼近在闭区间内的任何一个连续函数，前提是隐含层的神经元个数可以随意调整。在进行 BP 网络设计前，一般应考虑网络的隐含层数、隐含层节点数、学习率、计量系数、网络的初始连接权值等。

（1）隐含层数

一般认为，增加隐含层数可以降低网络误差，从而提高精度；但其也会使网络变得复杂，从而增加网络的训练时间和出现“过拟合”的可能性。Hornik 等早已证明：若输入层和输出层采用线性转换函数（即激励函数），隐含层采用 Sigmoid 转换函数，则含 1 个隐含层的 MLP 网络能够以任意精度逼近任何有理函数。显然，这是一个存在性结论，在设计 BP 网络时可参考这一点，优先考虑 3 层 BP 网络（即有 1 个隐含层）。一般地，通过增加隐含层节点数来获得较低的误差，其训练效果要比增加隐含层数更好。没有隐含层的神经网络模型实际上就是一个线性或非线性（取决于输出层采用线性还是非线性转换函数形式）的回归模型。因此，一般将不含隐含层的网络模型归入回归分析中，这里不再赘述。

（2）隐含层节点数

在 BP 网络中，隐含层节点数的选择非常重要，它不仅对建立的神经网络模型的性能影响很大，而且是训练时出现“过拟合”的直接原因，但是目前理论上还没有一种科学的确定隐含层节点数的方法。确定隐含层节点数的基本原则是：在满足精度要求的前提下取尽可能紧凑的结构，即取尽可能少的隐含层节点数。研究表明，隐含层节点数不仅与输入/输出层的节点数有关，还与须解决的问题的复杂程度、转换函数的形式以及样本数据的特性等因素有关。在确定隐含层节点数时必须满足以下条件。

① 隐含层节点数必须小于 $N-1$（其中 N 为训练样本数）；否则，网络模型的系统误差与训练样本的特性无关而会趋于零，即建立的网络模型没有泛化能力，因此没有任何实用价值。

② 训练样本数必须多于网络模型的连接权数，一般为其 2 ~ 10 倍；否则，样本必须分成几部分并采用“轮流训练”的方法才可能得到可靠的神经网络模型。

（3）学习速率和动量系数

学习速率影响学习过程的稳定性。值过大的学习速率可能会使网络权值每一次的修正量过大，甚至会导致权值在修正过程中超出某个误差的极小值，呈不规则跳跃而不收敛；值过小的学习速率会导致学习时间过长，不过能保证学习过程收敛于某个极小值。因此一般倾向选取值较小的学习速率以保证学习过程的收敛性（稳定性），通常取 0.01 ~ 0.8 之间的值。

增加动量系数的目的是为了避免网络训练陷于较浅的局部极小值。理论上其值大小应与权值修正量的大小有关，但在实际应用中其一般取常量，通常为 0 ~ 1 之间的某一常量，而且一般比学习速率要大。

（4）网络的初始连接权值

BP 算法决定了误差函数一般存在多个局部极小点，不同的网络初始权值会直接决定 BP 算法收敛于哪个局部极小点或是全局极小点。这就要求计算程序必须能够自由改变网络初始连接权值。由于 Sigmoid 转换函数的特性，初始连接权值分布在–0.5 ~ 0.5 之间比较有效。

例 2-1　设计一个简单的 3 层 BP 网络，实现对非线性正弦函数的逼近。

解：本例设计的 3 层 BP 网络的结构如图 2.14 所示。参数设置为：隐含层节点数为 10，输出节点数为 1，隐含层传递函数选取 S 型的正切函数 tansig，输出层选取纯线性函数 purelin。MATLAB R2016b 的人工神经网络工具箱在 net 的 layer 属性中，须设置每层的传递函数（Transfer Function），BP 网络训练函数选取 trainlm 函数，其可使训练速度尽可能快（注：如果计算机内存不够大，则不建议采用 trainlm 函数，建议采用训练函数 trainbfg 或 trainrp，以避免出现死机情况；本例中使用的计算机内存为 8GB）。正弦函数频率设置为 1。MATLAB 程序代码如下。

```
clc
clear all
%下面两个参数值可变
k=1;                                    %设置非线性函数的频率
n=10;                                   %设置网络隐单元的神经元数目
%定义要逼近的非线性函数
P=[-1:0.05:1];                          %输入向量
T=sin(k*pi*P);                          %目标函数输出向量
plot(P,T,'-')
title('要逼近的非线性函数');
xlabel('输入向量');
ylabel('非线性函数目标输出向量');
%建立相应的 BP 网络
net=feedforwardnet(n,'trainlm');
net.layers{1}.transferFcn = 'tansig';   %把输入层之后的第 1 层(隐含层)的
                                        %传递函数设置为 tansig
net.layers{2}.transferFcn = 'purelin';  %把输入层之后的第 2 层(输出层)的
                                        %传递函数设置为 purelin
net=configure(net,P,T);                 %配置网络
%对没有训练的网络进行仿真
y1=sim(net,P);
%训练网络
net.trainParam.epochs=50;               %训练次数最大值
net.trainParam.goal=0.01;               %网络目标误差
net=train(net,P,T);
%对训练后的网络进行仿真
```

```
y2=sim(net,P);
%绘出训练前后的仿真结果
figure;
plot(P,T,'-',P,y1,'--',P,y2,'*')
title('训练前后的网络仿真结果对比');
xlabel('输入向量');
ylabel('输出向量');
legend('目标函数输出向量','未训练 BP 网络输出','已训练 BP 网络输出');
```

在 MATLAB R2016b 中的当前路径窗口中选定路径，如：C:\Users\bing\OneDrive\CX\计算智能\人工神经网络。如果不加以改动，每次启动 MATLAB 都会默认此路径为当前路径。在当前文件夹中显示了当前路径下所有的文件和文件夹，如图 2.27 所示。

图 2.27　MATLAB R2016b 操作界面

在编辑窗口中的空白区域中输入上述 MATLAB 程序，即为一个.m 脚本文件。输入完成并检查没有错误后，单击工具栏中编辑器选项下的保存选项保存此.m 文件，如图 2.28 所示。在弹出的文件保存对话框中设定文件名，如“BP.m”，然后单击“保存”按钮即可实现保存。保存的位置即为当前路径窗口中所选定的路径。

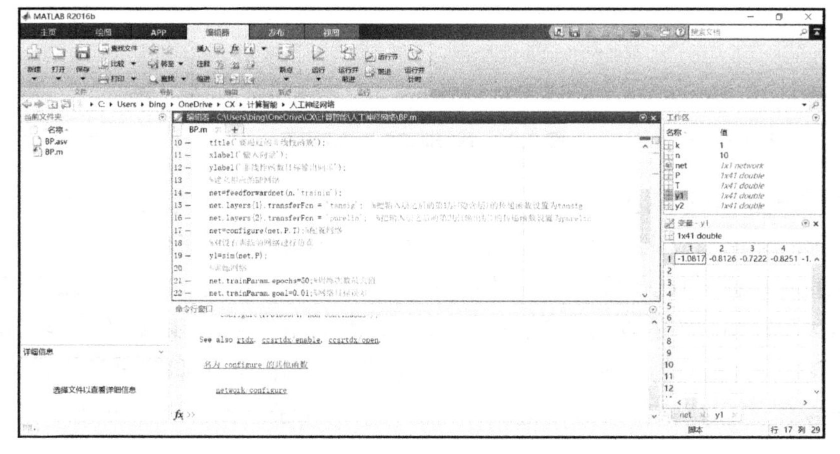

图 2.28　.m 文件保存窗口

文件保存完成后软件自动返回编辑窗口，单击工具栏中的编辑器选项下的运行选项命令可执行.m 文件。如果程序没有错误，将会得到两幅仿真结果图，如图 2.29 所示，以及一个网络训练结果信息界面，如图 2.30 所示。

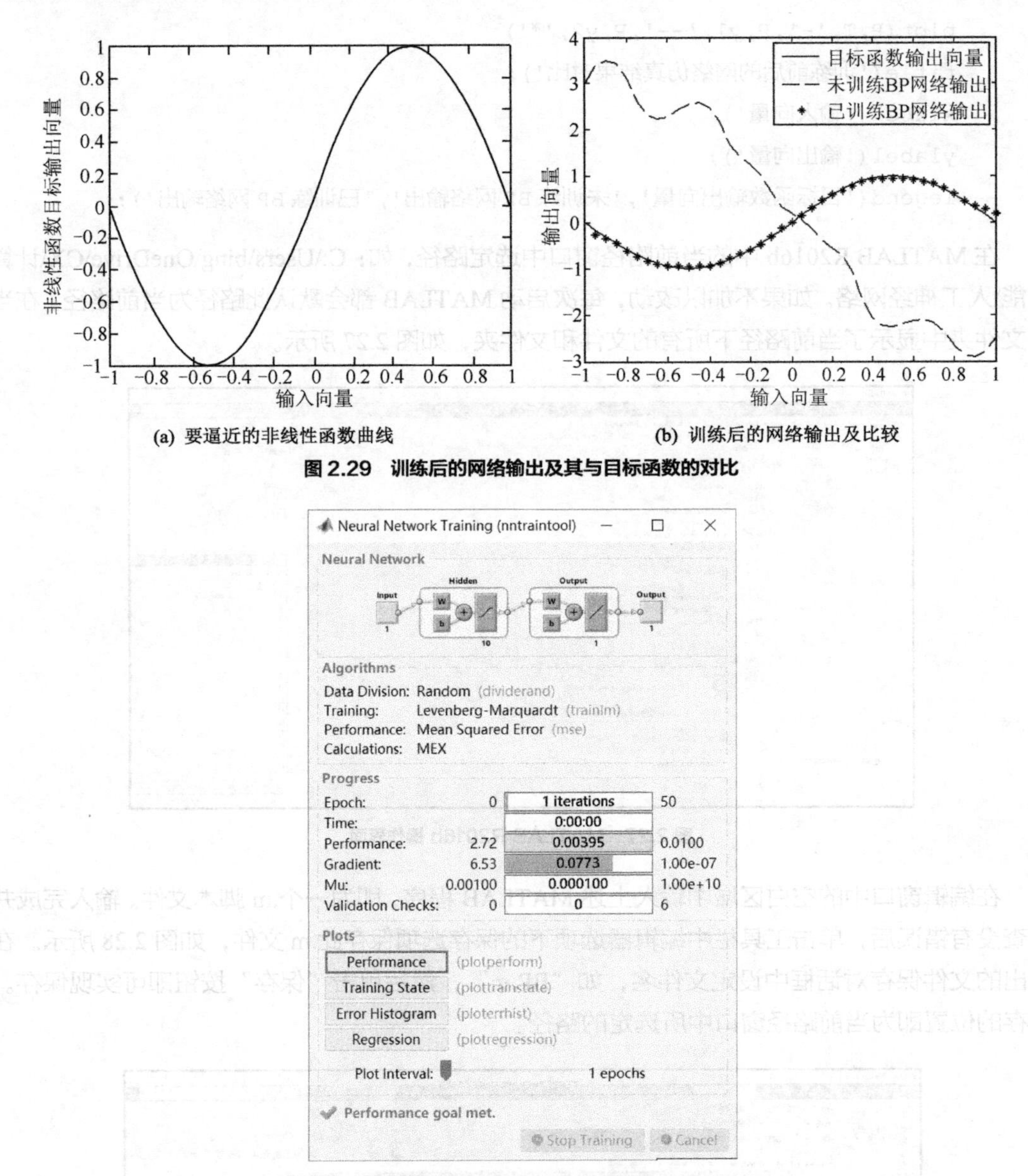

(a) 要逼近的非线性函数曲线 (b) 训练后的网络输出及比较

图 2.29 训练后的网络输出及其与目标函数的对比

图 2.30 网络训练结果信息界面

从仿真结果图中可以看出，未经训练的 BP 网络输出与目标函数差距很大，逼近效果很不理想，而对 BP 网络进行训练之后，其输出可以较精确地逼近目标函数。从网络训练结果信息界面中可以直观地看到所创建的神经网络结构、所采用的训练函数、训练过程以及网络的性能。函数逼近效果和网络训练的收敛速度，同原始非线性函数的频率、BP 网络隐含层神经元的数目以及 BP 网络训练函数的选取等都有关。通过观察它们对网络性能的影响可以发现，非线性函数的频率越高，其对网络的要求也越高；而且，并非网络隐含层神经元的数目越多，逼近效果就越好。

4．利用 MATLAB 实现 BP 网络函数逼近的注意事项

（1）程序的编辑不要直接在 Command Window 中进行，最好新建一个编辑窗口编写.m 文件，以防止句法错误等导致死循环或死机现象出现。

（2）.m 文件保存位置要记清，在错误的路径下是无法打开所需文件的。

2.5.3 RBF 网络的设计实例

RBF 网络具有强大的非线性局部逼近能力，在实际应用中获得了很大的成功。目前越来越多的应用采用了 RBF 网络，为此，MATLAB R2016b 的人工神经网络工具箱为 RBF 网络提供了很多函数，极大地方便了利用 MATLAB R2016b 进行 RBF 网络的设计与分析。表 2.2 列出了 MATLAB R2016b 中 RBF 网络常用的函数。

表 2.2 RBF 网络常用函数

函数类型	函数名称	函数用途
网络创建函数	newrb	创建一个 RBF 网络
	newrbe	创建一个准确的 RBF 网络
	newpnn	创建一个概率神经网络
	newgrnn	创建一个广义回归神经网络
神经元传递函数	radbas	创建 RBF 传递函数
转换函数	ind2vec	将数据索引转换为向量组
	vec2ind	将向量组转换为数据索引

为了灵活使用表 2.2 所列函数，有必要先了解一下 RBF 网络的原理。MATLAB R2016b 中所使用的 RBF 模型与理论书籍中所描述的有所不同。在一般的理论书籍中，RBF 网络的学习过程就是求解 RBF 函数的中心、宽度及隐含层与输出层之间的权值的过程。而在 MATLAB R2016b 中，RBF 网络的输入层与隐含层之间还有权值，其学习过程是求解或调整输入层与隐含层之间的权值、隐含层与输出层之间的权值、隐含层的阈值、输出层的阈值。这样容易给使用者带来疑惑，其实它们是从不同的角度来表述同一问题。为了便于理解，这里对它们进行如下具体说明。

（1）在 MATLAB R2016b 中输入层与隐含层之间的权值其实就是 RBF 函数的中心，两者的初始值均来自网络的样本输入，作用都是确定隐含层与网络输入向量之间的欧氏距离，从而决定隐含层神经元的输出。

（2）在 MATLAB R2016b 中隐含层的阈值确定了 RBF 函数的宽度。RBF 网络的阈值有两个：隐含层的阈值 b^1 和输出层的阈值 b^2 。当隐含层神经元数目等于输入样本数目时，$b^2=0$ ，为了简化计算一般不考虑该情况。b^1 的表达式为 $b^1=-\lg(0.5)/C$ ，扩展常数 C 反映了隐含层神经元的输出对输入的响应宽度。因此，实际上阈值 b^1 反映了隐含层神经元的输出对输入的响应宽度，也就是 RBF 函数的宽度，其值通常为固定值。

1．面向 MATLAB 工具箱的 RBF 网络的创建与学习过程

RBF 网络训练的过程就是网络各层的权值 $\mathrm{IW}^{1,1}$ 、$\mathrm{LW}^{2,1}$ 和阈值 b^1 、b^2（当隐含层神经元数等于输入样本矢量数目时，取 $b^2=0$）的修正过程。

RBF 网络的训练过程分为两步：第一步为无教师学习（无监督学习），确定训练输入层与隐含层间的权值 $\mathrm{IW}^{1,1}$ ；第二步为有教师学习（监督学习），确定训练隐含层与输出层间的权值 $\mathrm{LW}^{2,1}$ 。在训练以前，须提供以下已知量：

① 输入矢量 $\boldsymbol{P}$；

② $\boldsymbol{P}$ 对应的目标矢量 $\boldsymbol{T}$；

③ RBF 函数的扩展常数 C。

当采用的隐含层神经元数等于输入样本矢量数目时，应当取较小的 C 值，如 $C \leqslant 1$；当采用较少的隐含层神经元去逼近输入样本矢量时，应当取较大的 C 值，如 $C \in (1,4)$，这样可以保证每个隐含层神经元可同时对几个输入产生响应。

在 MATLAB R2016b 工具箱中，创建 RBF 网络的函数有 newrbe 和 newrb，它们在创建 RBF 网络的过程中会以不同的方式完成权值和阈值的选取与修正，所以 RBF 网络没有专门的训练与学习函数。

（1）精确设计函数 newrbe

功能：设计一个高精度 RBF 网络。

调用格式：

```
net= newrbe
net=newrbe (P,T,SPREAD)
```

参数含义介绍如下。

P：S^1 组输入向量组成的 $S^1 \times R$ 矩阵。

T：S^1 组目标向量组成的 $S^2 \times S^1$ 矩阵。

SPREAD：RBF 函数的扩展常数，默认值为 1。

net：返回值，生成的一个高精度 RBF 网络。

函数 newrbe 执行的结果是创建 RBF 网络，其隐含层具有 S^1 个神经元，与输入向量的个数相同，而且隐含层的权值被设置为 P。隐含层的阈值设置为 0.8236/SPREAD，这样可使 RBF 函数在网络输入与相应权值的距离小于 SPREAD 时具有大于 0.5 的输出，即增大 SPREAD 的值可以扩大网络输入的有效范围。线性输出层的权值 $\mathrm{LW}^{2,1}$ 和阈值 b^2 是利用隐含层的仿真结果，通过求解式（2.58）所示的线性方程得到的。

$$[\mathrm{LW}^{2,1} \quad b^2] \cdot [a^1;\ \mathrm{ones}] = T \tag{2.58}$$

在使用函数 newrbe 创建 RBF 网络时需要注意一点：要选择尽量大的 SPREAD 值，以保证 RBF 函数的输入范围足够大，从而使它的输出具有尽量大的值。而且，SPREAD 的值越大，网络的输出就会越平滑，网络的泛化能力也会越强。但是太大的 SPREAD 值又会导致计算量过大问题。

上述权值和阈值的求解过程只要进行一次就可以得到一个零误差的 RBF 网络，所以 newrbe 创建 RBF 网络的速度是非常快的。但是由于其径向基神经元数目等于输入样本数目，而输入样本数目很大又会导致网络的规模很大，因此更有效的方法是采用函数 newrb 创建 RBF 网络。

例 2-2 已知输入向量和目标输出向量如下，请设计 RBF 网络。

```
P=[1 2 3], T=[2.0  4.1  5.9];
```

解：在 MATLAB R2016b 中编写如下代码。

```
P=[1 2 3];
T=[2.0  4.1  5.9];
net=newrbe(P,T);        %创建一个精确的 RBF 网络
```

```
P1=1.5;                      %输入一个新的样本值
Y=sim(net,P1)                %仿真该网络
```

代码运行结果如下。

```
Y =
2.8054
```

（2）普通设计函数 newrb

功能：设计一个 RBF 网络。

调用格式：

```
net= newrb
net= newrb(P,T,GOAL,SPREAD,MN,DF)
```

参数含义介绍如下。

P：S^1 组输入向量组成的 $S^1 \times R$ 矩阵。

T：S^1 组目标向量组成的 $S^2 \times S^1$ 矩阵。

GOAL：误差指标，默认值为 0。

SPREAD：RBF 函数的扩展常数，默认值为 1。

MN：隐含层神经元的最大数目，默认值为输入向量的个数 S^1 。

DF：训练过程的显示频率，即两次显示之间所添加的神经元数目，默认值为 25。

net：返回值，生成的一个 RBF 网络。

函数 newrb 执行的结果是创建了一个 RBF 网络。在网络的创建过程中，初始 RBF 函数的神经元个数为 0，以后每次自动增加一个 RBF 函数神经元，以此不断减小网络输出的均方误差，直到该误差达到参数 GOAL 的要求，网络训练结束。因此，利用函数 newrb 可以获得比函数 newrbe 更小规模的 RBF 网络，其适用于输入样本数据较多的情况，当输入样本数据较少时可直接利用函数 newrbe。

例 2-3　已知输入向量和目标输出向量如下，请设计 RBF 网络。

```
P=[1 2 3], T=[2.0  4.1  5.9];
```

解：在 MATLAB R2016b 中编写如下代码。

```
P=[1 2 3];
T=[2.0  4.1  5.9];
net=newrb(P,T);              %创建一个 RBF 网络
P1=1.5;                      %输入一个新的样本值
Y=sim(net,P1)                %仿真该网络
```

代码运行结果如下。

```
Y =
2.6755
```

（3）概率神经网络设计函数 newpnn

功能：设计一个概率神经网络。

调用格式：

```
net=newpnn (P,T ,SPREAD)
```

函数 newpnn 的各参数含义与函数 newrb 的相同。

（4）广义回归神经网络设计函数 newgrnn

功能：设计一个广义回归神经网络。

调用格式：

```
net=newgrnn (P,T ,SPREAD)
```

函数 newgrnn 的各参数含义与函数 newrb 的相同。

2. 面向 MATLAB 工具箱的 RBF 网络的应用

RBF 网络多用于函数逼近和分类。下面将结合实例来介绍基于 MATLAB R2016b 软件的 RBF 网络的具体应用。

例 2-4 利用 RBF 网络实现一维函数逼近，待逼近函数的表达式为：

$$F=\sin(5\times P)+\cos(3\times P)$$

函数自变量的变化范围为：

$$P=-1\ :\ 0.1\ :\ 1$$

解：本例采用 newrb 函数设计 RBF 网络。下面给出在 MATLAB R2016b 中编写的具体代码。

```
clc;
clear;
close all;
%newrb—设计 RBF 网络
%sim—对 RBF 网络进行仿真
%生成 1×21 维的输入样本数据（网络学习数据），即输入样本数据的个数为 21，维数为 1，
取值区间为-1~1，间距为 0.1%
%P 是输入矢量，F 是目标矢量
P=-1:0.1:1;
F=sin(5*P)+cos(3*P);
%%画出待逼近函数图形
plot(P,F,'+');
title('待逼近函数 F');
xlabel('样本输入向量 P');
ylabel('目标向量 F');
%创建一个 RBF 网络，对函数 F 进行逼近
goal=0.01;              %误差指标
sp=1;                   %扩展常数
mn=20;                  %隐含层神经元最大数目
df=1;                   %训练过程的显示频率
net=newrb(P,F,goal,sp,mn,df);
```

```
%生成新的样本值作为仿真测试数据
i=-1:0.05:1;
%应用数据 i 对网络进行仿真测试，得到网络输出 Y
Y=sim(net,i);
figure
%将函数 F 的曲线与 RBF 网络逼近的结果进行对比
plot(P,F,'+');
hold on;
plot(i,Y);
title('RBF 网络的函数逼近仿真结果');
xlabel('样本输入向量 P、仿真样本输入向量 i');
ylabel('目标输出 F+、RBF 网络仿真输出-');
legend('待逼近函数', 'RBF 网络仿真输出');
```

MATLAB R2016b 中的仿真结果如下所示。

```
NEWRB, neurons = 0, MSE = 1.04504
NEWRB, neurons = 2, MSE = 0.592616
NEWRB, neurons = 3, MSE = 0.112065
NEWRB, neurons = 4, MSE = 0.0983318
NEWRB, neurons = 5, MSE = 0.00413323
```

其中 NEWRB 表示 RBF 网络创建函数，neurons 表示 RBF 网络径向基隐含层的神经元数目，MSE 表示 RBF 网络训练误差。由此可见，当隐含层神经元数目增至 5 时，RBF 网络经过 5 次训练（Epoch）后的输出误差 MSE 已经非常小了，其值为 0.00413323，满足误差指标 0.01 的要求，如图 2.31 所示。图 2.32 为待逼近函数图形，图 2.33 为 RBF 网络的函数逼近仿真结果。在图 2.33 中，待逼近函数曲线用符号“+”表示，平滑曲线为 RBF 网络的函数逼近仿真结果。

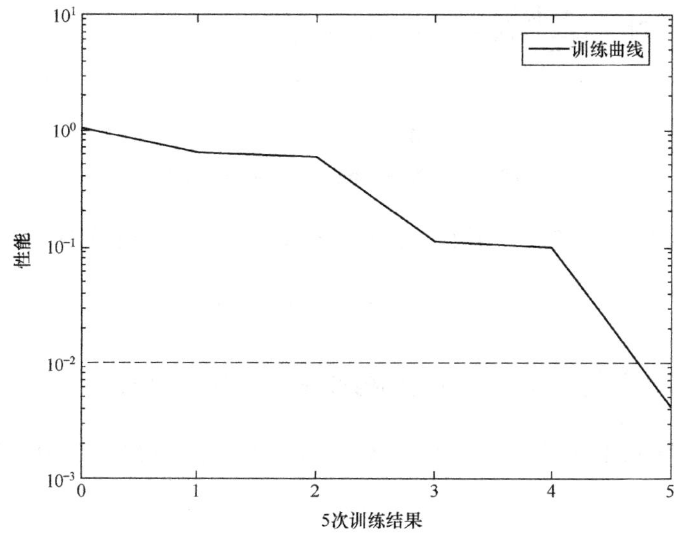

图 2.31　RBF 网络建立过程误差曲线 1

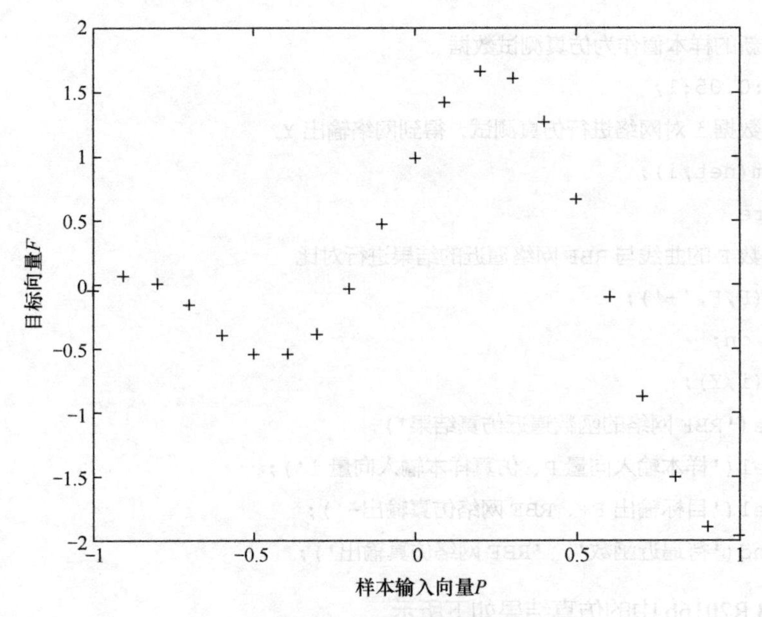

图 2.32　待逼近函数曲线

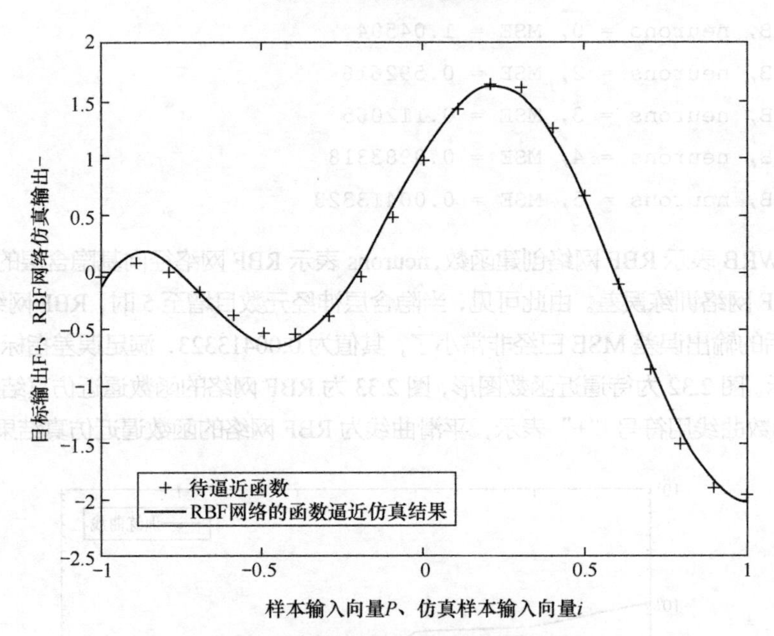

图 2.33　RBF 网络的函数逼近仿真结果

例 2-5　利用 RBF 网络实现二维函数逼近，待逼近函数的表达式为：

$$F = 20 + x_1^2 - 10\cos(2\pi x_1) + x_2^2 - 10\cos(2\pi x_2)$$

函数自变量 $x = \begin{bmatrix} x_1 \\ x_2 \end{bmatrix}$ 在 −0.5 ~ 0.5 之间随机分布，长度为 100。

解：本例采用 newrb 函数设计 RBF 网络。下面给出对应的 MATLAB 代码。

```
clc;
clear;
```

```
close all;
%newrb—设计 RBF 网络
%sim—对 RBF 网络进行仿真
%生成 2*100 维的样本输入数据（网络学习数据）
ld=100;                  %样本输入数据（网络学习数据）的个数
x=rand(2,ld);            %在 0~1 之间随机分布
x=(x-0.5)*1.5*2;         %为方便观察，将 x 转换至-1.5~1.5 之间
x1=x(1,:);               %样本输入数据 x1
x2=x(2,:);               %样本输入数据 x2
F=20+x1.^2-10*cos(2*pi*x1)+x2.^2-10*cos(2*pi*x2);%待逼近函数
%创建一个 RBF 网络，利用样本输入数据及待逼近函数对网络进行训练
%函数 newrb 中的其他参数使用 MATLAB R2016b 中的默认值
net=newrb(x,F);
%生成 2*961 维的测试数据 tx
interval=0.1;
[i, j]=meshgrid(-1.5:interval:1.5);
row=size(i);
tx1=i(:);
tx1=tx1';
tx2=j(:);
tx2=tx2';
tx=[tx1;tx2];
%对网络进行仿真测试
ty=sim(net,tx);
v=reshape(ty,row);%将网络输出 ty 从 1*961 矩阵转换为 31*31 矩阵
figure
mesh(i,j,v);
title('输入训练样本个数为 100 时的 RBF 网络仿真输出');
xlabel('x 轴');
ylabel('y 轴');
zlabel('RBF 网络仿真输出 v');
zlim([0,60])%设置 z 轴的取值范围
%%画出待逼近函数图形
interval=0.1;
[x1, x2]=meshgrid(-1.5:interval:1.5);
F = 20+x1.^2-10*cos(2*pi*x1)+x2.^2-10*cos(2*pi*x2);
figure
mesh(x1,x2,F);
title('待逼近函数 F');
```

```
xlabel('x 轴');
ylabel('y 轴');
zlabel('目标输出 F');
zlim([0,60])
%%画出逼近误差结果
figure
mesh(x1,x2,F-v);
title('输入训练样本个数为 100 时的 RBF 网络逼近误差');
xlabel('x 轴');
ylabel('y 轴');
zlabel('RBF 网络逼近误差 F-v');
zlim([0,60])
```

仿真结果如下所示。

```
NEWRB, neurons = 0, MSE = 97.4099
NEWRB, neurons = 50, MSE = 1.35755
NEWRB, neurons = 100, MSE = 7.19729e-09
```

图 2.34 为 RBF 网络建立过程误差曲线，图中的曲线反映 RBF 网络训练过程中的误差性能收敛情况。所设置的 RBF 网络隐含层神经元最大数目为其默认值，即输入样本数据的个数 100。由图 2.34 所示的 RBF 网络建立过程误差曲线可知，当隐含层神经元数目增至 100 时，RBF 网络的输出误差 MSE 已经非常小了，其值为 7.19729e–09，满足误差指标要求。

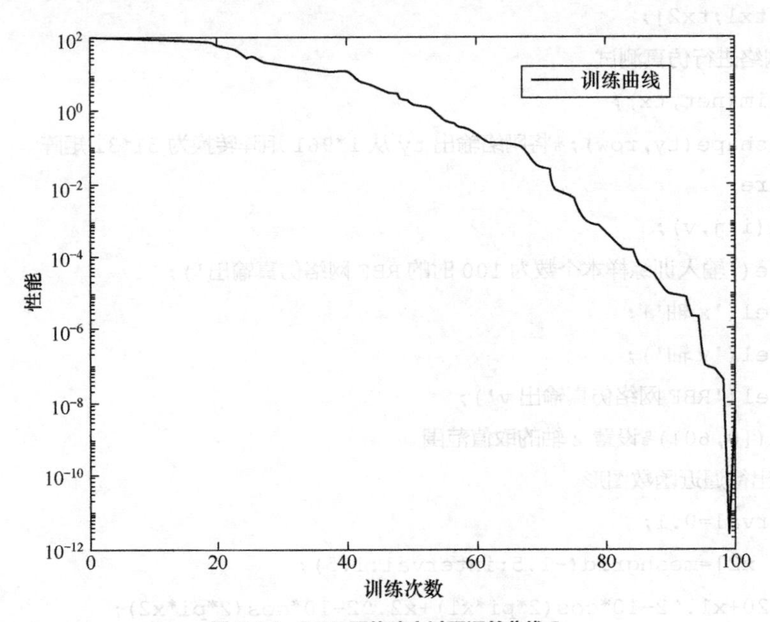

图 2.34　RBF 网络建立过程误差曲线 2

图 2.35 给出了当网络输入样本数据个数为 100 时的待逼近函数图形，RBF 网络的函数逼近仿真输出如图 2.36 所示，所对应的 RBF 网络的函数逼近误差如图 2.37 所示。

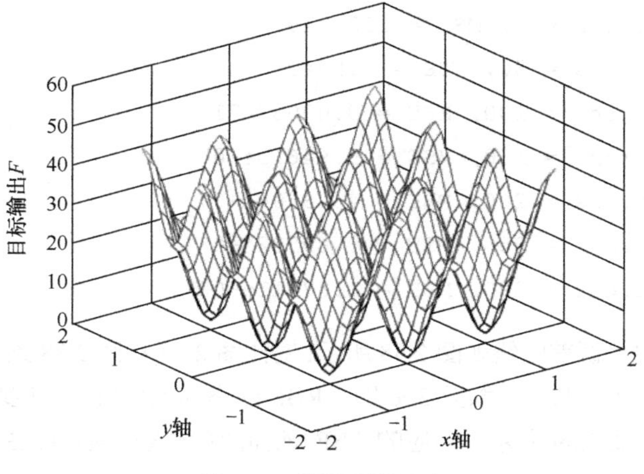

图 2.35 待逼近函数图形

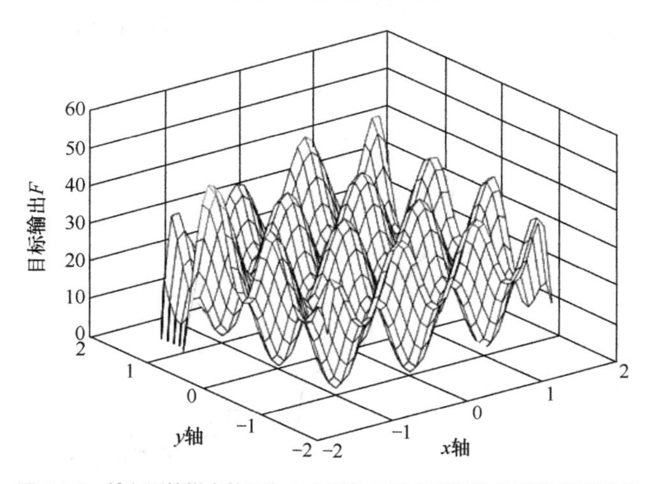

图 2.36 输入训练样本数目为 100 时的 RBF 网络的函数逼近仿真输出

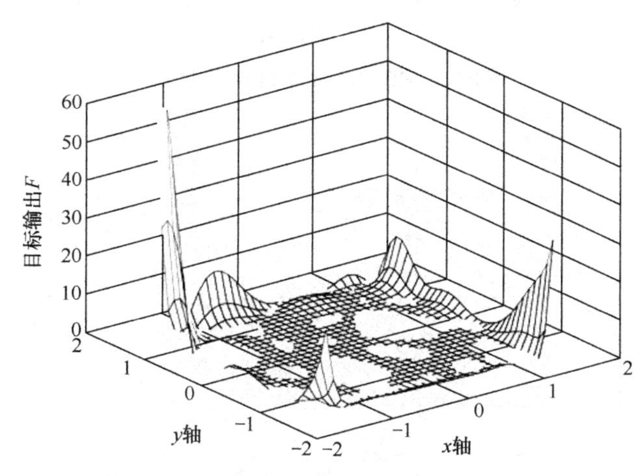

图 2.37 输入训练样本数目为 100 时的 RBF 网络的函数逼近误差

由图 2.37 可知，RBF 网络的逼近误差较小，如果想再降低 RBF 网络的逼近误差，可适当增加训练样本的个数。为了更好地了解网络输入样本数据个数对 RBF 网络函数逼近性能的影响，将输入训练样本数据的个数从 100 增至 300，仿真结果如下。

```
NEWRB, neurons = 0, MSE = 112.119
NEWRB, neurons = 50, MSE = 2.9848
NEWRB, neurons = 100, MSE = 0.000332714
NEWRB, neurons = 150, MSE = 5.64615e-07
NEWRB, neurons = 200, MSE = 4.18504e-07
NEWRB, neurons = 250, MSE = 8.69532e-08
NEWRB, neurons = 300, MSE = 1.87311e-08
```

RBF 网络建立过程误差曲线如图 2.38 所示，对比图 2.34 和图 2.38 给出的网络误差曲线可以看到，当输入样本数据的个数增至 300 时，RBF 网络训练次数也相应增加了。RBF 网络的函数逼近仿真输出如图 2.39 所示，对应的 RBF 网络的函数逼近误差如图 2.40 所示。

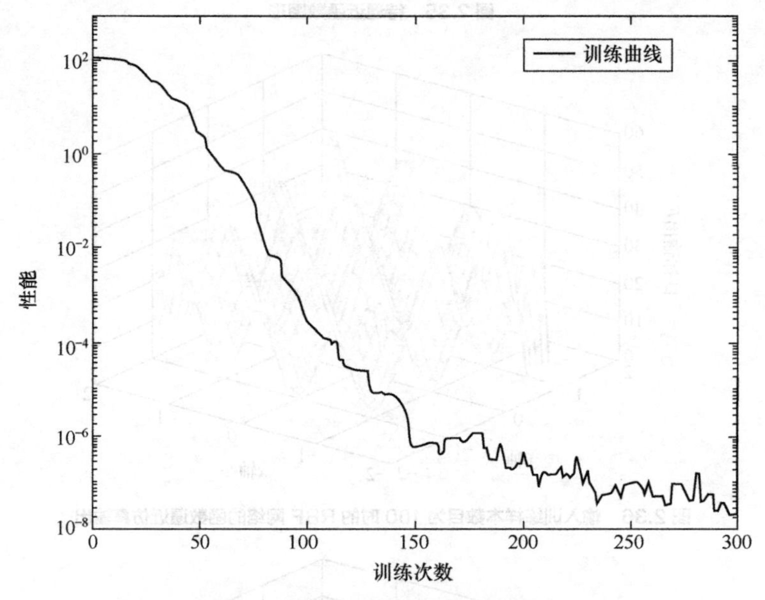

图 2.38 RBF 网络建立过程误差曲线 3

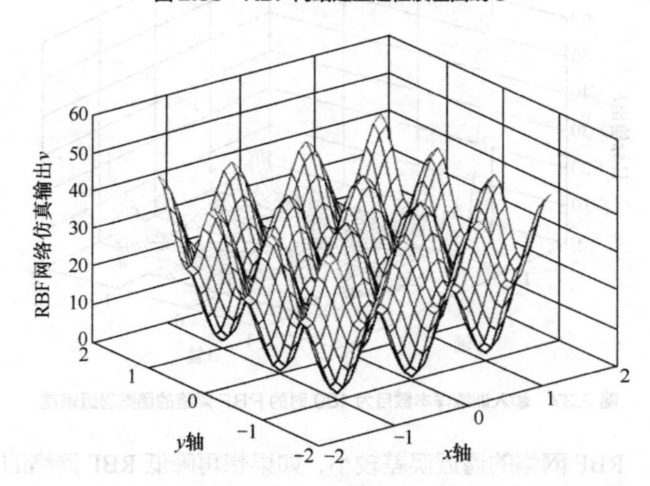

图 2.39 输入训练样本数目为 300 时的 RBF 网络的函数逼近仿真输出

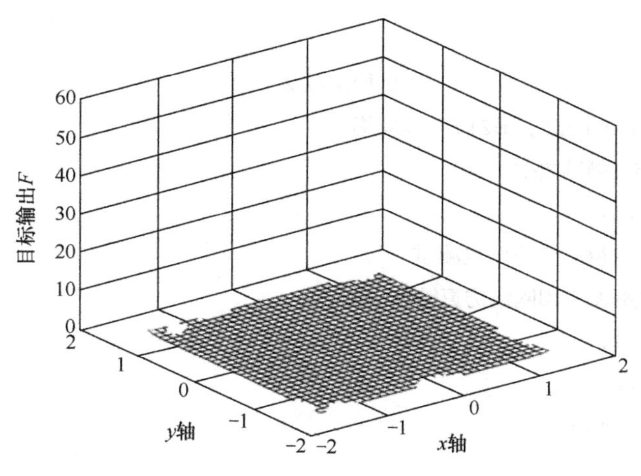

图 2.40　输入训练样本数目为 300 时的 RBF 网络的函数逼近误差

通过对比图 2.40 与图 2.37 可知，当输入样本数据的个数增至 300 时，RBF 网络的函数逼近误差小了许多。但值得注意的是，当输入样本数据增多时相应的训练时间要长很多，甚至可能会导致死机等现象出现，因此需要合理地选择输入样本数据。

例 2-6　利用广义回归神经网络实现一维函数逼近，待逼近函数的表达式为：

$$F = \sin(5 \times P) + \cos(3 \times P)$$

函数自变量的变化范围为：

$$P = -1 : 0.1 : 1$$

解：利用 newgrnn 函数设计广义回归网络：

```
net=newgrnn (P,F,sp);
```

在广义回归网络中，扩展常数 sp 的选取决定了网络的逼近性能，一般来说，扩展常数 sp 应该同输入数据的平均间距相当。本例将通过选取两个不同的扩展常数分别建立广义回归网络，以比较网络的性能差异，对应的 MATLAB 代码如下。

```
clc;
clear;
close all;
%newgrnn—设计广义回归神经网络
%sim—对广义回归神经网络进行仿真
%生成 1*21 维的输入样本数据（网络学习数据），即输入样本数据的个数为 21，维数为 1
%取值区间在-1～1
%P 是输入矢量，F 是目标矢量
P=-1:0.1:1;
F=sin(5*P)+cos(3*P);
%创建两个广义回归网络
%网络 1
sp1=0.05;                    %扩展常数 1
net1=newgrnn(P,F,sp1);       %网络 1
```

```
%网络 2
sp2=0.7;                        %扩展常数 2
net2=newgrnn(P,F,sp2);   %网络 2
%生成网络仿真测试数据
i=-1:0.05:1;
%应用数据 i 对网络进行仿真测试
%画出样本数据图形和网络仿真输出图形
Y1=sim(net1,i);
Y2=sim(net2,i);
plot(P,F,'+');
hold on;
plot(i,Y1);
title('扩展常数为 0.05 时的网络 net1');
xlabel('样本输入向量 P  仿真样本输入向量 i');
ylabel('目标输出 F+  网络仿真输出 Y1-');
figure
plot(P,F,'+');
hold on;
plot(i,Y2);
title('扩展常数为 0.7 时的网络 net2');
xlabel('样本输入向量 P  仿真样本输入向量 i');
ylabel('目标输出 F+、网络仿真输出 Y2-);
```

代码运行结果如图 2.41 和图 2.42 所示。图中的"+"表示样本数据，平滑曲线为广义回归网络的函数逼近结果。通过对比两个网络可知，网络 2 的扩展常数取值过大导致网络对原函数的细节变化不能成功地逼近。

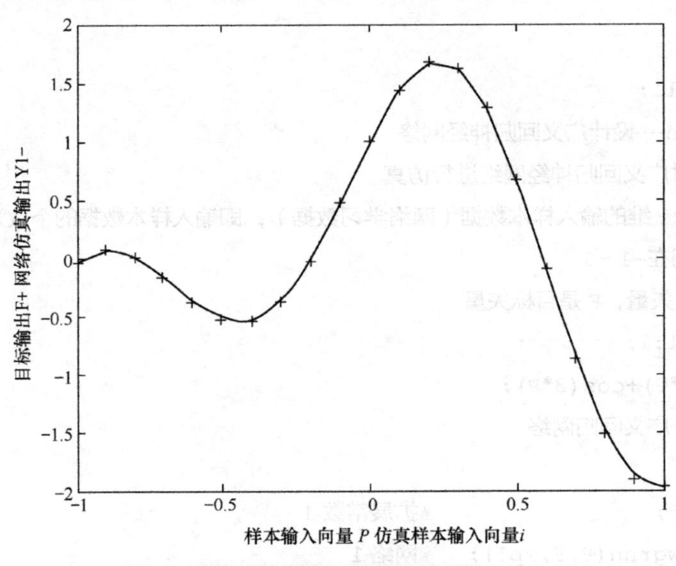

图 2.41　网络 1 的函数逼近结果

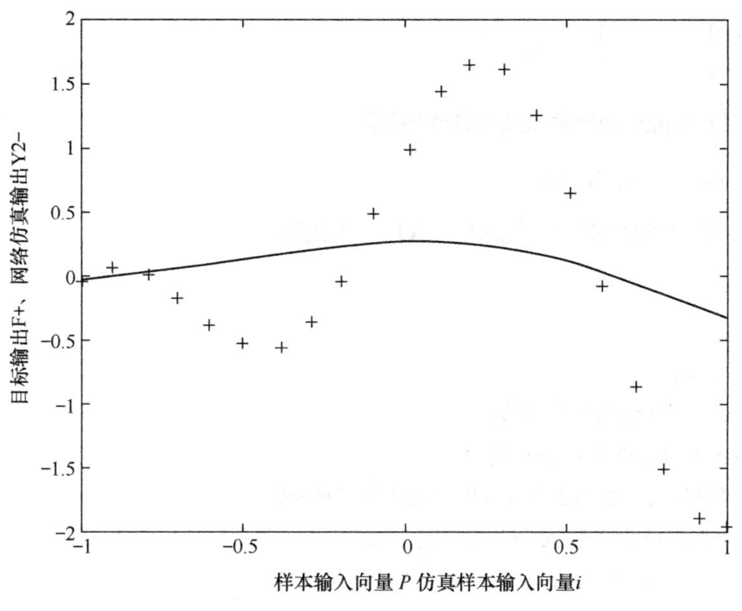

图 2.42 网络 2 的函数逼近结果

例 2-7 利用概率神经网络对样本数据进行分类，待分类的样本数据为：

```
P = [0 0;1 1;0 3;1 4;3 1;4 1;4 3]'
```

解：该例中的样本数据还可以表示为：

```
P =
     0     1     0     1     3     4     4
     0     1     3     4     1     1     3
```

表示样本数据类别的下标矩阵为：

```
F1= [1 1 2 2 3 3 3];
```

即：

```
F1=
     1     1     2     2     3     3     3
```

概率神经网络的输出形式是单值矢量组，因此我们首先应把下标矩阵转换为单值矢量组：

```
F=ind2vec(F1);
```

转换结果为：

```
F=
   (1,1)       1
   (1,2)       1
   (2,3)       1
   (2,4)       1
   (3,5)       1
```

```
    (3,6)        1
    (3,7)        1
```

然后再利用 newpnn 函数建立概率神经网络：

```
net=newpnn(P,F,sp);
```

下面给出实现上述样本数据分类的 MATLAB 代码。

```
clc;
clear;
close all;
%newpnn—设计概率神经网络
%sim—对概率神经网络进行仿真
%P 是数据样本，F1 是表示样本数据类别的下标矩阵
P= [0 0;1 1;0 3;1 4;3 1;4 1;4 3]';
F1= [1 1 2 2 3 3 3];
%把下标矩阵转换为单值矢量组，作为网络的目标输出
F=ind2vec(F1);
%设计概率神经网络
sp=1;   %扩展常数
net=newpnn(P,F,sp);
%对概率神经网络进行仿真，并画出分类结果
Y=sim(net,P)
Y1=vec2ind(Y) %将单值矢量组转换为数据索引
for i=1:7
    if Y1(i)==1
        plot(P(1,i),P(2,i),'*','markersize',10);
    else
        if Y1(i)==2
            plot(P(1,i),P(2,i),'+','markersize',10);
        else
            plot(P(1,i),P(2,i),'o','markersize',10);
        end
    end
        hold on;
end
axis([-5 5 -5 5]);%限制坐标范围
```

代码运行结果（概率神经网络的输出 Y）如下所示。

```
Y =
    (1,1)        1
```

```
        (1,2)        1
        (2,3)        1
        (2,4)        1
        (3,5)        1
        (3,6)        1
        (3,7)        1
```

为了清晰地表示分类结果，采用函数 vec2ind 将单值矢量组输出 Y 转换为数据索引形式 Y_1，结果为：

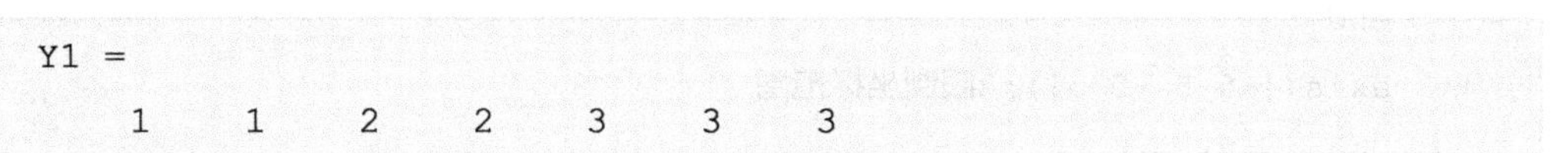

```
    Y1 =
       1     1     2     2     3     3     3
```

最终的分类结果如图 2.43 所示。

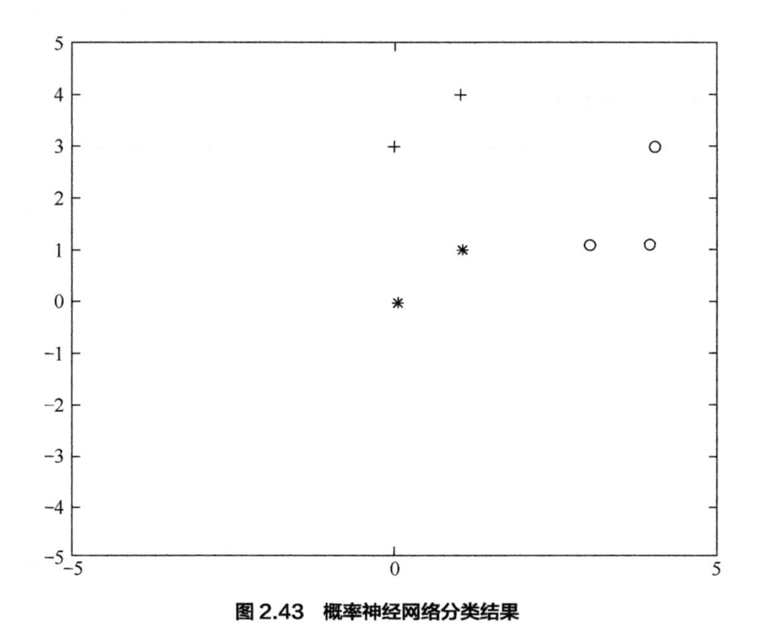

图 2.43　概率神经网络分类结果

图 2.43 中的横、纵坐标均为人为设定，以保证所有数据分布其上，便于观察。

用“*”号表示样本数据中的第一类数据，“+”号表示样本数据中的第二类数据，“o”号表示样本数据中的第三类数据。若另外再取输入数据 P1，则须利用前面所建立的概率神经网络对新数据进行分类，相应的 MATLAB 程序如下。

```
    %对一组新的数据进行分类
    P1= [1 4;0 1;5 2]';
    Y2=sim(net,P1);
    Y3=vec2ind(Y2)
    figure
       for j=1:3
           if Y3(j)==1
               plot(P1(1,j),P1(2,j),'*','markersize',10);
```

```
        else
            if Y3(j)==2
                    plot(P1(1,j),P1(2,j),'+','markersize',10);
                else
                     plot(P1(1,j),P1(2,j),'o','markersize',10);
            end
        end
                hold on;
    end
    axis([-5 5 -5 5]);%限制坐标范围
```

上述代码运行结果如下。

```
    Y3 =
         2    1    3
```

最终的分类结果如图 2.44 所示。

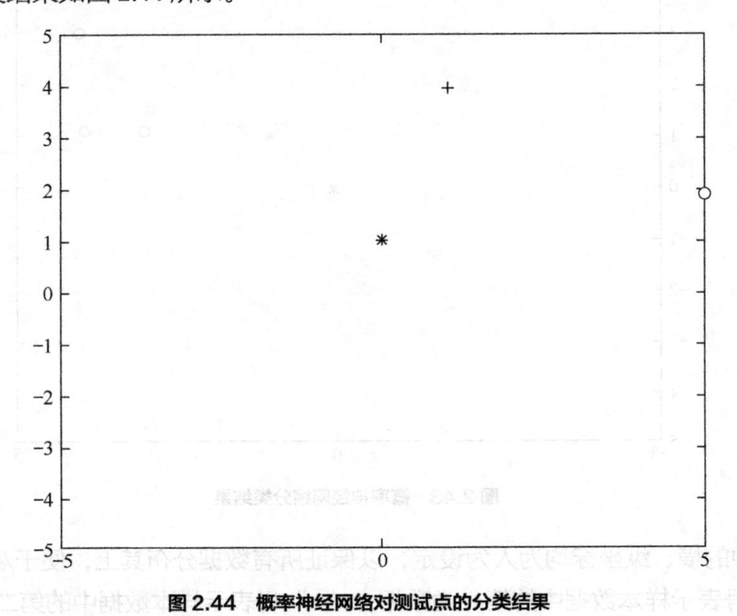

图 2.44　概率神经网络对测试点的分类结果

2.5.4　人工神经网络工具箱中的图形用户界面

图形用户界面（Graphical User Interfaces，GUI）是人工神经网络工具箱提供的人机交互界面，由窗口、光标、按键、菜单、文字说明等构成。用户可以通过一定的方法（如操作鼠标或键盘）选择、激励这些图形对象，以实现某种特定的功能，如计算、绘图等，进而在很大程度上提高工作效率。GUI 的设计是为了使用户可以更友好、方便地使用 MATLAB 的人工神经网络工具箱，它是一个独立的窗口，即 Network/Data Manager 窗口，且相对于 MATLAB 命令窗口是独立的，但是用户可以将 GUI 得到的结果数据导出到命令窗口，也可以将命令窗口中的数据导入到 GUI 窗口中。MATLAB 人工神经网络工具箱从 4.0 版本开始提供 GUI，经过不断改进与完善，MATLAB R2016b 对应的 V 9.1 版本的 GUI 已经非常容易使用了，而且功能也比较强大。

下面将通过一个实例演示，使读者了解 GUI 各部分的功能以及用 GUI 进行神经网络设计和分析的基本步骤和方法。为了逼近一个正弦函数，现通过 GUI 设计一个前向 BP 网络。该 BP 网络的隐含层神经元数目为 10 个，输入层神经元的传递函数为 S 型正切函数，隐含层神经元的传递函数为纯线性函数，网络训练函数设定为 trainlm，待近似的原始正弦信号为 $f(x)=\sin(\pi t)$ 。

由于新版 GUI 的窗口相较以前版本的有所不同，因此下面将对 GUI 主窗口的各个区域及按钮的作用，输入/输出等向量的设置，数据的导入/导出等 GUI 数据处理及网络的建立、训练、仿真做较为详尽的介绍。

1. 打开 GUI 编辑窗口

在 MATLAB 命令行窗口中输入“nntool”后按回车键，即可打开 GUI 编辑窗口，即 Neural Network/Data Manager 窗口如图 2.45 所示。该窗口由 8 个部分组成，分别是 7 个显示区域和底部按钮。

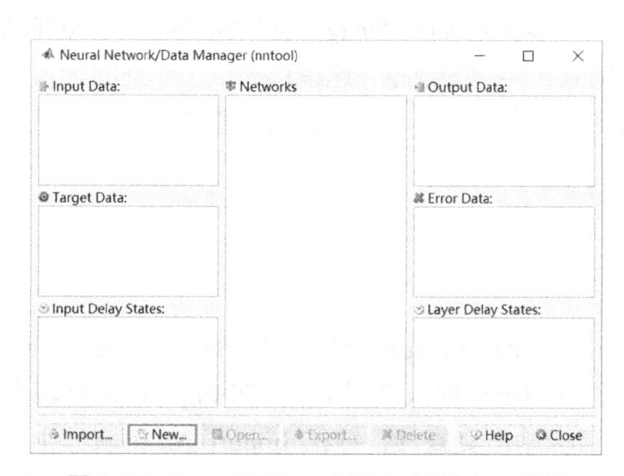

图 2.45　Neural Network/Data Manager 窗口

Neural Network/Data Manager 窗口中各显示区域和底部按钮的含义介绍如下。

- Input Data 区域：显示指定的输入数据。
- Output Data 区域：显示网络对应的输出数据。
- Target Data 区域：显示期望输出数据。
- Error Data 区域：显示误差。
- Input Delay States 区域：显示设置的输入延迟参数。
- Layer Delay States 区域：显示层的延迟状态。
- Networks 区域：显示设置网络的类型。
- Help 按钮：Neural Network/Data Manager 窗口中有关区域和按钮的详细介绍。
- Close 按钮：关闭 Neural Network/Data Manager 窗口。
- Import 按钮：将 MATLAB 工作空间或者文件中的数据和网络导入 GUI 工作空间。
- New 按钮：创建新网络或者生成新的数据。
- Open 按钮：打开选定的数据或网络，以便查看和编辑。
- Export 按钮：将 GUI 工作空间的数据和网络导出到 MATLAB 工作空间或文件中。
- Delete 按钮：删除所选择的数据或者网络。

2. 导入数据

MATLAB R2016b 的人工神经网络工具箱需要首先导入输入数据与目标输出数据。在主界面 Neural Network/Data Manager 窗口中单击“Import”按钮，会弹出 Import to Network/Data Manager 窗口，如图 2.46 所示。

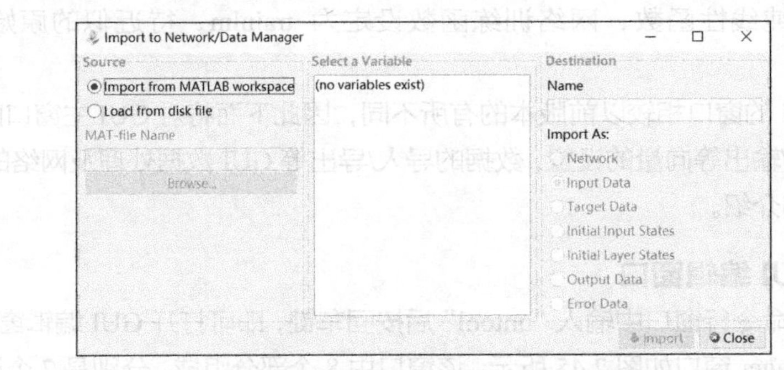

图 2.46　Import to Network/Data Manager 窗口

用户可以在 Import to Network/Data Manager 窗口左侧的 Source 单选框中选择从 MATLAB 工作空间导入数据或者加载文件中的数据，这里选择从工作空间导入。首先在 MATLAB 工作空间中输入以下语句来产生输入向量 P 和目标输出向量 T。

```
P=[-1:0.05:1];
K=[-1:0.05:1];
T=sin(pi*K);
```

此时 Import to Network/Data Manager 窗口中的 Select a Variable 列表框中就会显示当前工作空间中的所有变量，从中选择输入变量 P，并在 Import As 列表中选中 Input Data，单击“Import”按钮，再选择目标输出变量 T，并在 Import As 列表框中选中 Target Data，单击“Import”按钮，进而即可就完成输入/输出数据的导入。点击“Close”按钮返回 Neural Network/Data Manager 主窗口，可以看到主窗口的输入/输出区域已经发生了变化，如图 2.47 所示。在主窗口中双击变量 P 就可以查看其内容，同理也可查看变量 T 的内容，分别如图 2.48 和图 2.49 所示。

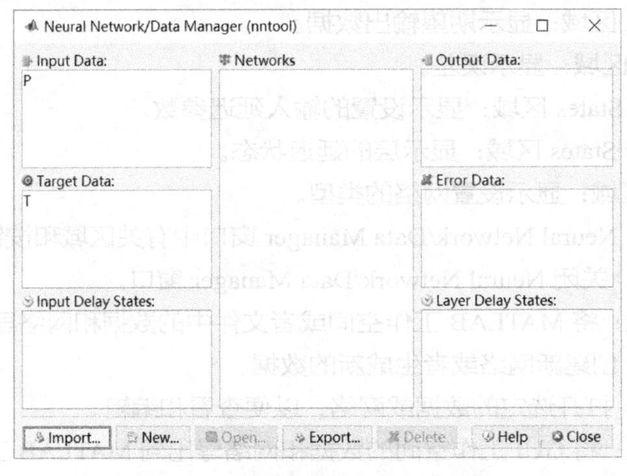

图 2.47　导入数据后的 nntool 主窗口

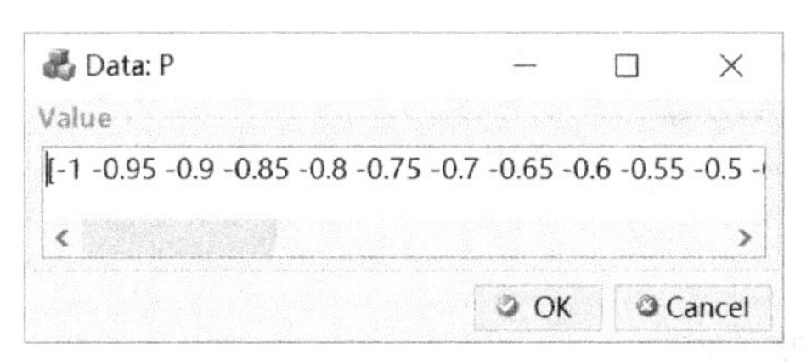

图 2.48　网络输入变量 P

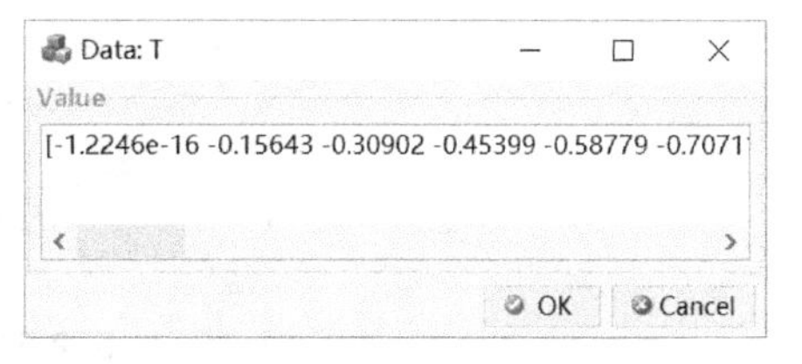

图 2.49　网络的期望输出变量 T

3. 创建 BP 网络

在 Neural Network/Data Manager 主窗口点击“New”按钮，在弹出的 Creat Network or Data 窗口中选择 Network 选项，开始创建网络。根据要求在窗口中修改相应的参数：在 Name 文本框中输入要创建的网络名称 Tnet；在 Network Type 的下拉框中选择要创建的网络类型 Feed-forward backprop；在 Input Date 和 Target Date 的下拉框中选择相应的导入数据；Training function 下拉框用于设置该网络训练函数的类型，这里选择 TRAINLM；在 Adaption learning function 下拉框中设置网络的学习函数 LEARNGDM；网络的性能函数 Performance function 取默认值 MSE；网络的层数 Number of layers 设为 2，表明所设计的网络有一层是隐含层；设置网络各层的传递函数和神经元的数目，即在 Properties for 下拉框中选择 Layer1，表示接下来设置隐含层的传递函数和神经元的数目；在 Number of neurons 文本框中输入 10，表示隐含层由 10 个神经元组成；在 Transfer Function 的下拉框中选择传递函数类型为 TANSIG，如图 2.50（a）所示。然后在 Properties for 下拉框中选择 Layer2，表示接下来设置输出层属性，输出层的 Number of neurons 文本框中不能输入数字，网络自动默认为 1；在 Transfer Function 的下拉框中选择传递函数类型为 PURELIN，如图 2.50（b）所示。单击“View”按钮可以看到所建 BP 网络的结构，如图 2.51 所示。单击右下角的“Create”按钮，即可完成 BP 网络的设置。点击“Close”按钮返回 Neural Network/Data Manager 主窗口，可以看到主窗口的神经网络区域已经发生了变化，如图 2.52 所示。

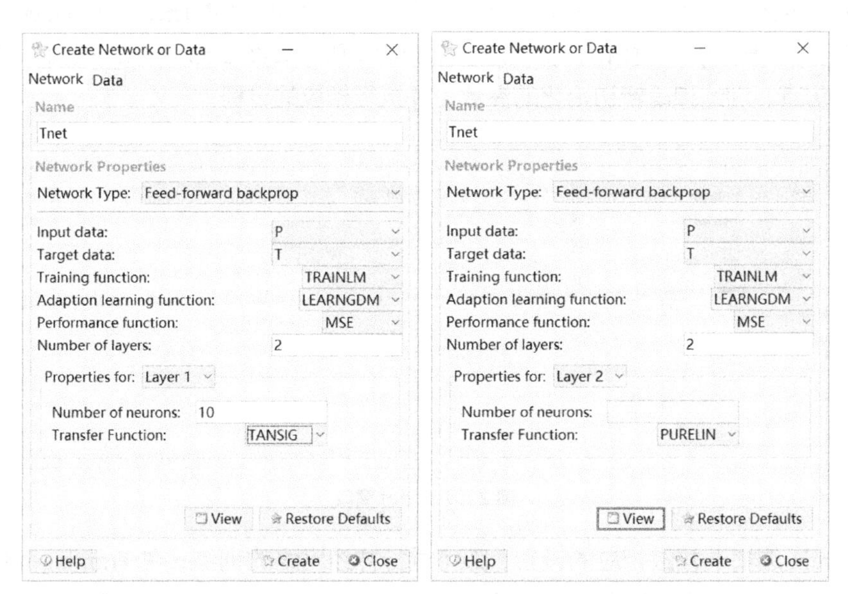

(a) 传递函数类型 TANSIG　　(b) 传递函数类型 PURELIN

图 2.50　网络创建窗口

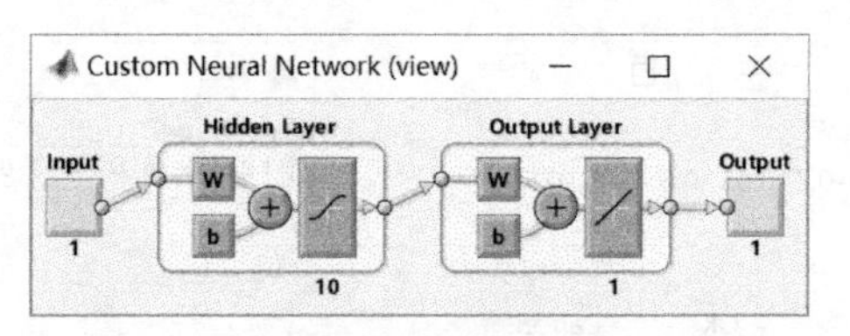

图 2.51　BP 网络的结构

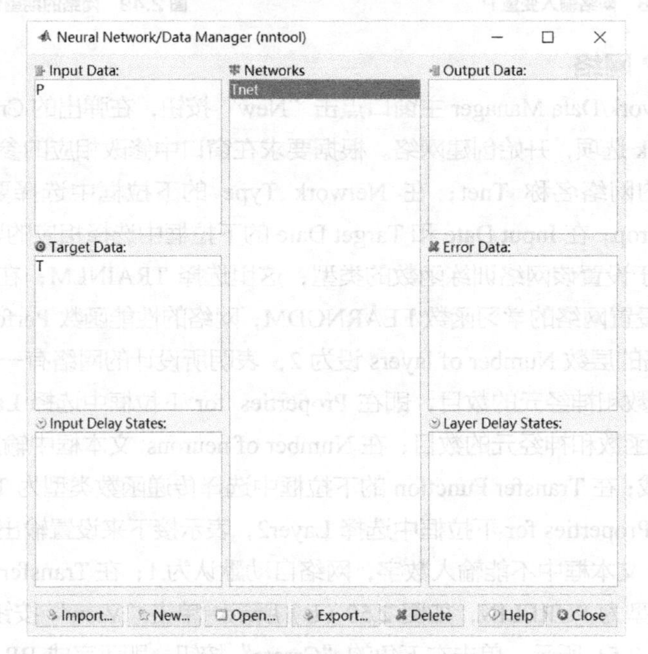

图 2.52　创建网络后的 nntool 主窗口

4．训练网络

在 Neural Network/Data Manager 主窗口中选中生成的 BP 网络 Tnet，则“Open”“Delete”按钮被激活。单击“Open”按钮，将弹出一个新的窗口，如图 2.53 所示，该窗口用于设置网络自适应、仿真、训练和重新初始化的参数，并执行相应的过程。

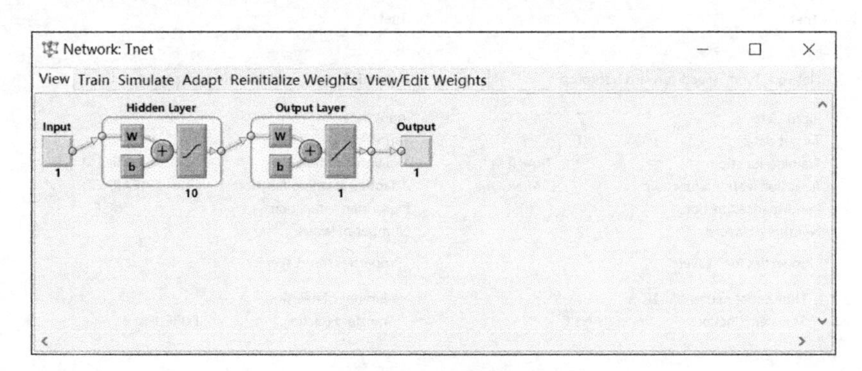

图 2.53　Tnet 窗口

点击 Train 选项卡并做相应的设置，即可进行神经网络的训练：在 Training Info 选项下，设置输入 Inputs 为 P，期望输出 Targets 为 T，如图 2.54 所示。在 Training Parameters 选项下，设置训练步数 epochs 为 50，目标误差 goal 为 0.01，其他参数采用默认值，如图 2.55 所示。

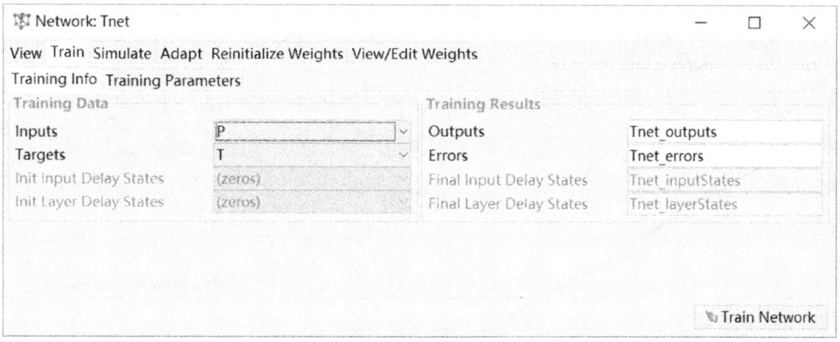

Network: Tnet
View Train Simulate Adapt Reinitialize Weights View/Edit Weights
Training Info Training Parameters
Training Data
Inputs P
Targets T
Init Input Delay States (zeros)
Init Layer Delay States (zeros)
Training Results
Outputs Tnet_outputs
Errors Tnet_errors
Final Input Delay States Tnet_inputStates
Final Layer Delay States Tnet_layerStates
Train Network

图 2.54　设置训练数据

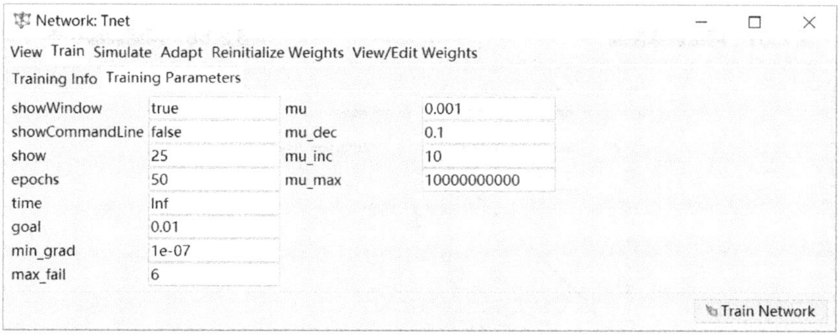

Network: Tnet
View Train Simulate Adapt Reinitialize Weights View/Edit Weights
Training Info Training Parameters
showWindow true
showCommandLine false
show 25
epochs 50
time Inf
goal 0.01
min_grad 1e-07
max_fail 6
mu 0.001
mu_dec 0.1
mu_inc 10
mu_max 10000000000
Train Network

图 2.55　设置训练参数

训练数据和参数设置完毕后，单击 Tnet 窗口右下角的“Train Network“按钮，开始网络训练，训练完成后会有一个结果信息界面，如图 2.56 所示。

点击网络训练结果信息界面中的“Performance”“Training State”和“Regression”按钮会分别出现不同界面，如图 2.57、图 2.58 和图 2.59 所示。图 2.57 显示网络训练误差随训练次数的变化情况，图 2.58 显示训练数据的梯度、均方误差以及验证集检验失败的次数随训练次数的变化情况，图 2.59 分别显示了训练集、验证集、测试集和全集的回归系数，回归系数越接近 1 表示训练所得模型的性能越好。

Neural Network Training (nntraintool)
Neural Network
Algorithms
Data Division: Random (dividerand)
Training: Levenberg-Marquardt (trainlm)
Performance: Mean Squared Error (mse)
Calculations: MEX
Progress
Epoch: 0 1 iterations 50
Time: 0:00:00
Performance: 4.98 0.00424 0.0100
Gradient: 9.65 0.0539 1.00e-07
Mu: 0.00100 0.000100 1.00e+10
Validation Checks: 0 0 6
Plots
Performance (plotperform)
Training State (plottrainstate)
Regression (plotregression)
Plot Interval: 1 epochs
Opening Regression Plot
Stop Training
Cancel

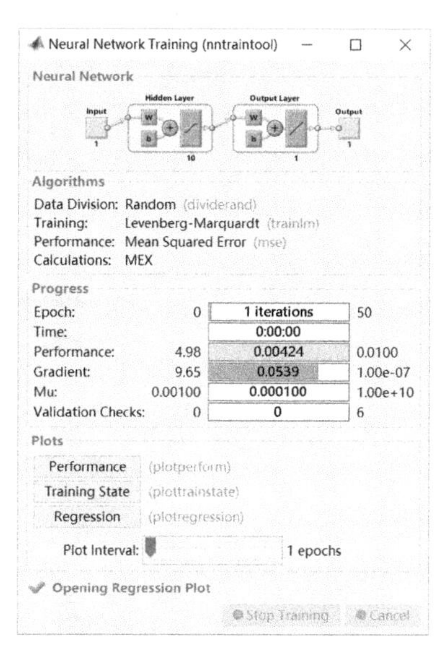

图 2.56　网络训练结果信息界面

5. 网络仿真

通过网络仿真，可以验证训练后的神经网络对信号的逼近效果。在 Tnet 窗口中单击“Simulate”按钮，在 Inputs 下拉菜单中选择输入变量 P，同时将网络仿真输出 Tnet-Outputs 选为 Tnet-OutSim，以区别于训练时的输出 Tnet-outputs。单击“Simulate Network”按钮，回到 Neural Network/Data Manager 主窗口，此时可以看到在 Tnet-Outputs 区域有一个新的变量 Tnet-OutSim，如图 2.60。双击变量名 Tnet-OutSim 会弹出一个新的窗口，显示对应输入变量 P 的网络输出值，在图 2.60 的主窗口上点击“Export”按钮，就能在 Output Data 中选择想要查看和保存的数据，将其导出到 MATLAB 的工作空间，如图 2.61 所示。

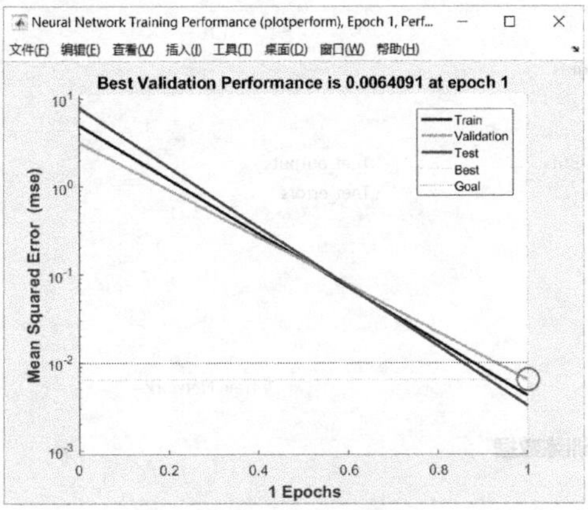

图 2.57　网络训练性能

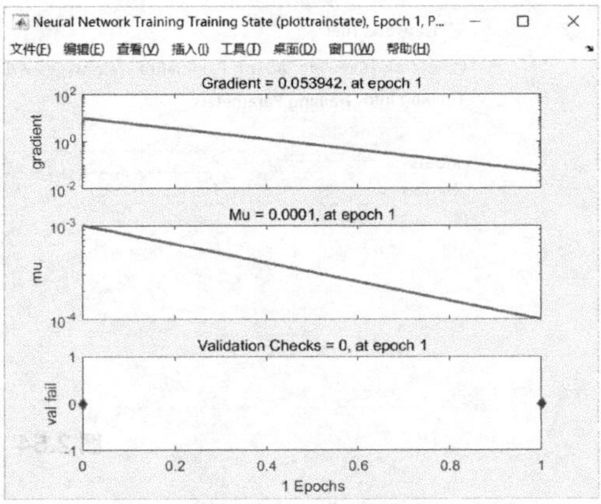

图 2.58　网络训练状态

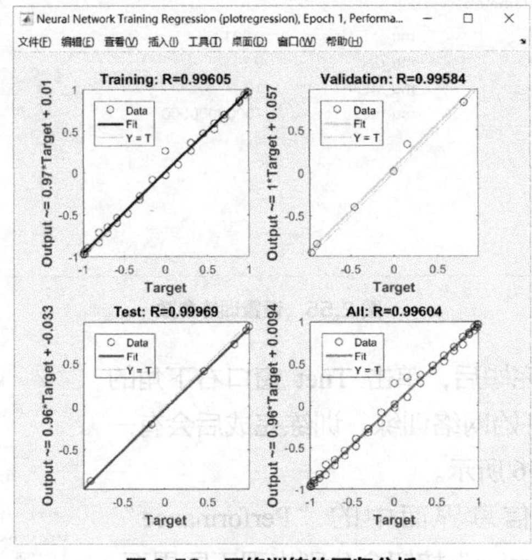

图 2.59　网络训练的回归分析

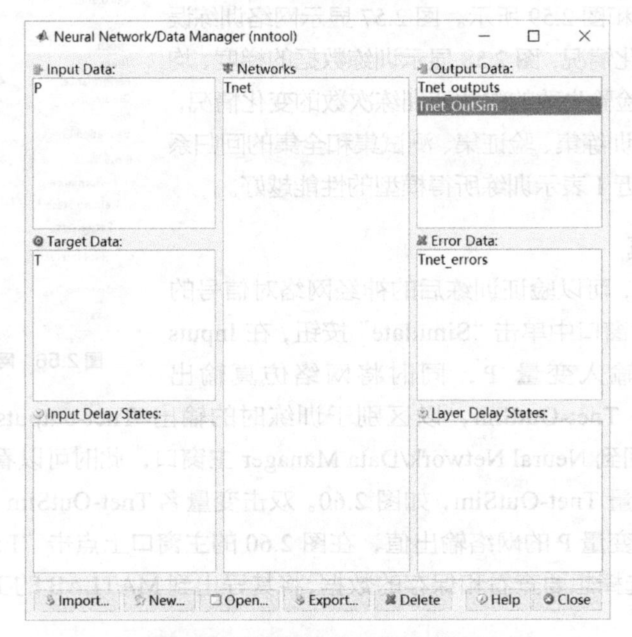

图 2.60　网络仿真后的 nntool 主窗口

名称	值
K	1x41 double
P	1x41 double
T	1x41 double
Tnet_out...	1x41 double
Tnet_Out...	1x41 double

图 2.61　导出在 Output Data 中所选的数据

BP 网络的实际输出与期望输出相比是比较接近的（见图 2.62），由此可见，所建立的 BP 网络基本完成了非线性函数逼近的功能。

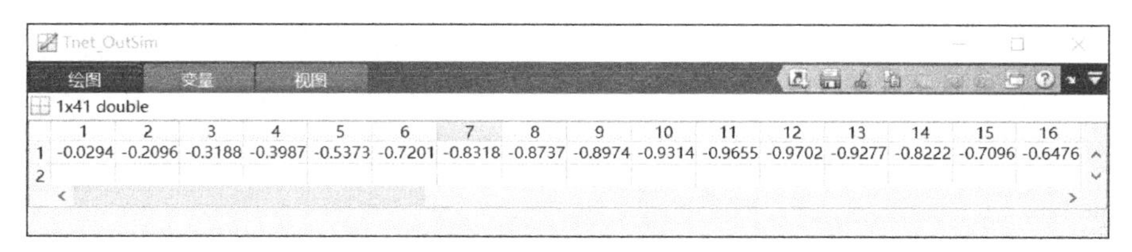
Tnet_OutSim
1x41 double

	1	2	3	4	5	6	7	8	9	10	11	12	13	14	15	16
1	-0.0294	-0.2096	-0.3188	-0.3987	-0.5373	-0.7201	-0.8318	-0.8737	-0.8974	-0.9314	-0.9655	-0.9702	-0.9277	-0.8222	-0.7096	-0.6476
2																

（a）网络实际输出

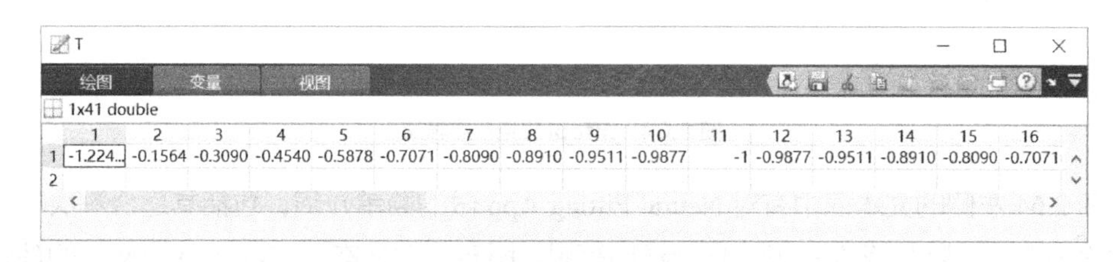
T
1x41 double

	1	2	3	4	5	6	7	8	9	10	11	12	13	14	15	16
1	-1.224...	-0.1564	-0.3090	-0.4540	-0.5878	-0.7071	-0.8090	-0.8910	-0.9511	-0.9877	-1	-0.9877	-0.9511	-0.8910	-0.8090	-0.7071
2																

（b）网路期望输出

图 2.62　BP 网络期望输出与实际输出结果对比

6．另一种创建网络的方式

MATLAB R2016b 的人工神经网络工具箱还增加了另外一种创建 BP 网络的方式。使用者不必深入了解每种神经网络模型的特点及适用的问题，仅须根据所要解决的问题选择不同的应用程序即可。这里我们同样以逼近正弦函数为例来说明这种方式创建 BP 网络的基本操作步骤。

在 MATLAB 工具条中的 App 选项卡下选择“Neural Net Fitting”，如图 2.63 所示，可弹出如图 2.64 所示的 nftool 应用程序界面。

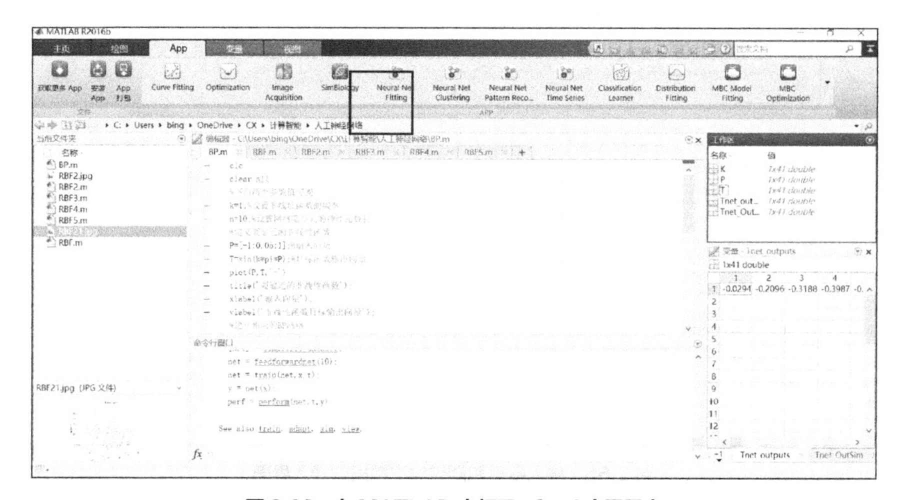

图 2.63　在 MATLAB 中打开 nftool 应用程序

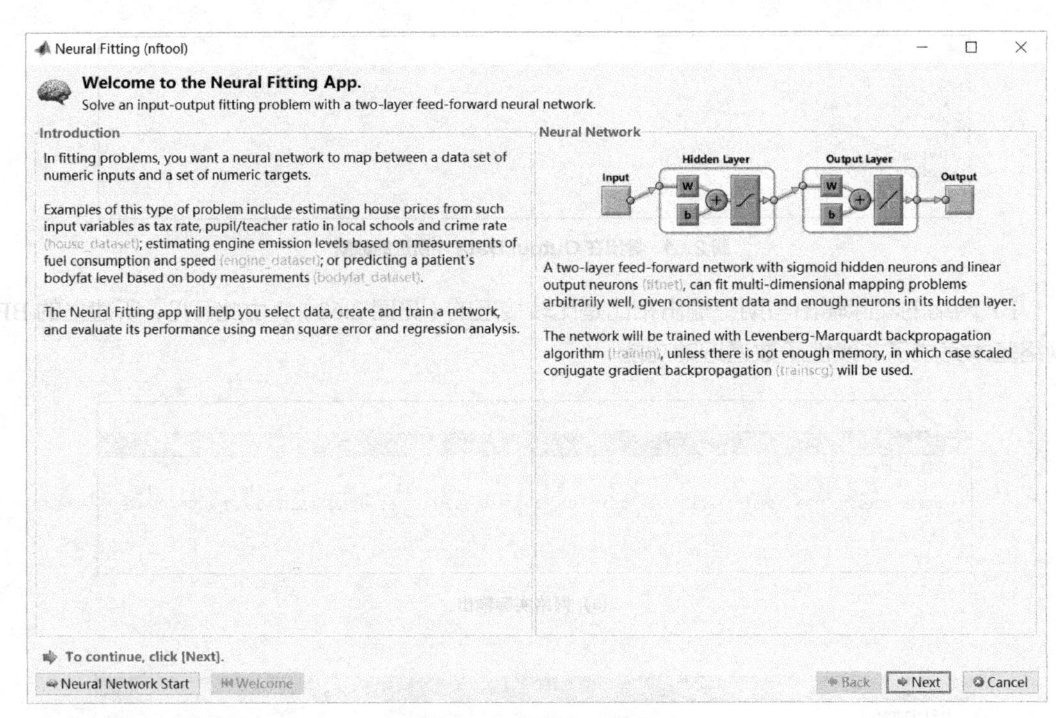

图 2.64　nftool 应用程序界面

在图 2.64 左侧的文本框中有对 Neural Fitting App 做的简单介绍，包括其适合解决的问题、工具箱给出的例子以及该 App 的流程及输出结果。图右侧的文本框对该 App 所使用的神经网络进行了介绍，它对神经网络的层数、每层的激励函数、网络训练函数都做了规定，设计人员不需要熟练掌握工具箱中的各种函数，也能方便地建立和训练网络。点击“Next”按钮，进入到输入数据和期望输出数据的导入界面，选择从 MATLAB 工作空间中导入数据，如图 2.65 所示。

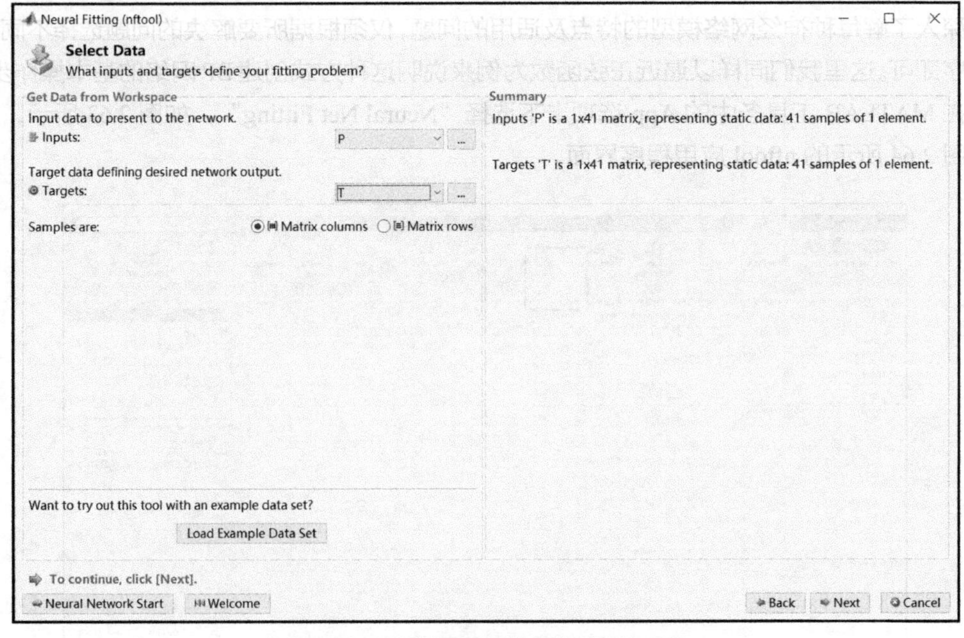

图 2.65　输入数据和期望输出数据的导入界面

在图 2.65 所示界面中点击“Next”按钮，弹出如图 2.66 所示的界面。

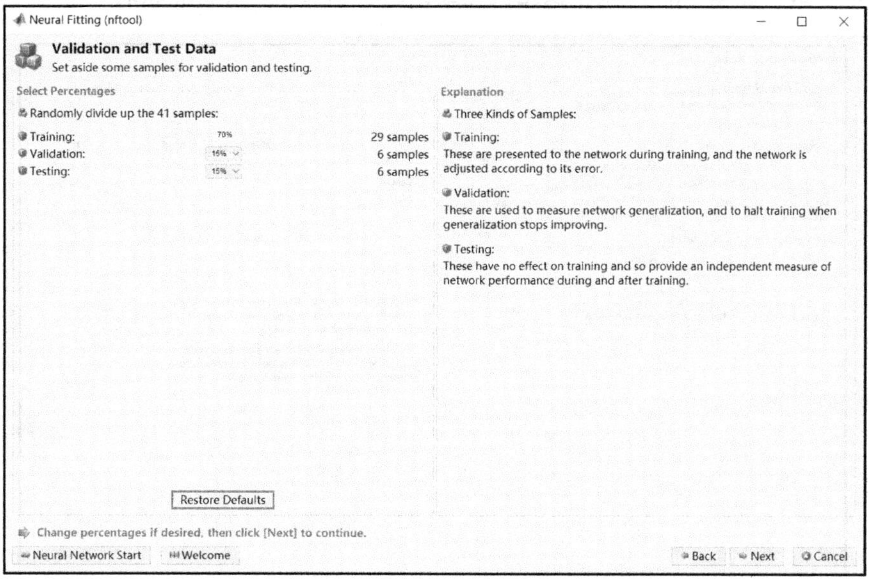

Neural Fitting (nftool)
Validation and Test Data
Set aside some samples for validation and testing.
Select Percentages
Randomly divide up the 41 samples:
Training: 70% 29 samples
Validation: 15% 6 samples
Testing: 15% 6 samples
Explanation
Three Kinds of Samples:
Training:
These are presented to the network during training, and the network is adjusted according to its error.
Validation:
These are used to measure network generalization, and to halt training when generalization stops improving.
Testing:
These have no effect on training and so provide an independent measure of network performance during and after training.
Restore Defaults
Change percentages if desired, then click [Next] to continue.
Neural Network Start | Welcome | Back | Next | Cancel

图 2.66 设置验证数据及测试集样本

在图 2.66 所示界面中可以设置训练数据、验证数据和测试数据占全部数据样本的比例，默认是随机选取 70%的样本作为训练数据、15%的样本作为验证数据、15%的样本作为测试数据，也可以根据实际情况对上述比例进行调整，这里将它们设置为默认值。设置完成后，点击“Next”按钮，进入隐含层神经元的设定界面，如图 2.67 所示。

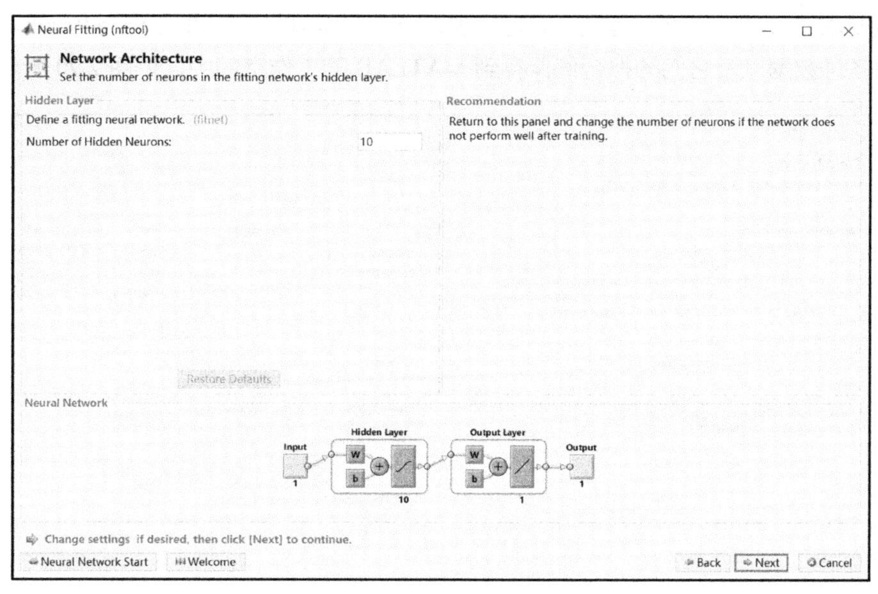

图 2.67 隐含层神经元的设定界面

在图 2.67 所示界面中，上边的 Hidden Layer 文本框用于设置隐含层神经元的个数，默认值是 10，其可以根据实际情况进行调整，这里采用默认值。根据设置的参数，图 2.67 所示界面下方的文本框中给出了神经网络的具体结构，检查无误后点击“Next”按钮会弹出 Train

Network 窗口，进入训练阶段。点击新窗口中的 Train Network 文本框中的下拉选项卡可以选择网络训练函数，如图 2.68 所示，这里选择默认算法 Levenberg-Marquardt。

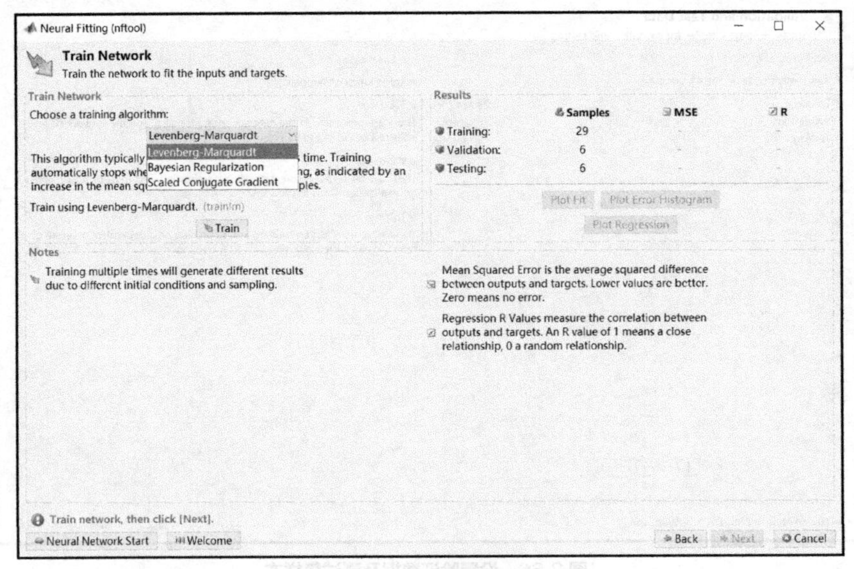

图 2.68　网络训练界面

网络训练函数选择完成后，点击“Train”按钮，开始对网络进行训练，训练结果如图 2.69 所示，其中分别给出了训练数据、验证数据、测试数据的 MSE 值和 R 值，并对这两个性能指标进行了说明：MSE 值越小表示实际输出与目标输出之间的均方差越小，R 值越接近 1 表示网络模型拟合得越好。如果所得模型不能满足预期的需求，则须重复上述步骤直至得到满足预期精确度要求的模型；如果所得模型满足需求，点击“Next”按钮进入 Save Results 界面，将最终所得各种数据以及它们的拟合值保存到 MATLAB 的工作空间中，如图 2.70 所示。

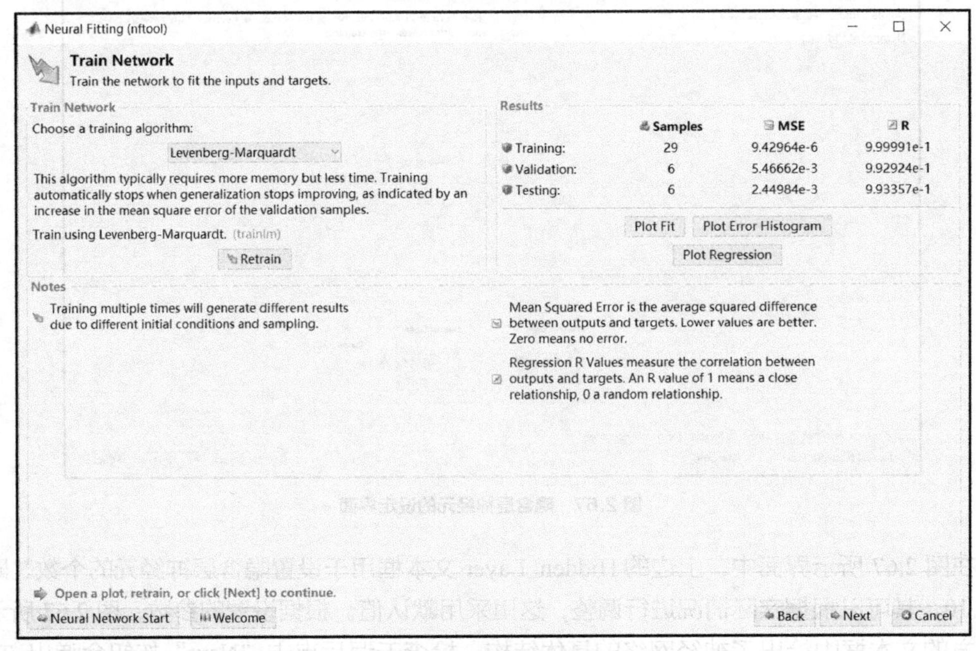

图 2.69　网络训练后界面

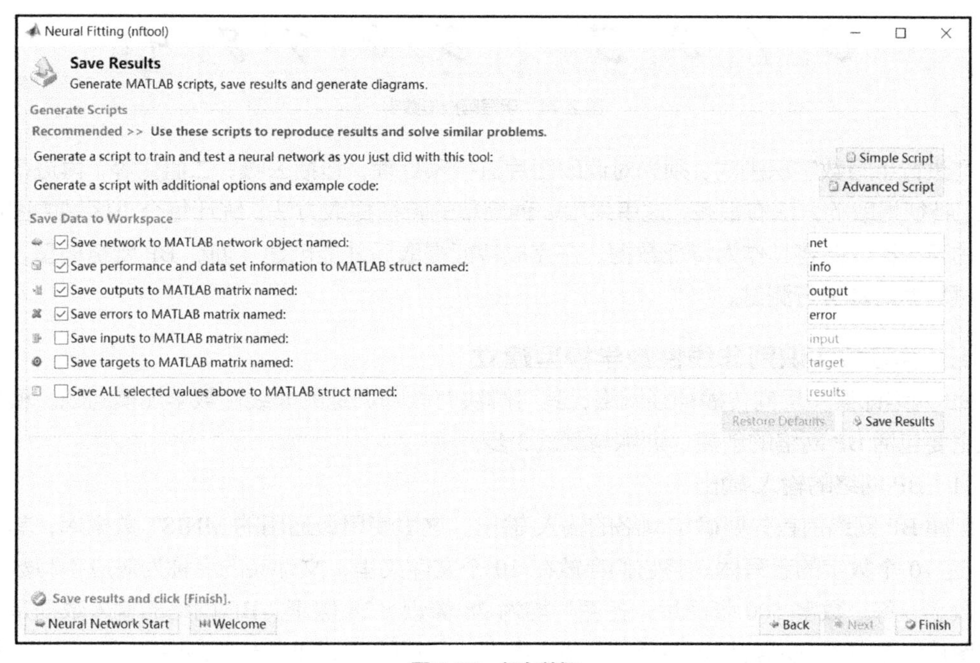

图 2.70　保存数据

GUI 是人工神经网络工具箱所提供的人机交互界面，它能引导工程人员一步步地建立和训练网络，以省略代码的编写过程。对于初学者而言，建议不要一开始就使用 GUI 来解决实际问题，因为 GUI 中的一些功能只能在熟练掌握了工具箱中的大部分函数后才能正确使用。因此，最好的 GUI 使用方式是首先利用编写代码的方式来学习人工神经网络工具箱，掌握了各种函数的意义及使用注意事项后，再可以利用 GUI 来方便、快捷地解决实际问题。

2.6 人工神经网络的应用实例

例 2-8　基于 BP 网络的手写数字识别。

解：手写数字识别技术作为图像处理和模式识别中的研究热点，在大规模数据统计（如行业年检、人口普查等）、票据识别、财务报表、邮件分拣等方面有着广泛的应用。目前手写数字识别技术有很多种实现方法，这里仅介绍与本章内容相关的一种基于 BP 网络的手写数字识别方法。该方法的基本思想来源于以下两方面：一是手写数字图片中的黑色像素点与白色像素点之间的空间编排关系构成了我们所看到的数字，也就是说图片像素点的空间排布和输出的识别结果之间存在着非线性映射关系。二是 BP 网络刚好能解决非线性映射的数学建模问题。如果对像素点空间排布与输出数字之间的关系进行学习、训练，建立有效的人工神经网络，就可以对再次给出的手写数字图片进行识别并输出识别结果。

手写数字识别是指利用计算机自动识别人手写在纸张上的阿拉伯数字，如图 2.71 所示。如果输入图 2.71 所示的手写数字图片，则计算机输出的识别结果为：0、1、2、3、4、5、6、7、8、9。

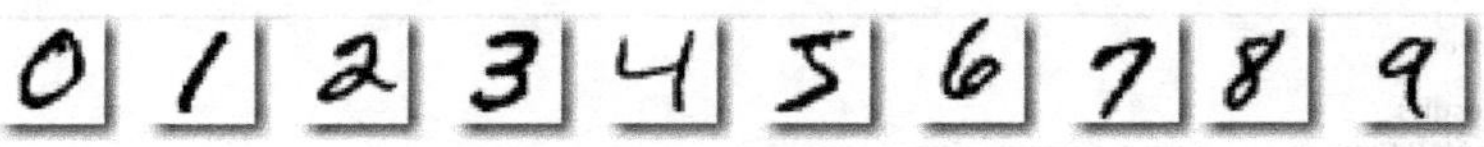

图 2.71　手写阿拉伯数字

在进行手写数字识别时，须先对读取图片进行预处理，包括去噪、二值化等，再进行特征提取。特征提取的方法有很多，这里采用一种简单的特征提取方法：统计每个小区域中图像像素所占百分比，并将其作为特征数据。在完成特征提取后才能创建、训练 BP 网络模型，最后用测试数据对其进行测试。

1. 手写数字识别非线性数学模型建立

BP 网络即误差反向传播神经网络，其可解决有教师训练的非线性数学建模问题。模型的建立主要包括 BP 网络的创建、训练与测试 3 步。

（1）BP 网络的输入/输出

创建 BP 网络前首先要确定网络的输入/输出。这里使用最通用的 MNIST 数据库，其包含 0—9 这 10 个数字的手写体。将它们存放在 10 个文件夹里，文件夹的名称为对应手写数字图片的数字。每个数字 500 张图片，各图片均为 28 像素×28 像素。BP 网络的输入数据是手写数字图片经过预处理和特征提取后的数据。本小节所提的预处理主要是指图像的二值化，特征提取方法主要采用粗网格特征提取方法。该方法是指将二值化后的图像大小统一为 50 像素×50 像素，再将其等分成 5×5 个网格，每个网格包含 100 像素，然后依次统计每个网格中黑色像素点的数量，从而得到一个 1×25 的特征向量。

5000 张手写数字图片的特征向量即为 BP 网络的输入（一个 5000×25 的矩阵），其对应的真实数字为 BP 网络的输出（一个 5000×1 的向量）。

（2）BP 网络的创建与训练

BP 网络具有输入层、隐含层和输出层 3 层结构。其中，隐含层可以有一个或多个，这里采用具有一个隐含层的基本 BP 网络模型，隐含层神经元个数选取 25 个，激励函数选取默认的 Sigmoid 函数，学习速率设为 0.1，网络训练函数选取默认的 Trainlm，网络目标误差设为 0.001。对随机抽取的 4500 张图片进行特征提取，并将所得特征矩阵作为训练样本的输入，计算隐含层和输出层的输出与误差，更新网络权值。当误差达到设定目标时，网络的学习过程结束。

（3）神经网络的测试

训练好神经网络之后，用随机抽取的 500 张手写数字图片对网络进行测试：输入特征向量，计算隐含层和输出层的输出，得到最后测试的数据，计算每个数字测试的正确率和全体测试的正确率。

2. 实验仿真结果

在硬件配置为 Intel® Core™2 Duo CPU G620 2.60GHz、内存为 8.00G 的计算机上开展实验，开发环境为 MATLAB R2016b。随机选取 4500 张图片作为训练样本，剩余 500 张图片作为测试样本，具体实现程序详见本书配套的电子资源（可从人邮教育社区获取）。测试样本的结果存放在 predict_label（1×500 的向量）中，测试样本集的识别正确率为 0.8140。

本小节给出了利用 BP 网络对手写数字进行识别的方法：通过粗网格提取手写数字的特征矩阵，作为 BP 网络的输入，训练出可实现手写数字识别的 BP 网络模型。当输入新的需要识别的手写数字图片时，训练所得 BP 网络即可快速识别出数字真值。粗网格特征提取方法是一种操作简单、易于理解的特征提取方法，但其抵抗位置变化能力较差，因此在一定程度上会影响 BP 网络的识别精度，读者可以选择更精准的特征提取方法来提高手写数字识别的精度。

2.7 本章小结

本章首先概述了人工神经网络的发展过程和特点，详细介绍了人工神经网络中人工神经元、网络结构、学习方法等基础知识，重点介绍了两种典型的人工神经网络模型，即前馈型神经网络（前馈网络）和反馈型神经网络（反馈网络）；然后详细介绍了感知器、BP 网络、RBF 网络等常见的人工神经网络以及它们对应的算法，并通过分析这些算法的结构原理，给出对应的 MATLAB 实现过程，使读者能够从理论上和实践上同时加深对它们的理解；最后详细阐述了人工神经网络工具箱的使用方法，并通过实例详细介绍了基于 BP 网络的手写数字识别过程（相应的 MATLAB 程序详见本书配套的电子资源）。

2.8 习题

（1）简述人工神经元处理信息的过程。
（2）介绍人工神经网络的两种常用结构，并阐述它们各自的特点和适用范围。
（3）简述感知器的原理及其具体流程。
（4）请用人工神经元实现逻辑与和逻辑或的功能。
（5）请画出 3 层 BP 网络结构，并推导加权系数的计算公式。
（6）给出 RBF 网络的结构图及其相应的计算公式。

03 chapter

遗传算法

本章学习目标：

（1）掌握遗传算法的基本思想和构成要素；

（2）了解遗传算法的几种常用改进方法；

（3）掌握遗传算法的程序实现。

3.1 概述

1975 年，密歇根大学的霍兰德（Holland）教授首次提出了遗传算法（Genetic Algorithm，GA），它是一种基于达尔文的遗传选择和自然淘汰的生物进化理论而设计的计算智能模型，其可通过模拟自然进化过程搜索出问题的近似最优解。不久之后，霍兰德教授的专著"*Adaptation in Natural and Artificial Systems*"出版，遗传算法得到了进一步发展。遗传算法根据适者生存、优胜劣汰等自然进化规则，通过模拟生物进化和基因遗传的过程，进行搜索计算和求解优化问题，具有良好的全局寻优能力，因此成为了解决难以用传统数学方法进行求解的优化问题的有效方法，并促进了计算智能的进一步发展。后来德容（De Jong）和古德伯格等人又做了大量关于遗传算法的改进工作，使遗传算法的体系结构更加完善和丰富。目前，遗传算法已经在机器学习、软件技术、图像处理、模式识别、神经网络、工业优化控制、生物学、遗传学、社会科学等学科和领域得到了广泛应用，并向着其他学科和领域渗透，形成了将遗传算法、神经网络和模糊控制相结合的新型智能控制系统整体优化的结构形式。

遗传算法是一种借鉴生物界自然选择和自然遗传机制的随机搜索算法。它会利用编码技术生成染色体的数字串，并模拟由这些数字串组成的种群的进化过程。遗传算法通过有组织的、随机的信息交叉来重新组合适应度好的数字串，并反复生成新的更优种群，最终即可找到最优解。遗传算法具有以下 7 个特点。

（1）遗传算法是对问题解的编码组进行操作，而不是直接针对问题解本身。遗传算法首先基于一个有限的字母表，把最优化问题的解编码为有限长度的字符串，通常为二进制字符串；然后随机生成 n 个字符串以组成初始种群，对初始种群中的字符串进行遗传操作以生成新种群，对新种群反复进行遗传操作，直至满足终止条件，此时最终种群中适应度值最大的字符串对应的解即为所求最优解。遗传算法是对一个问题解的编码种群进行操作，这样提供的参数的信息量大、优化效果好。

（2）遗传算法具有并行性，因此可通过大规模并行计算来提高计算速度。

（3）遗传算法通过适应度函数来计算适应度值，而不需要其他辅助信息，即其对问题的依赖性较小。遗传算法的适应度函数不仅不受连续可微的约束，而且其定义域可以任意设定。遗传算法对适应度函数的唯一要求是：编码必须与可行解空间对应，不能有死码。由于限制条件较少，因此遗传算法的应用范围得到了极大程度的扩展。

（4）遗传算法的寻优规则是由概率决定的，而非确定的。

（5）遗传算法更加适用于大规模复杂问题的优化。

（6）遗传算法计算简单、功能强大。

（7）遗传算法具有可扩展性，便于同其他算法进行融合。

同时，遗传算法也存在一些局限性，主要表现在以下 4 个方面。

（1）编码的不规范性和不准确性。

（2）遗传算法的效率通常低于传统的优化方法。

（3）遗传算法容易出现局部收敛的情况。

（4）遗传算法在收敛精度、可信度、计算复杂性等方面缺乏有效的定量分析方法。

目前已有很多关于遗传算法改进的文章，它们主要针对遗传算法收敛速度慢、局部寻优能力差、产生最优解精度低等缺点进行改进，以改善其性能；在应用方面遗传算法也成果丰硕，这让相关研究者们对它的发展前景充满信心。由于遗传算法的整体搜索策略和优化搜索方法在计算时不依赖于梯度信息和其他辅助知识，只需要影响搜索方向的适应度函数，因此遗传算法成为了一种求解复杂系统问题的通用框架。

3.2 遗传算法的基本原理

3.2.1 生物的进化过程

纵观漫长的历史发展进程可以发现，生物在自然界中的生存繁衍过程显示出了它们对自然环境的自适应调整能力。为此，达尔文提出了以自然选择学说为核心内容的进化论，其表示生物的进化主要有三个原因，即遗传、变异和选择。遗传是生物进化的基础，它使生物能够将其特性传给后代，即子像父；变异是指遗传不是全部遗传，特性会产生变异，即子与父有所不同，这是保证生物个体之间相互区别的基础；选择是指遗传具有精选能力，在生物进化过程中优秀的个体被保留，劣质的个体被淘汰，即子优于父，这决定了生物进化的方向。生物就是在遗传、变异和选择这 3 种因素的综合作用下不断地向前进化的，这个过程蕴含着一种搜索和优化的先进思想。霍兰德教授等人正是依据自然生物系统"适者生存，优胜劣汰"的进化原理，提出了一种在复杂空间中进行鲁棒搜索的遗传算法，为许多难以用传统优化方法求解的优化问题提供了新的解决途径。

生物的性状可以从亲代传递给子代。因为遗传，人类可以种瓜得瓜、种豆得豆，鸟依然可以在空中翱翔，鱼仍旧能够在水中遨游。细胞是构成生物的基本结构和功能单位。细胞中存在一种载有遗传信息的微小化合物，称为染色体。染色体会存储遗传信息，是保证生物可以实现特性遗传的物质，染色体中的基因控制着生物的各种特有性状。在细胞分裂过程中，脱氧核糖核酸（Deoxyribo Nucleic Acid, DNA）通过复制操作可转移到新生细胞中，旧细胞的基因就这样传递到了新细胞中。有性生物在进行繁殖时，两个同源染色体通过交叉操作进行重组，在这一过程中两个同源染色体相同位置的 DNA 被切断，然后被切断的不完整染色体分别与其同源染色体上分离出来的染色体两两交叉组合，进而形成两个新的不同的染色体。另外，在复制操作过程中，有很低的概率会发生差错，这种差错会导致 DNA 发生一些未知的变异，然后产生新的染色体。

染色体的改进体现了生物优胜劣汰的进化本质，而染色体结构的变化是由生物体自身形态和对环境适应能力的变化表现出来的。在生物进化这个不断循环的过程中，生物种群也在不断完善和发展。由此可见，生物进化的本质是一种优化过程，这在计算科学上具有直接且十分重要的借鉴意义，而遗传算法正是因为成功地借鉴了生物的进化过程，才成为了能够进行全局优化的计算新方法。

3.2.2 遗传算法的基本思想

在优化问题的求解过程中，遗传算法会把搜索空间视为遗传空间，把优化问题的每一个可能解看作一个染色体，所有染色体可组成一个种群。遗传算法的基本思想可归纳为：首先，随机选择部分染色体组成初始种群；其次，依据某种评价标准，即寻优准则（这里叫适应度函数），对种群中每个染色体进行评价，计算其适应度值；然后，淘汰适应度值小的染色体，保留适应度值大的染色体；最后，借助于自然遗传学的遗传算子进行组合交叉与变异，产生出新的染色体组来构成新的种群。上述过程就像种群自然进化一样，当前的种群比上一代种群更能适应环境，种群会不断地进化直至达到预定的终止条件，末代种群中的最优个体经过解码，即可作为问题的近似最优解输出。

3.2.3 遗传算法的具体步骤

遗传算法是一种迭代算法。它从一组随机产生的解开始，在每一次迭代中通过模拟进化和继承的遗传操作产生一组新解，这些解都会由一个适应度函数进行评价，这个过程不断重复，直至达到某种形式上的收敛为止。新的一组解不但可以有选择地保留一些适应度函数值高的旧解，而且还可以保留一些与其他解相结合而得到的新解。图 3.1 给出了遗传算法的具体步骤。

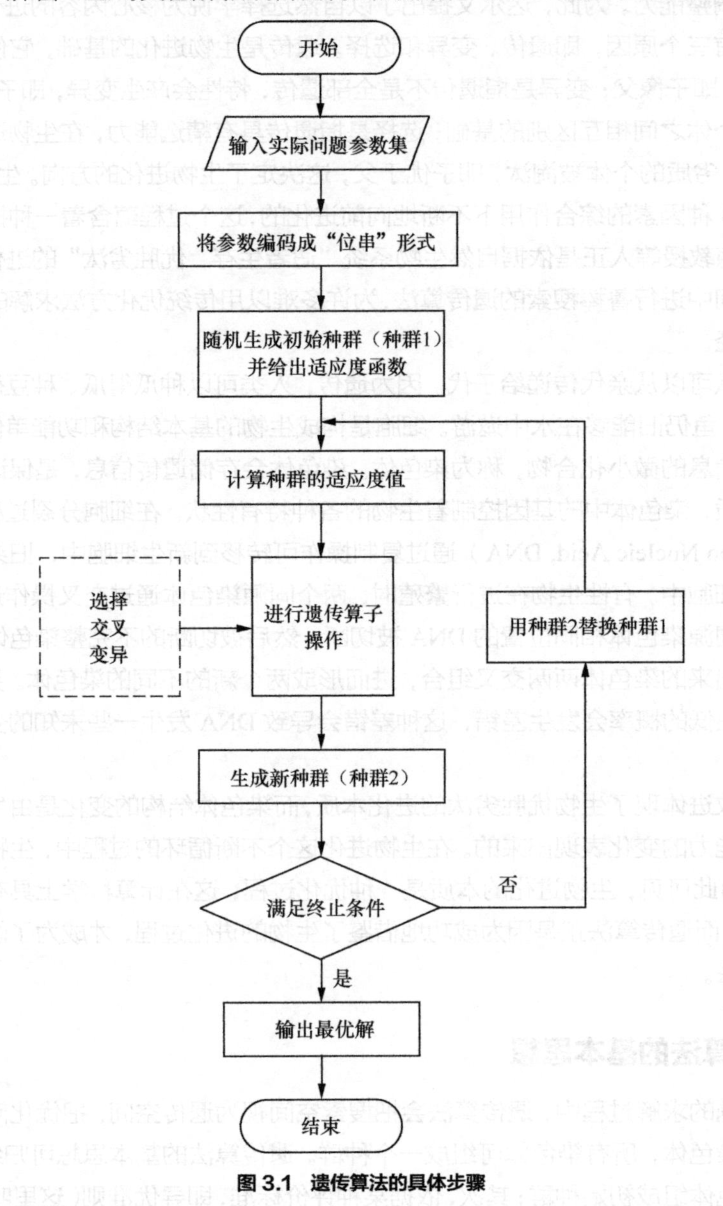
开始
输入实际问题参数集
将参数编码成“位串”形式
随机生成初始种群（种群1）
并给出适应度函数
计算种群的适应度值
选择
交叉
变异
进行遗传算子
操作
用种群2替换种群1
生成新种群（种群2）
满足终止条件
否
是
输出最优解
结束

图 3.1 遗传算法的具体步骤

由图 3.1 可知，遗传算法的实现包含 5 个步骤。下面将对这 5 个步骤进行具体说明。

1. 编码

编码就是把一个实际问题的所有解从其解空间转换到遗传算法所能处理的搜索空间的过程，这个过程是对实际问题进行数学化表示的过程。遗传算法在进行具体操作之前首先会将解空间中的解数据表示成遗传空间中的基因串结构数据，每一个串结构数据代表一个可能的解，这里称其为个体或染色体，通常用字符串表示，字符串的每一位称为遗传基因。“如何编码”对问题的求解会产生较大影响。编码时通常要遵循以下 2 个原则：

① 字符集要小，须能自然表达问题的解，如二进制比十进制编码字符集要小；

② 编码位数要尽量少，以便于遗传算子的操作，如十进制编码比二进制位数要少。

遗传算法的早期编码大多采用二进制编码，由于十进制数与实际问题更接近，因此现在采用十进制编码的情况逐渐增多。究竟哪一种编码更好，要看实际问题而定，没有统一的标准。

目前常用的编码方式有以下 6 种。

（1）二进制编码

二进制编码方式是最基础的编码方式，其应用范围非常广泛，它将问题空间的参数表示为基于字符集{0,1}构成的染色体位串。在用二进制编码的遗传算法进行数值优化时，可以通过改变编码长度，协调搜索精度与效率之间的关系。在很多组合优化问题中，目标函数和约束函数均为离散函数，采用二进制编码往往具有直接的语义，可以将问题空间的特征与位串的基因相对比，其可应用在整数规划、归纳学习、机器人控制、生产计划等问题中。

在二进制编码中，每个染色体可以表示为如式（3.1）所示。

$$\boldsymbol{x} = (x_1 x_2 \cdots x_n), \qquad 1 \leqslant i \leqslant n \tag{3.1}$$

染色体的每一位 x_i 是一个基因，其取值非 0 即 1。n 称为染色体的长度。例如 $\boldsymbol{x} = (00101101)$ 就表示一个染色体，该染色体长度为 $n = 8$ 。

经典的背包问题可以用二进制编码：有 n 个物品，每个物品 i 的价值为 p_i ，质量为 w_i ，背包容量为 W 。如何选取物品装入背包以使背包中物品的总价值最大？其二进制编码如式（3.2）所示。

$$x_i = \begin{cases} 1, & \text{装入物品} i \\ 0, & \text{不装入物品} i \end{cases} \tag{3.2}$$

二进制编码的优点是编码简单、便于适应度值的计算，缺点是对于复杂问题编码过长。

（2）大字符集编码

结合实际问题的特征用 D 进制或字符集来表示长度为 L 的位串，称为大字符集编码。

（3）序列编码

如果采用遗传算法求解类似旅行商问题时，则可采用排列法进行编码。如有 10 个城市的旅行商问题，城市序号为{1, 2, 3, 4, 5, 6, 7, 8, 9, 10}，则编码 13579246810 表示按特定顺序 1→3→5→7→9→2→4→6→8→10→1 依次访问各个城市。

（4）实数编码

实际编码过程中可根据需要选择实数位串。实数编码具有精度高、便于大空间搜索等优点。

（5）自适应编码

对某些问题来说，选择合适的固定编码方式是一个难题，所以就出现了染色体长度随环境变化而增长或缩短的自适应编码。树编码属于自适应编码，它是一种非定长编码方法，其表示空间是开放的。在搜索过程中树可以自由地生长，由于生成的树比较大，理解和简化非常困难，因此在遗传算法中采用树编码尚处于初期尝试阶段。

（6）乱序编码

在乱序编码中，原始染色体位串上的每一位基因增加一个整数基因位标号，比如长度为 6 的原始二进制位串 101010，加上标号后变为(1, 1) (2, 0) (3, 1) (4, 0) (5, 1) (6, 0)。这样的编码方式主要是为了促进短距离模式的检测和提高重组效率，进而降低模式被交叉算子破坏的概率。

2. 初始种群的产生

在已编码的解空间中，随机产生 N 个初始解（染色体），每个初始解为一个个体，N 个个体构成一个初始种群。遗传算法以初始种群为初始状态进行迭代。初始种群数量 N 又称为种群规模，它的大小会直接影响遗传算法优化的结果和效率。当初始种群数量 N 过大时，算法每一次迭代的计算复杂度会增加，从而会影响算法效率；当初始种群数量 N 过小时，算法会增加迭代次数，并使自身的搜索空间受限，搜索有可能停止在早熟阶段，进而使算法陷入局部最优。因此在选取种群规模大小时，既要注重保持种群的多样性，又要兼顾算法效率，通常情况下须在进行多次试验后确定一个折中值。

3. 适应度函数的确定

在一般优化问题中，衡量优化的指标通常被称为目标函数，在遗传算法中其被称为适应度函数。适应度函数表明个体或解的优劣性，是进行自然选择的唯一依据，改变种群内部结构的操作都是通过改变适应度值的大小加以控制的。对于不同的实际问题，适应度函数的定义方式有所不同。遗传算法要求适应度函数非负，还要求问题的优化方向要与适应度函数值的增大方向一致，但实际中许多问题都是求极小值，甚至负值，因此有必要对所选择的适应度函数进行一定的变换，同时要保证二者在数学优化上是等价的。

常用的适应度函数变换方法有以下 4 种。

（1）非负变换

非负变换可以把最小优化目标函数变换成以最大值为目标的适应度函数，其变换公式如式（3.3）所示。

$$F(x)=\begin{cases} C_{\max}-f(x), & \text{如果 } f(x)<C_{\max} \\ 0, & \text{如果 } f(x)\geqslant C_{\max} \end{cases} \tag{3.3}$$

式中，$C_{\max}$ 为进化过程中 $f(x)$ 的最大值。

（2）线性变换

线性变换可以解决适应度函数的非负问题，其变换公式如式（3.4）所示。

$$F(x)=af(x)+b \tag{3.4}$$

式中，系数 a 和 b 可以用许多方法进行确定，如根据期望的适应度值的分散程度在算法开始时或在每一次迭代过程中进行确定。

（3）幂变换

幂变换可以解决适应度函数的拉伸与压缩问题，其变换公式如式（3.5）所示。

$$F(x)=[f(x)]^{\alpha} \tag{3.5}$$

式中，α 一般会依赖于实际问题，其在算法执行过程中不断变化以满足要求的伸缩范围。

（4）指数变换

指数变换可以使非常好的串保持多的复制机会，同时又能限制其复制数目以便很快控制整个种群，这种方法增强了相近串间的竞争性，其变换公式如式（3.6）所示。

$$F(x) = \mathrm{e}^{-\beta f(x)} \tag{3.6}$$

式中，系数 β 的值非常重要，它决定选择的强制性，β 越小，选择强制就越趋向于具有最高适应度值的字符串。

4. 遗传算法的 3 个基本算子

遗传算子是模拟生物进化过程的关键，其包括选择算子、交叉算子和变异算子，它们是遗传算法的核心和基本算子。

（1）选择算子

选择是为了从当前种群中选出优良的个体，使它们有机会作为父代来繁殖子代。进化是根据个体的适应度值，按照一定的规则或方法从上一代种群中选择出一些优良的个体遗传到下一代种群中。遗传算法正是通过选择算子的操作来体现这一思想的，而进行选择的原则是适应度值高的个体为下一代贡献一个或多个子代的概率大，这是生物能够保持性状而达到物种稳定的最主要原因。在遗传算法中，选择算子就像一个筛子，它会根据个体对适应度函数的适应情况，将适应度值高的个体保留，以使其基因能够遗传到下一代，而适应度值低的个体则被淘汰。因此选择的本质是筛选，其功能是定向进化。利用选择算子进行多次定向积累，种群中的个体就会迅速向适应度值高的区域靠拢，形成高质量的种群。

选择的方法有很多种，最常用的方法是适应度比例法，又叫轮转法、轮盘选择法。它把种群中所有染色体的适应度值总和比作一个轮子的圆周，每一个染色体按其适应度的大小占据轮子不同大小的扇区，轮子随机旋转后停在哪个扇区，对应的那个染色体就会被选中。显然，适应度值大的染色体在轮盘上所占的扇区大，被选中的概率也就大，符合优胜劣汰原则。染色体被选中的概率也叫生存概率，其具体公式如式（3.7）所示。

$$P_i = f(x_i) / \sum_{i=1}^{k} f(x_i) \tag{3.7}$$

式中，k 为种群染色体总数，$\sum_{i=1}^{k} f(x_i)$ 表示种群中所有染色体的适应度值之和。式（3.7）表明：一个染色体的适应度值越大，被选中的概率就越大。利用适应度比例法进行选择的具体操作步骤如下：

步骤 1：计算种群中每个染色体的适应度值；

步骤 2：累加所有染色体的适应度值 $\mathrm{SUM} = \sum f(x)$，并记录每个染色体的中间累加值 S_mid；

步骤 3：产生一个随机数 N，令 $0 < N < \mathrm{SUM}$；

步骤 4：选择中间累加值 S_mid 大于等于随机数 N 的第一个染色体进入交叉集；

步骤 5：重复步骤 3 和步骤 4，直到新种群中所包含的染色体个数满足要求为止。

例如，若染色体 1、2、3、4、5、6 的适应度值分别为 8、15、2、5、12、8，则它们对应

的中间累加值 S_mid 分别为 8、8+15=23、23+2=25、25+5=30、30+12=42、42+8=50，而所有染色体的适应度值总和SUM为 50。随机产生一个 0 ~ 50 之间的自然数 N，显然其属于 8 ~ 23 的可能性最大，属于 30 ~ 42 的可能性次之，属于 23 ~ 25 的可能性最小。由随机数 N 确定入选的染色体，那么中间累加值为 23 的染色体 2 最有可能被选择，因为它的适应度值最大，而染色体 3 最不可能被选择。重复此操作，直到最后新种群中的染色体个数达到要求。

选择算子对算法性能的改善有举足轻重的作用。通过选择保留好的染色体而去掉不好的染色体，算法实现了种群的优胜劣汰。上述选择方法操作比较复杂，在实际求解过程中可简化为如下操作：在每一次选择时去掉适应度值最小的染色体，并用适应度值最大的染色体代替之，这样可以保证在种群数量不变的情况下，染色体总体的适应度值越来越大。

（2）交叉算子

交叉算子又被称为交换算子，它会同时对两个染色体的部分基因进行交换，是遗传算法中最主要的遗传操作。它的作用是不断产生新的染色体，避免算法陷入局部最优。一方面，它使原来种群中优良个体的特性能够在一定程度上保留；另一方面，它使算法能够探索新的解空间，从而使新种群中的个体具有多样性，交叉操作包含以下 3 个步骤。

步骤 1：从已进行选择操作后确定的染色体中随机选取一对个体作为父代。

步骤 2：根据染色体长度 L，在 $[1, L-1]$ 中随机选取一个或多个整数作为交叉点。如果取一点，则称为单点交叉；如果取二点，则称为二点交叉；如果取三点或更多点，则称为多点交叉。

步骤 3：根据交叉概率 P_c（$0<P_c<1$）对选取的一对父代进行交叉操作，配对个体会在交叉位置处相互交叉各自的内容，从而形成一对新个体。

在种群中实施交叉操作时要解决两个问题：一个问题是确定有多少个个体需要进行交叉操作，这里称种群中执行交叉的个体数目与种群中个体总数之比为交叉概率，记为 P_c，其一般取 0.50 ~ 0.85。设种群中个体的总数为 n，确定需要交叉的个体数目 $n \times P_c$ 后，可采用轮转法从种群中随机地选取个体作为父代，以实施交叉操作。另一个问题是确定字符串（个体）中交叉点的位置及交叉方式。交叉点的位置可采用产生一个在 1 到 $L-1$ 之间的随机数的方法来确定，交叉方式按照编码表示法的不同，有实值重组（如离散重组、中间重组、线性重组和扩展线性重组等）和二进制交叉（如单点交叉、二点交叉、多点交叉、均匀交叉、洗牌交叉和缩小代理交叉等）两类。其中，二进制交叉中的单点交叉和二点交叉应用较广。因此，这里只介绍这两种交叉的具体操作。

① 单点交叉

单点交叉是最简单的交叉方式，具体操作是将被随机选出的两个染色体 S1 和 S2 作为父代个体，将两者的部分基因码值进行交叉。如有下列所示的两个 8 位的染色体。

染色体 S1：10001111

染色体 S2：11101100

产生一个 1 到 7 之间的随机数，假设产生的随机数是 2，将 S1 和 S2 的低二位交叉，即 S1 的高六位与 S2 的低二位组成数串 10001100，是 S1 和 S2 的一个子代个体 P1；S2 的高六位与 S1 的低二位组成数串 11101111，是 S1 和 S2 的另一个子代个体 P2。交叉所得子代个体如下所示。

染色体 P1：10001100

染色体 P2：11101111

② 二点交叉

二点交叉与单点交叉方法类似，只是会设置 2 个交叉点（随机设定）而已，然后分别对 2 个交叉点处的基因进行交叉即可。操作过程如下（这里以空格表示交叉点）。

染色体 S1：11 0000 00

染色体 S2：00 1111 10

交叉后得到的新的染色体如下。

染色体 P1：00 0000 10

染色体 P2：11 1111 00

（3）变异算子

遗传算法在选择算子和交叉算子的作用下已经能起到种群进化的作用了，但在进化过程中，算法无法保证一些重要的遗传信息不丢失。因此，仅依靠这两种遗传操作，算法会缺乏搜索整个解空间的能力，并且所获得的解可能是局部最优解。在生物的遗传和进化过程中，生物的某些基因偶尔会发生变异，从而产生出新的个体，虽然其概率比较小，但这对新物种的产生是一个不可忽视的因素。为了模仿生物遗传和进化过程中的这种变异现象，在遗传算法中引入了变异算子以产生新的个体，其在迭代过程中可以较好地扩展算法的搜索空间，使算法有能力在整个解空间中进行鲁棒搜索而不会陷入局部最优。例如，在遗传操作过程中，当交叉操作产生子代的适应度值不再变化且没有达到最优时，意味着算法陷入了早熟，其根源在于有效基因缺损。变异算子在一定程度上可以克服这种情况发生，它可以改善遗传算法的全局搜索能力，增加种群的多样性。

通常情况下，变异操作会被施加于种群内的单个个体上。同生物界一样，遗传算法中的变异是个别染色体的局部变异，并且是偶尔发生的。可以说在一个迭代过程中必须有选择和交叉的操作，但不一定必须有变异的操作。因此，变异率 P_m 一般取值比较小（经验上一般取 P_m=0.001~0.01），以保证种群发展的稳定性。

交叉操作之后进行的变异操作，实际上是子代基因按小概率扰动产生的变化。依据个体编码表示方法的不同，进化过程可以采用不同的变异算子。最简单的变异算子是基本位变异算子。对于遗传算法中用二进制编码表示的个体而言，其进行基本位变异操作时只须将个体的每个基因位按变异率选定变异点，再对其基因值做取反运算（0 变 1、1 变 0）即可。为了保证优化方向，遗传算法规定变异操作一定是由 0 变 1。

基因位变异操作只改变个体编码串中个别基因位上的基因值，且变异发生的概率较小，因此变异操作发挥的作用较慢且效果也不明显。除了基本位变异算子外，比较常用的变异算子还有均匀变异算子和非均匀变异算子，它们主要用于浮点数编码。

均匀变异操作是指分别用符合在某一范围内均匀分布的随机数，以某一较小的概率来替换个体编码串中各个基因位上的原有基因。它特别适用于遗传算法的初期运行阶段，这样可使搜索点在整个解空间内自由移动，从而增加种群的多样性，使算法可以适应更多的模式，但是它不便于对某一重点区域进行局部搜索。而非均匀变异操作可以克服这一缺陷，它会对原有基因进行随机扰动，以扰动后的结果作为变异后的新基因。这相当于整个解向量在解空间中做了一个轻微的变动，有利于算法重点搜索原个体附近的微小区域，以提高自身的局部搜索能力。

高斯变异是指在进行变异操作时用符合均值为 P、方差为 P_z 的正态分布的一个随机数来替换原有的基因值。由正态分布特性可知，高斯变异也有利于算法重点搜索原个体附近的某个局部区域。除上述变异操作之外，还有插入变异、对换变异、边界变异等变异操作。

5. 停止准则

遗传算法是一个循环迭代过程，其停止循环的准则一般采用设定最大进化迭代次数这一方法，有时也会根据适应度值是否收敛来终止循环。

为了加深读者对遗传算法的认识，下面通过一个实例来介绍遗传算法的具体操作过程。

例 3-1 求函数 $f(x)=x^2+5$ 的最大值，变量 x 取 0 到 31 之间的整数值。

解：

步骤 1：对问题解进行编码。

用遗传算法求解此问题时，首先须对问题解进行编码。如将变量 x 的值以二进制数来表示，则可以得到一种自然的编码。因为 x 取 0 到 31 之间的整数，所以可使每个染色体是长度为 5 的二进制位串。编码结果为 00000 至 11111 的 32 个染色体。

步骤 2：确定初始种群，计算适应度值。

假设初始种群的规模为 6，从 32 个染色体中随机抽取 6 个染色体以组成初始种群。具体可通过掷硬币的方式来确定初始种群，如将指定了顺序的 6 枚硬币各掷 5 次，出现正面为 1，出现反面为 0，则可得 6 个 5 位二进制字符串，不妨将它们记为 01101、00100、01000、10011、00010、00101。确定适应度函数，并计算初始种群的适应度值。这里取适应度函数为 $f(x)=x^2+5$，用该适应度函数计算初始种群的适应度值，结果如表 3.1 所示。

表 3.1 初始种群及其适应度值

个体编号	初始种群	x	适应度值	适应度累加值
1	01101	13	174	174
2	00100	4	21	195
3	01000	8	69	264
4	10011	19	366	630
5	00010	2	9	639
6	00101	5	30	669

步骤 3：进行遗传算子的操作。

（1）选择算子：采用适应度比例法进行选择，以决定第一代种群中能保留的染色体。为了简化计算，在具体操作时每一次选择去掉适应度值最小的染色体，并用适应度值最大的染色体代替之。由表 3.1 中染色体的适应度值可知，4 号染色体的适应能力最强，被选中的概率最大；5 号染色体的适应能力最差，被选中的概率最小。通过进行选择算子操作，可得到新的种群，如表 3.2 所示。

表 3.2 选择后所得新种群及其适应度值

个体编号	新种群	x	适应度值	适应度累加值
1	01101	13	174	174
2	00100	4	21	195
3	01000	8	69	264

续表

个体编号	新种群	x	适应度值	适应度累加值
4	10011	19	366	630
5	10011	19	366	996
6	00101	5	30	1026

从表 3.2 中可以看出，经过一次选择后，新种群的适应度累加值已有所提高，这说明新种群优于初始种群。

（2）交叉算子：选择操作虽然能够从种群中选择出优秀染色体，但是它不能创造出新的染色体，因此必须进行交叉操作，为此须根据实际情况确定交叉方式、交叉概率及交叉点。在本例中采用单点交叉，并设交叉概率 P_c=0.6。因为种群个体总数为 $n=6$，所以可确定交叉的个体数目为 $n\times P_c$=3.6≈4，即该种群的 6 个染色体中将有 4 个染色体组成两对进行交叉。可从种群中随机地选取个体作为父代实施交叉操作。由于每个染色体的长度为 5，因此，交叉点位置采用在 1 到 4 之间产生一个随机数的方法来确定。本例中有两对染色体进行交叉，它们可以统一在一个交叉点处进行交叉，也可以分别产生交叉点进行交叉。这里主要采用两对染色体产生交叉点进行交叉这一方式。设交叉点分别为 1、3，即对欲交叉的两对染色体分别在低一位和低三位进行交叉操作。交叉操作结果如表 3.3 所示。

表 3.3　交叉后的新种群及其适应度值

个体编号	旧种群	新种群	x	适应度值	适应度累加值
1	0110 | 1	01100	12	149	149
2	0010 | 0	00101	5	30	179
3	01000	01000	8	69	248
4	10011	10011	19	366	614
5	10 | 011	10101	21	446	1060
6	00 | 101	00011	3	14	1074

（3）变异算子：设变异概率 P_m=0.01，种群中共有 6×5=30 个基因字符，这样，平均每代最多有一个基因发生变异。首先按均匀分布随机产生一个 1～30 之间的整数，以判断需要变异的个体及具体变异位置；然后进行变异操作，即 0 变 1 或者 1 变 0。若随机产生的整数为 14，则在种群中按个体编号顺序将染色体排列，从高位依次对基因进行编号，并找出编号为 14 的基因，即第 3 个染色体中的第 4 位，其对应的基因是 0，故须将其变异为 1。经过变异得到的新种群如表 3.4 所示。

表 3.4　变异后的新种群及其适应度值

个体编号	新种群	x	适应度值	适应度累加值
1	01100	12	149	149
2	00101	5	30	179
3	010<u>1</u>0	10	105	284
4	10011	19	366	650
5	10101	21	446	1096
6	00011	3	14	1110

经过上述选择、交叉和变异操作后，即完成了一代遗传操作。从表 3.4 中可以看出，虽然仅进行了一次遗传操作，但是第二代种群的质量较初始种群有了明显的提高，适应度值的总和由 669 增加到了 1110，最大适应度值由 366 增加到了 446。这说明随着遗传算法的不断迭代，种群正向着更优的方向发展。

步骤 4：迭代、判定和输出。

显然，此时的解并不是问题的最优解，因此需要继续进行遗传操作，即重复步骤 3，直到满足终止条件为止。这里的终止条件是种群中的染色体趋于一致。经过 8 次迭代，种群中的染色体皆为 11111，适应度值为 966，为适应度函数 $f(x)=x^2+5$ 的最大值。

3.3 遗传算法应用中的常见问题

在遗传算法的操作过程中，存在会对其性能产生重大影响的一些问题。这些问题在初始化阶段或遗传过程中如果没有进行合理地改善和控制，将会使遗传算法易陷入局部最优，甚至产生错误的结果。因此，用遗传算法进行操作时，需要在掌握其原理和方法的基础上，通过反复实验获得实际经验，这样才能得到较好的求解结果。下面将对一些常见问题进行讨论，以供读者在遗传算法操作过程中参考。

3.3.1 染色体长度和初始种群的确定问题

染色体长度即位串长度，其取决于给定问题的精度。精度要求越高，位串越长，所需要的计算时间也会越长。为了提高运算效率，改变位串的长度或者在当前达到的较小可行域内重新编码是可行的方法，这些方法显示出了良好的性能。

生成初始染色体群最简单的方法是：利用随机数发生器随机地产生一系列方案，并以此为基础进行迭代。此方法简单方便，但是产生的初始方案杂乱无章。只有经过若干次迭代后，那些生命力强的染色体才会被遗传或产生出来，进而提高染色体的品质，得到满意的解。如果产生的初始方案集接近于最优方案，迭代次数就会少很多，从而可以加快收敛。有些文献会根据工程的具体情况设定若干组变量值，并为其添加相应的编码。因为工程人员大都具有丰富的经验，所以产生的这些初始染色体的适应度值不会很低，这样可减少没有必要的迭代，从而加快收敛速度。但是这种方法在很大程度上取决于工程人员的经验，且并不是对所有的问题都可以由实际情况给出几个适应度值较高的方案，所以这种方法有一定的局限性。

为了保证遗传算法搜索的全局性和稀疏性，可以对初始种群的产生采取如下改进措施：首先在解空间内均匀产生若干个小区域，然后在每个小区域内随机产生一个原始解以构成初始解群，这样就能通过增加遗传算法中初始种群的多样性，减小算法陷入局部最优解的可能性。

3.3.2 控制参数的选取问题

控制参数的选取常常会对算法的性能产生较大影响。遗传算法控制参数主要包括种群规模 N、交叉概率 P_c 和变异概率 P_m。

种群规模的大小直接影响遗传算法的收敛性和计算效率。规模太小，算法容易收敛到局部最优解；规模过大，又会使算法计算速度降低。一般情况下取 $N=20\sim100$。

交叉概率控制着交叉算子的应用概率。较大的交叉概率可使各代充分交叉，产生更多的新解，以使算法的探索能力增强，但同时种群中的优良模式遭到破坏的可能性也会增大，进而产生较大的代沟，使搜索走向随机化；若交叉概率太低，则会使更多的个体直接复制到下一代，遗传搜索就可能陷入停滞状态。一般取 P_c =0.50 ~ 0.85。

变异操作是对遗传算法的改进，对交叉过程中可能丢失的某种遗传基因进行修复和补充，也可防止遗传算法较快收敛到局部最优解。若变异概率取值较大，虽然能够产生较多的个体，增加种群的多样性，但也有可能破坏掉很多好的模式，使遗传算法的性能近似于随机搜索的性能；若变异概率取值较小，虽然种群的稳定性较好，但算法一旦陷入局部极值就很难再跳出来，容易发生早熟收敛情况。一般取 P_m =0.001 ~ 0.01。

目前，用遗传算法求解实际问题时，控制参数主要凭经验给定。上述给出的仅是经验取值范围，在进行实际操作时，还要根据具体问题来确定控制参数。在遗传算法运行初期，通常应使用较大的交叉概率和变异概率，以使种群具有足够的多样性，这样将有助于算法找到全局最优解；而在算法运行后期，较小的交叉概率和变异概率将使算法具有良好的收敛性。

3.3.3 遗传算子的具体操作问题

遗传算子中选择、交叉和变异等操作的原理看似简单，实则在实际操作时存在许多随机因素。如交叉和变异中染色体的选择、交叉点和变异点位置的确定等，都需要依靠随机数来确定。因此，不同人处理相同问题的结果可能大相径庭，有些人能够顺利完成求解，有些人在求解过程中则会出现早熟现象。早熟现象是指在进化过程中，由于遗传操作的随机性而引起种群内个体的多样性降低，使遗传算法的解停留在某一局部最优点上而无法达到全局最优。早熟现象是遗传算法的一个严重问题，在算法的每一个环节都可能出现产生早熟收敛的因素。因此需要从多方面来考虑克服早熟收敛的措施，其本质就是设法保持种群个体的多样性。为此，在实际操作中，需要根据实际情况通过反复的实验确定适宜的选择、交叉和变异方法。例如，适应度比例法实现简单，但其缺点是选择过程中最好的染色体可能在下一代产生不了子代个体，或者可能发生随机错误。为此，有人采用了择优选择法，即对种群中最优秀（适应度值最高）的染色体不进行交叉和变异运算，而是直接把它们复制到下一代，以避免交叉操作和变异操作破坏种群中的优秀染色体。择优选择法可加快局部搜索速度，但又可能因种群中优秀染色体的急剧增加而使搜索陷入局部最优。另外，交叉和变异的位置是随机产生的，这有可能让种群中适应度最大的染色体经过交叉或变异后其适应度值变小，进而改变进化的方向。为此，许多学者又提出一些改进算法。总之，遗传算子的操作具有很大的随机性，在实际操作时，需要反复实验以确定最佳的操作方案。

3.3.4 收敛判据的确定问题

遗传算法是一种反复迭代的搜索方法，它通过多次进化逐渐逼近最优解而不是恰好获得最优解，因此其需要收敛判据。遗传算法的优化准则根据问题的不同，有其相应的确定方式，通常会将以下 4 种准则作为判断收敛条件。

（1）当最优个体的适应度值达到给定的阈值时，迭代结束。

（2）当最优个体的适应度值和种群的适应度值不再上升时，迭代结束。

（3）当进化迭代次数达到预设的最大进化迭代次数时，迭代结束。

（4）在一些工程优化问题中，最优解的适应度值未知时，依据人为的经验或对问题的期望提出一个理想适应度值，一旦某代最优个体的适应度值超过了这个理想值，则迭代结束。

3.4 遗传算法的应用实例

例 3-2 基于遗传算法的旅行商问题（TSP 问题）实现。

解：假设有一个旅行商要拜访 31 个城市，且他需要选择所要走的最近路径，限制条件是每个城市只能被访问一次，而且其最后要回到出发的城市。对路径选择的要求是所选路径的路程为所有路径中的最小值。

设 31 个城市的坐标为[1304 2312; 3639 1315; 4177 2244; 3712 1399; 3488 1535; 3326 1556; 3238 1229; 4196 1004; 4312 790; 4386 570; 3007 1970; 2562 1756; 2788 1491; 2381 1676; 1332 695; 3715 1678; 3918 2179; 4061 2370; 3780 2212; 3676 2578; 4029 2838; 4263 2931; 3429 1908; 3507 2367; 3394 2643; 3439 3201; 2935 3240; 3140 3550; 2545 2357; 2778 2826; 2370 2975]。

1. 编码

根据 TSP 问题的具体要求，其解空间应该是遍历所有城市且每个城市只能经过一次的路径集合。为此，采用序列编码表示法较为方便，它是表示路径中各个城市组合编码最简单、最自然的方法，且在求解 TSP 问题时最为常用。具体编码规则是：每个染色体由按一定顺序排列的 N 个城市的序号组成，其表示一条可能的旅行路径，染色体中的每个基因表示一个城市，染色体的长度为需要遍历的城市数 N。例如，对于一个针对 10 个城市的 TSP 问题，3→2→5→4→10→7→1→6→9→8→3 为一条路径，用序列编码表示法可将其简单表示为[3 2 5 4 10 7 1 6 9 8]，其含义为从城市 3 出发依次经过城市 2、5、4、10、7、1、6、9、8，然后返回城市 3。这种表达方式满足 TSP 问题的约束条件，可保证每个城市都经过且只经过一次，并且能保证任何一个城市子集中不会形成回路，同时在计算个体的适应度值时无须解码，变异算子也容易设计。

为了能够计算出各城市间的距离，还要给出所有城市的坐标。以 10 个城市为例，可以假设各个城市的坐标为Map=[82,7; 91,38; 83,46; 71,44; 64,60; 68,58; 83,69; 87,76; 74,78; 71,71]，在Map 中坐标的位置与城市的标号是一一对应的，其中，第一个坐标（82, 7）表示标号为 1 的城市坐标，第二个坐标（91, 38）表示标号为 2 的城市坐标，以此类推，第十个坐标（71, 71）表示标号为 10 的城市坐标。在具体操作时，一般都采用标号形式表示城市，这样，算法能够自动将标号转换成所对应的坐标，以计算出两城市之间的距离。

2. 生成初始种群

遗传算法一般都是随机生成初始种群。在 MATLAB 语言中可调用函数 randperm()来实现之。对于 10 个城市的 TSP 问题，利用 randperm(10)即可随机生成一个由 1 ~ 10 间的数字组成的无重复序列，其代表遍历所有城市的一条路径，会被存入 $\boldsymbol{R}$ 矩阵中。初始种群通常为多条路径，因此 $\boldsymbol{R}(k,:)$ 代表初始种群路径矩阵中的第 k 行，表示第 k 条路径。$\boldsymbol{R}$ 矩阵是一个动态矩阵，选择、交叉和变异操作后的结果都将反复存储在 $\boldsymbol{R}$ 矩阵中。

种群规模的大小会直接影响遗传优化的结果和效率，因此我们通常要根据问题的解空间来选取之。种群的规模过小会增加算法的最大进化迭代次数，种群的规模过大会增加每一次迭代时算法的计算量，因此种群的规模应该通过多次实验后取一个折中值。10 个城市的 TSP 问题的解空间中含 10!=3628800 个解。根据以往经验，本例中取种群规模为 $pop\_size=150$，那么 $\boldsymbol{R}$ 将是一个 150×10 的矩阵。

3. 适应度值的计算

TSP 问题要求遍历所有城市的路程最短，因此其最优适应度值应该是遍历所有城市并且每个城市只遍历一次的路程最小值。而遗传算法是解决最大值问题，因此需要进行有效变换，以将求解最小值问题转换成求解最大值问题。本例将采用如式（3.8）所示的变换公式进行问题变换。

$$f=1-(f'-f'_{\min})/(f'_{\max}-f'_{\min}) \tag{3.8}$$

式中，f 代表当前适应度函数，f' 代表变换前适应度函数，$f'_{\min}$ 代表 f' 的最小值，$f'_{\max}$ 代表 f' 的最大值。从式（3.8）可以看出，f 的取值范围为[0, 1]，且当 $f'=f'_{\min}$ 时，适应度函数值 f 可取到最大值 1。

计算适应度值的具体步骤如下。

（1）基于给定的城市坐标，使用两点间距离计算公式，计算出每两个城市之间的距离，并将其存储于距离矩阵 $\boldsymbol{D}$ 中。距离计算公式如式（3.9）所示。

$$d_{i,j}=\sqrt{(x_i-x_j)^2+(y_i-y_j)^2} \tag{3.9}$$

式中，(x_i,y_i) 表示第 i 个城市的坐标，本例中 $i=1,2,\cdots,10$，$j=1,2,\cdots,10$。

由于城市 1 与城市 2 的距离同城市 2 与城市 1 的距离相同，并且城市 1 到城市 1 的距离为零，因此有 $d_{i,j}=d_{j,i}$，$d_{i,i}=0$，$\boldsymbol{D}$ 为对称矩阵。对于 10 个城市的 TSP 问题，$\boldsymbol{D}$ 将是一个 10×10 的对称矩阵，其第 i 行第 j 列的元素 $d_{i,j}$ 代表城市 i 与城市 j 的距离。

（2）采用迭代法计算每条路径的路程。调出 $\boldsymbol{R}$ 中的所有路径，将每条路径中相邻两城市的距离累加，可以得到种群中每条路径的路程，将其存储于 $\boldsymbol{L}$ 之中，$\boldsymbol{L}$ 是一个 150×1 的矩阵。假设路径 k 的编码为[3 2 5 4 10 7 1 6 9 8]，则其路程为式（3.10）所示。

$$\boldsymbol{L}(k)=d_{3,2}+d_{2,5}+d_{5,4}+d_{4,10}+d_{10,7}+d_{7,1}+d_{1,6}+d_{6,9}+d_{9,8}+d_{8,3} \tag{3.10}$$

式中，$d_{i,j}$ 表示路径 k 上相邻两城市之间的距离，这些距离值都已存储于 $\boldsymbol{D}$ 矩阵中，可直接调用。

（3）计算适应度值。针对 TSP 问题，式（3.8）可被改写为式（3.11）的形式。

$$f(k)=1-[\boldsymbol{L}(k)-\boldsymbol{L}_{\min}]/[\boldsymbol{L}_{\max}-\boldsymbol{L}_{\min}] \tag{3.11}$$

式中，$\boldsymbol{L}(k)$ 代表某一路径的路程，$\boldsymbol{L}_{\min}$ 代表种群中最短路径的路程，$\boldsymbol{L}_{\max}$ 代表种群中最长路径的路程，$k=1,2,\cdots,pop\_size$。

在 $\boldsymbol{L}$ 中找出 $\boldsymbol{L}_{\min}$ 和 $\boldsymbol{L}_{\max}$，根据式（3.11）计算出每条路径对应的适应度值 $f(k)$，将每条路径的适应度值存储于适应度值矩阵 $\boldsymbol{F}$ 中，待选择操作过程中使用。

4. 遗传算子操作

（1）选择算子操作

选择算子操作通常采用轮盘法，但更直接的方法是找出种群中适应度值的最大值和最小值，去除最小值对应的染色体，用最大值对应的染色体代替之，从而产生新的种群。本例中将

首先搜索 **F** 矩阵，分别找到最大适应度值和最小适应度值所对应的路径，并将适应度值最小的路径用适应度值最大的路径代替，然后存放于路径矩阵 **R** 中的对应位置。

（2）交叉算子操作

TSP 问题对交叉运算有特殊要求。因为 TSP 问题要求遍历所有城市，并且每个城市只能经过一次，所以如果进行一般的交叉运算，可能会使染色体所表示的路径出现重复经过一个城市的情况，即同一染色体中的两个基因有着相同的城市编号，这就会造成染色体不再表示一条哈密尔顿回路。该问题有以下两种解决方法。

① 一种基于位置的交叉方式

以单点交叉为例，其基本思想是在随机选取两个父代染色体后，再随机选取这两个父代染色体的交叉点，并把交叉点处的基因作为一组映射关系。根据映射关系分别在每个父代染色体内找到形成映射的两个基因，并将每个父代染色体内形成映射的两个基因颠倒位置，以生成两个子代染色体。下面我们以三点交叉为例来说明交叉方法具体操作过程。

步骤 1：随机生成两个父代染色体 A 和 B。在 1 ~ 10 中随机选择 3 个不同的数作为交叉点的位置，如选择 3、5、8 为交叉点的位置，如下所示。

两个父代染色体串表示如下。

$$A:\ 2\ \ 8\ \ \underline{4}\ \ 10\ \ \underline{5}\ \ 1\ \ 7\ \ \underline{3}\ \ 6\ \ 9$$

$$B:\ 5\ \ 6\ \ \underline{7}\ \ 1\ \ \underline{10}\ \ 2\ \ 8\ \ \underline{3}\ \ 9\ \ 4$$

得到的 3 组映射关系为：

$$4 \longleftrightarrow 7 \qquad 5 \longleftrightarrow 10 \qquad 3 \longleftrightarrow 3$$

步骤 2：对于染色体 A，依据 3 组映射关系，其三个基因 4、5、3 分别变为 7、10、3。通过该变换可得到 A 的子代染色体 A' 如下所示。

$$A:\ 2\ \ 8\ \ 4\ \ 10\ \ 5\ \ 1\ \ 7\ \ 3\ \ 6\ \ 9$$

$$A':\ 2\ \ 8\ \ 7\ \ 5\ \ 10\ \ 1\ \ 4\ \ 3\ \ 6\ \ 9$$

步骤 3：对于染色体 B，依据 3 组映射关系，其三个基因 7、10、3 分别变为 4、5、3。通过该变换可得到 B 的子代染色体 B' 如下所示。

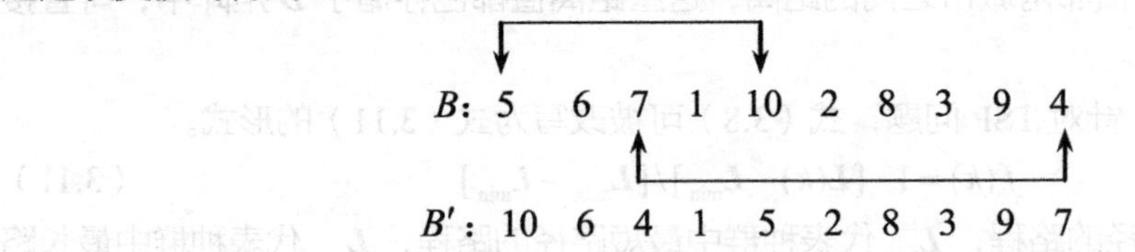

交叉操作结束后，将交叉后的子代染色体存到路径矩阵 **R** 中父代染色体的位置，完成子代染色体替代父代染色体的更新过程，从而实现产生新染色体的目的。

② 一种基于顺序的交叉方式

基于顺序的交叉方式可以较好地保留相邻关系和先后关系，不易于破坏染色体中优良的部分，满足了 TSP 问题的实际需要。其具体操作步骤如下。

步骤 1：随机生成两个父代染色体 A 和 B，随机选择两个切点 X 和 Y，如取 X=1，Y=4，则可分别得到 A、B 中两个对应的基因序列段：$A_{XY}=8,4,10$ 和 $B_{XY}=6,7,1$，具体表示如下。

$$
\begin{array}{l}
\qquad\quad X \qquad\qquad Y \\
A:\ 2\,|\,8\quad 4\quad 10\,|\,5\quad 1\quad 7\quad 3\quad 6\quad 9 \\
B:\ 5\,|\,6\quad 7\quad 1\,|\,10\quad 2\quad 8\quad 3\quad 9\quad 4
\end{array}
$$

步骤 2：在 A 中从第一个元素开始搜索，当遇到与 B_{XY} 中元素相同的元素时，将其从 A 中删除，得到 $A_{\overline{XY}}$。同理，在 B 中删除 A_{XY} 中的元素可得到 $B_{\overline{XY}}$，如下所示。

$$A_{\overline{XY}}：\ 2\ 8\ 4\ 10\ 5\ 3\ 9$$

$$B_{\overline{XY}}：\ 5\ 6\ 7\ \ 1\ 2\ 3\ 9$$

步骤 3：将 B_{XY} 和 $A_{\overline{XY}}$ 进行组合得到子代染色体 A'，将 A_{XY} 和 $B_{\overline{XY}}$ 进行组合得到子代染色体 B'，如下所示。

$$A'：6\quad 7\quad 1\quad 2\quad 8\quad 4\quad 10\quad 5\quad 3\quad 9$$

$$B'：8\quad 4\quad 10\quad 5\quad 6\quad 7\quad 1\quad 2\quad 3\quad 9$$

交叉操作结束后，将交叉后的子代染色体存到路径矩阵 $\boldsymbol{R}$ 中父代染色体的位置，完成子代染色体替代父代染色体的更新过程，从而实现产生新染色体的目的。

通过比较上述两种交叉方式对 TSP 问题求解的影响可知，顺序交叉的效果更好。因为在顺序交叉时选取了父代染色体中的一个基因序列段来做交叉操作，此基因序列段中保留有父代染色体中的基因排序，并且染色体中其余基因形成的基因序列段也保留有父代基因排序，所以其与位置交叉相比很大程度避免了对父代染色体中原有优良特性的破坏。因此，本例采用了顺序交叉的方式。

（3）变异算子操作

变异算子与选择算子、交叉算子不同。变异算子操作不是每一次迭代都会进行，它会依据变异概率来进行。变异概率 P_m 一般取值较小，且须根据经验来确定。对于多城市的 TSP 问题而言，其解空间非常庞大，为使算法收敛于全局最优，变异概率取值应相对较大。本例中取变异概率 $P_m = 0.1$。

在 TSP 问题中，与交叉操作的要求相同，在进行变异操作之后，每条路径不能有重复城市出现，因此可采用与交叉方式相似的操作，在变异时交换染色体变异点基因位置。首先从种群中随机选取一个染色体，再随机选取两个变异点，然后将两个变异点对应的基因互换，即可生成一个与原染色体相似的新个体。例如：对于路径[1 9 3 4 5 8 7 6 2 10]，随机选取两个变异点 2 和 8，把 2 和 8 位置上的基因进行交换，即把城市 9 和城市 6 进行交换，得到新的路径为[1 6 3 4 5 8 7 9 2 10]。

变异操作结束后，将变异后的子代染色体存到路径矩阵 $\boldsymbol{R}$ 中父代染色体的位置，完成用变异后的新染色体替代旧染色体的更新过程，从而实现产生新染色体的目的。

5. 终止条件

目前，使用严格的数学方法来判定遗传算法的终止（收敛）条件还比较困难。因此，在实际应用中通常取一个比较大的进化迭代次数作为终止条件。

综上可得基于遗传算法的 TSP 问题的求解过程，如图 3.2 所示。

6. 仿真结果

在硬件配置为 Intel® Core™2 Duo CPU G620 2.60GHz、内存为 8.00G 的计算机上进行实验，开发环境为 MATLAB R2016b，具体实现程序详见本书配套的电子资源。

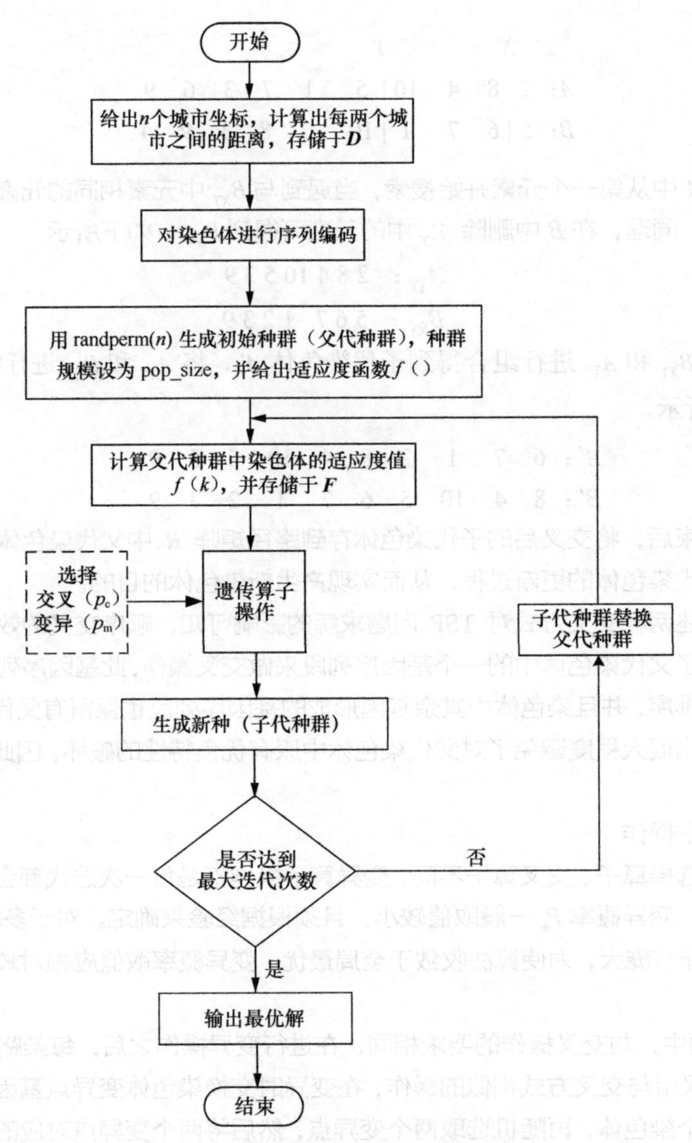

图 3.2　基于遗传算法的 TSP 问题求解过程

参数选取：$pop\_size = 150$，$P_m = 0.1$，$P_c = 0.8$（其中 pop_size 为种群规模，P_m 为变异概率，P_c 为交叉概率）。经过 10 次实验，得到最优解的平均迭代次数为 18 次，最小迭代次数为 4 次，最大迭代次数为 84 次；平均执行时间为 7 秒；最短路径为 X=[9 8 7 3 2 1 4 6 5 10]；最短路程为 $\mathrm{SUM}(X) = 165.8536$。图 3.3 给出了 10 个城市的 TSP 问题的仿真结果。

上述实验中 10 个城市的坐标是随机设定的。严格来讲，算法所得结果只是满足了终止条件的结果，并不一定是最优解。为验证上述解决 TSP 问题的算法是有效的，我们又将公认的 CTSP（Chinese TSP）标准数据库给出的 31 个城市的坐标作为测试数据进行了仿真实验。31 个城市的坐标为[1304,2312; 3639,1315; 4177,2244; 3712,1399; 3488,1535; 3326,1556; 3238,1229; 4196,1004; 4312,790; 4386,570; 3007,1970; 2562,1756; 2788,1491; 2381,1676; 1332,695; 3715,1678; 3918,2179; 4061,2370; 3780,2212; 3676,2578; 4029,2838; 4263,2931; 3429,1908; 3507,2367; 3394,2643; 3439,3201; 2935,3240; 3140,3550; 2545,2357; 2778,2826; 2370,2975]，利用

上述相同的程序进行实验，参数选取 $P_m = 0.1, P_c = 0.8$，$\text{pop\_size} = 200$。图 3.4 给出了 31 个城市 TSP 问题的仿真结果。所得最优路径为：1→15→14→12→13→11→23→5→6→7→10→9→8→2→4→16→19→17→3→18→22→21→20→24→25→26→28→27→30→31→29→1，所得最短路程为 15385，迭代时间为 4min40s。

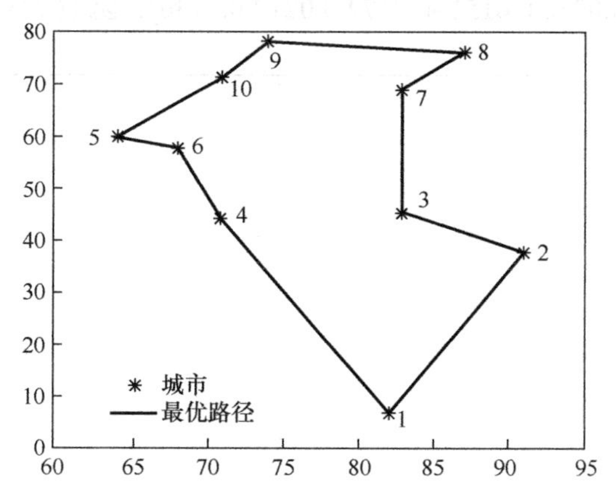

图 3.3　10 个城市 TSP 问题仿真结果

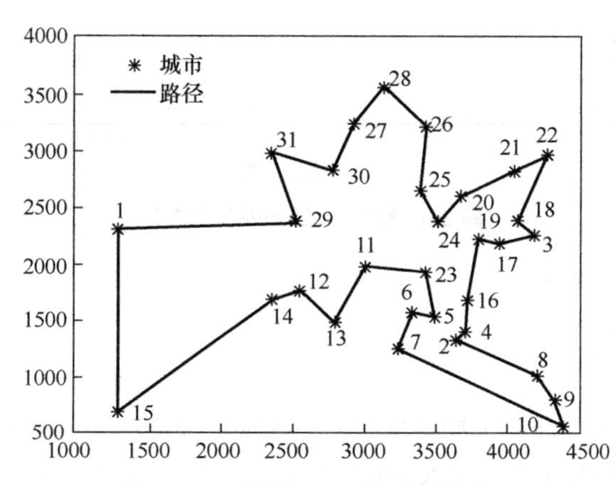

图 3.4　31 个城市 TSP 问题的仿真结果

例 3-3　计算函数 $f(x)=\sum_{i=1}^{n} x_i^2,(-20 \leqslant x_i \leqslant 20)$ 的最小值，其中，个体 x 的维数 $n=10$。$f(x)$ 是一个简单的平方和函数，其只有一个极小点 $x(0,0,\ldots,0)$，理论最小值为 0。

解：具体仿真过程如下。

（1）初始化种群数目为 NP=300，染色体基因维数为 $\mathrm{D}=10$，最大迭代次数为 G=200，交叉概率为 P_c=0.8，变异概率为 P_m=0.1。

（2）产生初始种群，计算个体适应度值，并进行实数编码的选择交叉与变异操作。选择和交叉操作采用“君主方案”，即在对种群根据适应度值高低进行排序的基础上，将最优个体与其他偶数位的所有个体进行交叉，每次交叉产生两个新的个体。交叉过后，对新产生的种群进行变异操作以产生子种群，并计算其适应度值，然后将其与父种群合并。根据适应度值对种群进行排序，并将前 NP 个个体作为新种群进行下一次遗传操作。

（3）判断是否满足终止条件：若满足，则结束搜索过程，并输出最优值；若不满足，则继续进行迭代优化。

在硬件配置为 Intel® Core™2 Duo CPU G620 2.60GHz、内存为 8.00G 的计算机上进行实验，开发环境为 MATLAB R2016b，具体实现程序详见本书配套的电子资源。

优化结束后，可得适应度进化曲线，如图 3.5 所示。优化后的结果为 x=[0.0084 -0.0056 -0.0041 -0.0057 0.0042 -0.0020 0.0151 -0.0172 0.0217 0.0130]，函数 $f(x)$ 的最小值为 0.0013。

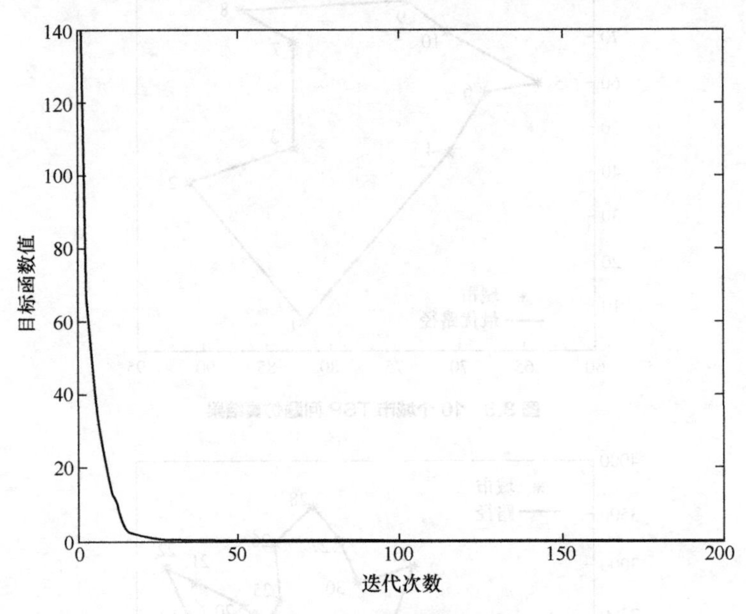

图 3.5 例 3-3 的适应度进化曲线

3.5 本章小结

本章首先介绍了遗传算法的生物学基础，重点阐述了遗传算法的基本原理；然后从基本思想、构成要素和算法流程这 3 个方面入手对遗传算法进行了详细描述，并讨论了其在实际应用中所遇到的问题；最后给出了基于遗传算法的两个应用实例，以方便读者进一步加深对遗传算法的理解。

3.6 习题

（1）下列编码是长度为 7 的 0-1 编码，请判断它们的合法性。

① [1 0 2 0 1 1 0]

② [1 0 1 1 0 0 1]

③ [0 1 1 0 0 1 0]

④ [0 0 0 0 0 0 0]

⑤ [2 1 3 4 5 7 6]

（2）简述 3 个遗传算子。

（3）简述交叉率的重要性，以及范围[0, 1]内的不同交叉率的应用效果。

（4）说明启发式交叉算子如何加入搜索方向。

（5）“以高变异率开始进化，并随着迭代次数的增加而递减变异率”这一策略是否有意义？为什么？

（6）在利用遗传算法解决 TSP 问题时，请采用基于位置的交叉方式对下列两个染色体进行交叉，并写出交叉结果。

A：2　8　4　10　5　1　7　3　6　9

B：5　6　7　1　10　2　8　3　9　4

04 chapter

蚁群算法

本章学习目标：

（1）掌握蚁群算法的基本原理和操作流程；

（2）了解参数选择对蚁群算法的影响；

（3）了解蚁群算法的改进思路。

4.1 概述

近年来，群居昆虫表现出的群体智慧现象引起了科学家的关注，他们发现昆虫在群落一级上的合作基本上是自组织的。尽管这些合作在很多场合很简单，但它们却可以解决许多复杂的问题。比如，蚂蚁的智商并不高，它们也没有统一的指挥，但是多只蚂蚁却能协同工作并最终寻找到食物。1992 年，意大利学者多里戈等人首次通过人工模拟蚁群搜索食物的过程（通过个体之间的信息交流与相互协作找到从蚁穴到食物源的最短路径）求解 TSP 问题，并取得了较为理想的结果，从此引发了对蚁群算法的研究热潮。蚁群算法是继遗传算法、模拟退火算法、禁忌搜索算法等计算智能算法之后又一种应用于组合优化问题的启发式随机搜索算法。这种算法不仅能够进行智能搜索、全局优化，而且具有稳健性强、正反馈性显著、可分布式计算、易与其他算法结合等优点，这些优点使个体之间可不断地进行信息交流和传递，进而有利于找到最优解。总之，蚁群算法为解决诸多复杂优化问题提供了又一强有力的工具。蚁群算法具有以下特点。

（1）蚁群算法是一种自组织的优化算法。自组织就是在没有外界作用下使系统熵减小的过程（即系统从无序到有序的变化过程），而蚁群算法充分体现了这个过程。在算法开始的初期，单个的人工蚂蚁会无序地寻找解，但是在算法经过一段时间的迭代演化后，人工蚂蚁间通过信息素的作用会自发地趋向于寻找接近最优解的一些解，这就是一个从无序到有序的自组织过程。

（2）蚁群算法是一种分布式计算的优化算法。每只蚂蚁搜索的过程彼此独立，它们仅通过信息素进行通信。所以蚁群算法可以被看作是一个分布式的多 Agent 系统，它可以在问题空间的多点同时进行独立的解搜索，这不仅提高了算法的效率和可靠性，也使算法具有了较强的全局搜索能力。蚁群算法具有的分布式计算能力使其易于并行实现。

（3）蚁群算法是一种具有正反馈机制的优化算法。从真实蚂蚁的觅食过程中可以看出，蚂蚁最终能够找到最短路径依赖于最短路径上信息素的堆积，而信息素的堆积是一个正反馈的过程。对蚁群算法来说，在初始状态下各个路径中存在完全相同的信息素。算法采用的反馈方式是较优的路径上留下更多的信息素，而更多的信息素又会吸引更多的蚂蚁选择这条路径，这个正反馈的过程使这个路径上的信息素不断增多，进而引导整个系统向最优解的方向进化。因此，正反馈是蚁群算法的一个重要特征，它加快了算法的进化过程，使算法最终能够收敛到最优解。

（4）蚁群算法具有较强的健壮性。相对于其他算法而言，蚁群算法对初始路线要求不高，即蚁群算法的求解结果不依赖于初始路线的选择，而且其在搜索过程中不需要进行人工调整。此外，蚁群算法的参数少，且设置简单，这使蚁群算法易于被应用到其他组合优化问题的求解中。蚁群算法具有的健壮性使其在基本蚁群算法的基础上稍做修改，即可有效解决各种实际问题，并易于同多种启发式算法结合，以提升算法自身的性能。

蚁群算法最初被应用于解决 TSP 问题。经过多年的发展，其已经逐渐渗透到了其他领域中，如图着色问题、大规模集成电路设计、通信网络中的路由问题以及负载平衡问题、车辆调度问题等。蚁群算法在若干领域已获得了成功的应用，其中最成功的当属在组合优化问题中的应用。

例如，蚁群算法在电信路由优化中取得了许多应用成果。鉴于通信网络的分布式信息结构、非稳定随机动态特性、网络状态的异步演化等同蚁群算法的本质与特性非常相似，HP 公司和英国电信公司在 20 世纪 90 年代中后期开展了这方面的研究，并设计了蚁群路由算法。该算法可根据每只蚂蚁在网络上的经验与性能动态更新路由表项。如果一只蚂蚁由于经过了网络中堵塞的路由而导致了比较大的延迟，那么就对相应的表项做较小的增强；如果某路由比较顺畅，那么就对该表项做较大的增强。同时，根据信息素挥发机制实现系统的信息更新，并抛弃过期的路由信息。这样，在当前最优路由出现拥堵现象时，蚁群算法就能迅速搜寻另一条可替代的最优路径，从而提高网络的均衡性、负载量与利用率。

目前，蚁群算法在解决复杂优化问题和多项式复杂程度的非确定性问题上有着优异的表现，因此其成为了国内外学者竞相关注的研究热点和前沿性课题。但蚁群算法不像其他启发式算法那样具有系统的分析方法和坚实的数学基础，所以其在理论方面仍须进行进一步研究。

4.2 蚂蚁群体的觅食过程

首先来了解一下蚂蚁在自然界中是如何觅食的。单只蚂蚁行为简单，但由这些个体组成的蚂蚁群体却能完成复杂的觅食任务，即它们最终总能找到一条从蚁巢到食物源的最短路径。通过长时间的观察和研究，科学家发现蚂蚁会分泌一种叫作信息素（Pheromone）的化学物质，这种物质在蚂蚁信息交流和相互协作中起到了重要作用。蚂蚁的许多行为受信息素的调控。蚂蚁在运动过程中能够在其经过的路径上留下信息素，而且能感知这种物质的存在及浓度，以此来指导自己的运动方向。蚂蚁倾向于朝着信息素浓度高的方向移动。

下面举例说明这一过程。蚁巢在 A 点，食物源在 D 点，蚁群总是会选择最短的直线路径 AD 来搬运食物，如图 4.1（a）所示。如果搬运路线上突然出现障碍物 BC，如图 4.1（b）所示，则不管障碍路径长短，在开始觅食阶段蚂蚁会按相同的概率选择从 B 点或 C 点绕过障碍物，如图 4.1（c）所示。由于路径 ABD 的长度小于路径 ACD 的长度，所以单位时间内通过路径 ABD 的蚂蚁数量大于通过路径 ACD 的蚂蚁数量，这意味着路径 ABD 上遗留的信息素浓度比较高。由于蚂蚁倾向于朝着信息素浓度高的方向移动，因此到觅食后期选择路径 ABD 的蚂蚁会越来越多，如图 4.1（d）所示。因此，蚁群的集体行为会表现出一种信息正反馈现象，即最短路径上走过的蚂蚁越多，信息素浓度也就越高，后来的蚂蚁选择该路径的概率就越大。蚂蚁个体之间就是通过这种信息交流寻找食物和蚁巢之间的最短路径的。

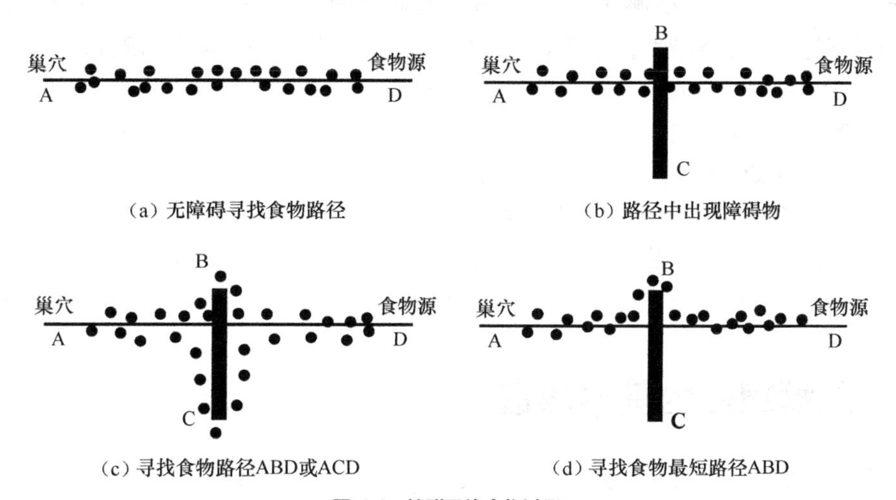

图 4.1 蚁群寻找食物过程

在整个觅食过程中，单只蚂蚁的智能有限，但蚁群却能表现出较高的自组织性，原因是信息素传递了路径信息，帮助整个蚁群找到了最优路径。图 4.2 进一步说明了蚂蚁群体的路径搜索原理和机制。

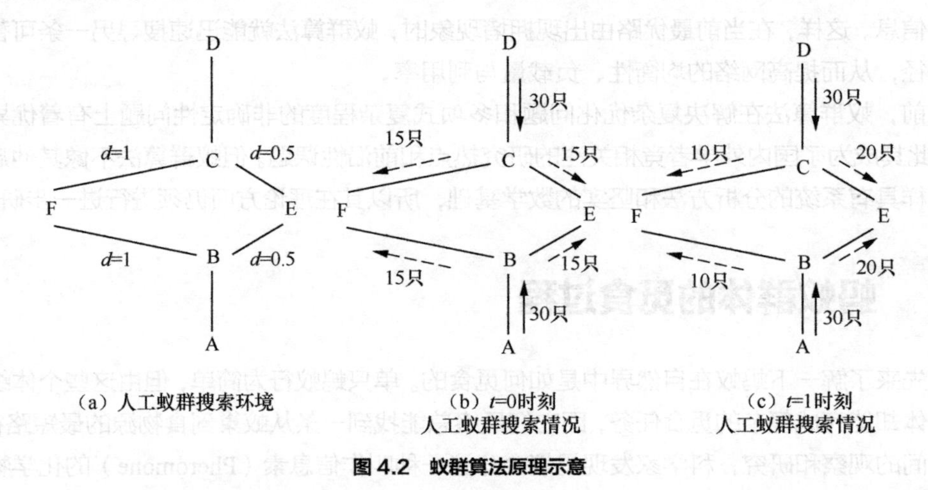

图 4.2 蚁群算法原理示意

如图 4.2（a）所示，蚂蚁在巢穴 A 和食物源 D 之间运动，BF、CF 和 BEC 的长度为 1，E 是路径 BEC 的中点。假设在 t=0 时刻，有 30 只蚂蚁从 A 行至 B，30 只蚂蚁从 D 行至 C，每只蚂蚁单位时间内行进路程为 1，在单位时间内留下的信息素为 1 个浓度单位。

t=0 时，如图 4.2（b）所示，在 B 和 C 点各有 30 只蚂蚁，此前路径上没有信息素，蚂蚁随机选择路径，因此各有 15 只蚂蚁将分别选择 BF、BE 和 CF、CE 路径。

t=1 时，如图 4.2（c）所示，又有 30 只蚂蚁到达 B 点。此时 BF 上的信息素浓度为 15，BE 上信息素浓度为 30（由 15 只 BE 走向和 15 只 EB 走向的蚂蚁共同留下的），这时蚂蚁会依据不同路径的信息素浓度选择路径，即在 B 点 20 只蚂蚁会选择 BE，10 只蚂蚁会选择 BF。C 点同理。整个选路过程一直反复，直到蚂蚁完全选择最短路径 BEC（或 CEB），找到蚁巢到食物源的最短路径为止，上述过程即为由随机选择到自适应选择的优化行为过程。

在自然环境下，信息素的遗留方式千差万别。研究表明，信息素在路径上保留的时间从几个小时到数个月不等，它与蚂蚁的种类、种群规模和环境条件等因素有关。研究人员通过实验获取了信息素的一些基本特性，如蒸发率、吸收率、扩散常数等。因此，研究人员在蚁群优化算法中引入了信息素挥发的特征，其目的是避免搜索陷入局部最优。

经过研究者的反复改进，目前蚁群算法的基本模型已十分完善。其基本思想是：以正反馈为基础，通过增强较优的潜在解，实现对最优解的搜索。算法通过设立虚拟信息素来实现信息正反馈，这样可将较优解暂存，并以此为基础探寻更优的解。为了避免正反馈中出现早熟现象，还须引入负反馈机制。算法通过引入信息素的挥发机制实现负反馈，信息素则会按照一定的时间间隔进行挥发，间隔过长，算法会产生早熟现象，间隔过短，个体间的协作将会受到抑制。

4.3 蚁群算法的基本原理

最早提出的蚁群算法被称为蚂蚁系统（Ant System，AS）算法。AS 算法作为最基本的蚁群算法对真实蚁群协作过程进行模拟，采用人工蚂蚁的行走路线来表示待求解问题的可行解，虽然后续学者们又提出很多改进的蚁群算法，但它们的核心思想都来自 AS 算法。因此，这里介绍的蚁群算法的基本原理就是 AS 算法的基本原理。

每只人工蚂蚁在解空间中独立地搜索可行解，当它们碰到未走过的路口时，会随机选择一条路径前行，同时释放信息素。路径越短信息素的浓度就越大。当后续人工蚂蚁来到这个路口时，会以相对较大的概率选择信息素较多的路径，并在“行走路线”上留下更多信息素，影响后来的蚂蚁，进而形成正反馈机制。随着算法推进，代表最优解路线上的信息素逐渐增多，选择它的蚂蚁也逐渐增多。同时，其他路径上的信息素会随着时间推移而逐渐挥发，最终整个蚁群会在负反馈的作用下集中到最优解的路线上，即找到最优解。

4.3.1 蚁群算法的数学模型

蚁群搜索食物的过程与 TSP 问题的求解过程是非常相似的，为了便于读者更好地理解蚁群算法的数学模型和实现过程，这里以 TSP 问题作为背景来介绍基本蚁群算法。所谓 TSP 问题就是求一条遍历所有 n 个城市且每个城市仅经过一次的最短路径。真实的蚂蚁觅食行为与 TSP 问题的求解过程有着许多相似之处，所以研究人员从中得到了启发，将 TSP 问题和蚂蚁觅食过程紧密联系起来。TSP 问题在蚁群优化算法的发展过程中起着非常重要的作用，选择用 TSP 问题来研究蚁群算法的主要原因有以下 4 点。

（1）TSP 问题与真实蚂蚁选择路径的相似。

（2）TSP 问题是一个 NP-hard 优化问题，具有代表性。

（3）对于一个新算法，TSP 问题是一个标准测试问题。在 TSP 问题中如果所须遍历的城市数发生变化，那么算法复杂度和 TSP 问题的解空间也会随之发生变化。通过简单地改变所设定的城市数，就可以模拟不同难易程度的优化问题，因此 TSP 问题适合用于测试计算智能算法的性能。目前，许多计算智能算法之间的比较都将 TSP 问题作为测试函数。

（4）TSP 问题很容易理解，算法的编码较为简单，不会有技术和专业上的难度。

TSP 问题首先引入城市 i 和 j 之间的距离 $d_{i,j}\ (i,j=1,2,\cdots,n)$，其在欧式空间中的定义如（4.1）所示。

$$d_{i,j}=\sqrt{[(x_i-x_j)^2+(y_i-y_j)^2]} \tag{4.1}$$

式中，(x_i,y_i) 为城市 i 的空间坐标，(x_j,y_j) 为城市 j 的空间坐标。

在 AS 算法中，首先将 m 个蚂蚁随机分配到 n 个不同的城市中，通常 $m\leqslant n$；然后 m 只蚂蚁同时由一个城市运动到另一个城市，逐步完成它们的搜索过程。用 m 只蚂蚁是为了进行 m 次并行计算以提高计算效率。整个算法的迭代过程以 N 为刻度，$1\leqslant N\leqslant N_{\max}$，其中 $N_{\max}$ 是预先设定的最大迭代次数。在每一次迭代过程中，算法以 t 为刻度，$0\leqslant t\leqslant n$，蚂蚁 $k(k=1,2,\cdots,m)$ 根据概率转换规则选择下一个城市，由此可以生成一个由 n 个城市组成的行动路线，并伴有信息素的更新。

AS 算法规定蚂蚁 k 由当前城市 i 转到下一个城市 j 的决定因素有以下 4 个。

1. 禁忌列表

TSP 问题要求蚂蚁必须经过所有 n 个不同的城市，为了避免蚂蚁重复走入同一个城市，AS 算法为每只蚂蚁配备了一个记忆空间，即在具体算法实现中设计一个数据结构，由这些数据结构组成的表（矩阵）称为禁忌列表。该表中的第 k 行（或列）用于存储第 k 只蚂蚁在当前时刻已访问过的所有城市，记为 J^k。每只蚂蚁在选择城市前，先检索该表以确定下一步可能选择的城市是否已经走过，如果走过，则其不在选择的范围内，这样可以避免重复访问同一个城市。当第 k 只蚂蚁在当前城市 i 选择了下一个城市 j，则在 $\boldsymbol{J}^k$ 的相应位置加入城市 j。因此，在一个完整的行程中，禁忌列表首先是空的，当选择所要经过的城市后算法将会在线更新禁忌列表，并在完成 n 个城市的遍历而形成一条完整路径后，清空禁忌列表，等待下一次迭代计算。

2．能见度

能见度定义为距离的倒数，其表示为 $\eta_{i,j}=1/d_{i,j}$。与其他计算智能算法不同，蚁群算法没有直接提及目标函数，但这并不等于算法不需要判优准则。其能见度与目标函数有关，是以本地信息为基础，代表由城市 i 到城市 j 的启发性愿望，两个城市之间的距离越短，能见度越大，被选择的愿望也会越大，由此引导蚂蚁的搜索。这种信息是固定的，在问题求解过程中不发生变化，因此其又被称为启发信息。

3．虚拟信息素

虚拟信息素是模拟蚂蚁觅食过程的关键。当算法由城市 i 选择城市 j 后，其将在 i,j 路径上遗留虚拟信息素 $\tau_{i,j}$。虚拟信息素（以下简称信息素）代表了从城市 i 到城市 j 的获知性愿望。它与能见度相反，是一种动态的全局信息，可反映蚂蚁在解决问题过程中的经验积累和向其他蚂蚁学习的能力，该参数是在线更新的。

信息素的更新方式体现在信息素增加和信息素挥发两个方面。每只蚂蚁在所经路径上都会增加一定的信息素，同时为了避免残留信息素过多导致启发信息被淹没，算法引入了信息素挥发机制。这种更新策略模仿了人类大脑记忆的特点，即在新信息不断存入大脑的同时，存储在大脑中的旧信息会随着时间的推移逐渐淡化，甚至忘记。在算法模型中，通常会利用信息素挥发系数 $\rho(0<\rho<1)$ 来模拟蚂蚁信息素的挥发过程，以使算法具有负反馈能力。

信息素更新如式（4.2）所示。

$$\tau_{i,j}(t+1)=(1-\rho)\tau_{i,j}(t)+\Delta\tau_{i,j}(t)\text{，}\ \Delta\tau_{i,j}(t)=\sum_{k=1}^{m}\Delta\tau_{i,j}^{k}(t) \tag{4.2}$$

式中，信息素挥发系数 ρ 越大，原来的信息素保留的就越少。通常情况下每条路径的初始信息素 $\tau_{i,j}(0)$ 为一个很小的正常数，且各路径上的初始信息素相同，因此有 $\tau_{i,j}(0)=\tau_0$。$\Delta\tau_{i,j}(t)$ 表示当 m 只蚂蚁都选择了下一城市后，所有选择城市 i 到 j 的蚂蚁在该路径上遗留的信息素的总和。$\Delta\tau_{i,j}^{k}(t)$ 表示第 k 只蚂蚁在路径 i,j 上留下的信息素，其表达如式（4.3）所示。

$$\Delta\tau_{i,j}^{k}(t)=\begin{cases}Q/L^{k}(t)\text{，} & t\text{时刻蚂蚁 }k\text{ 由城市 }i\text{ 选择了城市}j\\ 0 & \text{，其他}\end{cases} \tag{4.3}$$

式中，$L^k(t)$ 是第 k 只蚂蚁在第 t 时刻选择城市 j 后经过的所有城市构成的路径长度。Q 是一个人为设定的预置参数，它表示信息素强度，会在一定程度上影响算法的收敛速度，其取值原则将在参数分析一节中详细讨论。

4．概率转换规则

蚂蚁选择下一个城市必须依据概率转换规则。假设蚂蚁 k 由当前城市 i 选择下一个城市 j 时所依据的概率转换规则如式（4.4）和式（4.5）所示。

$$p_{i,j}^{k}(t)=\begin{cases}\dfrac{[\tau_{i,j}(t)]^{\alpha}\cdot[\eta_{i,j}]^{\beta}}{\sum\limits_{l\notin \boldsymbol{J}^k}[\tau_{i,l}(t)]^{\alpha}\cdot[\eta_{i,l}]^{\beta}}, & j\notin \boldsymbol{J}^k\\ 0, & j\in \boldsymbol{J}^k\end{cases} \tag{4.4}$$

$$j = \arg\max\left(p_{i,j}^{k}(t)\right) \tag{4.5}$$

式中，J^k 是存有第 k 只蚂蚁在 t 时刻已经访问的所有城市的禁忌列表。α 和 β 是两个可以被调整的参数，用于控制信息素和能见度在 $p_{i,j}^{k}(t)$ 中所占的权重，它们的取值通常来自于经验或反复的实验。参数 α 表示残留信息的相对重要程度，其大小反映了蚂蚁在路径搜索过程中随机性因素作用的强弱。参数 β 表示能见度的相对重要程度，其大小反映了在路径搜索过程中确定性因素作用的强弱。如果 $\alpha=0$，则最近的城市会被选择，这类似于经典的随机贪婪算法。如果 $\beta=0$，则只有信息素放大机制在独自工作，此时算法会陷入一个范围窄小的搜索空间，这将导致算法可能会迅速获得一个非最优解。因此在信息素浓度和能见度之间确定一种折中关系是非常必要的。关于 α 和 β 的取值原则将在参数分析一节中详细讨论。

式（4.5）表示第 k 只蚂蚁在当前城市 i 选择下一个城市 j 的判定准则是：比较所有 $p_{i,j}^{k}(t)$（$j=1,2,\cdots,n$）的大小，其中最大 $p_{i,j}^{k}(t)$ 所对应的 j 为最后选择结果。

值得注意的是，由于 $p_{i,j}^{k}(t)$ 同时也是 J^k 的函数，因此处在同一城市 i 的两只蚂蚁，即使都按照式（4.4）和式（4.5）选择下一个城市 j，所得结果也可能是不同的。

AS 算法正是在上述四个因素的控制下，实现了路径选择策略和信息素更新策略的，两者相互配合，即可实现模型的正负反馈机制，使人工蚂蚁收敛于最优解。

上述信息素更新方式与真实蚂蚁在觅食过程中（在路径上）遗留信息素的方式最为接近，但经实验发现，此模型解决 TSP 问题时效果并不理想。所以学者多里戈根据信息素更新策略的不同，提出了 3 种不同的基本蚁群算法模型，即蚁周模型（Ant-Cycle Model）、蚁量模型（Ant-Quantity Model）和蚁密模型（Ant-Density Model）。这 3 种模型的实现方式大致相同，它们的主要区别在于信息素的更新方式和更新量不同。在利用 AS 算法解决 TSP 问题时，蚁量模型和蚁密模型是指：蚂蚁在构建一条合法路径的过程中进行信息素的更新，当 m 个蚂蚁都各自选择了下一个城市后，算法就对它们所走路径并行地进行信息素更新。而蚁周模型是指：在所有蚂蚁都构建完一条完整的闭合路径后，算法才对它们所经过的各边并行地进行信息素更新。上述 3 种模型的信息素更新公式分别如式（4.6）、式（4.7）和式（4.8）所示。

（1）蚁周模型

$$\Delta\tau_{i,j}^{k}(N)=\begin{cases}\dfrac{Q}{L_k}, & 第k只蚂蚁在本次循环中经过(i,j)\\ 0, & 其他\end{cases} \tag{4.6}$$

$$\tau_{i,j}\left(N+1\right)=\left(1-p\right)\tau_{i,j}\left(N\right)+\Delta\tau_{i,j}\left(N\right),\ \Delta\tau_{i,j}\left(N\right)=\sum_{k=1}^{m}\Delta\tau_{i,j}^{k}\left(N\right)$$

式中，L^k 表示第 k 只蚂蚁在第 N 次循环中遍历 n 个城市后所经路径的总长，Q 是一个人为设定的预置参数。

（2）蚁量模型

$$\Delta\tau_{i,j}^{k}(t)=\begin{cases}\dfrac{Q}{d_{i,j}}, & 第k只蚂蚁在t到t+1之间经过(i,j)\\ 0, & 其他\end{cases} \tag{4.7}$$

$$\tau_{i,j}\left(t+1\right)=\left(1-p\right)\tau_{i,j}\left(t\right)+\Delta\tau_{i,j}\left(t\right),\ \Delta\tau_{i,j}\left(t\right)=\sum_{k=1}^{m}\Delta\tau_{i,j}^{k}\left(t\right)$$

式中，$d_{i,j}$ 表示城市 i 和城市 j 之间的距离，Q 是一个人为设定的预置参数。

（3）蚁密模型

$$\Delta\tau_{i,j}^{k}(t)=\begin{cases}Q, & \text{第}k\text{只蚂蚁在}t\text{到}t+1\text{之间经过}(i,j)\\ 0, & \text{其他}\end{cases}$$

$$\tau_{i,j}(t+1)=(1-p)\tau_{i,j}(t)+\Delta\tau_{i,j}(t),\ \Delta\tau_{i,j}(t)=\sum_{k=1}^{m}\Delta\tau_{i,j}^{k}(t) \tag{4.8}$$

式中，Q 是一个人为设定的预置参数。

上述 3 个式子的主要区别为：式（4.6）利用整体信息在所有蚂蚁完成所有城市一个循环后才会更新所有路径上的信息素，并且每只蚂蚁在经过的路径上会更新相同的信息素；式（4.7）和式（4.8）则是利用局部信息，即每只蚂蚁每走一步后就要更新相应路径上的信息素。由于蚁周模型中信息素的更新机制利用的是整体信息，这会使短路径上对应的信息量逐渐增大，进而充分体现了算法中全局范围内较短路径的生存能力，加强了信息的正反馈性能，提高了模型搜索收敛的速度，在解决 TSP 问题时性能较好，因此通常称蚁周模型为 AS 算法的基本模型。

4.3.2 蚁群算法的具体实现流程

这里以蚁周模型为例，总结蚁群算法的具体操作步骤。

步骤 1：初始化相关参数，如所须遍历的城市数 n、蚂蚁数 m、初始时各路径信息素 $\tau_{i,j}(0)=\tau_0$、m 只蚂蚁遍历（循环）次数的最大值 $N_{\max}$、信息素挥发系数 ρ 以及 α、β、Q 等。建立禁忌列表 J^k，并保证表中此时未存任何城市信息。

步骤 2：将 m 只蚂蚁随机放在各个城市中，每个城市中至多分布一只蚂蚁；将 m 只蚂蚁所在城市存入禁忌列表 J^k。

步骤 3：所有蚂蚁依据式（4.4）和式（4.5）所示概率转换规则选择下一城市，并将选择城市存入禁忌列表。

步骤 4：所有蚂蚁遍历完 n 个城市后在所经过的路径上依据式（4.6）更新信息素，并记录本次迭代过程中的最优路径和最优路径长度。

步骤 5：清空禁忌列表 J^k，重复步骤 3 和步骤 4，直到每只蚂蚁均完成 $N_{\max}$ 次遍历为止，最后输出的路径即为最优路径。

图 4.3 给出了基于蚁周模型的蚁群算法的具体流程，算法的计算复杂度为 $O(N_{\max}\cdot n^2\cdot m)$。

蚁群算法是学习蚁群觅食的群体智能机制而提出的解决复杂优化问题的计算智能算法。下面总结一下人工蚂蚁与真实蚂蚁的相同点和不同点。

1. 人工蚂蚁与真实蚂蚁的相同点

（1）两个群体中都存在个体相互交流的通信机制。真实蚂蚁在经过的路径上留下信息素，用以影响蚁群中的其他个体；信息素随着时间推移逐渐挥发，减小了历史遗留信息对蚁群的影响。数字化的信息素同样具有挥发特性，它像真实的信息素挥发一样使人工蚂蚁逐渐忘却历史遗留信息，在选择路径时不局限于以前人工蚂蚁所存留的经验。

（2）两个群体都要完成寻找最短路径的任务。真实蚂蚁要寻找一条从蚁巢到食物源的最短路径。人工蚂蚁要寻找一条从源节点到目的节点的最短路径。两种蚂蚁都只能在相邻节点间一步步地移动，直至遍历完所有节点为止。

（3）两个群体都采用根据当前信息进行路径选择的随机选择策略。

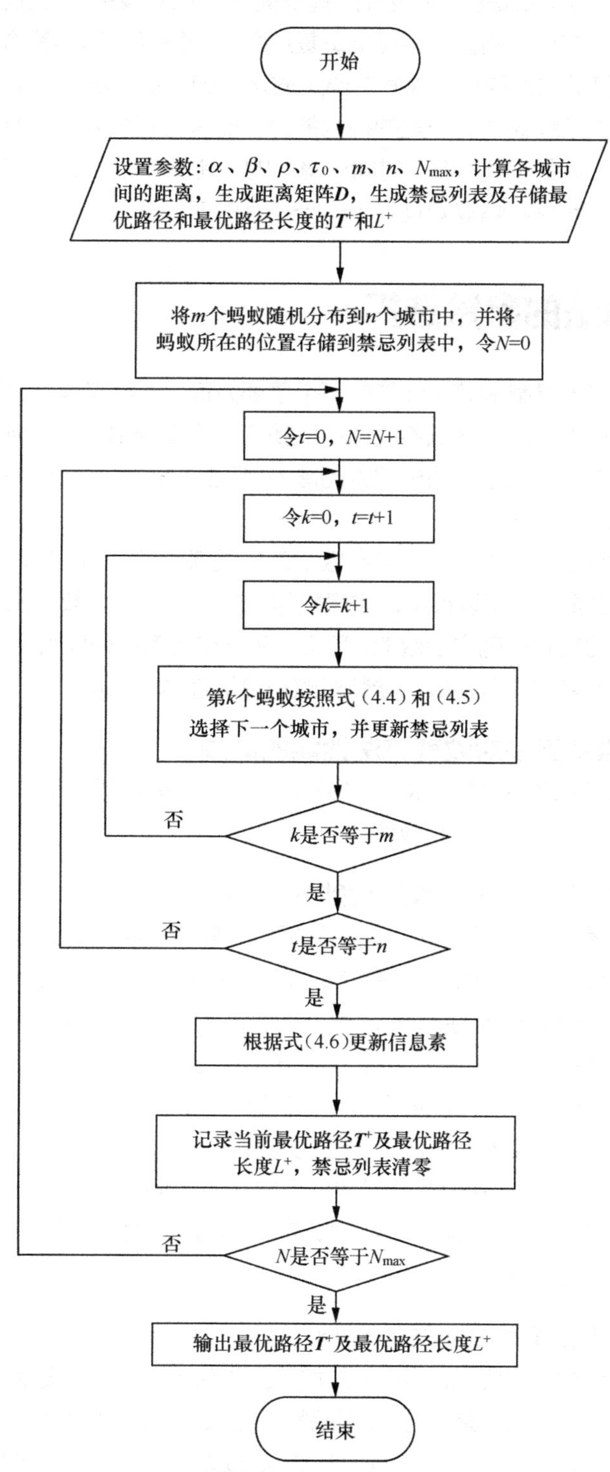

图 4.3　基于蚁周模型的蚁群算法具体流程

2. 人工蚂蚁与真实蚂蚁的不同点

（1）人工蚂蚁有一定的记忆能力，它可以通过禁忌列表记住已经走过的路径，以保证不会重复走相同的城市。真实蚂蚁是没有记忆的，蚂蚁间的信息交换主要靠留在所经过路径上的信息素，因此，真实蚂蚁在选择路径时有可能重复选择一段路径，这不符合 TSP 问题的要求。

（2）人工蚂蚁不仅是依据信息素来确定要走的路径的，还会依据一定的启发信息，如相邻边的长度，这意味着人工蚂蚁具有一定的视觉能力，而真实蚂蚁几乎没有“视觉”。

（3）人工蚂蚁是生活在一个离散的时间环境下的，其仅考虑自身位于哪个城市，而不考虑在城市间的移动过程。而真实蚂蚁则是处于一个连续的时间环境下。

4.4 蚁群算法的参数选择

探索能力和开发能力是影响算法性能的两个重要方面，也是蚁群算法研究的关键问题。探索能力是指蚁群算法在解空间中测试不同区域以找到一个全局最优解的能力；开发能力是指蚁群算法在一个有潜力的区域内进行精确搜索的能力。那么如何通过设定蚁群算法中的各种参数来平衡探索能力与开发能力呢？

因为蚁群算法参数空间的庞大性和各参数之间的关联性，至今还没有完善的理论依据可使蚁群算法求解性能达到最佳，所以很难确定最优组合参数。在大多数情况下，研究者们都是针对具体问题进行反复的实验来确定参数的。那么，是否存在确定最优组合参数的一般方法？为了回答这个问题，接下来首先分析以下参数对蚁群算法性能的影响。

1. 信息素与启发因子对蚁群算法性能的影响

信息素 $\tau_{i,j}$ 是表征过去信息的载体，而启发因子 $\eta_{i,j}$ 则是表征未来信息的载体，它们会直接影响蚁群算法的求解效率和全局收敛性。

2. 信息素残留因子对蚁群算法性能的影响

参数 ρ 表示信息素挥发因子，ρ 的大小从另一个侧面反映了蚂蚁群体中个体间相互影响的强弱，它直接关系到蚁群算法的全局搜索能力及收敛速度；参数$1-\rho$ 表示信息素残留因子，其反映了蚂蚁个体之间相互影响的强弱。信息素残留因子的大小对蚁群算法的收敛性能影响非常大，其一般取值在 0.1 ~ 0.99 范围内，并且$1-\rho$ 与进化迭代次数近似成正比。若$1-\rho$ 很大，残留信息素增多，则信息的正反馈作用会增强，路径上的残留信息会占主导地位，此时算法容易陷入一个范围窄小的搜索空间，使搜索的随机性减弱。在这种情况下，算法虽然收敛速度会加快，但搜索质量不高。若$1-\rho$ 很小，残留信息素较少，则信息的负反馈作用会增强，算法搜索的随机性会随之增强，此时虽然有利于搜索到更多潜在的最优解以及提高算法的搜索质量，但会使算法的收敛速度降低。

3. 蚂蚁数目对蚁群算法性能的影响

蚁群算法是由多个初始解组成的群体（蚁群）通过不断的进化来搜索最优解的过程。其中，蚂蚁的数量 m 是一个非常重要的参数。如果蚂蚁数量 m 较大（相对于实际问题的规模），则蚁群算法的全局搜索能力和稳定性会增强，但是 m 过大也会导致大量被搜索过的路径上的信息量趋于平均，信息的正反馈效应会减弱，收敛速度会慢下来，随机性会增强。反之，则会使从来未被搜索到的解上的信息量减小到接近于 0，全局搜索的随机性减弱；虽然 m 过小时算法收敛速度会加快，但其同时会使算法的稳定性变差，使算法出现过早停滞现象。经大量的仿真实验可得如下结论：当实际问题的规模大致是蚂蚁数目的 1.5 倍时，蚁群算法的全局收敛性和收敛速度都比较好，可取得良好的计算效果。

4．信息启发式因子、期望启发式因子与信息素强度对蚁群算法性能的影响

参数 α 的大小反映了蚁群在路径搜索中随机性因素作用的强度。α 越大，蚂蚁选择以前走过路径的概率就越大，搜索的随机性就弱；α 越小，易使蚁群算法过早的陷入局部最优。

参数 β 的大小反映了蚁群在路径搜索中先验性、确定性因素作用的强度。如果 β 过小（如 β=0.2），则蚂蚁群体会陷入随机搜索中，在此条件下算法很难找到最优解，且收敛速度较慢；随着 β 的增大，算法的收敛速度会加快，但如果 β 过大（如 β=50），虽然算法会很快找到一个优选的解，但其易陷入局部最优，导致随机性减弱；合理选择 β 值不仅可使算法获得较好的搜索效果，而且各次搜索的循环次数也会非常接近。

信息素强度 Q 为蚂蚁循环一次（即遍历所有城市一次）过程中留在所经路径上的信息素的总量，在蚁群算法模型中它为常量。一般来说，总信息量 Q 越大，蚂蚁在已遍历路径上信息素的累积就会越多，蚁群搜索时的正反馈性就会越强，这有助于促进算法快速收敛。

基于以上各种参数对算法收敛性的影响，学者段海滨提出了设定蚁群算法参数“三步走”思想，具体步骤介绍如下。

步骤 1：确定蚂蚁数目。可参照“实际问题的规模大致是蚂蚁数量的 1.5 倍”这一策略来确定蚂蚁的总数目。

步骤 2：参数粗调，即调整取值范围较大的信息启发式因子 α 、期望启发式因子 β 以及信息素强度 Q 等参数，以得到较理想的解。

步骤 3：参数微调，即调整取值范围较小的信息素挥发因子 ρ 。

4.5 改进的蚁群算法

蚁群算法在解决 TSP 问题上具有极大的优越性，但它还存在一些缺陷，如收敛速度慢、计算时间长、易于陷入局部最优以及易于出现停滞现象等。为此，许多学者提出了各种改进算法，在一定程度上提高了蚁群算法的性能。下面介绍两种最具代表性的改进算法，蚁群系统（Ant Colony System，ACS）和最大-最小蚁群系统（MAX-MIN Ant System，MMAS）。

4.5.1 ACS 模型

ACS 模型最早是由多里戈等人在基本 AS 模型的基础上提出的，它解决了基本 AS 模型在求解过程中由随机选择策略造成的算法易陷入局部最优、收敛速度慢等问题。ACS 模型较 AS 模型能更快地得到最优解，这是由于 ACS 模型在选择城市时，通过改变转换规则提高了算法的搜索能力。同时，ACS 模型采用局部信息素更新和全局信息素更新相结合的方式，有利于算法发现更多潜在的最优解，从而提高了算法的搜索质量。ACS 模型的基本过程为：在初始时刻，在 n 个城市中随机放置 m 只蚂蚁，并使蚂蚁多次利用状态转移规则建立一条路径（即 TSP 问题的一个可行解）。在建立路径的过程中，蚂蚁会受激素信息（信息素强度高的边对蚂蚁更有吸引力）和启发信息（可使蚂蚁倾向于选择最短路径）的指导；同时，蚂蚁会采用局部更新规则更新已经访问过路径上的信息素。当所有蚂蚁都建立了完整的路径后，再采用全局更新规则对路径上的信息素进行更新，直至整个搜索过程结束。

ACS 模型与 AS 模型的主要区别有 3 点：①蚂蚁的状态转移规则不同；②全局信息素更新规则不同；③ACS 模型新增了对各条路径信息量调整的局部信息素更新规则。

下面将详细介绍 ACS 模型的具体步骤。

1. ACS 模型的状态转移规则

在 AS 模型中，蚁群完全依赖概率进行路径选择，并且使用的是随机选取规则，会有倾向地对新路径进行搜索；而在 ACS 模型中，蚁群采用了不同的状态转换规则（伪随机选取规则），这可以进一步提高蚁群的搜索能力。在城市 i 上的蚂蚁 k 选择下一个城市 j 时遵循的转换规则如式（4.9）所示。

$$j=\begin{cases}\arg\max_{s\notin J^k}\{[\tau_{i,s}(t)]^{\alpha}[\eta_{i,s}]^{\beta}\}, & q\leqslant q_0\\ S, & q>q_0\end{cases} \tag{4.9}$$

式中，S 表示利用式（4.10）和式（4.11）确定的城市。

$$p_{i,j}^{k}(t)=\begin{cases}\dfrac{[\tau_{i,s}(t)]^{\alpha}\cdot[\eta_{i,s}]^{\beta}}{\sum\limits_{l\notin J^k}[\tau_{i,l}(t)]^{\alpha}\cdot[\eta_{i,l}]^{\beta}}, & s\notin J^k\\ 0, & s\in J^k\end{cases} \tag{4.10}$$

$$S=\arg\max\left(p_{i,j}^{k}(t)\right) \tag{4.11}$$

式（4.9）中的 q 是在 $[0,1]$ 之间均匀分布的随机变量。q_0 是一个在算法的求解效率与运行效率之间起平衡作用的可调整参数，它的大小决定了先验知识与探索路径之间的选择程度。一般地，要使算法收敛于全局最优解，并获得较高的求解效率，就务必要求搜索范围尽可能的大，而不能局限在已有路径这个空间周围，这不可避免地会使算法的运行效率降低；反之，要想使算法的运行速度加快，以获得令人满意的运行效率，算法的搜索空间就不能太大，但这样会使算法产生收敛于局部最优解的风险。基于以上考虑，ACS 模型采用的解决方式为：当 $q\leqslant q_0$ 时，增强已有的较好路径上的信息素，即选择当前转移概率最大的城市；当 $q>q_0$ 时，按照 ACS 模型中的选路方式来选择下一个要去的城市，以扩大搜索空间。这样做的优点是在保障算法收敛性的同时可加快算法的收敛速度。

通过调整 q_0 来影响搜索，以使模型集中于选择最好的解，而不是持续地搜索下去。当 q_0 接近于 1 时，只有本地的优化解会被选择，但这并不能保证算法获得全局最优解；反之，当 q_0 接近于 0 时，所有的局部解都要被检测，但其中的局部最优解将会被分配一个较大的权值。这种调整机制类似于模拟退火算法对温度的调整，所不同的是 ACS 模型中当 q_0 接近于 1 时所有的状态都具备同样的权值，而模拟退火算法中当温度较高时各个状态的权值不同。按照这种方法，可以在系统初始化阶段逐步调整 q_0，以提高系统在初始化阶段的探索能力，进而为后续的搜索奠定基础。

2. ACS 模型的全局信息素更新规则

在 AS 模型中，所有的蚂蚁都会在经过的路径上留下信息素，而在 ACS 模型中，只有找到最优路径的蚂蚁才会被允许释放信息素，且对于非最优路径上的信息素也不进行挥发操作，而是只更新属于最好路径的各条边的信息素浓度，即全局信息素更新。这样有利于诱使更多的蚂蚁搜索已发现最好路径周围的路径，进而增强了模型搜索的导向性。全局更新规则如式（4.12）所示。

$$\tau_{i,j}(N+1)=(1-\rho)\tau_{i,j}(N)+\rho\Delta\tau_{i,j}(N)\text{，}\ (i,j)\in \boldsymbol{T}^{+} \tag{4.12}$$

式中，$\Delta\tau_{i,j}(N)=1/L^{+}$，$\boldsymbol{T}^{+}$为本次迭代得到的最优路径，$L^{+}$为本次迭代的最优路径长度。通过全局信息素的更新，最优解得到了局部增强。为了发现其他解，我们还必须进行局部信息素更新。

3. ACS 模型的局部信息素更新规则

当蚂蚁k选择由城市i运动到城市j时，(i,j)上的信息素更新规则如式（4.13）所示。

$$\tau_{i,j}(t+1)=(1-\rho)\tau_{i,j}(t)+\rho\tau_{0} \tag{4.13}$$

通过实验确定：设$\tau_{0}=(n\times L_{m,n})^{-1}$可得到较好的解，其中$n$是城市的数量，$L_{m,n}$是一个较小的正实数。

当一只蚂蚁经过一条边时，信息素的局部更新可增加该边的信息素浓度，这相当于减弱了最优路径各边的信息素浓度，使已访问的路径对蚂蚁的吸引力逐步减弱，从而间接地促进蚂蚁探索那些仍未被访问过的城市。这样操作将导致蚂蚁不会集中收敛于单一路径。一些实验结果表明，这种方法有利于发现更多潜在的最优解，从而提高算法的搜索质量。如果没有局部更新过程，所有蚂蚁都可能会陷入一个范围窄小的搜索空间，从而使算法易于陷入局部最优。

在实际应用中，研究者们遇到的大多数问题是小规模优化问题，即变量空间的范围较小，此时 ACS 模型和 AS 模型都能取得令人满意的结果。但 ACS 模型较为复杂，其不像 AS 模型那样易于实现，所以对于小规模优化问题而言，一般采用 AS 模型来求解。但当优化问题的设计变量的维度很高（城市数量很多）时，如 75 个城市的 TSP 问题，ACS 模型较 AS 模型能更快地得到最优解。这是由于 ACS 模型在选择城市时通过转换规则的改变提高了算法的搜索能力；同时，采用局部信息素更新和全局信息素更新相结合的方式，有利于发现更多潜在的最优解，进而提高了算法的搜索质量。

4.5.2 MMAS 模型

德国学者施蒂茨勒（Stutzle）和霍斯（Hoos）在 1997 年提出了 MMAS 模型，其基本结构与 AS 模型类似。MMAS 模型对 AS 模型主要进行以下 4 项改进：①它只允许一代中最好的或者到目前为止最好的一只蚂蚁在本次循环后释放信息素，而其他路径只进行信息素挥发操作；②每条边上的信息量被限制在一个特定的范围$[\tau_{\min},\tau_{\max}]$内，超出这个范围的值将被强制设为$\tau_{\min}$或$\tau_{\max}$，这样可以有效地避免由于某条路径上的信息量远大于其他路径而导致所有的蚂蚁都集中到同一条路径上以及搜索过程停滞不前；③各条边上的信息量初始化为区间上界值$\tau_{\max}$，通过信息素更新使较差路径上的信息素逐渐减少，同时，信息素挥发系数取较小值，以保障不同路径上的信息素挥发不会太快，进而使算法在搜索初期具有较强的探索能力；④当认为算法已经收敛或者没有更好的解会产生时，将所有边上的信息素重新初始化。

MMAS 模型的信息素更新规则如式（4.14）和式（4.15）所示。

$$\tau_{i,j}(N+1)=(1-\rho)\cdot\tau_{i,j}(N)+\Delta\tau_{i,j}^{\text{best}} \tag{4.14}$$

$$\Delta\tau_{i,j}^{\text{best}}=\begin{cases}1/L^{\text{best}}, & (i,j)\in \boldsymbol{T}^{\text{best}}\\ 0, & \text{其他}\end{cases} \tag{4.15}$$

式中，$\boldsymbol{T}^{\text{best}}$ 表示到目前为止找到的最优路径或在本次迭代中找到的最优路径。L^{best} 表示到目前为止找到的最优解或在本次迭代中找到的最优解。如用到目前为止找到的最优解更新信息素，则 $\Delta\tau_{i,j}^{\text{best}}=1/L^{\text{gb}}$，$L^{\text{gb}}$ 表示到目前为止找到的最优解。如用本次迭代找到的最优解更新信息素，则 $\Delta\tau_{i,j}^{\text{best}}=1/L^{\text{ib}}$，$L^{\text{ib}}$ 表示本次迭代找到的最优解。当对信息素进行更新时，通过使用 L^{gb} 可以使算法较快地收敛，但可能使搜索解的范围受到限制，从而导致算法易于陷入局部收敛。通过使用 L^{ib} 可避免上述情况发生。因为一次迭代的最优解会随着迭代次数的不同而显著变化，并会有较大数量的解得到增强。当然，这里还可以使用混合策略，如使用 L^{ib} 作为信息素更新的默认值，而仅在固定的迭代次数间隔范围内使用 L^{gb}。研究结果表明，对于小规模的 TSP 问题，使用本次迭代找到的最优解较好，而对于大规模的 TSP 问题，则使用目前为止找到的最优解较好。大量实验表明，MMAS 模型的效率和求解能力都要明显优于基本的 AS 模型。

4.6 蚁群算法的应用实例

为了加深读者对理论知识的理解，下面将以图像分割问题和路径规划问题为例，介绍基于蚁群算法的 MATLAB 实现过程。

例 4-1 利用蚁群算法进行图像分割，提取目标图像的边缘。

解：本实例通过一定数量的人工蚂蚁根据图像的灰度值特性进行自由觅食，在觅食的过程中所形成的信息素矩阵即代表了图像的边缘特征信息。

1. 初始化过程

首先将 RGB 真彩图转换为灰度值图，然后将 K 只蚂蚁随机分散在这张灰度值图上。图像大小为 $M1\times M2$，初始蚂蚁数量的计算公式如式（4.16）所示。

$$K=\sqrt{M1\times M2} \tag{4.16}$$

同时，信息素矩阵的初始化为 $\tau_{\text{init}}=0.001$。其次，能见度因数 η 的定义如式（4.17）所示。

$$\eta_{i,j}=\frac{1}{Z}V_c(I_{i,j}) \tag{4.17}$$

式中，$Z=\sum_{i=1:M1}\sum_{j=1:M2}V_c(I_{i,j})$，$V_c(i,j)$ 是临近像素灰度值的一个函数，它的定义如式（4.18）所示。

$$V_c(I_{i,j})=100\begin{bmatrix}(I_{i-2,j-1}-I_{i+2,j+1})^4+(I_{i-2,j+1}-I_{i+2,j-1})^4+(I_{i-1,j-2}-I_{i+1,j+2})^4\\ +(I_{i-1,j-1}-I_{i+1,j+1})^4+(I_{i-1,j}-I_{i+1,j})^4+(I_{i-1,j+1}-I_{i-1,j-1})^4\\ +(I_{i-1,j+2}-I_{i-1,j-2})^4+(I_{i,j-1}-I_{i,j+1})^4\end{bmatrix} \tag{4.18}$$

式中，I 为每个像素点的灰度值。本例中要寻找的是一幅老虎图像的边界，边界点与周边邻近点的像素灰度值差别较大。式（4.17）定义了一个能够反映灰度值差别的函数，当该值较大时，说明该像素点为边界点的概率就大。

计算完能见度因数后，又定义了一个新的参数，即蚂蚁的记忆值。该值的设定是为了防止蚂蚁在信息素浓度较高的两个像素点间进行往复移动，导致算法易于陷入局部收敛。蚂蚁记忆值大小的计算也遵从一定的随机性，如式（4.19）所示。

$$\text{memory\_length} = B\times(0.3\times A)+0.85\times A \tag{4.19}$$

式中，A 的值可根据图像的大小人为设定，本书中取 A 为 40，B 为 0 ~ 1 之间的随机值。

2. 移动过程

本例中算法共进行了 900 次移动过程，在每次移动过程中，被放置的 K 只蚂蚁都会在概率的指导下选择下一个目的地（像素点），而蚂蚁的目标像素点必须临近其所在的像素点。

接着需要确定的问题是，当蚂蚁处于某一像素点时，它下一步可以移动到哪些像素点。在这里既可以将其设为邻近的 4 个像素点也可以是邻近的 8 个像素点。本例设定蚂蚁处于某一像素点时可移动到的像素点为与其邻近的 8 个像素点。

在蚂蚁选择目标像素点之前，首先要进行图像的边缘检测。因为蚂蚁不能移动到图像之外，所以须将图像外的点的信息素浓度置零。另外还需要检查在蚂蚁的记忆值中已经包含了哪些像素点，并将它们予以去除。如果邻近的 8 个像素点都包含在了蚂蚁的记忆值当中，那么还需要对蚂蚁临近点的移动概率进行人为设置。确定当前蚂蚁可以到达的像素点以后，须计算蚂蚁移动到各像素点的概率值，即蚂蚁移动到各个像素点的可能性，然后须用一个随机数来确定目的地。当蚂蚁到达目的地后，需要将目的地的信息记录到蚂蚁的记忆值当中，如果蚂蚁的记忆值已经溢出，则须进行数值平移处理。

在将目的地信息记录到蚂蚁的记忆值当中时，本例采用了将二维数据转化为一维数据的方法，这样可以降低计算复杂度，并能简化读入、读出和“遗忘”记忆值的程序。

3. 更新过程

当每只蚂蚁完成一次移动过程以后，将目标像素点的信息素进行一次更新。这样可以及时地更新信息素浓度。在本例中，更新公式如式（4.20）所示。

$$\tau_{i,j}^{(n)} = ((1-\rho)\times\tau_{i,j}^{(n-1)} + \rho\times\Delta\tau\times\eta_{i,j})\times\Delta\tau + \tau_{i,j}^{(n-1)}\times|1-\Delta\tau| \tag{4.20}$$

式中，$\tau_{i,j}^{(n)}$ 是新信息素浓度，$\tau_{i,j}^{(n-1)}$ 是旧信息素浓度，$\eta_{i,j}$ 是能见度因数。

4. 决策过程

决策过程是指决断信息素较高的若干点是否为所求的图像边缘，即在蚂蚁的若干次移动循环之后找到图像的边缘信息。此时，要对信息素矩阵设定一个门限值 T，具体步骤如下。

步骤 1：最初 T^0 的定义是信息素矩阵的平均值，如式（4.21）所示。

$$T^{(0)} = \frac{\sum_{i=1:M1}\sum_{j=1:M2}\tau_{i,j}^{(N)}}{M_1M_2} \tag{4.21}$$

令迭代索引数 l=0。

步骤 2：将信息素矩阵的全部元素划分为两类，即大于 T^0 的元素和小于 T^0 的元素，分别计算这两类元素的平均值，计算公式如式（4.22）和式（4.23）所示。

$$m_L^{(l)} = \frac{\sum_{i=1:M1}\sum_{j=1:M2} g_{T(l)}^{L}(\tau_{i,j}^{(N)})}{\sum_{i=1:M1}\sum_{j=1:M2} h_{T(l)}^{L}(\tau_{i,j}^{(N)})} \tag{4.22}$$

$$m_U^{(l)} = \frac{\sum_{i=1:M1}\sum_{j=1:M2} g_{T(l)}^U(\tau_{i,j}^{(N)})}{\sum_{i=1:M1}\sum_{j=1:M2} h_{T(l)}^U(\tau_{i,j}^{(N)})} \tag{4.23}$$

式中：

$$g_{T(l)}^L = \begin{cases} x, & x \leqslant T^{(l)} \\ 0, & 其他 \end{cases} \tag{4.24}$$

$$h_{T(l)}^L = \begin{cases} 1, & x \leqslant T^{(l)} \\ 0, & 其他 \end{cases} \tag{4.25}$$

$$g_{T(l)}^U = \begin{cases} x, & x \leqslant T^{(l)} \\ 0, & 其他 \end{cases} \tag{4.26}$$

$$h_{T(l)}^L = \begin{cases} 1, & x \leqslant T^{(l)} \\ 0, & 其他 \end{cases} \tag{4.27}$$

步骤 3：按式（4.28）和式（4.29）更新迭代索引数和门限值。

$$l = l + 1 \tag{4.28}$$

$$T^{(l)} = \frac{m_L^{(l)} + m_U^{(l)}}{2} \tag{4.29}$$

步骤 4：如果$T^l - T^{l-1} > \varepsilon$（$\varepsilon$为设定值，本例中取 1），则返回步骤 2；否则，将灰度值大于T^l的像素点定义为需提取图像的边界E，如式（4.30）所示。

$$E_{i,j} = \begin{cases} 1, & \tau_{i,j}^{(N)} \geqslant T^{(l)} \\ 0, & 其他 \end{cases} \tag{4.30}$$

5. 图像分割的实验仿真结果

本实例的硬件环境为：联想品牌、奔腾 4 处理器、CPU 主频 1.8GHz、内存 512MB。软件环境为：Windows10 系统、MATLAB R2016b 平台。具体实现程序详见本书配套的电子资源。本例选取一张老虎图像进行实验仿真，算法具体参数选取如下：$\alpha = 1$，$\beta = 0.1$，$\rho = 0.1$，A=40，总迭代次数为 900。实验结果如图 4.4（a）和图 4.4（b）所示。通过对比这两幅图可知老虎的边缘基本上被检测出来了，但是由于老虎身上的纹路也有很大的梯度，因此其斑纹也被检测出来了。总体来看，本算法能够较好地检测出老虎的大致轮廓。

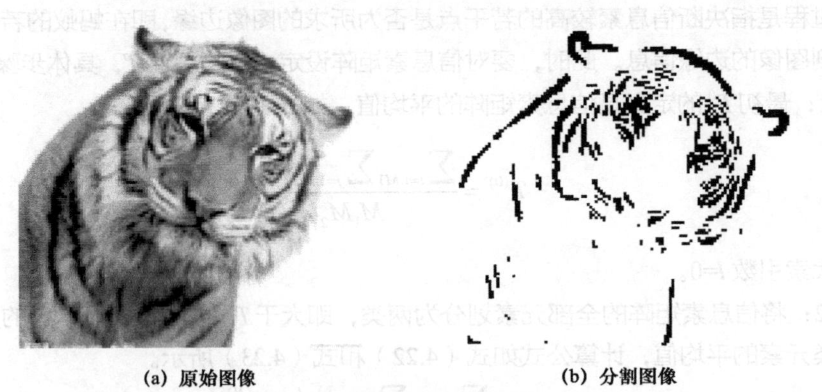

(a) 原始图像　　(b) 分割图像

图 4.4 基于蚁群算法的老虎图像分割结果

例 4-2 基于蚁群算法的机器人最短路径规划。

解：路径规划是实现移动机器人自主导航的关键技术。路径规划是指在有障碍物的环境中，按照一定的评价标准（如距离、时间、能耗等）寻找一条从起始点到目标点的无碰撞路径，本例选取最短距离为路径规划的评价标准。

1. 路径规划数学模型的建立

将移动机器人周围的环境用一组数据进行抽象表达，以建立二维或三维的环境模型，并得到移动机器人能够理解和分析的环境数据，是开展机器人路径规划的基本前提。栅格法是目前最常用的环境建模方法，其原理是将周围环境看成一个二维平面，并将平面分成一个个等面积大小的具有二值信息的栅格，每个栅格中存储着周围环境信息量：0 表示无障碍物、1 表示有障碍物。图 4.5 给出了一个栅格地图，以方便读者更好地理解栅格法。

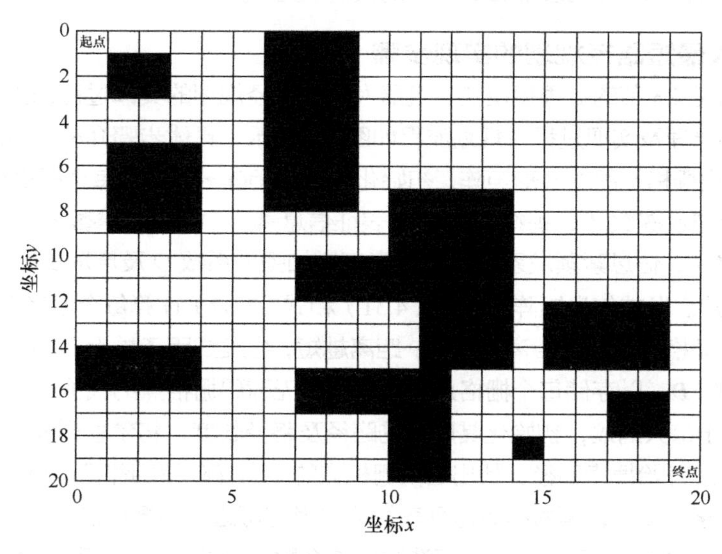

图 4.5　栅格地图

在用栅格法建立环境模型时，为了将环境信息转换成移动机器人可以识别的数据，一般采用序号法标记环境地图信息，即将栅格地图中的一个个栅格从序号 1 开始依次标记，直至标记到最后一个栅格为止。对于一幅带有坐标的栅格图来说，每个栅格点有唯一的坐标。假设栅格规模为 x 行 y 列，第 i 个栅格对应的位置 (x_i, y_i) 可由式（4.31）进行计算。

$$\begin{cases} x_i = a \times [\mathrm{mod}(i, y) - a/2] \\ y_i = a \times [x + a/2 - \mathrm{ceil}(i/x)] \end{cases} \tag{4.31}$$

式中，a 为每个小方格的边长，ceil（n）是取大于等于数值 n 的最小整数，$\mathrm{mod}(i, y)$ 是求 i 除以 y 的余数。

每段路径的长度可以由式（4.32）计算得出。

$$D_{Si,Sj} = \sqrt{(x_i - x_j)^2 + (y_i - y_j)^2} \tag{4.32}$$

$D_{Si,Sj}$ 是该段路径的起点 Si 与终点 Sj 的间距，(x_i, y_i) 和 (x_j, y_j) 分别是起点 Si 和终点 Sj 的坐标。

本例中设计的栅格地图为一个 20×20 的地形矩阵，其中 0 表示无障碍物、1 表示有障碍物。机器人须从（1，1）处走到（20，20）处，利用蚁群算法实现最短路径规划问题。

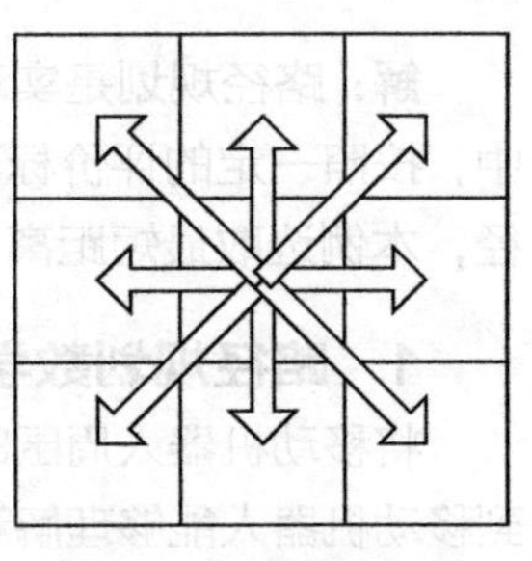
图 4.6　八叉树搜索策略

在目前的路径规划问题中，机器人通常会按照如图 4.6 所示的八叉树搜索策略进行移动，即机器人在搜索路径过程中可以朝附近 8 个方向的相邻栅格自由移动。

为了判断一个栅格点是否为另一个栅格点的相邻栅格点，以及是否为有障碍栅格，须建立矩阵 $\boldsymbol{D}$，以记录每个栅格点至其相邻栅格点的代价值。本例中的栅格地图有 20×20 个栅格点，则 $\boldsymbol{D}$ 的大小为 400×400，其中列是起点栅格，行是局部终点栅格，各栅格点至其各相邻无障碍栅格点的代价值非 0，而至有障碍栅格及非相邻栅格的代价值为 0。

2．机器人最短路径规划的实现步骤

下面介绍利用 4.3 节的蚁周模型实现机器人最短路径规划的具体过程，以方便读者更好地理解蚁群算法的原理及实现过程。规划流程如图 4.7 所示，具体步骤介绍如下。

步骤 1：给出栅格地图的地形矩阵，初始化信息素矩阵 $\boldsymbol{\tau}$（记录每个栅格至其他栅格的信息素量）、最大迭代次数 K、蚂蚁个数 M、表征信息素重要程度的参数 α、表征启发式信息重要程度的参数 β、信息素蒸发系数 ρ、信息素增加强度系数 Q 及启发式信息矩阵 $\boldsymbol{\eta}$。

步骤 2：构建启发式信息矩阵。按式（4.31）和式（4.32）计算每个栅格至目标点的距离，启发式信息素取栅格至目标点距离的倒数，距离越短，启发式因子越大，障碍物处的启发式信息为 0。建立矩阵 $\boldsymbol{D}$，以存储每个栅格点至各自相邻无障碍栅格点的代价值。

步骤 3：对于每只蚂蚁，初始化其爬行的路径及路径长度，将禁忌列表全部初始化为 1。蚂蚁从起始点出发开始搜索路径，找出当前栅格点的所有无障碍相邻栅格点（即矩阵 $\boldsymbol{D}$ 中相应元素不为 0 的栅格点），再根据禁忌列表筛选出当前可选择的栅格点。

步骤 4：如果起始点是目标点，且可选栅格点个数大于或等于 1，则根据式（4.4）计算蚂蚁从当前栅格点转移到各相邻栅格点的概率，并根据轮盘赌的方法选择下一个栅格点；轮盘赌的方法可以参照 3.2.2 节中的式（3.7）。

步骤 5：更新蚂蚁爬行的路径、路径长度、矩阵 $\boldsymbol{D}$ 及禁忌列表。

步骤 6：重复步骤 4 和步骤 5，直到起始点为目标点或可选栅格点数小于 1，则本次迭代中当前蚂蚁寻路完毕，记录该蚂蚁的行走路线。

步骤 7：如果该蚂蚁行走的最后一步是目标点，则计算路径长度并将其与当前已知的最短路径长度做比较。若本次路径长度小于当前已知的最短路径长度，则更新当前最短路径长度及最短路径；如果该蚂蚁行走的最后一步不是目标点，则只将本次行走对应的路径长度记为 0。

步骤 8：重复步骤 3～步骤 7，直到 M 只蚂蚁完成一轮路径搜索，按照式（4.6）更新信息素。

步骤 9：判断是否满足终止条件。如果是，则结束蚁群算法寻优并绘制最优规划路径；否则，转到步骤 3。

3．机器人最短路径规划的实验仿真结果

本实例的实验硬件环境为 Intel Pentium、CPU：G620、4GB 内存的计算机，程序采用 MATLAB R2016b 编写。基于蚁群算法求解机器人最短路径规划问题的 MATLAB 程序详见本书配套的电子资源。

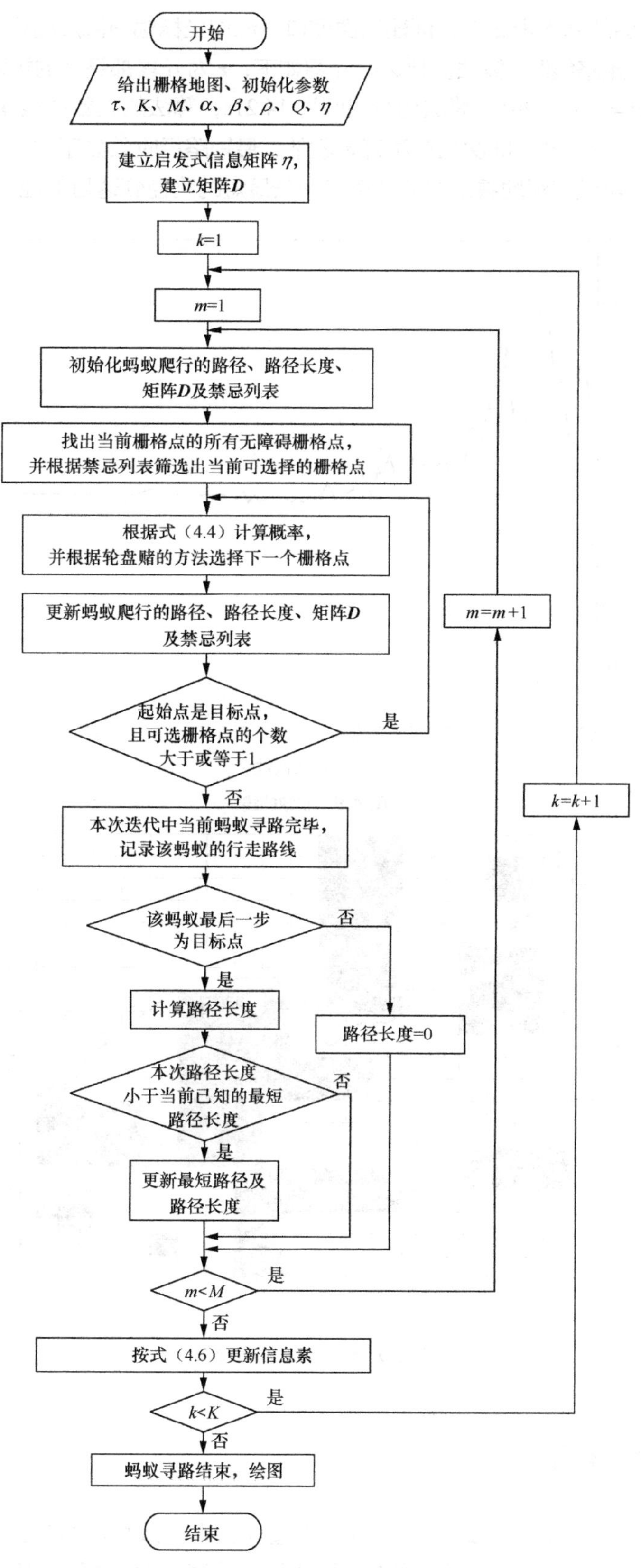

图 4.7　基于蚁群算法（蚁周模型）的机器人最短路径规划流程

MATLAB 绘图的基本步骤为：创建图像窗口→添加坐标轴→添加栅格→设置填充图框→转换坐标→绘制行走路线图。算法参数选取介绍如下：$\boldsymbol{\tau}$ 为元素都是 8 的矩阵，K=100，M=50，$\alpha=1$，$\beta=7$，$\rho=0.3$，Q=1。算法运行时间为 14.21s，算法的收敛曲线变化如图 4.8 所示，从该图中可以看出，在迭代 80 次后算法开始收敛，最短路径收敛到了 38。图 4.9 所示为机器人路径规划结果，可以直观地看出蚂蚁选择了一条最短的路径到达目的地。

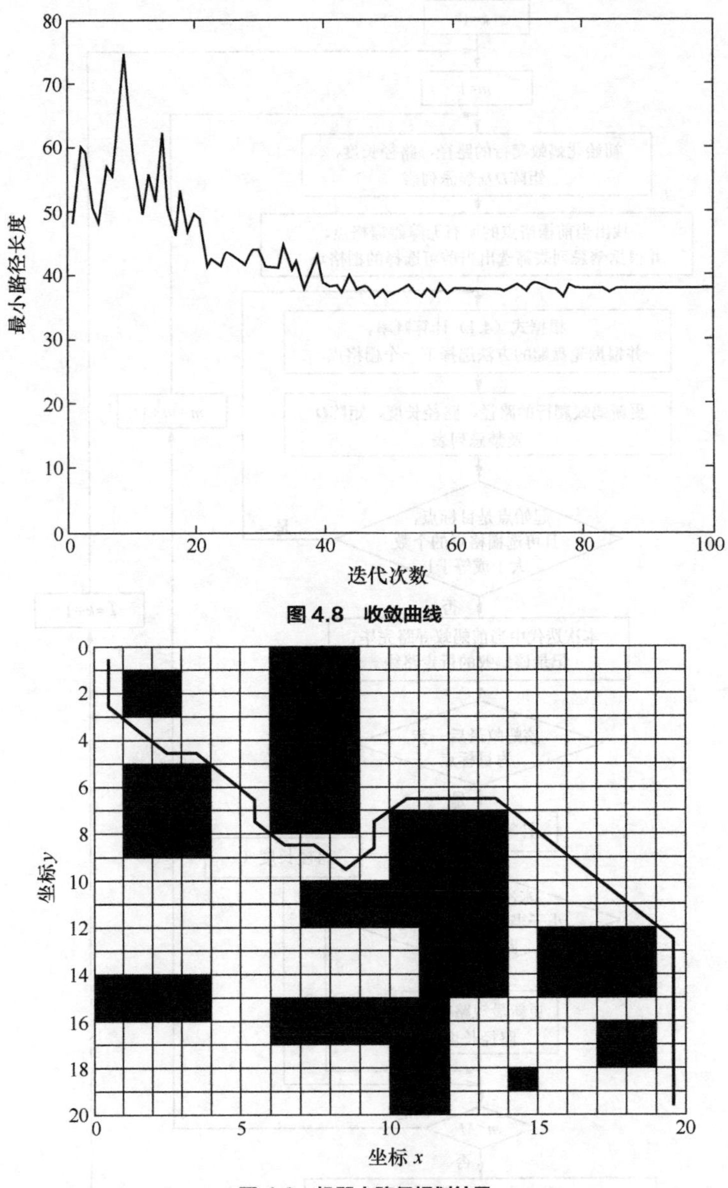

图 4.8　收敛曲线

图 4.9　机器人路径规划结果

4.7　本章小结

本章首先介绍了自然界中蚁群觅食的智能过程和人工蚁群的寻优过程，重点介绍了蚁群算法的基本原理、数学模型以及具体实现过程，讨论了参数选择对蚁群算法性能的影响；

然后详细介绍了两种改进的蚁群算法，即蚁群系统和最大-最小蚁群系统；最后通过图像分割和路径规划这两个应用实例，讲解了基于蚁群算法的 MATLAB 编程实现过程，以便读者进一步理解蚁群算法。

4.8 习题

（1）考虑如下情形：一群蚂蚁分头沿着两条长度不同的路径前往食物源，当它们到达食物源后，哪条路径会以较高的概率被折返的蚂蚁选择？论证你的答案。

（2）探讨信息素释放公式中遗忘因子的重要性。

（3）分析禁忌列表的作用。

（4）阐述蚁群算法如何在满足 TSP 问题所有约束的情况下解决 TSP 问题。

（5）简述蚁群算法的计算原理与实现步骤。

05 chapter

人工免疫算法

本章学习目标：

（1）了解人工免疫算法的构成要素；

（2）掌握人工免疫算法的基本原理；

（3）掌握克隆选择算法的基本流程。

5.1 概述

人工免疫算法（Artificial Immune Algorithm，AIA）是基于免疫学理论和生物免疫系统机制而被提出的计算智能算法，是对生物免疫机理的一种模拟，此外其也受到了遗传算法的启发，因此 AIA 与遗传算法有许多相似之处。1974 年，美国诺贝尔奖获得者杰尼（Jerne）率先提出了免疫网络理论，而后其便引起了研究者们的关注。之后，法默（Farmer）、佩雷尔森（Perelson）、贝尔西尼（Bersini）和瓦雷拉（Varela）等免疫理论学者分别在 1986 年、1989 年和 1990 年发表了相关论文，在 AIA 解决实际工程问题方面做出了突出贡献，为建立有效的基于免疫原理的计算系统开辟了道路。日本学者石田（Ishida）在 1990 年利用 AIA 解决了传感器网络故障诊断问题，这是目前可查的在工程领域最早的研究成果。1994 年，英国学者吉伯特（Gibert）将免疫系统理论用于图像处理并取得了成功，进而确定了 AIA 的完整体系。从此，越来越多的学者开始注意佩雷尔森、贝尔西尼和瓦雷拉等免疫理论学者早期研究工作的重要性，AIA 的应用领域也由此不断扩大。时至今日，尽管 AIA 还存在许多缺陷，但经过研究人员的不断改进，AIA 已经成为计算智能“大家庭”中卓有成效的成员之一。AIA 的特点具体表现在以下 4 个方面。

（1）全局搜索能力。生物免疫系统运用多种免疫调节机制产生多样性抗体以识别、匹配并最终消灭外界抗原，免疫应答中的抗体更新过程是一个全局搜索的进化过程。模仿免疫应答过程而提出的 AIA 同样是一个具有全局搜索能力的优化算法，该算法在对优质抗体邻域进行局部搜索的同时可利用变异算子和种群选择算子不断产生新个体，探索可行域的新区域，保证算法在完整的可行域内进行搜索，进而使算法具有全局收敛性能。

（2）多样性保持机制。生物免疫系统需要以有限的资源来识别和匹配远远多于内部蛋白质种类的外部抗原，有效的多样性个体产生机制是实现这种强大识别能力的关键。AIA 借鉴了生物免疫系统的多样性保持机制，对抗体进行亲和度计算，并将计算结果作为评价抗体个体优劣的一个重要因素，使亲和度低的抗体被抑制，进而保证抗体种群具有很好的多样性，这也是保证算法具有全局收敛性能的一个重要原因。

（3）健壮性强。生物免疫系统在任何时候都能够针对多种类的外界抗原获得很好的识别性能。基于生物免疫机理的 AIA 也同样不针对特定问题，而且不强调算法参数设置和初始解的质量，其利用启发式的智能搜索机制，即使起步于劣质解种群，最终也可以搜索到问题的全局最优解。因此，AIA 对问题和初始解的依赖性不强，具有很强的适应性和健壮性。

（4）并行分布式搜索机制。外界抗原的分布性决定了生物免疫系统必须要分布在机体的各个部分，而且免疫应答过程中不存在集中控制，系统具有分布式和自适应的特性。类似地，AIA 也不需要集中控制，其可以实现并行处理。此外，AIA 的优化进程是一种多进程的并行优化，其在探求问题最优解的同时可以得到多个次优解，即除了找到问题的最佳解决方案外，其还会得到若干较好的备选方案，这使其尤其适用于多模态的优化问题。

1986 年，法默等人将免疫系统与基于遗传算法的分类系统做了比较，指出免疫系统可以实现启发式学习，进而开创了 AIA 应用的新局面。近年来，基于免疫系统原理开发的各种模型和算法被广泛地应用在科学研究和工程实践中，下面将对一些典型的应用领域做简要介绍。

（1）非线性最优化问题。对具有多个局部极值的非线性优化问题，普通的优化方法一般很难找到全局最优解，而基于免疫系统多样性机理的优化算法则可避免未成熟收敛，改善遗传算法的性能。AIA 还可用于处理多准则问题。目前，AIA 已被用于函数测试、永磁同步电动机的参数修正等领域。

（2）组合优化。随着问题规模的扩大，组合优化问题的搜索空间也在急剧扩大，有些问题在目前的计算机上用枚举法很难甚至不可能得到精确的最优解。而 AIA 是寻求这种最优解的最佳工具之一。实践证明，AIA 对多项式复杂程度的非确定性问题非常有效。AIA 已在 TSP 问题、生产进度安排等方面得到了成功的应用。

（3）控制工程。根据免疫系统对入侵异物快速反应和迅速镇定的特性，AIA 被应用于防止汽车尾部撞击的系统中，其通过综合处理各传感器传来的信号，可迅速而准确地控制各执行器的相应动作。高桥（Takahashi）还设计了一个基于 AIA 的比例-积分-微分（Proportion Integration Differentiation，PID）型反馈控制器，它具有控制反应速度的激活项和控制稳定效果的抑制项。通过对一个离散的、单输入/单输出系统进行仿真，高桥验证了该控制器的有效性。此外，AIA 还被用于人工神经网络权值优化设计等方面。

（4）图像处理。麦考伊（McCoy）等人将 AIA 成功应用于图像分割问题。王肇捷等人为了得到最佳视差图，将 AIA 用于解决计算机视觉中的立体匹配问题，与基于像素点灰度匹配算法相比，AIA 的匹配效果要更好；与模拟退火匹配算法相比，虽然它们都能得到全局最优的视差图，但 AIA 的匹配速度要更快。

除了上述几个方面的应用外，AIA 在数据挖掘、联想记忆、机器学习、智能建筑等诸多领域也都有相应的应用。AIA 由于独具的分布式、自适应、自组织系统特性以及在解决实际问题尤其是复杂问题时所体现出来的健壮性和高效性，成为了一个具有较强实用价值的研究方向。

AIA 与遗传算法都适用于数值函数的优化，两者都属于启发式迭代搜索算法。相比之下，两者具有以下 5 个不同点。

（1）AIA 搜索多峰值函数的多个极值效果更好，而遗传算法搜索全局最优解效果更好。

（2）AIA 起源于宿主（Host）和宿原（Parasite）之间的内部竞争，它们相互作用的环境既包括外部环境也包括内部环境。遗传算法则起源于个体和自身基因之间的外部环境竞争，即在遗传算法中适应于环境变化的基因才能生存。

（3）AIA 中基因由个体选择，而遗传算法中基因由环境选择。

（4）AIA 一般较少使用交叉算子，基因在同一代个体中进行进化，而遗传算法的子代个体则是父代个体的基因交叉组合的结果。

（5）遗传算法中没有记忆库的概念。记忆库受免疫系统具有免疫记忆特性的启示，将问题最后的解及问题的特征参数存入自身，以便算法在下次遇到同类问题时可以直接借用这次的求解结果，从而加快了问题求解的速度，提高了算法的效率。

5.2 人工免疫算法的生物学基础

AIA 是受免疫学启发、通过模拟生物免疫系统功能和原理来解决复杂问题的自适应智能系统，它保留了生物免疫系统所具有的若干特点。为了使读者更好地理解 AIA，首先介绍一下生物免疫系统的工作原理。

5.2.1 生物免疫系统的基本定义

免疫性是指机体接触抗原性异物后，会产生一种具有对异物进行特异排除的保护性生理反应。近代免疫是指机体对“自我”和“非我”的识别，并排除“非我”的能力。具体来讲，免疫是生物体的特异性生理反应，免疫系统是由具有免疫功能的器官、组织、细胞、免疫效应分子以及基因等组成的复杂而有序的系统。当生物体受到外界病毒的侵害时，其便会激活自身的免疫系统，以识别和清除侵入自身的抗原性异物，尽可能地保证整个生物系统的基本生理功能正常运转。

免疫可分为先天性免疫和获得性免疫两种。先天性免疫在无脊椎动物和脊椎动物中都有，而获得性免疫只在脊椎动物中才有，而且其会随着进化逐渐完善。先天性免疫是指机体在接触外来入侵物之前就已存在的免疫性，是机体先天就有的，且能通过遗传传给后代。先天性免疫具有防御多种病菌的能力，没有特殊针对性，是机体抗感染免疫的“先头部队”，其比特异性免疫的反应要快。执行先天性免疫功能的有皮肤、黏膜以及一些具有吞噬作用的细胞。获得性免疫是指机体与外来入侵物接触后获得的免疫，是个体发育过程中通过体细胞的基因重组而产生的抗原识别细胞，它具有针对性，即每一种抗体只能对付一种抗原。免疫应答是获得性免疫的主要实现形式，它会在某种抗原的激发下激活一部分（可能是很少一部分）与该抗原较好匹配的免疫细胞，并使其大量增生、分化（细胞克隆）以分泌抗体并杀灭抗原。同时，部分被激活的免疫细胞还会经过超变异（较大的变异性）变得能够与抗原更好地匹配甚至可以对付这种抗原的变种。另外还有一些被激活的免疫细胞会成为长命细胞，即作为对这种抗原的记忆被保留下来；当抗体再次与同种抗原相遇时，免疫系统就能快速、准确、高效地做出反应，即启动所谓的“再次应答”功能。

免疫系统由免疫器官、免疫细胞、免疫分子和淋巴循环网络组成。免疫器官分为中枢免疫器官和外周免疫器官。中枢免疫器官是免疫细胞发育成熟的场所，包括胸腺和骨髓。外周免疫器官是成熟淋巴细胞定居和产生免疫响应的场所，包括淋巴结、脾脏以及和黏膜相关的淋巴组织。免疫细胞泛指能够执行免疫功能的各种细胞，即T细胞、B细胞、吞噬细胞和自然杀伤细胞等与免疫响应有关的细胞。免疫细胞都来源于造血干细胞，其成熟过程实际上是造血干细胞的发育分化过程。免疫分子是执行免疫细胞合成和分泌各种分子的统称，包括抗体、补体、细胞因子、主要组织相容性复合体等。淋巴循环网络为免疫细胞和免疫分子进行免疫响应和免疫补充提供了一个流动的环境，它与血液循环系统相连。下面将分别介绍免疫系统和免疫响应中的几个重要概念。

1. 抗原

抗原是一组能被淋巴细胞识别的有机物质，包括多肽、脂质酸等小分子。抗原簇的成分、数目和空间构型决定了抗原的特异性，也是细胞识别的标志和免疫反应具有特异性的物质基础。抗原与相应的淋巴细胞表面的抗原受体结合，可激活淋巴细胞并引起免疫响应。抗原也可与游离的抗体发生特异性结合，从而被清除。

2. 抗体

抗体是指机体由于抗原的刺激而产生的具有保护作用的蛋白质。B淋巴细胞在识别抗原后，经过活化和克隆扩增，其部分会分化成浆细胞，浆细胞会大量地分泌具有相同特异性的抗体。不同的抗体可与具有不同特异性的抗原结合，并且具有相同特异性的抗体只能与具有互补特性的抗原结合。将抗体作为免疫源，可引发机体的免疫响应。抗体的抗原性是学者杰尼提出的免疫网络理论的基础。

3. B淋巴细胞

B淋巴细胞（简称B细胞）是介导体液免疫的主要免疫细胞。淋巴系干细胞在骨髓中形成的细胞经过活化增殖即可成为B细胞。在抗原刺激下B细胞可分化为浆细胞，浆细胞能够合成或分泌抗体。B细胞表面有各种受体，如B细胞受体、细胞因子受体、补体受体、Fc受体、丝裂原受体等，这些受体可接受外界的化学信号，主要起调节作用。

4. T淋巴细胞

T淋巴细胞（简称T细胞）是介导机体细胞免疫的主要免疫细胞。也是淋巴系干细胞在胸腺的微环境下逐渐发育成熟的细胞。T细胞受体根据氨基酸变化程度可分为可变区（V区）和恒定区（C区）。V区是T细胞受体识别抗原的部分，其决定了抗原结合的特异性；C区是确定T细胞受体类型的标准。除了T细胞受体外，T细胞表面还有细胞因子受体等其他受体，它们可以接收其他细胞和组织发送来的化学信息。

5.2.2 生物免疫系统的工作原理

在生物免疫系统中，病原体一旦侵入机体就会被分解为抗原片段，进而B细胞就能够产生相应的抗体以与抗原结合，同时通过活化、增殖和分化产生浆细胞，并通过中和、溶解和调理等过程，最终把抗原从体内清除。另外有一些B细胞会变成长期存活的记忆细胞，它们通过血液、淋巴和组织液进行循环，可为下一次快速、高效地消除相同或者类似抗原引起的感染奠定基础。免疫系统的主要功能是识别并清除从外界环境中入侵的病原体及其产生的毒素，此外其也能识别并清除内环境中因基因突变而产生的肿瘤细胞，进而实现免疫防卫功能。从本质意义上来说，免疫系统的基本功能是识别和排除“非我”，维持自身一致性。生物免疫系统的工作过程具体介绍如下。

1. 抗原识别

抗原识别过程是免疫系统区分“自我”和“非我”的过程。B细胞在经过阴性选择，即将引发自身反应性的B细胞清除后，有了自体耐受性（即可对抗体存在的合理性进行判断），因此其能够识别“自我”和“非我”。其通过与抗原接触可匹配抗原上面的抗原决定基，进而能够产生回馈信息，并激发免疫应答。在抗原识别过程中，受体和抗原决定基之间的结合不需要完全匹配，只要亲和度超过一定水平，即可激活免疫应答，这种识别方法称为非精确识别。免疫系统的这个特性，使其具有了极高的识别效率和良好的泛化识别能力。

2. 初次免疫应答

当受体识别抗原后，免疫系统即会进入细胞的分化和活化阶段，系统会选择亲和度高的B细胞克隆分化。T细胞的抑制作用、B细胞之间的排斥作用和低亲和度的B细胞的自动消亡，共同维持了免疫系统的平衡。在这个动态平衡中，B细胞通过高频变异不断进行自我修饰，产生了更多新的B细胞群，以期进一步产生更高亲和度的抗体。免疫系统以每天生成一千万个新B细胞的速率进化，在10天时间内其就可以产生一个全新的指令系统。B细胞的高频变异能力和非精确识别，再加上产生B细胞之前的基因重排，共同造就了免疫系统惊人的识别能力。

3. 免疫选择过程

经过初次免疫应答，免疫系统会处于一个动态平衡状态。当某种 B 细胞的亲和度达到一个更高的水平时，系统便会启动克隆选择过程，被克隆的 B 细胞会迅速繁殖（伴随着 B 细胞突变），最后达到一个新的平衡状态。之后，这些高亲和度的 B 细胞一部分会分化为记忆细胞，实施存储记忆功能，以应付过后需要的二次应答；其余部分会分化为浆细胞，通过产生抗体行使免疫功能。

4. 二次免疫应答

在抗原识别的过程中，记忆 B 细胞也会发挥自身作用。如果某些记忆 B 细胞能够与抗原匹配，并产生较高的亲和度，则免疫系统会直接进入克隆选择过程，不复制其他无关的 B 细胞，而只允许引起应答刺激的 B 细胞大量复制，以直接产生高亲和度抗体。这种类型的免疫应答被称为二次免疫应答或再次免疫应答。

综上可知生物免疫系统的工作原理，如图 5.1 所示。

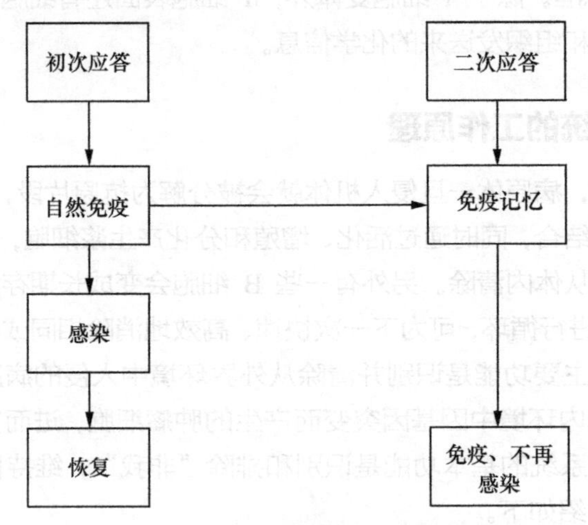

图 5.1　生物免疫系统的工作原理

5.3 人工免疫算法的基本原理

生物免疫系统是一个复杂的自适应系统，它不受任何中心控制，具有分布式任务处理能力和局部采取行动的性能。生物免疫系统通过具有交流作用的化学信息构成网络，进而形成全局系统。生物免疫系统的复杂性和多功能性使 AIA 的生物学基础具有多样性，如免疫网络、克隆选择理论、阴性选择等，目前基于这些生物免疫学理论或机制已开发出多种形式的算法模型。因此不同于以往的生物启发式算法，AIA 没有统一的启发源模式。由于利用生物免疫系统的某一方面机制或原理就可以设计新算法，因此，从广义的角度而言，AIA 就是基于生物免疫系统理论而提出的多个算法的统称。

截至目前，AIA 通过模拟生物免疫系统的识别、学习、进化等免疫原理和机制，针对不同应用领域设计出了多种算法模型，已得到成功应用的算法主要有否定选择算法（Negative Selection Algorithm，NSA）、免疫规划算法（Immune Programming Algorithm，IPA）、克隆选择算法（Clone Selection Algorithm，CSA）、免疫遗传算法、B 细胞算法和疫苗免疫算法等。

多数 AIA 都是学者们针对优化实际问题的研究成果，它们根据各自的特性可分为三类：第一类是模仿免疫系统最基本的机制、由抗体的产生过程抽象出来的免疫算法，如 NSA 和 IPA；第二类是与遗传算法等其他计算智能算法进行融合而产生的新算法，如免疫遗传算法；第三类是基于免疫系统的其他特殊机制抽象出来的算法，如基于克隆选择原理的 CSA。上述三种类型的功能结构都是在亲和度的指导下，抗体通过反复与抗原接触，不断经历亲和度成熟过程，最终成为可以代表问题解特征值的优良抗体。由于 AIA 继承了传统进化算法的一些基本算法结构和方法，并且生物免疫系统的各种原理和机制本身也会相互关联、相互支持，各种 AIA 往往具有一些共性或相似性，因此可以建立一般性的 AIA 基本框架。限于篇幅，本节将重点介绍 AIA 的基本框架和最具代表性的 NSA、IPA 和 CSA。

5.3.1 人工免疫算法的基本框架

AIA 是一种确定性选择和随机性选择相结合并具有探索与开发能力的启发式随机搜索算法。通常情况下，当使用 AIA 求解具体的问题时，首先应将问题中的有关元素、概念和处理过程同生物免疫系统的相关免疫物质和原理机制建立起映射关系，然后建立与这些免疫元素相对应的数学表达模型，最后根据相关免疫原理和机制设计出相应的 AIA。

AIA 将待优化的问题对应免疫应答中的抗原，可行解对应抗体（B 细胞），可行解质量对应抗体与抗原的亲和度，如此则可将优化问题的寻优过程与生物免疫系统识别抗原并实现抗体进化的过程对应起来，将生物免疫应答中的进化链（抗体群→免疫选择→细胞克隆→高频变异→克隆抑制→产生新抗体→新抗体群）抽象为数学上的进化寻优过程，形成智能优化算法。AIA 与生物免疫系统概念的对应关系如表 5.1 所示，由于抗体是由 B 细胞产生的，因此 AIA 对抗体和 B 细胞不作区分，它们都对应优化问题的可行解。

表 5.1　AIA 与生物免疫系统的概念的对应关系

生物免疫系统	人工免疫算法
抗原	待求解问题
抗体	可能解向量
抗原识别	对问题的分析
记忆细胞产生抗体	对过去成功解的回忆
抗体的繁殖	用免疫算子产生新的抗体

根据表 5.1 所示的对应关系可知，模拟生物免疫应答过程形成的 AIA 的操作流程主要包含以下 7 步。

（1）确定抗原，即将待解决的问题或可以达到的最优处理结果抽象为 AIA 的抗原。

（2）确定抗体，即将待求解问题的解空间中的一个解（或者说一个解决方案）对应为 AIA 的一个抗体。

（3）生成初始抗体群体。AIA 一般采用和遗传算法类似的方法，随机产生初始抗体群体。

（4）计算亲和度。亲和度包括抗体对抗原的亲和度和抗体与抗体之间的亲和度两种类型。亲和度通常用以表达抗体与抗原或其他抗体的匹配程度或相似程度，其是反映抗体优劣程度的一种评价值，也是指导抗体进化发展的重要指标，它类似于其他优化算法中的适应度函数或目标函数。

（5）计算浓度或多样度。抗体的浓度或多样度主要用于评估群体中抗体模式的丰富程度，为算法后续的免疫操作提供指导依据。

（6）各种免疫操作。这些免疫操作主要包括选择、克隆变异、自体耐受、抗体补充等。这些免疫操作通常以抗体的亲和度和浓度（或多样度）等指标为指导。其中，选择操作通常是指从群体中选出一个或一些抗体，并使其进入下一步的免疫操作或进入下一代的抗体群体。克隆变异是 AIA 产生新抗体的主要方式，自体耐受是 AIA 对抗体存在的合理性进行判断的过程，抗体补充是补充群体抗体模式的辅助手段。

（7）终止条件检查，即判断抗体群体是否已经达到亲和度成熟，是否已成功识别抗原目标。如果是，则结束算法运行，否则，转到第 4 步，重新开始新一轮的迭代过程，直到算法满足终止条件为止。

在基于免疫系统特性的各种 AIA 的设计过程中，最为关键的几个问题包括：抗体与抗原的形式；抗体与抗原、抗体与抗体间的相互作用；整个系统的构造形式；抗体评价函数形式及各个决定因素的求取；抗体亲和度成熟的实现；记忆库的设计与使用；终止条件的设计等。通常情况下，上述关键问题的具体解决形式取决于所要解决的实际问题的特性，因此出现了基于不同免疫理论或机制的 AIA。下面将简要介绍在 AIA 中具有代表性的 3 种算法：NSA、IPA 和 CSA。

5.3.2 否定选择算法的基本原理

福里斯特（Forrest）等人于 1994 年根据生物免疫系统中“自我”和“非我”识别的原理提出了否定选择算法（NSA）。这种识别“自我”和“非我”的能力部分源于 T 细胞（免疫细胞的一种），该种细胞表面的受体可检测到外来抗原。在 T 细胞的产生过程中，受体可通过伪随机遗传重组过程形成，然后这些细胞通过一个耐受过程（即否定选择过程）可使细胞成熟。在胸腺的 T 细胞（未成熟的 T 细胞）中对自身蛋白有反应的 T 细胞会被破坏，这是因为它可能将自身蛋白作为抗原进行攻击，从而对人体造成损伤，只有那些不与自身蛋白结合的 T 细胞可以离开胸腺，成为成熟的 T 细胞。此后，这些成熟的 T 细胞就会在体内循环，识别非我蛋白，从而完成免疫过程，以保护身体不受外来抗原损害。由于该算法主要用来进行变化检测，即用检测器来模拟免疫细胞，因此其也被称为完备的检测器生成算法。该算法包括两个阶段：检测器的生成（耐受成熟）阶段和检测阶段。生成阶段是未成熟检测器经历耐受变成成熟检测器的过程。首先，随机产生候选检测器；然后，检查该候选检测器是否与自体匹配，若其与自体中的任何数据匹配，则删除；重复该过程，直到生成所需数量的成熟检测器。检测阶段是利用成熟检测器来检测数据变化的过程，即不断地将成熟检测器与待测数据相比较，如果检测器与待测数据相匹配，则判断数据可能发生了变化。NSA 的生成阶段流程如图 5.2 所示。NSA 的检测阶段流程如图 5.3 所示。

在 NSA 中，匹配规则十分关键，其两个阶段都用到了匹配规则：在产生检测器时，匹配规则是为了检验所产生的检测器是否适用；在检测数据时，匹配规则用于判别数据是否发生变化，即判别是否有异常情况发生。因此，匹配规则将直接影响检测系统的检测性能。目前常用的匹配规则主要是局部匹配，具体有海明距离匹配、r 连续位匹配及 R&T 匹配。下面将分别介绍这 3 种匹配规则。

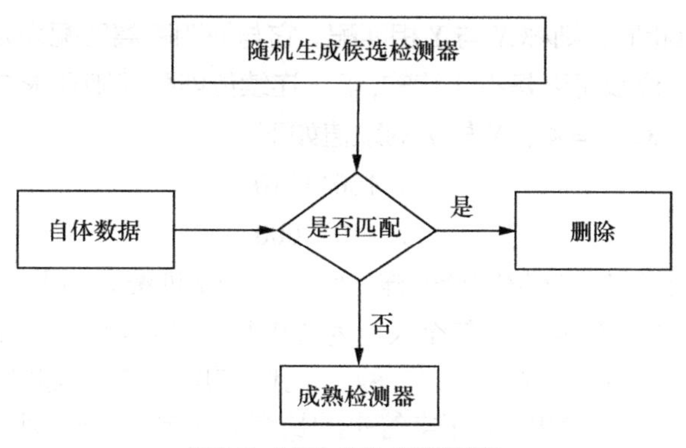

图 5.2 NSA 的生成阶段流程

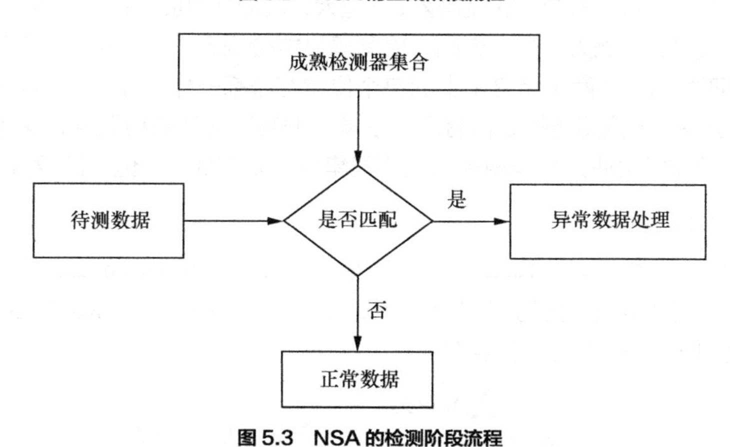

图 5.3 NSA 的检测阶段流程

1. 海明距离匹配规则

设某字符集 m 中有两个长度为 L 的二进制字符串 X 和 Y。海明距离匹配规则是通过计算两个字符串对应位置的相似度 $H(X,Y)$，并将其与预先设定的判定阈值 σ 相比较来完成匹配的。相似度计算公式如式（5.1）所示。

$$H(X,Y)=\sum_{i=1}^{L}\overline{(x_i \oplus y_i)}=\sum_{i=1}^{L}(x_i \odot y_i) \tag{5.1}$$

式中，Σ 后的括号内进行的是逻辑运算，⊕ 表示异或，⊙ 表示同或。$x_i \odot y_i$ 的结果：当 x_i 和 y_i 相同时结果为 1，不同时结果为 0。$H(X,Y)$ 的值越大，表示 X 和 Y 越相似。当 $H(X,Y)\geqslant\sigma$ 时，认为 X 和 Y 匹配。通过式（5.1）可以看出，字符串对应位置的相似度 $H(X,Y)$ 其实就是两个字符串中相同位数的个数。因此，海明距离匹配规则可以简单描述为：当且仅当字符串 X 与 Y 的对应位表现为相同的位数不小于 σ 时，则认为字符串 X 与 Y 匹配。例如：L=8，$\sigma=4$，X 与 Y 的取值如下。

A例 X：10010010　　B例 X：10010010
　　Y：10111011　　　　Y：01001100

A 例中 X 与 Y 有 5 对字符相同，因此它们匹配；B 例中 X 与 Y 有 2 对字符相同，相同位数小于阈值 4，因此 X 与 Y 不匹配。B 例中当且仅当 $\sigma\leqslant 2$ 时，X 与 Y 才表现为匹配。

2. r 连续位匹配规则

r 连续位匹配规则也被称为 RCB（R-Contiguous-Bits）规则。如果两个二进制字符串 X 与

Y至少有连续r位字符相同，则称X与Y相匹配。它与海明距离匹配规则的不同之处在于，海明距离匹配规则的相同位数可以是不连续的，而r连续位匹配规则要求二进制字符串必须是连续位数相同。例如：L=8，$r=4$，X与Y的取值如下。

X：10011010

Y：11011000

字符串X与Y有连续4位字符完全一样，此时X与Y匹配；如果r>4，则X和Y不匹配。

由于r连续位匹配规则的特点，每个长度为L的检测器包含$L-r+1$个用于检测"非我"的特征子串，每个特征子串最多能识别2^{L-r}种"非我"的字符串，因此每个检测器最多能识别$(L-r+1)2^{L-r}$种"非我"的字符串。如果字符串的长度L一定，则r越小，检测器检测到的"非我"字符串就越多，检测器的专一性就越差；r越大，检测器检测到的"非我"字符串就越少，检测器的专一性就越强。例如，当r=L时，检测器只能检测到一个"非我"字符串，其专一性最强。这种理想匹配由于在两个字符串上的每个位置符号都一样，因此就需要大量检测器检测"非我"模式。但是由于检测器的数目有限，很多"非我"无法被检测到，这就降低了检测器的效率。为此，若要成功估计合理规模的检测器集合，则需优化r值，即寻找合适的参数r。

3. R&T匹配规则

罗杰斯（Rogers）和谷本（Tanimoto）在2002年改进了海明距离匹配规则，提出了R&T匹配规则。设某字符集m中有长度为L的两个二进制字符串X和Y，R&T匹配规则指出，字符串X和Y是否匹配，由式（5.2）决定。

$$\frac{\sum_i \overline{x_i \oplus y_i}}{\sum_i x_i \oplus y_i + 2\sum_i x_i \oplus y_i} \geqslant r,\quad 0<r\leqslant L \tag{5.2}$$

式中，r为静态匹配阈值。如果X和Y满足上式，则它们匹配，否则不匹配。R&T匹配规则与海明距离匹配规则相比可提高检测的准确性，但检测效率仍然较低。

NSA在实验中被证明是非常耗时的。基曼德·本特西（Kimand Bentlcy）把福里斯特提出的NSA应用于异常检测，发现：当数据量很大时，算法计算效率很低，耗时太长，且在检测率（即成功检测"非我"的概率）固定的情况下，所须生成的检测器的数量与受训练的自体群体的大小成指数关系，且会产生大量的无效检测器，因此这里不再对其做更详细的介绍。

5.3.3 免疫规划算法的基本原理

NSA主要是利用免疫系统的多样性的产生和维持机制来保持种群的多样性的，其可解决一般寻优过程尤其是多峰值函数中最难应付的早熟问题。而免疫规划算法（IPA）除了利用免疫系统的多样性之外，还引入了疫苗接种机制，其通过模拟人体免疫系统特有的自适应性和人工免疫这一加强人体免疫系统的手段，并利用先验知识来引导整个寻优过程，提高了算法的快速收敛性和有效性，因此IPA比NSA更具实际应用价值。

从生物学的角度来看，进化是通过优胜劣汰的选择机制使种群得到优化的过程。免疫是生物体通过抗原识别、抗体的亲和度成熟过程以及抗体与抗原的中和反应等使自身得到保护的一种手段。如果将已有的进化规划算法看成一个生物体，那么算法搜索过程中不可避免的退化现象就可以被看成是外来的抗原，然后利用待求问题的特征信息，通过注射"疫苗"（一种算法途径）来抑制上述退化现象的出现，就可以被看成是中和反应的过程。它在算法中起到了优胜劣汰的作用，可保证算法的每一步都沿着优化路线执行，从而达到免疫的目的。

IPA 是一种将免疫机制与进化规划算法相结合的优化算法。在处理疑难问题时，它有选择地利用待求问题中的一些特征信息或知识，来抑制优化过程中出现的退化现象，以提高算法的整体性能。具体而言，IPA 利用局部特征信息，以一定的强度干预全局并行的搜索进程，从而克服了以往进化规划算法中变异操作的盲目性。在 IPA 算法中免疫算子由接种疫苗和免疫选择两部分构成。其中，疫苗指的是人们依据自己对待求问题所具备的或多或少的先验知识，从待求问题中所提取出的一种基本的特征信息。免疫选择是指根据这种特征信息而得出的一类解。前者可以被看作是对待求最佳个体所能匹配的模式的一种估计，后者则是对这种模式进行匹配而形成的样本。接种疫苗可以提高亲和度，免疫选择可以防止种群退化。

IPA 的具体操作过程可描述如下。

首先，对所求问题（这里视其为抗原）进行具体分析，从中提取出最基本的特征信息（即疫苗）；然后，对特征信息进行处理，将其转化为局部环境下求解问题的一种方案（根据该方案得到的解集统称为基于上述疫苗所产生的抗体）；最后，将此方案以适当的形式转化成免疫算子，以实施具体的操作。IPA 的流程如图 5.4 所示。

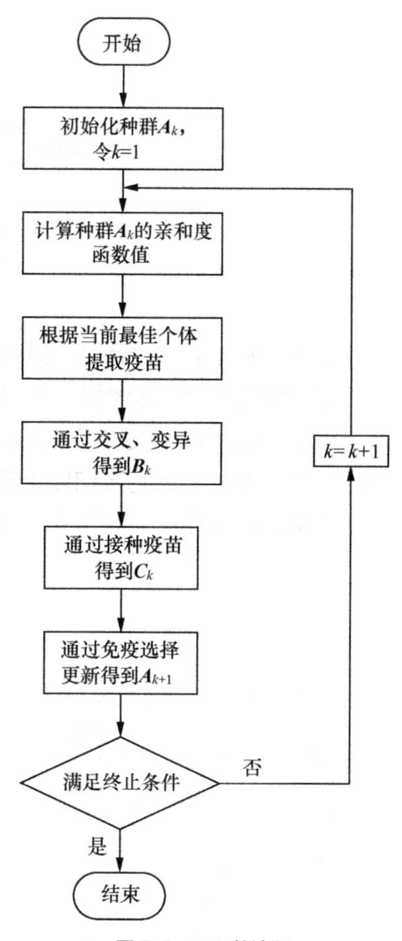

图 5.4　IPA 的流程

下面详细介绍一下 IPA 的实现步骤。

步骤 1：初始化，即根据要求确定解的精度，并随机产生初始父代种群 $\boldsymbol{A}_k$，令 k=1。

步骤 2：计算第 k 代种群 $\boldsymbol{A}_k$ 的所有个体的亲和度。

步骤 3：根据先验知识抽取疫苗，即根据亲和度函数值的大小，从 $\boldsymbol{A}_k$ 中选择出目前的最优个体，然后利用目前最优个体基因位上的基因信息来制作疫苗。

步骤 4：对第 k 代种群进行交叉操作。交叉操作是指按照一定的交换概率 P_c，随机选取抗体中的两个或多个点，通过交换这些点上的基因以形成新的抗体。图 5.5 为抗体以两个交叉点为例的交叉操作示意。

需要说明的是，这里描述的交叉是指一个父代的两点之间的交叉，其实我们还可以在两个父代之间进行交叉，两种操作没有明显差异，读者在实际操作中自行选择一种交叉方式即可。

步骤 5：对交叉后的种群进行变异操作，得到种群 $\boldsymbol{B}_k$。变异操作是指按照一定的突变概率 P_m，随机选取抗体中的一个或多个点，并由随机生成的一个或多个基因来取代之，以形成新的抗体。抗体变异操作示意如图 5.6 所示（图中以单点变异为例）。

步骤 6：对 $\boldsymbol{B}_k$ 进行接种疫苗操作，得到种群 $\boldsymbol{C}_k$。给个体 x 接种疫苗，是指按照先验知识来修改个体 x 的某些基因位上的基因，使所得个体以较大的概率具有更高的亲和度。设种群 $\boldsymbol{B}_k=(x_1,x_2,\cdots,x_n)$，则对种群 $\boldsymbol{B}_k$ 接种疫苗的具体操作为：在种群 $\boldsymbol{B}_k$ 中按比例 α $(0<\alpha\leqslant 1)$ 随机抽取 $n_\alpha=\alpha n$ 个个体，并将这些个体的某些基因位上的基因根据疫苗进行修改，即将随机选

择的基因位上的基因替换为目前最优个体相对应的基因位上的基因。因为疫苗是从问题的先验知识中提炼出来的，所以它所包含的信息量及其准确性对算法的性能起着重要的作用。

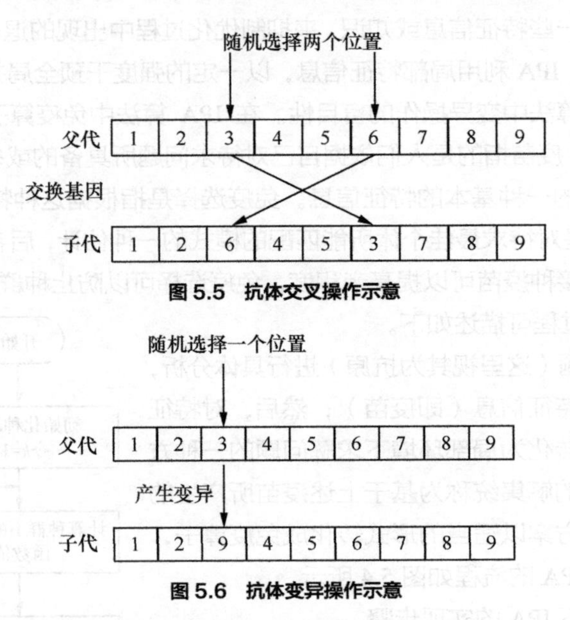

图 5.5　抗体交叉操作示意

图 5.6　抗体变异操作示意

步骤 7：对 $\boldsymbol{C}_k$ 进行免疫选择操作，得到新一代的父代群体 $\boldsymbol{A}_{k+1}$，这一操作分两步完成。第一步：免疫检测，即对接种了疫苗的个体进行检测，若它的亲和度仍不如父代个体，说明在交叉、变异的过程中其出现了严重退化的现象，此时父代个体将会取代其接种疫苗后的个体。若接种了疫苗的个体的亲和度优于父代个体，则用其取代父代个体。第二步：退火选择，即在当前的群体中以概率 P 来决定个体 x_i 是否进入新的父代群体，概率计算公式如式（5.3）所示。

$$P(x_i)=\frac{f(x_i)\mathrm{e}^{f(x_i)/T_k}}{\sum_{i=1}^{n}f(x_i)\mathrm{e}^{f(x_i)/T_k}} \tag{5.3}$$

式中，$f(x_i)$ 为个体 x_i 的亲和度，$\{T_k\}$ 是单调递减趋近于 0 的温度退火控制序列，参数 T_k 一般由经验公式求得：$T_k=\ln\left(\frac{T_0}{k}+1\right)$，其中 $T_0=100$ 为群体规模。随机产生一个在[0,1]区间上均匀分布的随机数 ξ，如果 $P(x_i)>\xi$，则用 x_i 来代替父代群体中相对应的个体，否则，父代群体中的个体保持不变。

步骤 8：检查算法是否满足终止条件。若满足，则停止运行并输出最佳个体；否则，转到步骤 2。最佳个体为种群 A_k 经过最后一次迭代后的亲和度最大的个体。

疫苗不是一个成熟或完整的个体，它仅具备最佳个体某些局部基因位上的特征。疫苗的选取和抗体的生成只会影响免疫算子中接种疫苗作用的发挥，不会涉及算法的收敛性，因为免疫算法的收敛性归根结底是由免疫算子中的免疫选择来保证的。但是疫苗的正确选择会对群体的进化产生积极的推动作用，由此可知其对提高算法的运行效率具有十分重要的意义。它如同遗传算法中的编码，是免疫操作得以有效发挥作用的基础与保障。

为了进一步理解选取疫苗的准确性对接种疫苗发挥作用的影响情况，下面通过一个简单的例子对其加以说明。假设一个待求问题的编码为 n 位二进制编码，那么 2^n 个待定解即可构成其解空间。如果通过分析问题可以判定最优个体某一位上的基因，那么具有这一基因的群体将集中在预见有最佳个体的一半解空间内，于是搜索效率会因此得到很大的提高。如果判断出现错误，那么接种疫苗的工作将对搜索过程产生阻碍作用，进而会造成一些负面的影响。虽然这些影响可以通过免疫选择予以弥补，但算法的搜索能力在此后的一段时期内会被一定程度地削弱，不过算法仍然是收敛的。

IPA 的应用对象主要是一些求解难度会随规模扩大而迅速增大的问题。这类问题的特点是在规模较小时，问题一般易于求解或者说易于发现其局部条件下的求解规律。当针对这一类问题选取疫苗时，既可以根据问题的特征信息来制作免疫疫苗，也可以在具体分析的基础上，考虑通过降低原问题的规模并增设一些局部条件来简化问题。这种简化后的问题求解规律就可被作为选取疫苗的一种途径。

不过在实际的疫苗选取过程中，一方面，原问题局域化处理越彻底，局部条件下的求解规律就越明显，这时，虽然疫苗易于被获取，但寻找这种疫苗的计算量会显著增加；另一方面，每个疫苗都是利用某一局部信息（即估计该解在某一分量上的模式）来探求全局最优解的，所以对每个疫苗的提取没有必要做到精确无误。因此一般可以根据对原问题局域化处理的具体情况，选用目前通用的一些迭代优化算法来提取疫苗。

这里需要补充说明的是，在某些情况下，一方面，因为对待求问题一时难以形成较为成熟的先验知识，所以无法从分析问题的过程中提取出合适的特征信息，从而也就得不到有效的免疫疫苗。另一方面，为寻求用于全局求解的局部方案所付出的代价超出其应占的比例，会使算法计算成本增加、效率降低，从而会导致提取疫苗的工作失去意义。综上，为了提高算法的通用性及其在应用上的便利性，可以在群体的进化过程中，从最佳个体的基因中提取有效信息，以开辟一条制作免疫疫苗的途径，这种方法被称为免疫疫苗的自适应选取。

下面以 TSP 问题为例来具体介绍疫苗接种的过程与步骤。

1. 分析待求问题，收集特征信息

假设在某一时刻，某人从一个城市出发，欲前往下一个城市（目标城市）。一般而言，他首先考虑的选择目标是距离当地路程最近的城市。如果目标城市恰恰就是前面走过的某一城市时，则下一个要到达的目标城市更替为除该城市之外的距离最小的城市，并以此类推。这种方法虽然不能作为全局问题的解决方案，但在一个很小范围内，如只有三四个城市（相对于全局问题而言，这属于一种局部问题），这种方法对于问题而言往往不失为一个较好的解决方案。当然，其能否成为最终的解决方案，还需要做进一步的判断。

2. 根据特征信息制作免疫疫苗

基于上述认识，就 TSP 问题的特点而言，在其最终的解决方案中（即最佳路径的选取中）必然包括相邻城市间距离最短的路径。TSP 问题的这种特点可作为求解问题时以供参考的一种特征信息或知识，故其可被视为从问题中抽取疫苗的一种途径。所以在具体实施过程中，只须使用一般的循环迭代方法找出所有城市的邻近城市即可。当然，某一城市既可能是两个或多个城市的邻近城市，也可能都不是。疫苗不是一个个体，故其不能作为问题的解，它仅具备个体在某些基因位上的特征。

3. 接种疫苗

设 N 个城市的 TSP 问题中与城市 A_i 距离最近的城市为 A_j，并且两者非直接连接而是处于

某一路径的两段：$A_{i-1} \to A_i \to A_{i+1}$ 和 $A_{j-1} \to A_j \to A_{j+1}$，如图 5.7 中的实线所示。

当前的遍历路径为：$q = \{A_1, \cdots, A_{i-1}, A_i, A_{i+1}, \cdots, A_{j-1}, A_j, A_{j+1}, \cdots, A_N\}$，其对应的路径长度如式（5.4）所示。

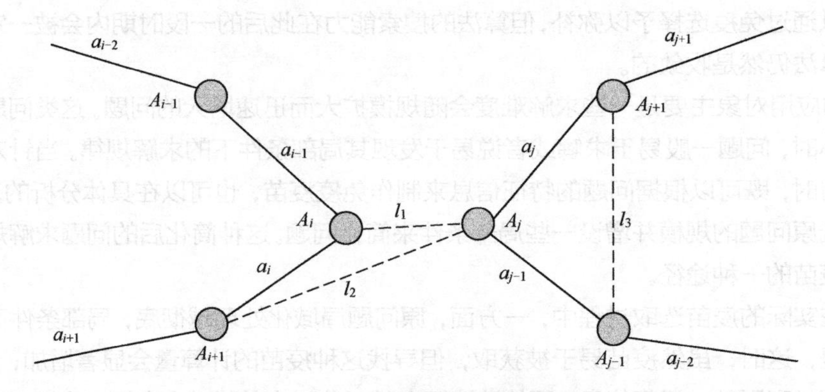

图 5.7 TSP 问题的疫苗作用机理示意

$$D_q = \sum_{k=1}^{i-1} a_k + a_i + \sum_{k=i+1}^{j-2} a_k + a_{j-1} + a_j + \sum_{k=j+1}^{N} a_k \tag{5.4}$$

在免疫概率 P_i 发生的条件下，对城市 A_i 而言，免疫算子将会把其邻近城市 A_j 排列为它的下一个目标城市，并会将原先的遍历路径调整为：$q_c = \{A_1, \cdots, A_{i-1}, A_i, A_j, A_{i+1}, \cdots, A_{j-1}, A_{j+1}, \cdots, A_N\}$，相应的路径长度变化如式（5.5）所示。

$$D_{q_c} = \sum_{k=1}^{i-1} a_k + l_1 + l_2 + \sum_{k=i+1}^{j-2} a_k + l_3 + \sum_{k=j+1}^{N} a_k \tag{5.5}$$

比较式（5.4）和式（5.5），因为 A_j 是所有城市中（即全局中）与城市 A_i 距离最近的点，在由 A_i、A_j 和 A_{i+1} 所构成的三角形中，l_1 一定为最短边或次短边（因为若 $a_i < l_1$，则与 A_i 最近的城市为 A_{i+1} 而非 A_j），而在由 A_{j-1}、A_j 和 A_{j+1} 所构成的三角形中，l_3 却不一定具有这一性质，所以在多数情况下，l_3 较 $a_{j-1} + a_j$ 的减少量要大于 $l_1 + l_2$ 较 a_i 的增加量；而且更加重要的是，在这一个局部环境内，算子对路径做了一次最佳调整。当然，这次调整究竟能否对整个路径产生贡献，还有待选择机制做进一步判断。但是，从分析过程中还是可以得出式（5.6）所示的关系的。

$$P(D_{q_c} < D_q) \gg P(D_{q_c} > D_q) \tag{5.6}$$

式中，$P(A)$ 表示事件 A 发生的概率。上述所谓的“调整”过程就是 TSP 问题求解时基于某一特定疫苗的免疫注射过程。

5.3.4 克隆选择算法的基本原理

克隆选择算法（CSA）属于 AIA 的一种，它是卡斯特罗（Castro）等人于 2000 年提出的一种计算智能算法，其灵感来自生物获得免疫的克隆选择原理。克隆是一种无性繁殖，在细胞增殖过程中，免疫细胞通过不断发生基因突变，可增加自身的多样性。当有机体内的免疫细胞的多样性达到一定程度时，每一种抗原侵入机体都能在机体内被识别，同时机体能克隆可以消灭相应抗原的免疫细胞，使之激活、分化和增殖，以进行免疫应答并最终清除抗原，这就是克隆选择理论。克隆选择以“物竞天择、适者生存”的进化法则为基础，可被看作是一种微观世界的遗传选择，它具有较强的搜索能力，且能够保持种群模式多样化。CSA 由于具有较好的优化性能，故受到研究学者们越来越多的重视。随着研究的不断深入，研究者们逐渐认识到克隆选择机制的应用价值，并将它用于解决实际优化问题，也取得了较好的效果。该算法虽然起步较晚，其应用研究的深度和广度还有待于进一步加强，但其已毫无疑问地成为了 AIA 中的一种重要的优化算法。

CSA 的基本思想是：能够识别抗原的细胞才会被选择并进行扩增，不能识别抗原的细胞不会被选择，也不会进行扩增。骨髓中每一个微小的“休眠”B 细胞都载有一个不同的抗体类型，这些载有对抗原特异的受体细胞，可扩增分化成浆细胞和记忆细胞。免疫系统中每个 B 细胞受体的形状可用一个 n 维实向量描述，因此其也可表示为 n 维欧几里得空间中的一点，我们称此空间为欧几里得形状空间。两个 B 细胞的受体形状越相似，它们在形状空间中的距离越近。当抗原侵入机体时，B 细胞受体与抗原形状互补程度越大，两者间的亲和度越高，从而更易结合。其中，亲和度表示抗体对抗原的识别程度。

在 CSA 中，抗体对应优化问题的可能解，抗原对应优化问题的目标函数，这里称其为亲和度函数。亲和度越大，抗体识别抗原的能力越强。亲和度成熟是指亲和度函数取得最大值。CSA 算法的具体描述如下。

随机设定初始抗体种群为 $\boldsymbol{A}$，若其规模为 n，则可得初始种群空间 $I^n=\{\boldsymbol{A}:\boldsymbol{A}_1,\boldsymbol{A}_2,\cdots,\boldsymbol{A}_n\}$，种群抗体通过克隆扩增不断进化，每一次的克隆扩增相当于在克隆选择算子（Clone Selection Operator，CSO）的作用下进行一次迭代，第 k 次迭代后种群的第 i 个抗体用 $\boldsymbol{A}_i(k)$ 表示，其种群抗体的演化过程可以表示为式（5.7）的形式。

$$\boldsymbol{A}_i(k)\xrightarrow{T_c^C}\boldsymbol{Y}_i(k)\xrightarrow{T_g^C}\boldsymbol{Z}_i(k)\tilde{\cup}\boldsymbol{A}_i(k)\xrightarrow{T_s^C}\boldsymbol{A}_i(k+1),\qquad 1\leqslant i\leqslant n \tag{5.7}$$

式中，$\tilde{\cup}$ 操作就是将 $\boldsymbol{A}_i(k)$ 与 $\boldsymbol{Z}_i(k)$ 合并以产生新的种群抗体。

下面详细介绍 CSA 中的 6 个重要操作。

1. 算法的初始化

首先将初始抗体种群 $\boldsymbol{A}$ 中的抗体按照亲和度由小到大升序排列。之所以这样排列初始抗体种群，是为了方便后面的抗体删除和抗体补充操作。由此可得式（5.8）。

$$\boldsymbol{A}=\{\boldsymbol{A}_1,\boldsymbol{A}_2,\cdots,\boldsymbol{A}_i,\cdots,\boldsymbol{A}_n\},\ \text{满足}\ f(\boldsymbol{A}_i)<f(\boldsymbol{A}_{i+1}),\quad i=1,2,\cdots,i,\cdots,n-1 \tag{5.8}$$

式中，$f(\cdot)$ 为亲和度函数，$f(\boldsymbol{A}_i)$ 为抗体种群 $\boldsymbol{A}$ 中第 i 个抗体 $\boldsymbol{A}_i$ 对于抗原的亲和度。

根据实际问题的要求，抗体与抗原之间的亲和度的大小可以是函数值、销售收入、利润等。为了能够直接将亲和度函数与群体中的个体优劣度量相联系，在 CSA 算法中，亲和度函数被对应为问题的目标函数，要求为非负，而且越大越好。因此，CSA 算法是求问题的极大值。而对于给定的优化问题，其目标函数 $g(x)$ 可能为正，也可能为负，并且可能是求问题的极小值，因此我们有必要对目标函数 $g(x)$ 进行变换以保证其值为非负，且目标函数的优化方向应对应亲和度的增大方向。

对于最小化问题，建立式（5.9）所示的亲和度函数 $f(x)$ 与目标函数 $g(x)$ 映射关系。

$$f(x)=\begin{cases}c_{\max}-g(x), & g(x)<c_{\max}\\ 0, & \text{其他}\end{cases} \tag{5.9}$$

式中，$c_{\max}$ 为 $g(x)$ 的最大值估计。

2. 克隆操作 T_c^C

克隆操作的实质就是将抗体 $A_i(k)$ 复制 q_i 次，使一个抗体克隆出 q_i 个抗体，其中 q_i 可根据抗体亲和度值来定义。对种群抗体 $A_i(k)$ 的克隆操作 T_c^C 的数学描述如式（5.10）所示。

$$Y_i(k)=T_c^C(A_i(k))=E_i\times A_i(k),\quad i=1,2,\cdots,n \tag{5.10}$$

式中，E_i 为元素都是 1 的 q_i 维列向量，抗体 A_i 的 q_i 克隆即为抗体在亲和度 $f(A_i(k))$ 的刺激下，实现了 q_i 倍增多。而规模 q_i 可以表示为式（5.11）所示的形式。

$$q_i(k)=g(N,f(A_i(k))),\quad 1\leqslant i\leqslant n \tag{5.11}$$

一般取：

$$g(N,f(A_i(k)))=\mathrm{Int}\left(\frac{Nf(A_i(k))}{\sum_{j=1}^{n}f(A_j(k))}\right) \tag{5.12}$$

式中，$N(N>n)$ 是与克隆规模有关的被设定的参数值，$\mathrm{Int}(\cdot)$ 为取整函数，$\mathrm{Int}(x)$ 表示取大于 x 的最小整数。由式（5.12）可知，亲和度 $f(A_i(k))$ 越大，规模 q_i 越大；反之则规模 q_i 越小。

通过克隆操作，种群会变为式（5.13）所示的形式。

$$Y(k)=\{Y_1(k),Y_2(k),\cdots,Y_n(k)\} \tag{5.13}$$

式中，$Y_i(k)=\{A_{i1}(k),\cdots,A_{ij}(k),\cdots,A_{iq_i}(k)\}$，且 $A_{ij}(k)=A_i(k)$，$j=1,2,\cdots,q_i$。

3. 免疫基因操作 T_g^C

免疫基因操作包括变异和重组，它们统一用符号 T_g^C 来表示，其中仅采用变异的 CSA 为单克隆选择算法（Monoclonal Selection Algorithm，MSA），变异和重组都采用的 CSA 为多克隆选择算法（Polyclonal Selection Algorithm，PSA）。通过变异和重组操作，种群会变为式（5.14）所示的形式。

$$Z_i(k)=T_g^C(Y_i(k)),\quad 1\leqslant i\leqslant n \tag{5.14}$$

抗体的重组算子和变异算子是实现 AIA 亲和度成熟的主要过程。抗体重组算子包括抗体交换算子、抗体逆转算子和抗体循环移位算子。通过抗体变异算子、抗体重组算子以及后面将要介绍的抗体克隆删除算子等的作用，算法能够在已有的优秀抗体的基础上，通过亲和度成熟过程以较高的概率找到更优秀的抗体。下面我们将详细介绍抗体变异算子和抗体重组算子。

（1）抗体变异算子。抗体变异算子是指抗体按照一定的突变概率 P_M，随机选取抗体中的一个或多个点，并由随机生成的一个或多个基因来取代之，以形成新的抗体。

（2）抗体交换算子。抗体交换算子包括单体交叉和双体交叉两种方式，双体交叉的原理与单体交叉基本相同，不同之处在于双体交叉是对两个抗体进行互换，而单体交叉是对一个抗体的两个或多个点进行互换。因此，我们仅以单体交叉为例来介绍抗体的交换方法。单体交叉是指一个抗体按照一定的交换概率 P_C，随机选取抗体中的两个或多个点，并交换这些点上的基因以形成新的抗体。

（3）抗体逆转算子。抗体逆转算子是指抗体按照一定的逆转概率 P_{I} 随机选取抗体中的两个点，并将这两点之间的基因段首尾倒转过来以形成新的抗体。抗体逆转算子的示意如图 5.8 所示。

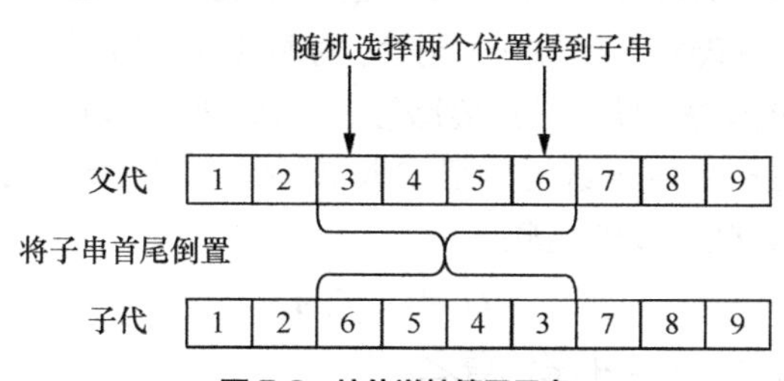

图 5.8　抗体逆转算子示意

（4）抗体循环移位算子。抗体循环移位算子是指抗体按照一定的移位概率 P_{W}，随机选取抗体中的两个点，将两点之间的基因段中的基因循环向右移一位，使该基因段中的末位基因移到段的首位以形成新的抗体。抗体循环移位算子的示意如图 5.9 所示。

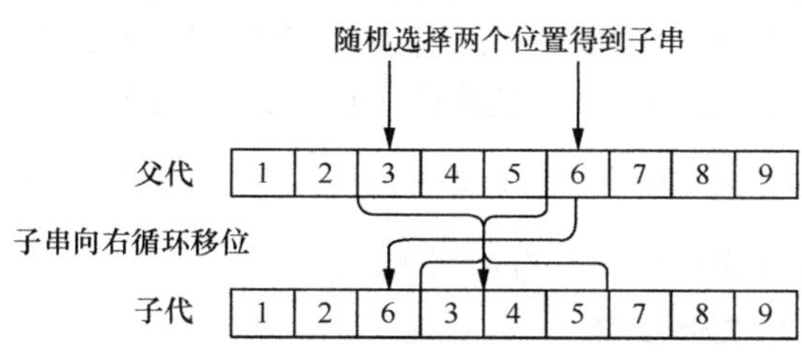

图 5.9　抗体循环移位算子示意

4. 克隆选择操作 $T_{\mathrm{s}}^{\mathrm{C}}$

与遗传算法中的选择操作不同，克隆选择操作 $T_{\mathrm{s}}^{\mathrm{C}}$ 是从抗体各自克隆后的子代中选择优秀的个体，从而形成新的种群，如式（5.15）所示。

$$\boldsymbol{A}_i(k+1)=T_{\mathrm{s}}^{\mathrm{C}}(\boldsymbol{Z}_i(k)\bigcup \boldsymbol{A}_i(k)) \tag{5.15}$$

为了增加种群的多样性，克隆选择操作通常采用概率选择的方法。该方法可使某些非优秀的抗体得以保留并继续进化，以进一步增加抗体群的多样性。

具体地，$\forall i=1,2,\cdots,n$，有：

$$\boldsymbol{B}_i(k)=\max\{\boldsymbol{Z}_i(k)\}=\{z_{ij}(k)\,|\,\max(f(\boldsymbol{Z}_{ij}))\}，\ j=1,2,\cdots,q_i \tag{5.16}$$

式中，$f(\cdot)$ 为优化问题的目标函数，在 CSA 算法中其被称为亲和度函数。

$\boldsymbol{B}_i(k)$ 取代 $\boldsymbol{A}_i(k)$ 成为 $\boldsymbol{A}_i(k+1)$ 的概率 P_{S} 如式（5.17）所示。

$$P_{\mathrm{S}}=\begin{cases}1, & f(\boldsymbol{A}_i(k))<f(\boldsymbol{B}_i(k))\\ \exp\left(-\dfrac{f(\boldsymbol{A}_i(k)-f(\boldsymbol{B}_i(k)))}{\alpha}\right), & f(\boldsymbol{A}_i(k))\geqslant f(\boldsymbol{B}_i(k))\\ & \text{且}\boldsymbol{A}_i(k)\text{不是目前种群的最优抗体}\\ 0, & f(\boldsymbol{A}_i(k))\geqslant f(\boldsymbol{B}_i(k))\\ & \text{且}\boldsymbol{A}_i(k)\text{是目前种群的最优抗体}\end{cases} \tag{5.17}$$

式中，目前种群中的最优抗体是当前种群中亲和度值最大的抗体。$\alpha(\alpha>0)$ 是一个与抗体种群多样性有关的值，α 取值越大，抗体种群多样性越好。按上述过程迭代运算，当满足终止条件时，即可得到优化问题的最优解。

5. 克隆删除算子 $T_{\mathrm{d}}^{\mathrm{C}}$

某些抗体在经过高频变异和受体编辑后，可能会出现退化现象，即与抗原的亲和度不升反降，此时免疫系统会将这些低亲和度的抗体删除。为模拟这个过程，我们引入了克隆删除算子，以避免算法运行过程中抗体退化使收敛速度减慢、全局搜索能力下降等问题出现。

抗体克隆删除算子是指抗体 $\boldsymbol{A}_i$ 经过重组或者变异得到的抗体 $\boldsymbol{A}_i'$，如果 $\boldsymbol{A}_i'$ 的亲和度低于重组或突变前的父代抗体 $\boldsymbol{A}_i$ 的亲和度，即：

$$f(\boldsymbol{A}_i') < f(\boldsymbol{A}_i) \tag{5.18}$$

则删除抗体 $\boldsymbol{A}_i'$，并用其父代抗体 $\boldsymbol{A}_i$ 来代替之。

6. 抗体补充算子

为了保持抗体的多样性，生物免疫系统每天都会产生大量的新抗体。虽然大多数抗体会因亲和度较低而遭到抑制以致死亡，但仍有极少数的抗体会因具有较高的亲和度而获得克隆扩增的机会，并能通过亲和度的逐渐成熟而成为优秀抗体。为了模拟这种抗体循环补充机制，算法定义了抗体补充算子以提高抗体的多样性，进而实现全局范围内的搜索优化，即避免算法陷入局部最优解。具体操作为：在每一次对抗体群 $\boldsymbol{A}$ 进行克隆选择扩增之前，均从一个随机产生的规模为 N_{r} 的候选抗体群 $\boldsymbol{A}_{\mathrm{r}}$ 中选择 N_{S}（其中 $N_{\mathrm{S}} < N_{\mathrm{r}}$，且一般有 $5\% < \dfrac{N_{\mathrm{S}}}{N} < 20\%$）个亲和度较高的抗体 $\boldsymbol{A}_{\mathrm{S}}$ 来取代 $\boldsymbol{A}$ 中亲和度最低的 N_{S} 个抗体。

下面介绍一下 CSA 的具体步骤。

步骤 1：初始化。随机产生 N 个抗体对应问题的可能解，作为初始种群。

步骤 2：克隆选择操作。进行第一次评价和选择，即计算种群抗体的亲和度函数，并将 N 个抗体分解成由 m 个和 r 个抗体组成的两部分，它们分别表示进入记忆集的抗体和进入候选集的抗体，其中记忆集 $\boldsymbol{A}_{\mathrm{m}}$ 模仿了免疫系统中的记忆功能，里面存储的都是亲和度较高的抗体，一般选取种群的 10%～20%的个体进入记忆集；而候选集 $\boldsymbol{A}_{\mathrm{r}}$ 内存储的是除记忆集之外的其他抗体。

步骤 3：克隆操作。在记忆集中选择亲和度最高的 k 个抗体进行克隆，克隆的数量与其亲和度成正比。

步骤 4：重组变异操作。模拟生物克隆选择中的重组变异过程，对克隆后的抗体执行重组变异操作，变异和重组分别按某一概率以一定规模随机进行。

步骤 5：克隆选择操作。进行第二次评价和选择，即重新计算重组变异操作后的抗体亲和度，若操作后的抗体中亲和度最高的抗体比原抗体的亲和度还要高，就用该抗体替换原抗体，以形成新的记忆集。

步骤 6：删除和补充操作。模拟生物克隆选择中 5%的 B 细胞自然消亡的过程，在 $\boldsymbol{A}_{\mathrm{r}}$ 中选择 d 个亲和度最低的抗体进行删除操作，同时按照抗体补充算子产生 d 个新抗体，加入种群，以保证抗体的多样性。

步骤 7：检查算法是否满足终止条件，若是，则终止；否则，转到步骤 2，进入下一次迭代。

上述 CSA 的实现步骤也可表示为图 5.10 所示流程。

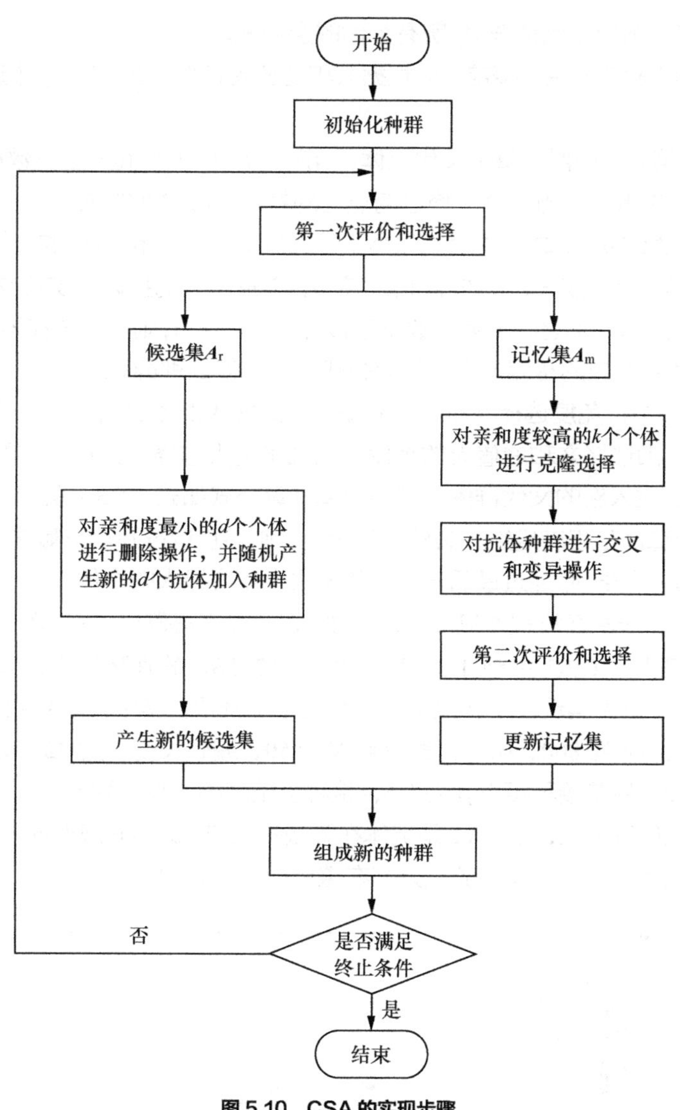

图 5.10 CSA 的实现步骤

5.4 人工免疫算法的应用实例

为了加深读者对理论知识的理解，下面将以多峰函数极值优化问题和脉冲耦合神经网络（Pulse Coupled Neural Network，PCNN）关键参数自动选取问题为例，介绍基于 IPA 和 AIA 的两个具体实现过程。

例 5-1 基于 IPA 解决多峰函数极值优化问题。

解：这里以多峰函数 $y=10+\dfrac{\sin(x^{-1})}{(x-0.16)^2+0.1}, x\in[0,1]$ 为例，基于 IPA 求解之，具体步骤如下。

步骤 1：设置参数，并随机生成二进制初始抗体种群 A_1。

步骤 2：计算当前第 k 代种群 A_k 所有个体的亲和度。

步骤 3：根据先验知识抽取疫苗，即根据亲和度函数值的大小，从 A_k 中选择出目前的最优个体。

步骤 4：对于第 k 代种群中每个父代抗体，若产生的 0 ~ 1 之间的随机数小于交叉概率 P_c，则在该抗体上随机选取两个点，并交换这两点上的基因以形成新的抗体。

步骤 5：若产生的 0 ~ 1 之间的随机数小于变异概率 P_m，则随机选取抗体中的一个点作为变异点，并将变异点进行变异，即 0 变 1、1 变 0，以形成新的抗体，实现交叉变异操作。

步骤 6：若产生的 0 ~ 1 之间的随机数小于接种疫苗概率 p，则随机选择该个体上 n 个基因，并用目前最优个体相对应的基因位上的基因替代之，以得到种群 C_k。

步骤 7：对 C_k 进行免疫选择操作，得到新一代的父代群体 A_{k+1}，这一操作分两步完成。第一步免疫检测，即选择亲和度值大的个体；第二步退火选择，即在当前的群体中用概率 P 来决定个体 x_i 是否进入新的父代群体，其中概率计算公式如式（5.3）所示。

步骤 8：检查算法是否满足终止条件。若满足，则停止运行并输出最佳个体；否则，转到步骤 2。最佳个体为种群 A_k 经过最后一次迭代所得亲和度最大的个体。

IPA 的具体操作步骤及流程参见 5.3.5 节内容，此处不再赘述。实验环境为：联想笔记本电脑、奔腾 4 处理器、CPU 主频 1.8GHz、内存 512MB。软件环境为：Windows10 系统、MATLAB R2016b，具体实现程序详见本书配套的电子资源。其中，IPA 中的具体参数设置如下：最大迭代次数 gen 为 800，初始种群数目 N 为 50，编码长度 L 为 22，交叉概率 P_c 为 0.8，变异概率 P_m 为 0.2，疫苗接种概率 p 为 0.5，接种疫苗基因位数 n 为 5，初始温度 T_0 为 100。

下面给出实验仿真结果，图 5.11 是抗体在算法开始迭代之前的初始分布图。由图 5.11 可以看出，在算法迭代之前，抗体是随机分布在整个搜索空间中的。

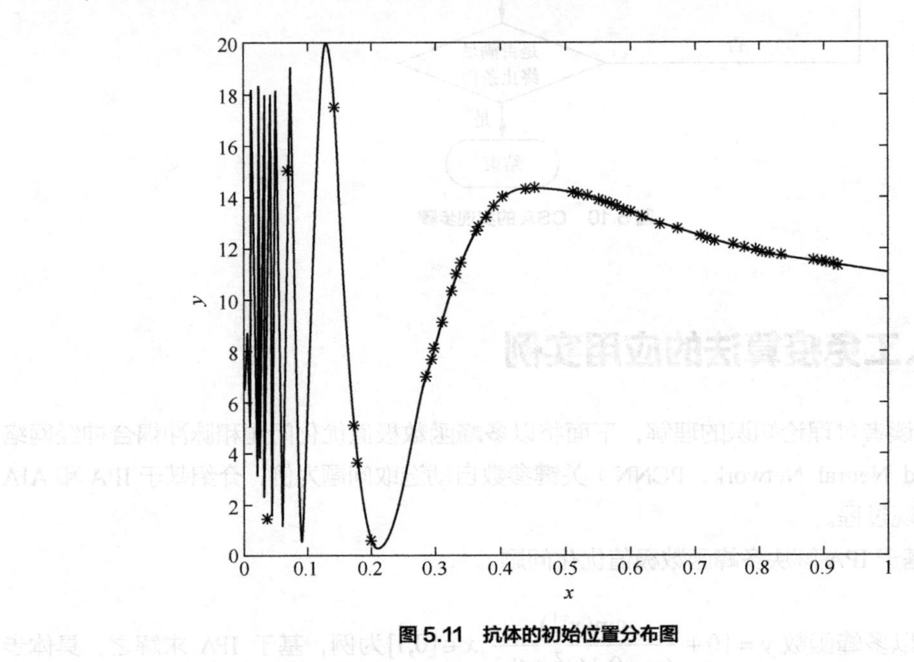

图 5.11　抗体的初始位置分布图

图 5.12 是迭代结束时抗体的最终分布图。最终得到的结果如下：全局最优值为 y=19.894898，此时的最优解为 x=0.127494。

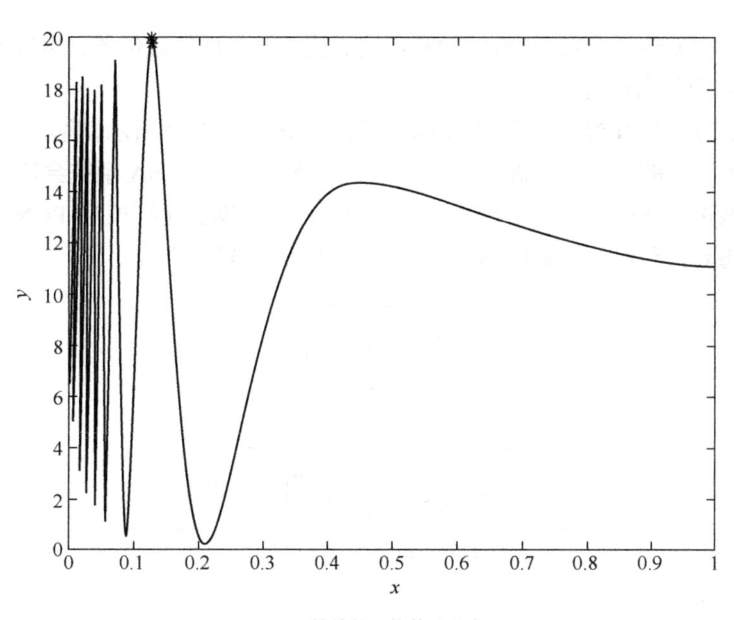

图 5.12　抗体的最终位置分布图

上述实验结果表明，在函数自变量 x=0.127494 时，该函数可取到最大值 19.894898。由图 5.12 可知，在自变量取值范围内，抗体可找到函数的最大值，即理论最优值。图 5.13 给出了亲和度函数的变化曲线，从中也可以看出函数最后会收敛于理论最优值。

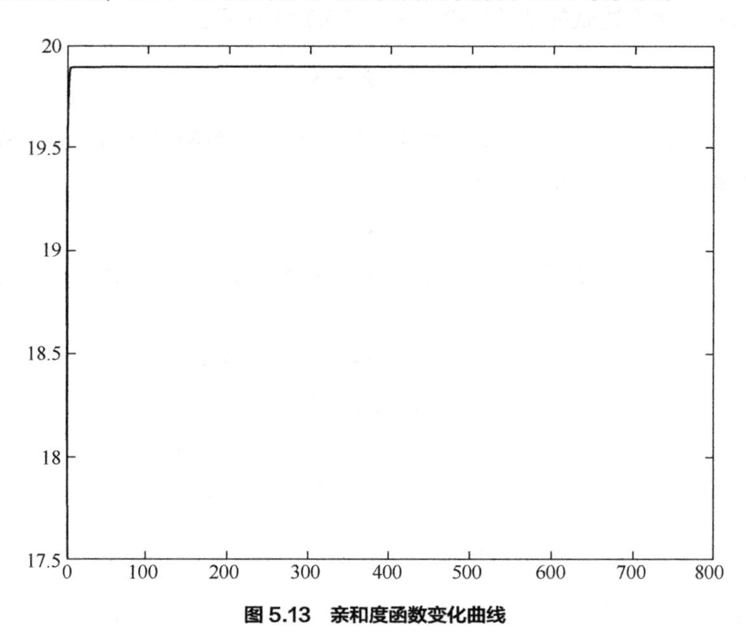

图 5.13　亲和度函数变化曲线

例 5-2　基于 CSA 的脉冲耦合神经网络（PCNN）参数自动选取算法的实现。

解：图像分割是把图像分成若干个特定的、具有独特性质的区域并提出感兴趣目标的技术和过程。它是图像处理和图像分析的关键步骤，直至今日其仍然是图像处理领域的一个研究热点，基于 PCNN 的图像分割方法目前来看是一种效果较好的图像分割方法。PCNN 中的关键参数对图像分割效果有较大影响，但传统的方法仍需要对每幅图像的 PCNN 关键参数进行人为设定，这需要花费大量的时间，因此不少学者进行了有关 PCNN 关键参数自动选取方面的研究。本实例利用 CSA 的空间搜索能力来自动寻找关键参数的最优值，以完成用于图像分割的 PCNN 关键参数的自动选取。

基于 CSA 的 PCNN 参数自动选取算法总体方案如图 5.14 所示。输入图像被代入 PCNN 系统进行适应度计算的同时也会被代入 CSA 系统进行初始化，CSA 系统会依据 PCNN 系统计算的适应度函数进行迭代以完成参数的优化过程，并会根据优化结果对 PCNN 系统的参数进行更新，循环重复直至适应度函数达到预先设定的条件，输出图像。

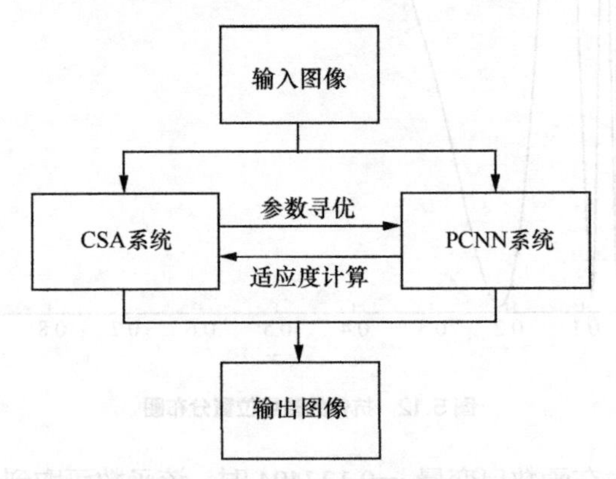

图 5.14 基于 CSA 的 PCNN 参数自动选取算法总体设计方案

1. PCNN 参数自动选取模型

PCNN 模型的数学表达式如式（5.19）~式（5.22）所示。

$$F_{i,j}(k)=S_{i,j} \tag{5.19}$$

式中，$F_{i,j}$ 对应神经元的输入部分；点 (i,j) 表示输入图像的像素灰度值，每个像素对应一个神经元；$S_{i,j}$ 为神经元 j 接收的外部刺激。

$$L_{i,j}(k)=(\boldsymbol{K}\otimes Y(k-1))_{i,j} \tag{5.20}$$

式中，L 是链接输入，$\boldsymbol{K}$ 是链接权重矩阵，$\otimes$ 表示卷积运算，$Y(k-1)$ 为神经元输出，即最终的图像。

$$U_{i,j}(k)=F_{i,j}(k)(1+\beta L_{i,j}(k)) \tag{5.21}$$

式中，$U_{i,j}$ 为神经元的内部活动项，β 为链接强度系数。

$$Y_{i,j}(k)=\mathrm{Step}(U_{i,j}-\theta_{i,j})=\begin{cases}1, & U_{i,j}(k)>\theta_{i,j}(k)\\ 0, & \text{其他}\end{cases} \tag{5.22}$$

$$\theta_{i,j}(k)=e^{-\alpha_\theta}\theta_{i,j}(k-1)+V_\theta Y_{i,j}(k-1)$$

式中，$\theta_{i,j}(k)$ 为神经元的动态阈值，α_θ 为时间衰减系数，V_θ 为阈值常量。

由式（5.19）~式（5.22）可知，PCNN 是一个多参数神经网络模型。经过众多学者的研究，PCNN 模型中对图像分割效果影响较大的参数是链接强度系数 β 和时间衰减系数 α_θ，因此它们最终须利用 CSA 算法进行求解。

图像分割中最常用的评价指标是输出二值图像的信息熵，其数学表达如式（5.23）所示。二值图像的信息熵越大，图像分割后可从原图像得到的信息量就越大，分割图像细节就越丰富，图像分割的效果也就越好。

$$H(P) = -P_1 \mathrm{Ln} P_1 - P_0 \mathrm{Ln} P_0 \quad (5.23)$$

式中，P_1和P_0分别表示输出图像$Y[n]$中像素为1和0的概率。

为了调节选择压力，保持群体的多样性，算法的亲和度函数选用输出图像信息熵的幂值，如式（5.24）所示。

$$\mathrm{FITVALUE} = [H(P)]^k, \quad k = 1.006 \quad (5.24)$$

应用CSA求取关键参数最优值的过程就是亲和度函数的成熟过程，在图像分割中也就是自动寻求输出二值图像最大熵值的过程。

2. 基于CSA的PCNN参数自动选取的实现步骤

把CSA应用于实际问题时，首先要解决的问题是编码，其次是4个进化算子（克隆选择算子，重组变异算子，克隆删除算子，抗体补充算子）的设计，然后是初始条件和收敛条件的设置，最后是如何运行CSA来求得参数的最优解。

步骤1：编码。对PCNN模型中需要优化的两个参数（链接系数β和衰减系数α_θ）采用二进制进行编码，具体编码方案和抗体组成如表5.2和表5.3所示。

表5.2 编码方案

参数	最小值	最大值	编码长度
链接系数β	0.01	2.6	8
衰减系数α_θ	0.01	2.6	8

表5.3 抗体组成

抗体编码位	对应参数
1—8	链接系数β
9—16	衰减系数α_θ

步骤2：计算亲和度函数值。算法的亲和度函数值按照式（5.24）进行计算。

步骤3：设计选择算子。按照亲和度高低对个体进行排序，并按一定比例保留每代个体。

步骤4：设计克隆算子。在亲和度最高的抗体中按照一定比例进行克隆操作，克隆的数量与其亲和度成正比。

步骤5：设计变异算子。变异操作是保持群体多样性的有效手段。变异概率太低，可能会使某些基因过早丢失的信息无法恢复，而变异概率过高，选择搜索将会变成随机搜索。经过反复实验，设置选取效果最好时的变异概率为0.35。

步骤6：设置种群规模。若种群规模设置过大，则亲和度评估次数会增加，计算量会增大；而种群规模过小，又可能会引起早熟收敛现象。因此种群规模的设置应该合理。经过反复实验，设置选取效果最好时的种群规模为20。

步骤7：终止准则的设置。任何算法设计的最后一步都是分析收敛条件，本算法中当算法执行满足下列条件之一时，算法终止。

（1）当亲和度函数值达到特定值（图像分割中为最大熵值达到1）时，算法终止。

（2）当条件（1）不满足时，算法执行到最大进化代数时自动终止。经过反复实验，最大进化代数宜被设置为50。

综上所述，CSA实现过程中选取的参数信息如表5.4所示。

表 5.4　基于 CSA 实现 PCNN 参数自动选取过程中的参数信息

种群规模 N	交叉概率 p_c	变异概率 p_m	迭代次数 n	亲和度函数	记忆集个数 m
20	0.7	0.35	50	$H(p)=(-P_1\text{Ln}P_1-P_0\text{Ln}P_0)^{1.006}$	4

基于 CSA 的 PCNN 参数自动选取算法实现流程如图 5.15 所示，详细步骤介绍如下。

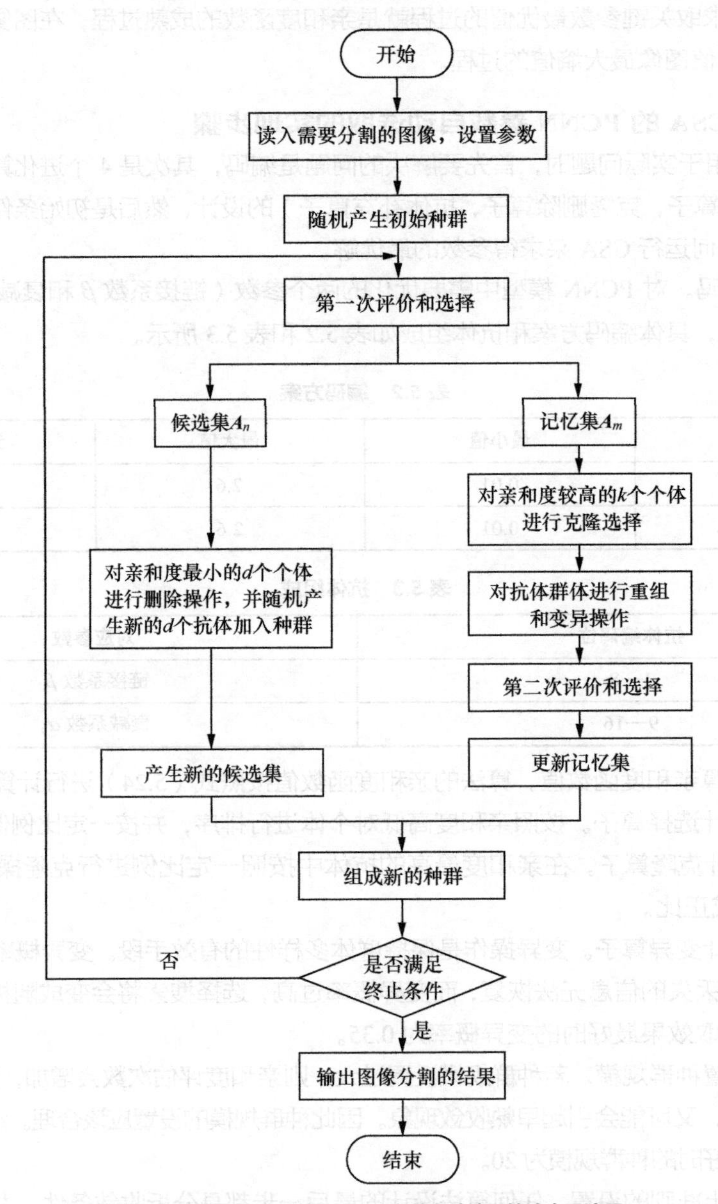

图 5.15　基于 CSA 的 PCNN 参数自动选取算法实现流程

步骤 1：读入需要分割的图像。设定算法的参数，即种群大小 N=20，交叉概率 $p_c=0.7$，变异概率 $p_m=0.35$，记忆集抗体个数 m=4。随机产生 N 个抗体构成初始种群。对抗体进行二进制编码，编码位数为 16，其中前 8 位对应链接强度系数 β，后 8 位对应时间衰减系数 α_θ。

步骤 2：选择（第一次评价和选择）。按照式（5.24）计算每个抗体对应输出二值图像的亲和度函数（信息熵）值，选择亲和度函数值较大的 m 个抗体进入抗体记忆集 A_m，剩下的组成候选集 A_n。

步骤 3：克隆。在记忆集 A_m 中选择归一化后信息熵较高的 k 个抗体进行克隆，其中 k 的取值按式（5.12）进行计算。

步骤 4：进行重组变异（交叉、变异）操作，即对克隆后的抗体按照 5.3.4 节中介绍的内容执行双体交叉操作与变异操作。

步骤 5：选择（第二次评价和选择）。重新计算变异后抗体的亲和度值，若某些抗体的亲和度比 A_m 中抗体的最高亲和度还要高，则用这些抗体替换 A_m 中亲和度最低的抗体，以形成新记忆集。

步骤 6：抗体补充算子（删除或补充）。通过模拟生物克隆选择中 B 细胞自然消亡这一过程，在 A_n 中选择 d 个亲和度较低的抗体重新进行初始化，其中 d 取种群大小 N。

步骤 7：检查算法是否满足终止条件。若满足，则终止；否则，转到步骤 2，进入下一次迭代。

3. 实验仿真与结果分析

实验环境：Intel(R) Pentium(R) CPU G2020 @ 2.90GHz，2 个内核，2 个逻辑处理器；内存为 4GB；操作系统为 Microsoft Windows 7 专业版；仿真软件为 MATLAB R2016b 版本，具体实现程序详见本书配套的电子资源。

利用 PCNN 参数自动选取方法实现图像分割时，将所求解的 PCNN 参数 β 与 α_θ 的求解范围均设定为（0.001，2.6），编码长度为 16 位。设定种群规模为 20，交叉概率 p_c=0.7，变异概率 p_m=0.2，迭代次数 n=50，记忆集抗体数 m=4，将 PCNN 输出二值图像的信息熵作为亲和度函数 $H(p)=(-P_1\text{Ln}P_1-P_0\text{Ln}P_0)^{1.006}$。

使算法独立运行 10 次，并选取亲和度函数值最优的一次运行结果。表 5.5 给出了基于 CSA 对 3 幅进行图像分割时，PCNN 关键参数 β 和 α_θ 的自动选取结果。

表 5.5　PCNN 关键参数 β 和 α_θ 的自动选取结果

图像名	熵值	β	α_θ
Einstein	0.9999	0.4550	0.4550
Cameraman	1.0000	1.1200	0.0100
Lena	1.0000	0.5350	0.9150

图 5.16 给出了 Einstein、Cameraman 和 Lena 这 3 幅图像的原始图像和基于 CSA 的 PCNN 参数自动选取方法进行图像分割后的结果。

传统的 PCNN 参数都需要人为设定，设定耗时则因人而异。要得到令人满意的结果，通常至少需要花费几个小时的时间，而本书采用 CSA 自动选取 PCNN 关键参数可极大程度地提高 PCNN 的应用效率。表 5.6 给出了 10 次独立实验分别所用的时间，由表可知，基于 CSA 的 PCNN 关键参数自动选取方法在效率上具有明显的优势。

(a) Einstein 原始图像

(b) Einstein 图像分割结果

(c) Cameraman 原始图像

(d) Cameraman 图像分割结果

(e) Lena 原始图像

(f) Lena 图像分割结果

图 5.16 原始图像及图像分割结果

表 5.6 运行时间统计

次数	取整后时间（s）	次数	取整后时间（s）
1	157	6	196
2	181	7	174
3	132	8	127
4	129	9	145
5	163	10	201

注：平均时间为 150s。

5.5 本章小结

本章首先介绍了人工免疫算法的起源和人体免疫系统的机理，并对人工免疫算法的基本原理进行了详细阐述；然后重点介绍了免疫规划算法（IPA）和克隆选择算法（CSA）的基本原理与实现步骤；最后通过两个实例介绍了人工免疫算法的 MATLAB 软件仿真实现过程，供读者学习借鉴。

5.6 习题

（1）简述人工免疫算法的定义及其特征。

（2）简述人工免疫算法的优缺点。

（3）试给出克隆选择算法（CSA）的基本流程。

（4）TSP 问题是旅行商问题的简称，该问题的介绍为：一个商人从某个城市出发去遍历所有目标城市，要求每个城市必须且只能访问一次，请在所有可能的路径中寻找最短的路线。试利用人工免疫算法设计 TSP 问题的具体求解过程。

（5）分析遗传算法和人工免疫算法的相同点和不同点。

（6）设计求解下列优化问题的人工免疫算法，并研究不同参数设置对算法性能的影响。

$$\min f(x) = x_1^2 + x_2^2 + 25(\sin x_1 + \sin x_2), \quad -3 \leqslant x_i \leqslant 3$$

06 chapter

粒子群优化算法

本章学习目标：

（1）掌握粒子群优化算法的基本原理及流程；

（2）了解粒子群优化算法的几种常用的改进方法；

（3）掌握粒子群优化算法的 MATLAB 程序实现。

6.1 概述

1995 年，学者肯尼迪（Kennedy）和埃伯哈特（Eberhart）通过模拟鸟群觅食的社会行为，提出了一种计算智能算法，称其为粒子群优化（Particle Swarm Optimization，PSO）算法。PSO 算法的思想来源于鸟群的觅食行为。假设一群鸟正在某个区域内随机搜寻食物，在这个区域里只有一块食物且所有的鸟都不知道食物在哪里，但是它们知道当前的位置离食物还有多远，于是，它们通过搜寻目前离食物最近的鸟周围的区域，并不断改变自己在空中飞行的位置与速度，以实现快速找到食物。此外，学者雷诺兹（Reynolds）通过对鸟群进行进一步研究发现，实际上某只鸟仅会追寻距它较近的若干只鸟的轨迹，而整个鸟群又好像在某个中心的控制下寻觅食物，由此可以说明，复杂的全局行为是由规则简单且相互作用的局部行为组成的。

在 PSO 算法中，待优化问题的每个可能解都对应着变量空间中的一点，通常称之为“粒子”，它类似于鸟群中的一只鸟，其有位置与速度等属性。所有粒子都会追随当前的最优粒子，并会根据自己与同伴的飞行经验来调整自己的飞行方向。正是通过这样的信息交互，粒子才能不断地调整自己的飞行方向，避免陷入局部最优，直到最后找到最优解。PSO 算法和遗传算法有许多相似之处，例如：遗传算法会从一组随机解出发，通过迭代寻找最优解，并利用适应度来评价解的品质；PSO 算法则更为简单，它没有遗传算法中的交叉与变异等操作，而是通过追随当前搜索到的“群体最优解”和“个体最优解”来寻找全局最优解。PSO 算法由于具有操作简单、对初始设置不敏感、参数少、收敛速度快等优点，因此越来越受到研究者们的关注，并已成为解决非线性连续优化问题、组合优化问题和混合整数非线性优化问题的有效工具。目前，PSO 算法已被广泛应用于函数优化、神经网络训练、模糊系统控制和大规模组合优化问题等众多领域。

许多工程问题在本质上是函数优化问题或者可以将其转换为函数优化问题进行求解。针对函数优化问题，目前已经有了一些成熟的解决方法，如遗传算法、模拟退火算法等。但是对于超高维、多局部极值的复杂函数而言，遗传算法在优化效率和优化精度上往往难以达到要求。学者安吉莉娜（Angeline）经过大量的实验研究发现，PSO 算法保留了基于种群的全局搜索策略，PSO 算法所采用的速度与位移模型操作简单，可避免复杂的遗传操作，在解决一些典型的复杂函数优化问题时能够取得比遗传算法更好的求解效果。同时，与遗传算法相比，PSO 算法仅须调整少数参数即可用于函数优化，且其对函数没有任何特别的要求（如可微分、时间连续等），因而其通用性更强，在优化多变量、高度非线性、不连续且不可微的函数时具有一定的优势。

总之，PSO 算法从理论上来说可以解决所有的优化问题。但是根据 PSO 算法的自身特点和实际应用效果，其较适合解决超高维、多局部极值的连续函数优化问题。PSO 算法最具应用前景的领域包括多目标优化问题、系统设计、模式识别、函数优化、系统决策等。

6.2 粒子群优化算法的基本原理

PSO 算法把优化问题的解抽象成了粒子。如果把一个粒子想象成一只鸟，那么从一组初始解出发寻求最优解的过程就类似于鸟群不断调整方向来寻找食物这一过程。为了便于理解，这里从仿生角度入手来介绍 PSO 算法的基本原理，其主要包括以下 4 个部分。

（1）一群鸟在一片区域内搜寻食物；

（2）所有的鸟都不知道食物在哪里，但是它们知道当前位置和以往飞行的位置哪个离食物更近，以及通过群体协作知道哪只鸟的位置离食物最近；

（3）每只鸟根据自己的飞行经验和群体中距离食物最近的鸟的指引不断地调整自己的飞行方向；

（4）所有的鸟会向离食物最近的鸟靠拢，去搜寻该鸟周围的区域，直至最终找到食物。

如果用算法语言来描述，那么粒子就是鸟，变量空间可以被看成是一片区域，问题的可能解对应着每只鸟的位置，问题的最优解对应食物的位置。

鸟在不清楚食物位置的情况下，能够知道当前位置和以往飞行过的离食物最近的位置，并且知道距离食物最近的其他鸟的位置。鸟的这种感知能力在算法中是通过适应度函数来模拟实现的。适应度函数是判定可能解好坏的准则，通过计算每个粒子当前位置的适应度函数值，并将其同它以往飞行过的最好位置的适应度函数值进行比较，可以得出更好位置，这个更好位置代表该粒子距离最优解最近的位置；同时，比较粒子群中所有粒子的适应度函数值，可以得出此时种群中哪个粒子对应的位置适应度函数值最好，适应度函数值最好的位置代表所有粒子此时距离最优解最近的位置。PSO 算法通过这样的方式反复迭代以获得所有粒子的最优解，从而模拟了鸟感知最好位置的过程。

每只鸟都会根据自己的飞行经验以及群体中距离食物最近的鸟的指引来不断地调整自己的飞行方向，所有鸟都会向距离食物最近的鸟（即当前最优粒子）靠拢，去搜寻该鸟（粒子）周围的区域，这一步在算法中是通过速度和位置来模拟实现的。粒子具有位置和飞行速度等属性，用速度可以修正粒子位移的大小和方向。

群体中的鸟儿不断地按照上述过程改变自己的位置和飞行速度，最终找到食物，这在 PSO 算法中对应着找到最优解的过程。下面将用数学语言来完整描述上述过程。

假设待优化问题的解是 N 维的，即解与 N 个元素有关，每个元素都有各自不同的取值，且都会对问题的解产生影响，那么问题的任何一个可能解都可以被看成是一个 N 维的向量 $\boldsymbol{X}_i=\{x_{i,1},\cdots,x_{i,p},\cdots,x_{i,N}\}$，问题的所有可能解的集合即为解空间 $\boldsymbol{S}=\{\boldsymbol{X}_i\mid i=1,2,\cdots,L\}$，$L$ 为解空间的规模。下面介绍如何利用 PSO 算法在解空间 $\boldsymbol{S}$ 中找到问题的最优解。

首先要根据实际问题进行两个重要的步骤：一是将实际问题的可能解按照某种映射关系转化成可利用 PSO 算法操作的形式，这个转化过程就是粒子编码的过程；二是确定用来评价粒子优劣的适应度函数。这些都与遗传算法很相似，具体的操作原则将在后面详细介绍。

在寻优过程中，PSO 算法与遗传算法相似，也是从一组随机解出发的，因此其也需要设定初始种群的规模大小 M，如果字母 i 代表种群中某个粒子的编号，则 $i\in[1,2,\cdots,M]$。每个粒子 i 都有一个随着迭代次数 $t(t\geqslant 1)$ 的增加而不断变化的位置向量 $\boldsymbol{X}_i(t)$，它对应着问题的可能解。因此，$\boldsymbol{X}_i(t)$在解空间 $\boldsymbol{S}$ 内取值，同时，粒子 i 还具有一个与 $\boldsymbol{X}_i(t)$同维数的随着迭代次数的增加而不断变化的速度向量 $\boldsymbol{V}_i(t)$，用于确定粒子 i 从当前位置向哪个方向移动且移动多大距离。算法规定粒子的初始状态 $\boldsymbol{X}_i(0)$和 $\boldsymbol{V}_i(0)$随机确定，但要求 $\boldsymbol{X}_i(0)$在解空间 $\boldsymbol{S}$ 内，$\boldsymbol{V}_i(0)$在$[-\boldsymbol{V}_{\max},\boldsymbol{V}_{\max}]$范围内。

速度向量 $\boldsymbol{V}_i(t)$与两个极值有关，一个是粒子 i 自身在寻找最优解的过程中在第 t 次迭代时所经过的最好位置，其用 $\boldsymbol{P}_i(t)$来表示；另一个是所有粒子在寻找最优解的过程中在 t 时刻所经过的最好位置，其用 $G(t)$ 来表示。将每一个粒子的位置 $X_i(t)$ 代入适应度函数便可计算出粒子的适应度值，适应度值的大小反映粒子与最优解的近似程度。对于最小化问题而言，适应度值越小对应的解越好；对于最大化问题而言，适应度值越大对应的解越好。如果用 $f(\cdot)$ 表示适应度函数，则上述描述可用公式表示如下。

1. 求问题的最小值情况

$$P_i(0)=X_i(0) \tag{6.1}$$

$$G(0)=\arg\min\{f(P_1(0)),\cdots,f(P_i(0)),\cdots,f(P_M(0))\} \tag{6.2}$$

$$P_i(t)=\begin{cases}P_i(t-1), & f(X_i(t))\geqslant f(P_i(t-1))\\ X_i(t), & f(X_i(t))<f(P_i(t-1))\end{cases} \tag{6.3}$$

$$G(t)=\arg\min\{f(P_1(t)),\cdots,f(P_i(t)),\cdots,f(P_M(t))\} \tag{6.4}$$

2. 求问题的最大值情况

$$P_i(0)=X_i(0) \tag{6.5}$$

$$G(0)=\arg\max\{f(P_1(0)),\cdots,f(P_i(0)),\cdots,f(P_M(0))\} \tag{6.6}$$

$$P_i(t)=\begin{cases}P_i(t-1), & f(X_i(t))\leqslant f(P_i(t-1))\\ X_i(t), & f(X_i(t))>f(P_i(t-1))\end{cases} \tag{6.7}$$

$$G(t)=\arg\max\{f(P_1(t)),\cdots,f(P_i(t)),\cdots,f(P_M(t))\} \tag{6.8}$$

肯尼迪和埃伯哈特最早提出的原始 PSO 算法是采用公式（6.9）来更新粒子状态的。

$$\begin{cases}V_i(t)=\begin{cases}V_i(t-1)+C_1\text{rand}()(P_i(t-1)-X_i(t-1))+ & \\ C_2\text{rand}()(G(t-1)-X_i(t-1)), & |V_i(t)|<V_{\max}\\ -V_{\max}, & V_i(t)\leqslant -V_{\max}\\ V_{\max}, & V_i(t)\geqslant V_{\max}\end{cases}\\ X_i(t)=X_i(t-1)+V_i(t)\end{cases} \tag{6.9}$$

式中，$P_i(t-1)$ 表示第 $t-1$ 次迭代后第 i 个粒子所记忆的最好位置；$G(t-1)$ 表示第 $t-1$ 次迭代后整个群体记忆的最好位置；rand( ) 是 [0,1] 之间的随机数；C_1 和 C_2 是学习因子，通常均取固定值 2；在实际操作中，为了避免算法收敛过快，还须引进一个阈值 $V_{\max}$，用来保证 $V_i(t)$ 的变化不超过区间 $[-V_{\max}, V_{\max}]$。

根据上述描述，PSO 算法的简要流程如图 6.1 所示。

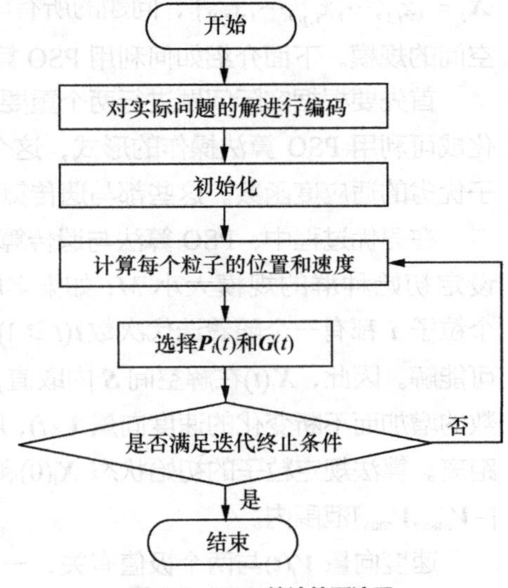

图 6.1 PSO 算法简要流程

PSO 算法的主要参数的选取分析如下。

（1）初始种群规模 M：PSO 算法与遗传算法相似，也需要人为设定一个种群规模 M。算法从 M 个初始解出发开始寻优，M 越大代表种群包含的粒子个数越多，算法的寻优能力越强，但相应的计算量越大；种群包含的粒子个数越少，算法的寻优能力越弱，但相应的计算量要越少。为了平衡寻优能力与计算量对算法效率的影响，一般将种群规模设为 20～50 个，而实际上对于大部分优化问题而言，10 个粒子已经足够了，但是对于比较复杂的问题或者特定类型的问题，粒子数也可以取 100 ~ 200 之间的数。

（2）粒子的维数 N：粒子的维数就是粒子的位置向量的维数，粒子的位置向量代表问题的可能解。需要求解的实际问题一旦确定，粒子的维数也就确定了。因此 N 是一个确定值。

（3）粒子的最大速度 $\boldsymbol{V}_{\max}$：为了避免算法收敛过快，在实际应用中还需由用户设定一个最大速度限制值 $\boldsymbol{V}_{\max}$，以将粒子的运动速度控制在$[-\boldsymbol{V}_{\max}, \boldsymbol{V}_{\max}]$范围内。$\boldsymbol{V}_{\max}$ 是一个非常重要的参数，如果 $\boldsymbol{V}_{\max}$ 的值过大，则粒子可能会飞过最优区域；如果 $\boldsymbol{V}_{\max}$ 的值太小，则可能导致粒子无法跳出局部最优区域。通常情况下，若问题的解空间定义为区间$[-\boldsymbol{X}_{\max}, \boldsymbol{X}_{\max}]$，则 $\boldsymbol{V}_{\max}=k\times \boldsymbol{X}_{\max}$，$0.1\leqslant k\leqslant 0.2$。

（4）学习因子：为了掌握学习因子 C_1 和 C_2 对算法性能的影响，肯尼迪做了大量计算和分析。PSO 算法的速度更新公式分为三部分：$\boldsymbol{V}_i(t-1)$是“惯性”部分，表示粒子对上一次迭代速度的继承；$C_1\,\mathrm{rand}()(\boldsymbol{P}_i(t-1)-\boldsymbol{X}_i(t-1))$是“认知”部分，该部分由 $\boldsymbol{P}_i(t-1)$与 $\boldsymbol{X}_i(t-1)$的差值来产生速度分量，因此这部分代表粒子向自身学习的成分，即认知能力；$C_2\,\mathrm{rand}()(\boldsymbol{G}(t-1)-\boldsymbol{X}_i(t-1))$是“社会”部分，该部分由 $\boldsymbol{G}(t-1)$与 $\boldsymbol{X}_i(t-1)$的差值来产生速度分量，而 $\boldsymbol{G}(t-1)$是粒子群体的局部最优解，因此这部分代表粒子向群体学习的成分，即粒子之间的信息共享与合作。

$C_1>0, C_2=0$ 对应“认知模型”，此时粒子没有向群体学习的能力；$C_1=0, C_2>0$ 对应“社会模型”，此时粒子没有向自身学习的能力；$C_1>0, C_2>0$ 对应“完全模型”，此时粒子同时具备向群体和自身学习的能力。肯尼迪通过大量计算得出结论：“认知模型”只考虑粒子本身的信息，缺少社会信息的交流与共享，所以收敛速度慢；“社会模型”只考虑群体因素，倾向于向群体学习，收敛速度比较快，但容易早熟。通常 C_1 与 C_2 的取值范围在 0 ~ 4 之间，为了平衡群体因素和个体因素对算法的影响，通过深入研究和大量实验，普遍认为 $C_1=C_2=2$ 时效果较好。

（5）寻优终止条件：寻优终止条件可自行设定，我们一般会将其设为最大迭代次数 $t_{\max}$、计算精度或最优解的最大凝滞步数。

下面以求最小解为例，详细介绍一下 PSO 算法的具体操作方法。

1. 对实际问题的解编码

编码是把实际问题的解转换成可用 PSO 算法操作的形式，编码过程是实际问题数学化的过程，编码以后的问题解被称为粒子的位置。不同种类的优化问题对应的编码方式有所不同。通过归纳 PSO 算法的应用领域可将优化问题大致分为 3 类，下面将按优化问题的类别来介绍它们相应的编码形式。

（1）求解连续优化问题

所谓连续优化问题是指问题的解在解空间内是连续的，如非线性函数优化就是典型的连续优化问题。PSO 算法最初就是为了求解连续问题而被提出的，并且其也最适合应用于连续问题的优化。在求解连续优化问题时，无须对问题的解编码，只须在规定的连续解区间内随机选取解即可。粒子的每一维都是实数。

（2）求解 0-1 离散优化问题

离散优化问题中有一类是变量为二进制的 0-1 规划问题，典型的 0-1 规划问题有电网机组的控制问题和数据挖掘问题等。通常可以将该类问题的解进行二进制编码，进而产生由数字 0 和 1 组成的多位数串，如在求解电网机组的控制问题时，用 0 表示关，用 1 表示开；在求解数据挖掘问题时，用 0 表示不选择属性，用 1 表示选择属性。在算法中二进制编码会使

粒子位置 $\boldsymbol{X}_i(t)$ 的每一维被限定为 0 或 1，粒子的位置和速度的计算公式如式（6.10）和式（6.11）所示。

$$x_{i,p}(t)=\begin{cases}1, & \text{rand}() < \text{sig}(v_{i,p}(t)) \\ 0, & \text{rand}() \geqslant \text{sig}(v_{i,p}(t))\end{cases},\ \text{sig}(v_{i,p}(t))=\frac{1}{1+\exp(-v_{i,p}(t))} \tag{6.10}$$

$$v_{i,p}(t)=v_{i,p}(t-1)+C_1\,\text{rand}()(p_{i,p}(t-1)-x_{i,p}(t-1))+C_2\,\text{rand}()(g_p(t-1)-x_{i,p}(t-1)) \tag{6.11}$$

式中，$x_{i,p}$ 代表粒子 i 位置向量的第 p 维，$v_{i,p}$ 代表粒子 i 速度向量的第 p 维。使用速度更新位置时，$v_{i,p}$ 的值越大，粒子的位置 $x_{i,p}$ 越可能选 1；$v_{i,p}$ 的值越小，粒子的位置 $x_{i,p}$ 越可能选 0。sig() 为 sigmoid 函数，$\text{sig}(v_{i,p}(t))$ 的值域为[0,1]；rand()表示[0,1]之间的随机数；$p_{i,p}(t-1)$ 和 $g_p(t-1)$ 分别代表 $\boldsymbol{P}_i(t-1)$ 和 $\boldsymbol{G}(t-1)$ 的第 p 维。

（3）求解变量为整数且带有排序关系的优化问题

还有一类离散优化问题是变量为整数且变量之间存在一定排序关系的优化问题，典型代表有 TSP 问题、Job-shop 问题、资源分配问题等。下面以求解 5 个城市的 TSP 问题为例，介绍基于 PSO 算法的实现过程。若用数字 1、2、3、4、5 对 5 个城市编号，则 5 个数字的任意排列可以组成问题不同解的编码。

在利用 PSO 算法求解 TSP 问题时，必须重新定义 PSO 算法中运算符号的含义，因为 TSP 问题要求每个城市只能遍历一次，每个解中不能有重复的城市编号，但是在用公式（6.9）进行位置更新后会出现城市编号重复现象，并且城市的编号无法进行加减运算。为了解决这一问题，有的学者提出了适合这类问题的全新操作模式，并对位置和速度的更新公式（6.9）重新定义了运算含义。

在定义新的运算之前，首先引入交换子的概念 $Q=\text{swap}(q,p)$，$q,p\in\{1,\cdots,N\}$，N 为城市数目。交换子表示将一个粒子中的数 q 和数 p 进行交换。在 TSP 问题中由于问题的解是由城市的编号任意排列形成的，因此任意两个解都可以看成以其中一个解为基础，经过数次交换子操作后得到的另一个解，两个解之间的差异可用交换子序列表示为 $\{Q_1,Q_2,\cdots,Q_m\}$，其中 m 为交换子个数。为此，我们在这里给出新运算操作符号的定义：假设 A 和 B 表示两个不同的解，那么定义 A-B=$\{Q_1,Q_2,\cdots,Q_m\}$，交换子序列由 A 和 B 的比较结果决定，其物理含义是 B 经过 m 个交换子操作后与 A 完全相同。这里的运算符号“-”不表示减法操作，其表示的具体操作是：从 B 的低维开始，先比较 B 和 A 的第1维的数值，如果两者相同则不做任何操作，如果不同，则可得到由 B 转化成 A 需要进行交换的交换子 Q_1，并且可以得到 B 经 Q_1 操作后的新解 B_1；比较 B_1 和 A 的第 2 维，如果两者相同则不做任何操作，如果不同，则可得到由 B_1 转化成 A 需要进行交换的交换子 Q_2，并且可以得到 B_1 经 Q_2 操作后的新解 B_2；比较 B_2 和 A 的第 3 维，以此类推最后可以得到由 B 转化成 A 所需要进行交换的交换子序列 $\{Q_1,Q_2,\cdots,Q_m\}$，上述即为 A-B 操作。

$A\oplus\{Q_1,Q_2,\cdots,Q_m\}$ 操作的具体定义为按照交换子序列中交换子的排列顺序，依次对 A 进行交换操作。两个交换子序列之和用“+”表示，其具体操作是将两个交换子序列按先后顺序连接在一起，即把后一个的交换子序列连接到前一个交换子序列的末端。

在解决诸如 TSP 问题时，通常采用的更新公式如式（6.12）所示。

$$\begin{cases}\boldsymbol{V}_i(t)=\boldsymbol{V}_i(t-1)+\alpha(\boldsymbol{P}_i(t-1)-\boldsymbol{X}_i(t-1))+\beta(\boldsymbol{G}(t-1)-\boldsymbol{X}_i(t-1))\\ \boldsymbol{X}_i(t)=\boldsymbol{X}_i(t-1)\oplus\boldsymbol{V}_i(t)\end{cases} \tag{6.12}$$

式中，α 和 β 是人为设定的[0,1]区间的常数，通常限定 $\alpha+\beta=1$；$\alpha(\boldsymbol{P}_i(t-1)-\boldsymbol{X}_i(t-1))$ 表示 $\boldsymbol{P}_i(t-1)-\boldsymbol{X}_i(t-1)$ 的交换子序列 $\{Q_1,Q_2,\cdots,Q_m\}$ 中所有交换子以概率 α 被保留，同理 $\beta(\boldsymbol{G}(t-1)-\boldsymbol{X}_i(t-1))$ 表示 $\boldsymbol{G}(t-1)-\boldsymbol{X}_i(t-1)$ 的交换子序列中所有交换子以概率 β 被保留。具体操作是针对每一个交换子产生一个[0,1]区间的随机数，比较该随机数与 α 的大小，如果该随机数小于或等于 α，则保留该交换子；如果该随机数大于 α，则去掉该交换子。由此可以看出，α 的值越大，$\boldsymbol{P}_i(t-1)-\boldsymbol{X}_i(t-1)$ 保留的交换子就越多；同理，β 值越大则 $\boldsymbol{G}(t-1)-\boldsymbol{X}_i(t-1)$ 保留的交换子就越多。

为了使读者更好地理解上述操作过程，这里仍以 5 个城市的 TSP 问题为例来说明式（6.12）的运算过程。假设 $\boldsymbol{V}_i(t-1)=\{(3,5),(1,2)\}$，$\boldsymbol{X}_i(t-1)=\{1,2,3,4,5\}$，$\boldsymbol{P}_i(t-1)=\{3,1,5,2,4\}$，$\boldsymbol{G}(t-1)=\{1,2,3,5,4\}$。

$\boldsymbol{P}_i(t-1)-\boldsymbol{X}_i(t-1)$ 的运算过程介绍如下。

首先对于 $\boldsymbol{X}_i(t-1)$ 的第 1 维，为了使其在运算后能够等于 $\boldsymbol{P}_i(t-1)$ 的第 1 维，其第 1 维的 1 必须变成 3，即应该进行 $Q_1=\text{swap}(1,3)$ 交换操作，且经 Q_1 操作后 $\boldsymbol{X}_i(t-1)$ 的结果为 $\{3,2,1,4,5\}$；$\{3,2,1,4,5\}$ 中的第 2 维要想与 $\boldsymbol{P}_i(t-1)$ 的第 2 维相同，必须进行 $Q_2=\text{swap}(2,1)$ 交换操作，这样 $\boldsymbol{X}_i(t-1)$ 得到的运算结果为 $\{3,1,2,4,5\}$。以此类推，$\boldsymbol{X}_i(t-1)$ 还要进行两个交换子操作 $Q_3=\text{swap}(2,5)$ 和 $Q_4=\text{swap}(4,2)$，最后才能使 $\boldsymbol{X}_i(t-1)$ 的变换结果与 $\boldsymbol{P}_i(t-1)$ 完全相同。因此有：$\boldsymbol{P}_i(t-1)-\boldsymbol{X}_i(t-1)=\{Q_1,Q_2,Q_3,Q_4\}=\{(1,3),(2,1),(2,5),(4,2)\}$。

同理可知，$\boldsymbol{G}(t-1)-\boldsymbol{X}_i(t-1)=\{(4,5)\}$。

式（6.12）中 $\boldsymbol{V}_i(t)$ 和 $\boldsymbol{X}_i(t)$ 的运算过程介绍如下。

人为设定 $\alpha=0.6$、$\beta=0.4$，在 $\boldsymbol{P}_i(t-1)-\boldsymbol{X}_i(t-1)=\{Q_1,Q_2,Q_3,Q_4\}$ 中，使交换子 Q_1 随机产生一个[0,1]区间内的数，若该随机数是 0.4（小于 α），则 Q_1 被保留；对于交换子 Q_2 而言，若其产生的随机数是 0.8（大于 α），则 Q_2 被去除；以此类推，最后运算结果为 $\alpha(\boldsymbol{P}_i(t-1)-\boldsymbol{X}_i(t-1))=\{(1,3),(2,5),(4,2)\}$。$\boldsymbol{G}(t-1)-\boldsymbol{X}_i(t-1)$ 中交换子 $(4,5)$ 产生的随机数若为 0.2（小于 β），则 $\beta(\boldsymbol{G}(t-1)-\boldsymbol{X}_i(t-1))=\{(4,5)\}$，且有：

$$\begin{aligned}\boldsymbol{V}_i(t)&=\boldsymbol{V}_i(t-1)+\alpha(\boldsymbol{P}_i(t-1)-\boldsymbol{X}_i(t-1))+\beta(\boldsymbol{G}(t-1)-\boldsymbol{X}_i(t-1))\\&=\{(3,5),(1,2)\}+\{(1,3),(2,5),(4,2)\}+\{(4,5)\}\\&=\{(3,5),(1,2),(1,3),(2,5),(4,2),(4,5)\}\end{aligned}$$

$\boldsymbol{X}_i(t)=\boldsymbol{X}_i(t-1)\oplus\boldsymbol{V}_i(t)$ 操作是指按照 $\boldsymbol{V}_i(t)$ 中交换子的排列顺序依次对 $\boldsymbol{X}_i(t-1)$ 进行交换操作，最终结果为 $\boldsymbol{X}_i(t)=\{4,3,5,2,1\}$。

2. 根据实际问题构造评价问题可能解的优劣的适应度函数

适应度函数是评价粒子对应解优劣的准则，在 PSO 算法中没有硬性规定适应度函数的目标方向，即如果目标是求问题的最大值，则适应度函数输出值越大，解越好；如果目标是求问题的最小值，则输出值越小，解越好。观察式（6.9）可以发现，除 $\boldsymbol{V}_i(t-1)$ 和 $\boldsymbol{X}_i(t-1)$ 外，其他系数或是定值或是随机数，真正促使算法进化的是 $\boldsymbol{P}_i(t-1)$ 和 $\boldsymbol{G}(t-1)$，而 $\boldsymbol{P}_i(t-1)$ 和 $\boldsymbol{G}(t-1)$ 的选择却依靠适应度函数来确定。因此，适应度函数对解的评价能力将直接影响算法的寻优结果。

3．粒子群初始化

定义初始种群规模 M；设定学习因子 C_1 和 C_2 的值；设定寻优终止条件，一般会将最大迭代次数 t_{max} 作为寻优终止条件；设定粒子运动的最大速度 V_{max}；在解空间 S 内随机选择 M 个解作为粒子群的初始种群 $X_i(0)\ (i=1,2,\cdots,M)$，并在$[-V_{max}, V_{max}]$范围内随机产生每个粒子的初始速度 $V_i(0)\ (i=1,2,\cdots,M)$。

4．确定初始种群的 $P_i(0)$ 和 $G(0)$

令 $P_i(0)=X_i(0)$，计算初始种群的适应度函数值，并利用式（6.2）求出 $G(0)$。

5．迭代循环

进行从 t=1 到 $t=t_{max}$ 的迭代循环，并在每一次迭代中利用式（6.9）计算每个粒子的 $X_i(t)$ 和 $V_i(t)$，以实现 M 个粒子的速度和位置的更新。

6．计算每个粒子的适应度值，确定 $P_i(t)$ 和 $G(t)$

利用式（6.3）确定在每次迭代中每个粒子的 $P_i(t)$，并利用式（6.4）求所有粒子的 $G(t)$。

7．判断算法是否满足终止条件（$t \geqslant t_{max}$）

判断：如果算法满足终止条件，则寻优终止，此时 $G(t)$ 对应的解即为最优解；否则，令 $t=t+1$，转向步骤 5 再次进行迭代。

下面给出了 PSO 算法的具体操作流程，如图 6.2 所示。

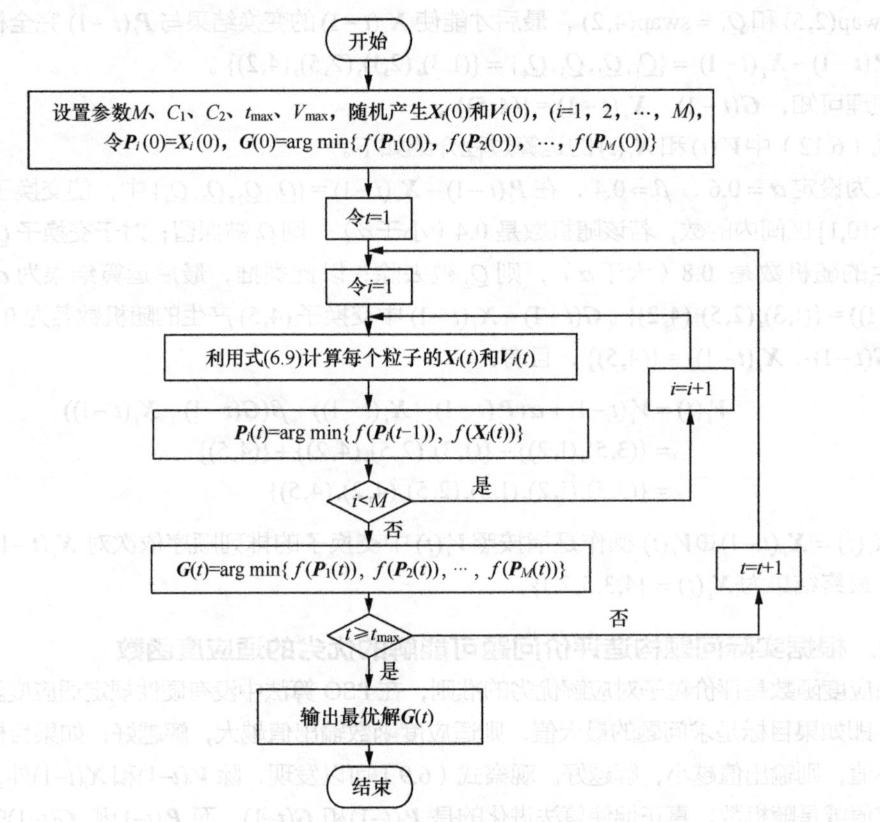

图 6.2　PSO 算法的具体操作流程

为了加深读者对 PSO 算法及其具体实现流程的理解，下面给出一个 PSO 算法的简单实例。

例 6-1 利用 PSO 算法求函数 $f(\boldsymbol{X})=\sum_{p=1}^{30}x_p^2$ 的最小值，其中 $\boldsymbol{X}=\{x_1,\cdots,x_p,\cdots,x_{30}\}$，$x_p$ 为实数且有 $x_p\in[-100,100]$。

解：根据题意可知，决定函数 $f(\boldsymbol{X})$ 值的变量共有 30 个，即 30 个变量构成问题的一个解，其可用向量 $\boldsymbol{X}=\{x_1,\cdots,x_p,\cdots,x_{30}\}$ 来表示。现在利用 PSO 算法来寻找使函数 $f(\boldsymbol{X})$ 取最小值的向量 $\boldsymbol{X}$，具体过程如下。

步骤 1：对粒子进行编码。由于此问题是连续优化问题，因此无须对问题的解编码，粒子的位置 $\boldsymbol{X}_i(t)$就是问题的解，且每一个可能解都是一个 30 维的向量。可以直接利用实数对粒子的每一维进行编码，只要保证 $x_p\in[-100,100]$即可。

步骤 2：将函数 $f(\boldsymbol{X})=\sum_{p=1}^{30}x_p^2$ 作为适应度函数来评价粒子对应解的优劣。向量 $\boldsymbol{X}$ 代入函数 $f(\boldsymbol{X})$ 得到的值越小说明粒子对应的解越好。

步骤 3：粒子群初始化。设粒子种群规模 M=50，学习因子 $C_1=C_2$=2；寻优终止条件为最大迭代次数 $t_{\max}$=1000，$V_{\max}=10$。在解空间内随机产生 50 个解以组成初始种群，并随机产生每个粒子的初速度。以粒子 i 为例，其初始化后对应的解可用 $\boldsymbol{X}_i(0)$表示，对应的初速度可用 $\boldsymbol{V}_i(0)$表示。

步骤 4：确定初始种群的 $\boldsymbol{P}_i(0)$和 $\boldsymbol{G}(0)$。令 $\boldsymbol{P}_i(0)=\boldsymbol{X}_i(0)$，则利用式（6.2）可求得 $\boldsymbol{G}(0)$；令 $t=1$。

步骤 5：进行 i=1 到 50 的小循环，并利用式（6.9）计算每个粒子的 $\boldsymbol{X}_i(t)$和 $\boldsymbol{V}_i(t)$。

步骤 6：确定 $\boldsymbol{P}_i(t)$和 $\boldsymbol{G}(t)$。利用公式（6.3）确定在每个 t 值上每个粒子的 $\boldsymbol{P}_i(t)$，并利用式（6.4）求所有粒子的 $\boldsymbol{G}(t)$。

步骤 7：判断算法是否满足终止条件（$t\geqslant1000$），如果是，则寻优终止，此时，将 $\boldsymbol{G}(t)$ 代入函数 $f(\boldsymbol{X})=\sum_{p=1}^{30}x_p^2$ 所得结果即为所求最优解；否则，令 $t=t+1$，转向步骤 5。

根据上述过程进行仿真实验，函数取最小值 $\boldsymbol{X}=\{0,\cdots,0,\cdots,0\}$ 时，PSO 算法的寻优结果如图 6.3 所示。其中横坐标为迭代次数 t，纵坐标为函数 $f(\boldsymbol{X})$ 的值。

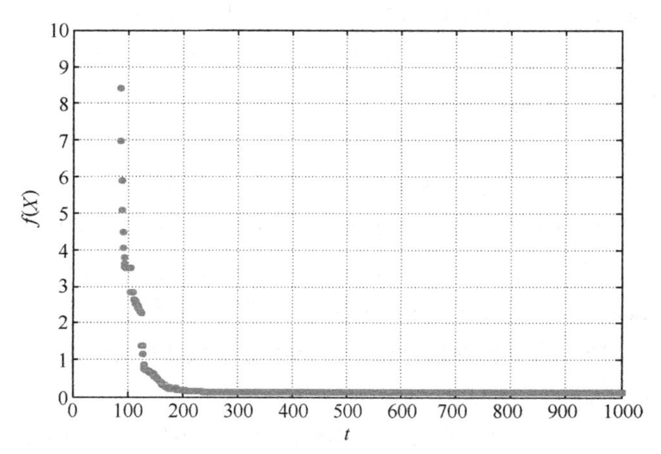

图 6.3 PSO 算法寻优结果

由图 6.3 可知，PSO 算法经 200 次迭代即可达到很高的优化精度，此时函数值逼近于 0，这说明 PSO 算法在解决此问题时具有较高的优化效率；迭代超过 200 次后，适应度值变化不明显，这说明算法此时正在最优解附近进行精细的局部搜索，当迭代次数达到最大迭代次数 1000 时，寻优终止，此时将 $\boldsymbol{G}(t)$记录的向量代入函数 $f(\boldsymbol{X})=\sum_{p=1}^{30}x_p^2$ 所得的结果即为寻得的最优解。

6.3 粒子群优化算法的改进

PSO 算法提出至今已有 20 余年，由于 PSO 算法在寻优领域表现出了优越性能，因此越来越多的研究者对其产生了兴趣。但是 PSO 算法存在易陷入局部最优解、收敛精度差等缺点，为此学者们对其进行了多种改进，主要围绕算法本身、参数选择以及与其他算法结合等。目前在原始 PSO 算法的基础上，已经出现了很多有意义的改进算法，下面将着重介绍几种具有代表性的 PSO 改进算法，以使读者着重理解有效的改进思想。

6.3.1 带惯性权重的 PSO 算法

早期的 PSO 算法由于采用固定权重策略，算法收敛性能不好。1998 年，史玉回和埃伯哈特等人在速度项 $\boldsymbol{V}_i(t-1)$中引入了惯性权重 w，以平衡粒子的全局搜索能力和局部搜索能力。如果惯性权重大，则全局搜索能力强、局部搜索能力弱；反之，则局部搜索能力强、全局搜索能力弱。惯性权重的引入对 PSO 算法的性能改善很大，因此后来学者们称带有惯性权重的 PSO 算法为标准 PSO 算法。

引入惯性权重后粒子的更新公式如式（6.13）所示。

$$\begin{cases}\boldsymbol{V}_i(t)=\begin{cases}w\boldsymbol{V}_i(t-1)+C_1\text{rand}()(\boldsymbol{P}_i(t-1)-\boldsymbol{X}_i(t-1))+ & \\ \qquad C_2\text{rand}()(\boldsymbol{G}(t-1)-\boldsymbol{X}_i(t-1)), & |\boldsymbol{V}_i(t)|<\boldsymbol{V}_{\max} \\ -\boldsymbol{V}_{\max}, & \boldsymbol{V}_i(t)\leqslant-\boldsymbol{V}_{\max} \\ \boldsymbol{V}_{\max}, & \boldsymbol{V}_i(t)\geqslant\boldsymbol{V}_{\max}\end{cases} \\ \boldsymbol{X}_i(t)=\boldsymbol{X}_i(t-1)+\boldsymbol{V}_i(t)\end{cases} \tag{6.13}$$

从式（6.13）中不难看出，原始 PSO 算法是带惯性权重的 PSO 算法在 $w=1$ 时的特例。对于 PSO 算法来说，在不同的进化时期，其对全局搜索能力和局部搜索能力的要求是不同的。原始 PSO 算法无法使用 w 来调整两种搜索能力在进化的不同阶段的比重，因此其性能较带惯性权重的 PSO 算法差很多。为了说明 w 对算法的影响，可以从两种不同的情况入手分析之。

假设 w 取一个很小的值，小到 $w\boldsymbol{V}_i(t-1)$部分对 $\boldsymbol{V}_i(t)$的影响可以忽略不计，则粒子速度的更新公式可为 $\boldsymbol{V}_i(t)=C_1\text{rand}()(\boldsymbol{P}_i(t-1)-\boldsymbol{X}_i(t-1))+C_2\text{rand}()(\boldsymbol{G}(t-1)-\boldsymbol{X}_i(t-1))$。观察此式可以发现，群体最优粒子的运动速度为零，并且在群体发现更好的位置之前，该粒子将停止进化。而对于其余粒子来说，$C_2\text{rand}()(\boldsymbol{G}(t-1)-\boldsymbol{X}_i(t-1))$部分将一直产生速度值。因此，如果群体一直没能找到更好的位置，所有的粒子将受当前最优位置的指引逐渐聚集到该位置附近进行搜索，这对应了 PSO 算法具有很强的局部搜索能力。

假设 w 取一个很大的值，大到 $C_1\text{rand}()(\boldsymbol{P}_i(t-1)-\boldsymbol{X}_i(t-1))$和 $C_2\text{rand}()(\boldsymbol{G}(t-1)-\boldsymbol{X}_i(t-1))$两部分产生的速度分量对 $\boldsymbol{V}_i(t)$的影响可忽略不计，那么粒子将不按 $\boldsymbol{P}_i(t-1)$和 $\boldsymbol{G}(t-1)$指引的方向进化，

而是会沿着初始化的方向一直进化下去，这对应了 PSO 算法具有很强的全局搜索能力。

综上可知，调整 w 的值能够影响算法的全局搜索能力和局部搜索能力。关于如何调整 w 的值已有许多研究，比较典型的调整方法有以下两种。

1. 线性调整 *w* 的策略

通过上述分析可知，w 值越大，$\boldsymbol{P}_i(t-1)$和 $\boldsymbol{G}(t-1)$对粒子进化方向的指引能力越弱，这有利于粒子跳出局部最优解，但不利于算法收敛；而当 w 较小时，$\boldsymbol{P}_i(t-1)$和 $\boldsymbol{G}(t-1)$对粒子进化方向的指引能力会变强，这有利于算法收敛但同时粒子容易陷入局部最优解。因此，理想的情况是根据进化的不同阶段对全局搜索能力与局部搜索能力的要求实时地调整 w 的变化。史玉回和埃伯哈特通过实验发现，在算法的初期需要的 w 值要大一些，这有利于粒子向优化方向进化；而在算法的后期，w 值应该小一些，这有利于算法收敛于最优解。为此，他们提出了一种随着算法迭代次数增加 w 线性下降的方法，具体计算公式如（6.14）所示。

$$w = w_{\max} - \frac{w_{\max} - w_{\min}}{t_{\max}} \times t \tag{6.14}$$

通常情况下，w 会在人为设定的范围内变化，$w_{\max}$ 和 $w_{\min}$ 分别是这个范围的上限和下限，$t_{\max}$ 为最大迭代次数，t 为当前迭代次数。从式（6.14）可以看出，当 $t=0$ 时，$w=w_{\max}$，当 t 逐渐增大时，w 会逐渐变小，当 $t=t_{\max}$ 时，$w=w_{\min}$。有学者曾将 w 设置成随着进化的推进其值从 0.9 逐渐下降到 0.4，这样的设置可使粒子在寻优开始时探索较大的区域，以较快地定位最优解的大致位置，同时，随着进化的推进，w 会逐渐减小，粒子速度会减慢，粒子会开始进行精细的局部搜索。该方法较好地平衡了 PSO 算法的全局与局部搜索能力，因此加快了算法的收敛速度，提高了算法的性能。现在通常将采用了式（6.13）和式（6.14）进行计算的 PSO 算法称为惯性权重线性下降（Linearly Decreasing Inertia Weight，LDW）的 PSO 算法。

2. 模糊调整 *w* 的策略

PSO 算法的搜索过程是一个非线性的复杂过程，w 会随着进化的推进线性下降而不能正确地反映真实的搜索过程。因此，史玉回等人后来又提出了用模糊推理机来动态调整惯性权重 w 的技术。模糊调整 w 法的优点是模糊推理机能预测合适的 w 值，动态地平衡全局搜索能力和局部搜索能力，从而极大程度地提高算法的性能。但是该方法涉及参数较多，这会增加算法的复杂度，使其实现起来较为困难，因此该方法在实际应用中很少被采用。

6.3.2 带收缩因子的 PSO 算法

随着学者们对 PSO 算法的深入研究，1999 年，克拉克（Clerk）从数学的角度研究了 PSO 算法，并提出采用收缩因子能使算法更好地收敛。带收缩因子的 PSO 算法模型如式（6.15）和式（6.16）所示。

$$\begin{cases} \boldsymbol{V}_i(t) = \begin{cases} k\,[\boldsymbol{V}_i(t-1) + C_1\text{rand}()(\boldsymbol{P}_i(t-1) - \boldsymbol{X}_i(t-1)) + \\ \qquad C_2\text{rand}()(\boldsymbol{G}(t-1) - \boldsymbol{X}_i(t-1))], & |\boldsymbol{V}_i(t)| < \boldsymbol{V}_{\max} \\ -\boldsymbol{V}_{\max}, & \boldsymbol{V}_i(t) \leqslant -\boldsymbol{V}_{\max} \\ \boldsymbol{V}_{\max}, & \boldsymbol{V}_i(t) \geqslant \boldsymbol{V}_{\max} \end{cases} \\ \boldsymbol{X}_i(t) = \boldsymbol{X}_i(t-1) + \boldsymbol{V}_i(t) \end{cases} \tag{6.15}$$

$$k = \frac{2}{\left|2-\phi-\sqrt{\phi^2-4\phi}\right|}, \quad \phi = C_1 + C_2, \quad \phi > 4 \tag{6.16}$$

式中，k 为收缩因子，通常取ϕ=4.1，并规定$C_1=C_2$=2.05，则由式（6.16）可求得k=0.729。将k的值代入式（6.15），并将其与式（6.13）进行对比可以看出，它相当于在式（6.13）中设定w=0.729，$C_1=C_2$=0.729×2.05=1.49445。在PSO算法早期的实验和应用中，学者们认为当采用收缩因子模型时V_{max}参数无足轻重，后来的研究表明用V_{max}对粒子的速度进行限制可以取得更好的优化结果，这种改进被称为引入收缩因子模型（Constriction Factor Model，CFM）的PSO算法。

综上，惯性权重w和收缩因子k的引入产生了两种版本的PSO算法：惯性权重线性下降PSO算法和收缩因子模型PSO算法。前者提高了算法的收敛性能，平衡了种群的全局搜索能力和局部开采能力，在多峰函数上效果显著；后者在保证算法收敛性的同时可使速度的限制放松，在单峰函数上效果显著。此外，两种改进算法针对高维复杂寻优问题仍然存在早熟收敛、收敛精度比较低等缺点。

6.3.3 基于种群分类与动态学习因子的PSO改进算法

为了克服上述两种改进算法存在的问题，有学者提出一种基于种群分类与动态学习因子的PSO改进算法，其在收敛精度和收敛速度上同时得到了一定程度的提高。

通过研究得知，粒子群在每次进化后，群体中的粒子适应度值的分布均类似于高斯分布。根据此结论可以推出在每一次进化后，除小部分的适应度值极好与极差的粒子外，大部分粒子的适应度值是适中的。为此，可以首先利用粒子适应度值的统计规律将粒子分成好、中、差3类，并对属于不同类别的粒子采用不同的进化模型：用“社会模型”进化表现差的粒子，从而加快其收敛速度；用“认知模型”进化表现好的粒子，从而提高其收敛精度；用“完全模型”进化表现适中的粒子，并采用动态调整学习因子的方法平衡在进化不同阶段的粒子的全局与局部搜索能力，从而极大程度地提高算法的性能。该算法主要是对粒子的速度更新方式进行改进，根据以上分析可知，改进后的粒子速度更新方式如图6.4所示。

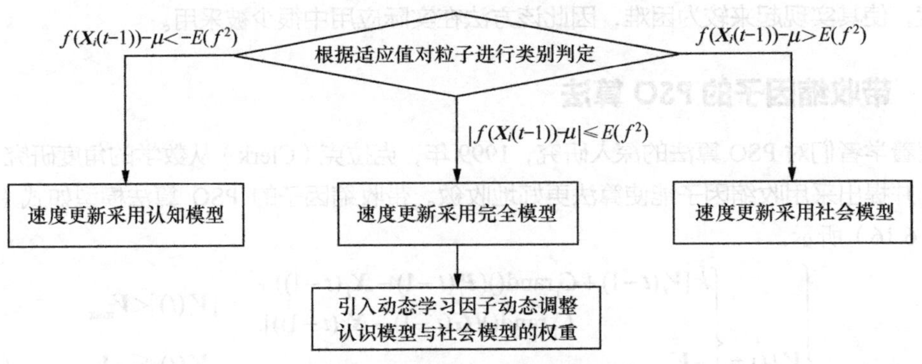

图6.4 改进后的粒子速度更新方式

图6.4中，$f(\boldsymbol{X}_i(t-1))$代表粒子i的适应度值，μ代表第t–1次迭代后全部粒子的适应度值的均值，通过大量实验得知，将第t–1次迭代后的全部粒子适应度值的二阶原点矩$E(f^2)$作为分界值可以获得较好的分类效果。以求问题的最小解为例，如果$f(\boldsymbol{X}_i(t-1))-\mu<-E(f^2)$，

则可知此时粒子适应度值比较小，粒子离最优解比较近，进化策略应采用使粒子能够在自身邻域内细致搜索的“认知模型”；如果 $f(\boldsymbol{X}_i(t-1))-\mu>E(f^2)$，则可知此时粒子适应度值比较大，粒子离最优解比较远，对于这种粒子，进化策略应采用“社会模型”，这样做的目的是加快这些表现差的粒子的收敛速度；如果 $|f(\boldsymbol{X}_i(t-1))-\mu|\leqslant E(f^2)$，则可知此时粒子的适应度值适中，进化策略应采用“完全模型”，且应动态调整 C_1 和 C_2：在进化初期，应设置较大的 C_1 值和较小的 C_2 值，令“认知模型”占较大的比重，“社会模型”占较小的比重，这样的设置可使粒子在进化初期仔细地在自身的邻域内进行搜索，以防止粒子匆忙向局部最优解会聚而错过自身邻域内的全局最优解；进化末期，应设置较小的 C_1 值和较大的 C_2 值，这样可使粒子更快速、更准确地收敛于全局最优解。所以，该算法将学习因子 C_1 构造成随着进化推进而单调递减的函数，将学习因子 C_2 构造成随着进化推进而单调递增的函数，并通过参考前人所设置的学习因子的固定值，经过大量的仿真试验，将参数 C_1 和 C_2 表示成了如式（6.17）所示的形式。

$$\begin{cases} C_1=2/(1+t^{0.25}) \\ C_2=t/t_{\max} \end{cases} \tag{6.17}$$

式中，t 为当前迭代次数，$t_{\max}$ 为最大迭代次数。我们通常将 $t_{\max}$ 设为寻优终止条件，其是一个定值。分析式（6.17）中的两个表达式可以发现，两个学习因子随着 t 的增加，满足 C_1 单调递减、C_2 单调递增这一趋势。改进后的速度更新公式如式（6.18）所示。

$$\boldsymbol{V}_i(t)=\begin{cases} \begin{cases} w\boldsymbol{V}_i(t-1)+C\,\mathrm{rand}()(\boldsymbol{P}_i(t-1)-\boldsymbol{X}_i(t-1)), & f(\boldsymbol{X}_i(t-1))-\mu<-E(f^2), \\ w\boldsymbol{V}_i(t-1)+C\,\mathrm{rand}()(\boldsymbol{G}(t-1)-\boldsymbol{X}_i(t-1)), & f(\boldsymbol{X}_i(t-1))-\mu>E(f^2), \\ w\boldsymbol{V}_i(t-1)+C_1\,\mathrm{rand}()(\boldsymbol{P}_i(t-1)-\boldsymbol{X}_i(t-1))+ & \\ \qquad C_2\,\mathrm{rand}()(\boldsymbol{G}(t-1)-\boldsymbol{X}_i(t-1)), & |f(\boldsymbol{X}_i(t-1))-\mu|\leqslant E(f^2), \end{cases} & |\boldsymbol{V}_i(t)|<\boldsymbol{V}_{\max} \\ -\boldsymbol{V}_{\max}, & \boldsymbol{V}_i(t)\leqslant -\boldsymbol{V}_{\max} \\ \boldsymbol{V}_{\max}, & \boldsymbol{V}_i(t)\geqslant \boldsymbol{V}_{\max} \end{cases} \tag{6.18}$$

式中，$w=(t_{\max}-t)/t_{\max}$；$E(f^2)$ 为种群适应度值的二阶原点矩；$C=5$，$C_1=2/(1+t^{0.25})$，$C_2=t/t_{\max}$；$t_{\max}$ 为最大迭代次数，t 为当前迭代次数。

PSO 算法是一种随机搜索算法，其整个寻优过程实际上是一个“比较”的过程：就群体来说，在每次迭代中，通过比较所有粒子对应位置的适应度值可决定哪个粒子是群体最优，所有粒子都会追随群体最优粒子进行进化；就个体而言，在相邻两次迭代中，通过比较粒子前后搜寻到的位置的适应度值可决定哪个位置更优，更优的位置将被记忆，差的将被淘汰。按照这种寻优规则，全局最优位置一旦被粒子锁定，将不会有适应度值更好的位置替换它。所以，改进 PSO 算法的关键在于增大粒子搜寻到“最优位置”的概率。按照这种思想，不难看出 PSO 算法的这种改进是合理有效的，“动态因子”解决了不同进化阶段两种模型应占比重的问题。在进化初期，令“认知模型”占较大的比重，“社会模型”占较小的比重，可使粒子在初期仔细地在自身邻域内搜索，以避免匆忙向局部最优解会聚而错过自身邻域内的全局最优解；进化末期，令“认知模型”占较小的比重，“社会模型”占较大的比重，可使粒子更快速、更准确地收敛于全局最优解。“种群分类”可为每次迭代产生的“更优”与“更差”粒子选择更适合的进化模型。采用“动态因子”与“种群分类”共同作用这一方式，有效地增大了粒子搜寻到最优解的概率，从而改善了 PSO 算法的寻优性能。该算法没有对全部粒子采用动态调整权重这一方法，原因是粒子在进化的过程中其适应度值的变化并不是单调的，每代进化都会产生适应度值极好和极差的粒子，针对这两种粒子都利用完全模型进行进化显然是不合适的。

6.4 粒子群优化算法的应用实例

例 6-2 求函数 $f(x,y)=3\cos(xy)+x+y^2$ 的最小值，其中，x 的取值范围为[-4,4]，y 的取值范围为[-4,4]。

解：该例中的函数 $f(x,y)$ 是一个具有多个局部极值的函数，其图形如图 6.5 所示。

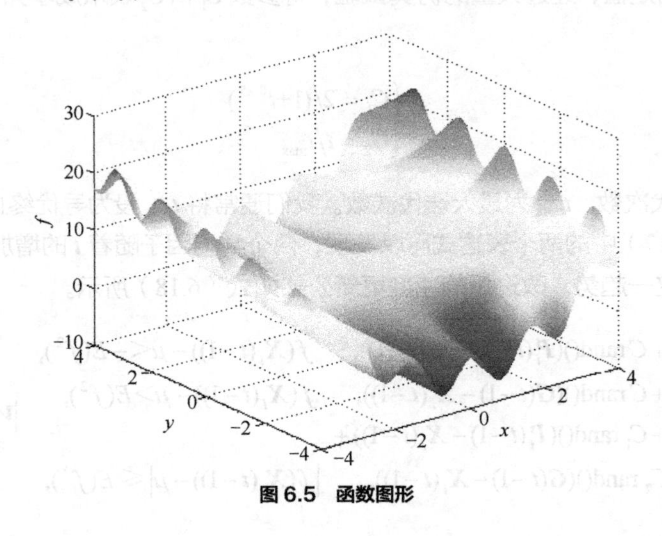

图 6.5 函数图形

仿真过程介绍如下。

步骤 1：初始化。初始种群粒子数 N=100，粒子维数 D=2，最大迭代次数 T=200，学习因子 $C_1=C_2=1.5$，惯性权重最大值 $W_{\max}=0.8$，惯性权重最小值 $W_{\min}=0.4$，位置最大值 $X_{\max}=4$，位置最小值 $X_{\min}=-4$，速度最大值 $V_{\max}=1$，速度最小值 $V_{\min}=-1$。

步骤 2：初始化种群粒子的位置 x 和速度 v、粒子个体的最优位置 p 和最优值 P_{best}，粒子群全局的最优位置 g 和最优值 g_{best}。

步骤 3：根据式（6.14）计算动态惯性权值 w，根据式（6.9）更新位置 x 和速度 v，并进行边界条件处理，判断是否替换粒子个体最优位置 p 和最优值 p_{best} 以及粒子群全局最优位置 g 和最优值 g_{best}。

步骤 4：判断算法是否满足终止条件，若满足，则结束搜索过程，输出优化值；若不满足，则转至步骤 3，继续进行迭代优化。

实验仿真环境为：Intel(R) Pentium(R) CPU G2020 @ 2.90GH，2 个内核，2 个逻辑处理器；内存为 4GB；操作系统为 Microsoft Windows 7 专业版；仿真平台为 MATLAB R2016b，具体实现程序详见本书配套的电子资源。

优化结束后，函数 $f(x,y)$ 的适应度进化曲线如图 6.6 所示。优化后的结果为：在 $x=-4.0000$、$y=0.7523$ 时，函数 $f(x,y)$ 取得最小值 -6.408。

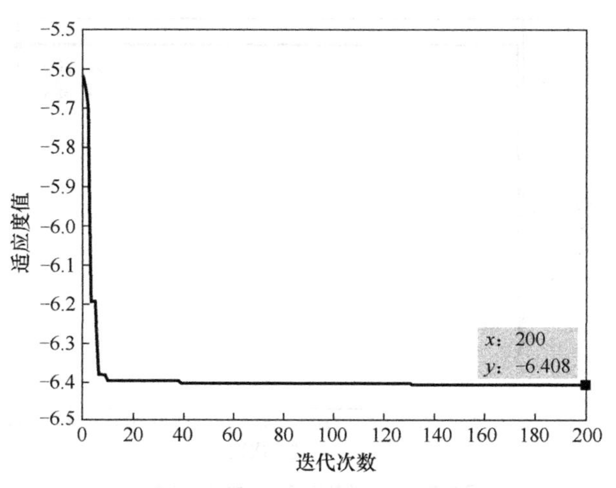

图 6.6　函数 $f(x,y)$的适应度进化曲线

例 6-3　利用 PSO 算法解决 0-1 背包问题。0-1 背包问题是与 TSP 问题相似的优化算法测试问题，其具体描述为：有 N 件物品和一个容量为 v 的背包，其中第 i 件物品的体积是 c_i，价值是 w_i。求解将哪些物品放入背包可使物品的体积总和不超过背包的容量，且价值总和最大。

解：假设物品数为 10，背包的容量为 300，每件物品的体积为[95，75，23，73，50，22，6，57，89，98]，价值为[89，59，19，43，100，72，44，16，7，64]。

仿真过程介绍如下。

步骤 1：初始化。初始种群粒子个数 N=100，粒子维数（即二进制编码长度）D=10，最大迭代次数 T=200，学习因子 $C_1 = C_2 = 1.5$，惯性权重最大值 $W_{\max} = 0.8$，惯性权重最小值 $W_{\min} = 0.4$，速度最大值 $V_{\max} = 10$，速度最小值 $V_{\min} = -10$，惩罚函数系数 $\alpha = 2$。

步骤 2：随机初始化速度 v，随机产生用二进制进行编码的初始种群 x，其中 1 表示选择该物品，0 表示不选择该物品。根据每件物品的体积计算物品总体积，当物品总体积小于或等于背包容量时，令物品的价值总和为适应度值；当物品体积总和大于背包容量时，取：适应度值=物品总价值$-\alpha\times$（物品总体积−背包容量）。根据适应度值，获得粒子个体最优位置 p 和最优值 p_{best} 以及粒子群全局的最优位置 g 和最优值 g_{best}。

步骤 3：根据式（6.14）计算动态惯性权值 w，并按照式（6.10）和式（6.11）更新二进制编码的位置 x 及速度 v。计算适应度函数值，并根据适应度函数值判断是否替换粒子个体的最优位置 p 和最优值 P_{best} 以及粒子群全局的最优位置 g 和最优值 g_{best}。

步骤 4：判断算法是否满足终止条件，若满足，则结束搜索过程，输出优化值；若不满足，则转至步骤 3，继续进行迭代优化。

实验仿真环境为：Intel(R) Pentium(R) CPU G2020 @ 2.90GHz，2 个内核，2 个逻辑处理器；内存为 4GB；操作系统为 Microsoft Windows 7 专业版；仿真平台为 MATLAB R2016b，具体实现程序详见本书配套的电子资源。

算法优化结果为[1 0 1 0 1 1 1 0 0 1]，其中，1 表示选择相应物品，0 表示不选择相应物品，所选物品的价值总和为 388。0-1 背包问题的适应度进化曲线如图 6.7 所示。

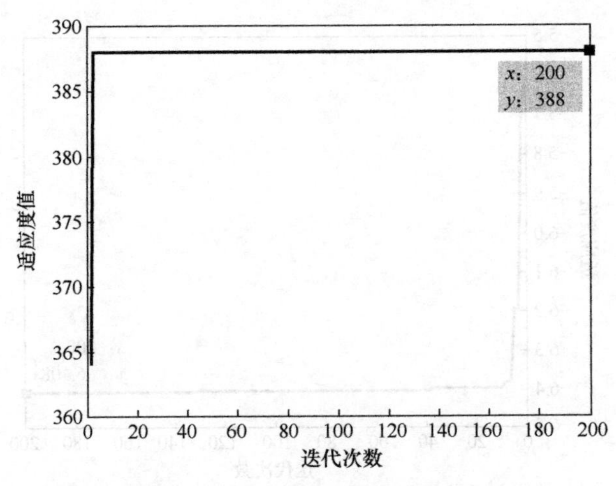

图 6.7　0-1 背包问题的适应度进化曲线

6.5 本章小结

本章首先介绍了 PSO 算法的仿生学基础，并重点阐述了粒子群优化算法的基本原理和具体操作方法；然后介绍了 3 种具有代表性的 PSO 算法的改进思想；最后通过两个应用实例介绍了 PSO 算法的编程实现方法。

6.6 习题

（1）用 PSO 算法求解以下无约束优化问题：

$$\min f(x)=\sum_{i=1}^{n}[x_i^2-10\cos(2\pi x_i)+10]$$

式中，初值范围为$[-5.12, 5.12]^n$，n=30，目标最优值为 100。

（2）说明学习因子的作用以及 C_1 与 C_2 的辩证关系。

（3）如何应用 PSO 算法来解决参数为离散值的优化问题？

（4）试为惯性权重设计一种非线性的变化方式，使其在粒子群搜索的初期以较慢的速度减小，在粒子群搜索的中期以较快的速度减小，而在粒子群搜索的后期又以较慢的速度减小，从而实现动态调节粒子群的搜索与开发能力。

07 chapter

人工蜂群算法

本章学习目标：

（1）掌握人工蜂群算法的原理、数学模型及流程；

（2）掌握人工蜂群算法处理复杂单目标优化问题时的改进方式；

（3）了解人工蜂群算法解决实际问题的设计思路。

7.1 概述

人工蜂群（Artificial Bee Colony，ABC）算法是土耳其学者卡拉博加（Karaboga）为解决单目标优化问题于2005年提出的一种新型计算智能算法。ABC算法模拟了蜜蜂的采蜜机制，通过蜂群的相互协作与转化来指导搜索。与遗传算法、PSO算法等一样，ABC算法在本质上也是一种统计优化算法，该算法不仅操作简单、设置参数少，而且收敛速度快、收敛精度高。其虽然被提出时间不长，但因良好的性能而受到了广泛的关注，现已成为解决非线性连续优化问题的有效工具，并被成功应用到了多个领域。ABC算法有以下4个特点。

1. 系统性

自然界中的蜂群具备系统学中的典型特点，如关联性、整体性等。蜂群中的蜜蜂个体独立有序地工作，但个体之间又会相互影响、相互协作，这些都体现了系统的关联性；而蜂群作为一个整体又可以完成单独个体不能完成的很多行为，如觅食行为等，这就显示了整体突现性原理，即系统整体大于部分之和。ABC算法就是由蜜蜂的觅食行为抽象出来的，多只蜜蜂构成迭代种群，其优化效果要好于一只蜜蜂的单独求解效果，也就是说，如果把算法本身看作一个整体，那么它本身就具备系统的所有特点，这是所有计算智能算法最重要的特征之一。

2. 分布式特征

对于自然界中的真实蜂群，在其完成某种任务（如觅食）时，蜂群中的大部分蜜蜂都会进行相同的工作，而不会因为某个蜜蜂没有完成任务而使整体受到影响。由觅食行为抽象出来的ABC算法，也体现出了群体行为的分布式特征。简言之，在处理优化问题时，虽然种群中的每个个体都在独立求解，但整体的求解效果不会因为某个个体的求解效果变差而受到影响。

3. 自组织性

自组织性是指在一定条件下，系统可以自发地从无序变到有序，或从低级有序走向高级有序。在ABC算法中，初始状态的个体进行独立搜索，它们会无序地寻找最优解。但经过一段时间的算法进化后，蜂群会越来越趋向于寻找接近最优解的一些解。整个进化过程恰恰可以反映算法的自组织性，即个体可以自动地从无序变到有序。

4. 正/负反馈特征

蜜蜂通过在蜂巢的舞蹈区内跳摇摆舞来传递蜜源信息，花蜜越多其所招募的蜜蜂也会越多，它们又会吸引更多的蜜蜂来采蜜。这是一个正反馈过程，会引导蜂群的进化方向。而随机化搜索和对部分解的舍弃会导致蜜蜂个体远离优秀蜜源，这体现了ABC算法的负反馈特征。解在一定程度上的退化能够维持搜索范围在一段时间内足够大、避免早熟收敛。ABC算法在正反馈和负反馈的共同作用下，可逐步求得最优解。

随着学者对ABC算法理论的深入研究，该算法的应用领域也得到了迅速扩展。在应用方面，学者卡拉博加将ABC算法成功应用于神经网络训练问题中，同时他利用ABC算法解决了无限脉冲响应滤波器的优化设计问题。截至目前，ABC算法已在人工神经网络训练、滤波器优化设计、认知无线电、盲信号分离、传感器覆盖、交通控制、RFID网络调度、机器人路径规划、图像处理等诸多领域取得了较好的应用成果。

7.2 人工蜂群算法的基本原理

蜜蜂属于群居生物，在一个蜂巢中通常存在三类蜜蜂，分别是一只蜂王、众多雄峰和工蜂。其中蜂王负责产卵，雄峰负责与蜂王交配（繁殖后代），工蜂负责采蜜、筑巢、清洁、守卫等各项工作。一个工蜂的行为十分简单，而工蜂群体却能较强地适应环境变化，有条不紊地开展非常复杂的工作。

工蜂在采蜜过程中，可快速聚集到该环境中的较好蜜源处进行采蜜，以获得较高收益。具体过程如图 7.1 所示。

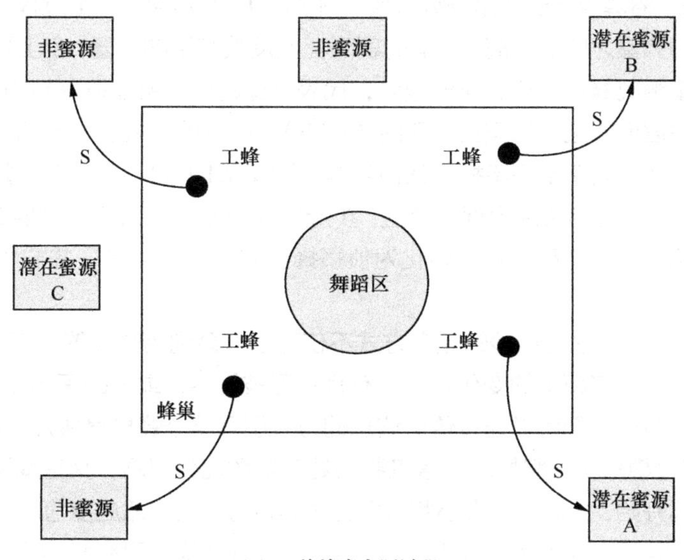

（a）工蜂搜索蜜源过程

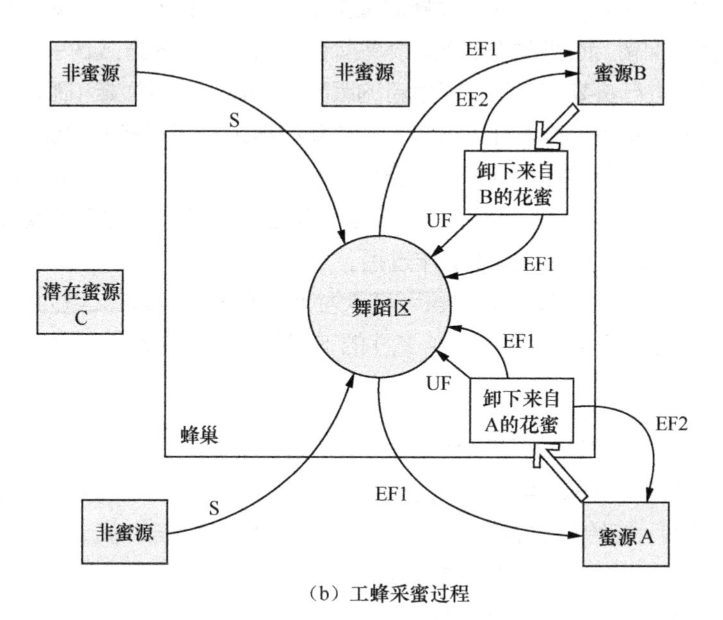

（b）工蜂采蜜过程

图 7.1　工蜂的采蜜过程

通常情况下，一个蜂群在没有任何蜜源信息时，大多数的工蜂都会首先留在蜂巢内值“内勤”，只有少数工蜂会作为“侦察员”到蜂巢外去专门搜索新的蜜源，这些“侦察员”被称为侦察蜂，具体搜索蜜源过程如图 7.1（a）所示。最开始侦察蜂没有任何关于周围蜜源的信息，鉴于内部和外部因素，其搜索到的可能是潜在蜜源也可能是非蜜源。若侦察蜂找到的是非蜜源，它们会返回舞蹈区跳摇摆舞，将其搜索到的信息与其他工蜂共享，此时不会招募到任何工蜂。若侦察蜂找到的是潜在蜜源，这些侦察蜂会立刻进行采蜜，具体采蜜过程如图 7.1（b）所示。侦察蜂从蜜源 A 和 B 处分别携带花蜜返回蜂巢，并将花蜜卸载到储存花蜜的位置，在卸下花蜜后，侦察蜂有以下 3 种可能的行为。①到舞蹈区招募其他工蜂到该蜜源处采蜜，此时的侦察蜂称为引领蜂，被招募来的工蜂称为跟随蜂，具体过程如下：引领蜂在舞蹈区跳上一支圆圈舞蹈或“8”字形舞蹈招募蜜蜂到该蜜源处采蜜，即图 7.1（b）中的 EF1 过程，其中，舞蹈的持续时间反映蜜源与蜂巢之间的距离，舞蹈的剧烈程度反映蜜源的质量，身上附着的花粉味道反映蜜源的种类。蜜源离蜂巢越近、花蜜越多，代表蜜源越好，所能招募到的跟随蜂也会越多。②放弃蜜源成为未雇佣蜂进入舞蹈区，即图 7.1（b）中的 UF 过程，未雇佣蜂包括跟随蜂和侦察蜂。③继续到该蜜源处采蜜而不招募任何蜜蜂，即图 7.1（b）中的 EF2 过程。在此过程中，随着采蜜的进行，已发现的蜜源会逐渐变差，少量跟随蜂不会再去已经发现的蜜源采蜜，而是会去开采新的蜜源，即少量跟随蜂会转化为侦察蜂。需要说明的是，并非所有的蜜蜂都会参与采蜜。

综上所述，蜜蜂群体这种奇妙的觅食方式不仅可以充分利用个体的全部特点，而且也能使蜂群最快地适应环境（资源）的变化。当已有食物源被耗尽，或者勘探到（或环境变化产生）更优蜜源时，“侦察员”们可以通过传递信息的方式引导整个蜂群尽快开采新的食物资源。

ABC 算法通过模拟实际蜜蜂的采蜜机制来处理函数优化问题，其基本思想是：从某一随机产生的初始群体开始，按适应度大小将种群分成两部分，其中适应度值较大的一半个体组成引领蜂种群，另一半个体组成跟随蜂种群，然后让它们分别执行引领蜂种群搜索和跟随蜂种群搜索。其中，引领蜂种群搜索是指在引领蜂周围搜索最优解，并产生新个体，然后采用一对一的竞争生存策略择优保留。而跟随蜂种群搜索是指利用轮盘赌选择方式在引领蜂种群中选择较优个体，并在其周围进行贪婪搜索，以产生新的跟随蜂个体。用引领蜂和跟随蜂所产生的个体组成新的种群后，为了避免种群多样性变差，对该新种群进行侦察蜂的类变异搜索，最终可形成迭代种群。算法通过不断地迭代计算，保留优良个体、淘汰劣质个体，可使求解结果向全局最优解靠近。ABC 算法最大的特点是不需要转换，可直接求解最大化问题或最小化问题。

下面将详细介绍 ABC 算法的具体操作过程。

通常情况下非线性函数的最小值问题可表示为 $\min f(\boldsymbol{X})$，其定义域为 $\boldsymbol{X}^{\mathrm{L}} \leqslant \boldsymbol{X} \leqslant \boldsymbol{X}^{\mathrm{U}}$，其中 $\boldsymbol{X}^{\mathrm{L}}$ 和 $\boldsymbol{X}^{\mathrm{U}}$ 分别是变量 $\boldsymbol{X}=(X_1,X_2,\cdots,X_D)$ 的下界和上界，D 为变量维数。

1. 初始化

初始化包括参数初始化和种群初始化。

参数初始化：初始化 ABC 算法的相关参数，包括待求解问题的自变量维度 D、种群数目 NP、最大迭代次数 G、初始代数 t=0、侦察蜂的迭代次数阈值 limit 等。

种群初始化：在待求解优化问题的定义域内，按式（7.1）随机生成 NP 个个体以构成初始种群，并求出所有个体对应的适应度函数值。

$$X_i^0 = X_i^{\mathrm{L}} + \mathrm{rand} \times (X_i^{\mathrm{U}} - X_i^{\mathrm{L}}), i = 1,2,\cdots,\mathrm{NP} \tag{7.1}$$

式中，X_i^0 表示第 0 代种群中的第 i 个个体；rand 为[0,1]区间内的随机数。

2. 引领蜂搜索

将种群按适应度优劣分成两类，较优的一半个体构成引领蜂种群，其余的个体构成跟随蜂种群。

引领蜂种群中的各引领蜂个体 X_i^t 按如下方式进行搜索：随机选择一个与自身不同的其他引领蜂个体 $X_{r_1}{}^t$，$r_1 \in [1,2,\cdots,\mathrm{NP}/2]$，按式（7.2）逐维进行交叉搜索，以产生新的个体 V。对新生成的个体 V 和目标个体 X_i^t 进行适应度评价，再将二者的适应度值进行比较，按式（7.3）选择适应度值较优的个体进入引领蜂种群，以保证算法不断向全局最优进化。

$$V(j) = X_i{}^t(j) + (-1 + 2 \times \mathrm{rand}) \times (X_i{}^t(j) - X_{r_1}{}^t(j)) \tag{7.2}$$

$$X_i^{t+1} = \begin{cases} V & f(V) < f(X_i^t) \\ X_i^t & f(V) \geqslant f(X_i^t) \end{cases} \tag{7.3}$$

为了进一步理解式（7.2），图 7.2 给出目标函数为二时的交叉搜索示意。

由图 7.2 可知，目标引领蜂个体与随机选择的引领蜂个体形成了差分矢量，其方向和大小具有不确定性。若将此差分矢量加至基向量上，则相当于在基向量上附加一个规定范围内的随机扰动，这可以扩大种群的多样性。

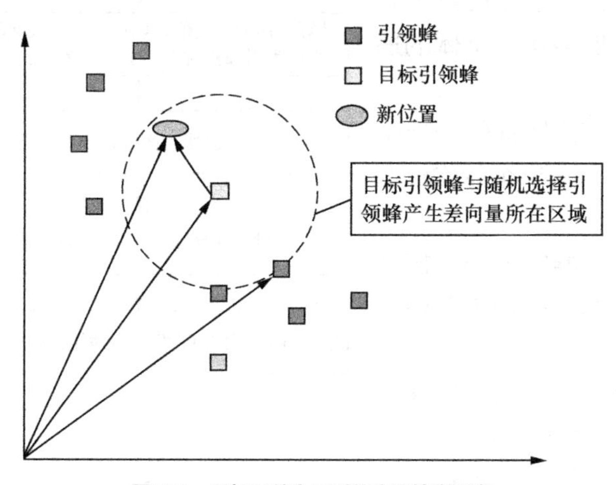

图 7.2 目标函数为二时的交叉搜索示意

3. 跟随蜂搜索

跟随蜂会依据概率公式（7.4），采用轮盘赌选择方式在新的引领蜂种群中选择较优的目标个体 $X_k{}^{t+1}, k \in [1,\cdots,\mathrm{NP}/2]$，并会在目标个体附近按式（7.2）进行搜索以产生新的跟随蜂个体 $X_k{}^{t+1}, k \in [\mathrm{NP}/2+1,\cdots,\mathrm{NP}]$，进而形成跟随蜂种群。这里需要注意的是，跟随蜂种群将直接生成，其并不与原跟随蜂种群进行一对一的适应度值比较。

$$P_k = \frac{\mathrm{fit}_k}{\sum_{k=1}^{\mathrm{NP}/2} \mathrm{fit}_k} \tag{7.4}$$

由此可见，ABC 算法会选择在较优个体附近进行贪婪搜索，这种方式可保证 ABC 算法迅速收敛，这也是该算法区别于其他计算智能算法的关键所在。

4．侦察蜂搜索

引领蜂和跟随蜂种群的快速收敛，可能导致种群整体的多样性变差。为避免种群陷入局部最优，ABC 算法特别设计了侦察蜂的搜索机制，其具体搜索方式介绍如下：对于经过引领蜂搜索和跟随蜂搜索后形成的新种群，如果某个体连续 limit 代不变，则相应个体会直接转换成侦察蜂，按式（7.1）搜索产生新个体，并将其与原个体按式（7.3）进行一对一比较，择优保留至迭代种群中。

侦察蜂行为由参数 limit 控制，这对算法的收敛速度和全局寻优能力有较大影响。一般会根据反复实验所得的经验值来设置 limit，如无特殊要求，通常设置 limit 为 NP / 2 与问题维数 D 的乘积，如此设置可取得较好结果。

通过以上引领蜂种群、跟随蜂种群及侦察蜂的搜索，产生迭代种群并反复循环，直到算法迭代次数 t 达到预定的最大迭代次数 G 或种群的最优解达到预定误差精度时算法结束。具体步骤介绍如下。

步骤 1：初始化相关参数，包括 NP、limit 和 G 等。

步骤 2：在设计变量可行空间内随机产生初始种群，并设置进化代数 t=0。

步骤 3：计算种群中各个个体的适应度值。

步骤 4：由适应度值较优的一半个体构成引领蜂种群，另一半个体构成跟随蜂种群。

步骤 5：引领蜂种群中的个体按式（7.2）搜索产生新个体，并择优保留以形成新的引领蜂种群。

步骤 6：跟随蜂按照轮盘赌选择方式在步骤 5 中的种群中选择较优个体，并搜索产生新个体，以形成跟随蜂种群。

步骤 7：结合步骤 5 和步骤 6 中的个体以构成迭代种群。

步骤 8：判断是否发生侦察蜂行为。若某个个体连续 limit 代不变，则确定发生侦察蜂行为，更新迭代种群。

步骤 9：判断算法是否满足终止条件，若满足，则输出最优解，否则，转至步骤 3。

为使读者进一步理解 ABC 算法的

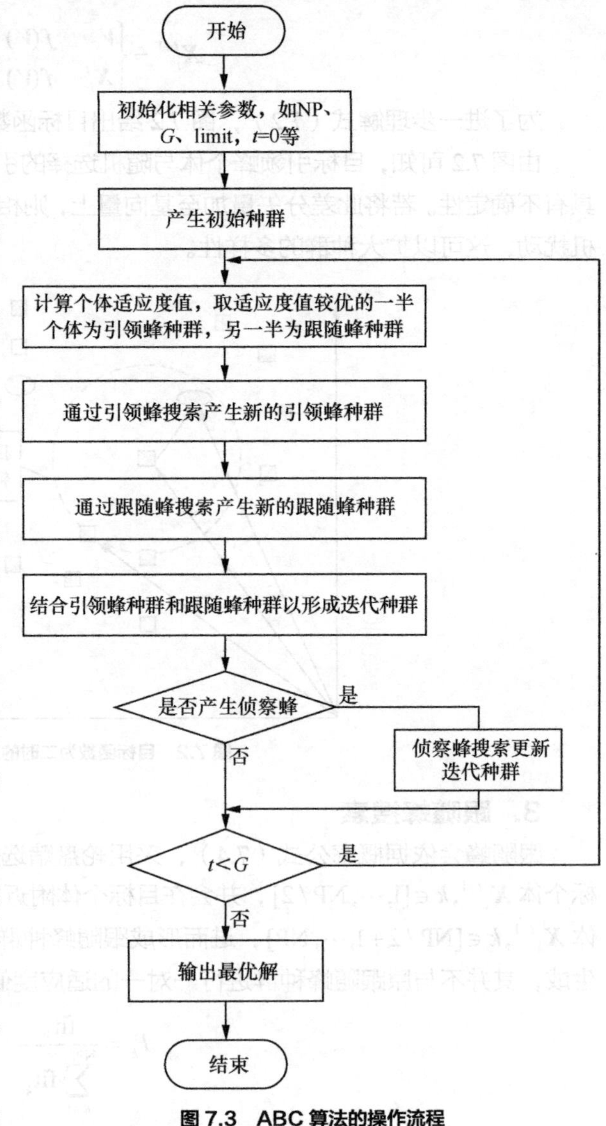

图 7.3　ABC 算法的操作流程

原理，图 7.3 给出了其操作流程。

7.3 改进的人工蜂群算法

7.3.1 针对高维复杂单目标优化问题的改进人工蜂群算法

ABC 算法在求解高维复杂单目标函数优化问题时会遇到易陷入局部最优、早熟收敛、后期收敛速度慢等问题，这些问题会导致其在大规模、高度非线性的实际工程应用中可行性较差。为提高 ABC 算法在求解高维复杂单目标函数优化问题上的收敛精度和收敛速度，可对其进行以下两方面改进。

1. 跟随蜂选择蜜源的概率模型改进

在 ABC 算法中，跟随蜂依据轮盘赌的方式选择蜜源，这种基于贪婪策略的选择方式会使种群多样性降低，从而会引发过早收敛和提前停滞等问题。在自由搜索算法中，学者们提出了一个重要的概念——灵敏度，灵敏度与信息素（其与优化问题的适应度值有关）相配合，理论上可在任何区域内进行搜索，这在很大程度上避免了算法陷入局部最优；所搜索区域的信息素必须适应其灵敏度，这使算法具有了导向作用，可决定目标函数在搜索空间中的收敛与发散。这种区域选择的方式与跟随蜂选择较优蜜源的方式是类似的，所以读者可以考虑用灵敏度与信息素配合的方式来代替轮盘赌方式以选择较优蜜源，具体过程介绍如下。

步骤 1：计算 N 个蜜源的适应度值 $f(\boldsymbol{X})$ 。

步骤 2：按照式（7.5）计算第 i 个蜜源的信息素 $nf(i)$ 。

$$nf(i)=\begin{cases}\dfrac{f(i)-f_{\min}}{f_{\max}-f_{\min}}, & f_{\max}\neq f_{\min}\\ 0, & \text{其他}\end{cases} \tag{7.5}$$

步骤 3：随机产生第 i 个跟随蜂的灵敏度 $S(i)\sim U(0,1)$ 。

步骤 4：找出配合第 i 个跟随蜂灵敏度的蜜源 j 。随机找出 j ，使其满足 $nf(j)\leqslant S(i)$ 即可。

综上，与每次都几乎可选到最佳蜜源的轮盘赌选择方式相比，上述选择方式可使每个蜜源都有机会被选择，这不仅可以保证种群的多样性，而且由于选择具有一定的方向，故其不会过多降低算法的收敛速度。

2. 最差蜜源的替换

在 ABC 算法迭代的过程中，引领蜂和跟随蜂都可能依赖本次迭代中的最差蜜源按式（7.2）进行交叉操作以产生新蜜源，但最差蜜源几乎不可能对最终结果做出贡献，而且这在一定程度上会降低算法的收敛速度。因此可以考虑通过产生一个新蜜源来替换最差蜜源。数学上已经证明：依靠产生候选解的相对点取代原候选解的反向学习（Opposition-Based Learning，OBL）策略可对原候选解进行一种较好的估计，与产生随机点来代替原候选解的方式相比，该策略通常会取得更佳的优化效果。该策略不仅可以极大程度地提高算法的收敛速度，而且可以在一定程度上避免算法陷入局部最优。因此，需要采用现有的一种应用效果较好的改进 OBL 策略来产生新蜜源以取代最差蜜源，具体操作方式如下。

在每代循环中，找到最差蜜源，设其位置为 $\boldsymbol{X}_b$ 。执行 OBL 策略后，对应的新蜜源位置设

为 $\boldsymbol{X}_b'$，则新位置的第 j 维 $\boldsymbol{X}_{b,j}'$ 如式（7.6）所示。

$$\boldsymbol{X}_{b,j}' = \boldsymbol{X}_j^{\mathrm{L}} + \boldsymbol{X}_j^{\mathrm{U}} + \mathrm{rand} \times \boldsymbol{X}_{b,j} \tag{7.6}$$

如果新位置对应的蜜源更佳，则用其代替原蜜源。

3. 改进后的算法流程

经过上述修改的面向高维复杂单目标函数优化的改进 ABC 算法的具体操作步骤如下。

步骤 1：算法初始化，即设置种群数目 NP 、算法运行的最大迭代次数 G 等；

步骤 2：在搜索空间内随机生成初始种群；

步骤 3：计算种群中所有个体的适应度值，并取适应度值较优的一半个体构成引领蜂种群；

步骤 4：每个引领蜂按照 7.2 节式（7.2）产生新个体，并将其与原个体进行比较，取较优个体作为迭代引领蜂个体；

步骤 5：每个跟随蜂按 7.3.1 第 1 节中所提的方式选择较优个体，并按照式（7.2）产生新个体；

步骤 6：结合步骤 4 和步骤 5 中产生的个体以形成新种群；

步骤 7：判断是否须进行侦察蜂搜索，若需要，则按照 7.2 节进行相应操作；

步骤 8：执行 7.3.1 第 2 节中的反向学习策略；

步骤 9：判断算法是否满足终止条件，若满足，则输出最优结果；否则，转至步骤 3。

为使读者进一步理解利用 ABC 算法求解高维复杂单目标函数优化问题的原理和改进方法，这里给出了操作流程，如图 7.4 所示。

7.3.2 针对多峰优化问题的小生境人工蜂群算法

多峰优化问题是指不仅要求出优化问题的最优解，还要尽可能地求出全部局部极值解作为备选的一类优化问题。通过大量实验研究发现，单独改进计算智能算法的性能只能有效提高算法本身的全局收敛能力，而算法在多峰优化问题上的性能并未明显改善。因此，必须结合一定的多峰处理技术改进算法的内在运行机制，以增强对峰的辨识能力，补充种群的多样性，进而提高多峰优化算法的整体性能。小生境技术是目前通常被采用的多峰处理技术，主要包括拥挤模型和适应值共享模型，其原理简述如下。

1. 拥挤模型

为了避免算法收敛于单个最优解以使种群的多样性降低，我们通常会选用拥挤策略来维持种群的多样性，具体方法如下：对于每个子代个体，首先从父代中选择 CF 个个体，然后根据某种距离定义选择距子代个体最近的一个个体，若其优于子代个体，则替换子代个体，否则，维持子代个体不变。这种方法采用了一对一竞争的精英保留模型，其与传统优化算法的保留机制最为相近，且已被广泛采用，虽然其操作复杂，但有利于维持种群的多样性。大量实验证实，如果单独使用拥挤模型，很难搜索到两个以上的峰值点，在实际应用中，我们必须结合其他技术使用拥挤模型。

2. 适应值共享模型

适应值共享模型是 1987 年提出的一种小生境技术，由于其引入了分享机制，故可使高、低峰能以平等的机会被选中，这可有效避免漏峰现象，并且不会使求解结果全部聚集到某一个峰上，非常适合解决多峰优化问题。计算个体 i 的共享适应度值的方法如下。

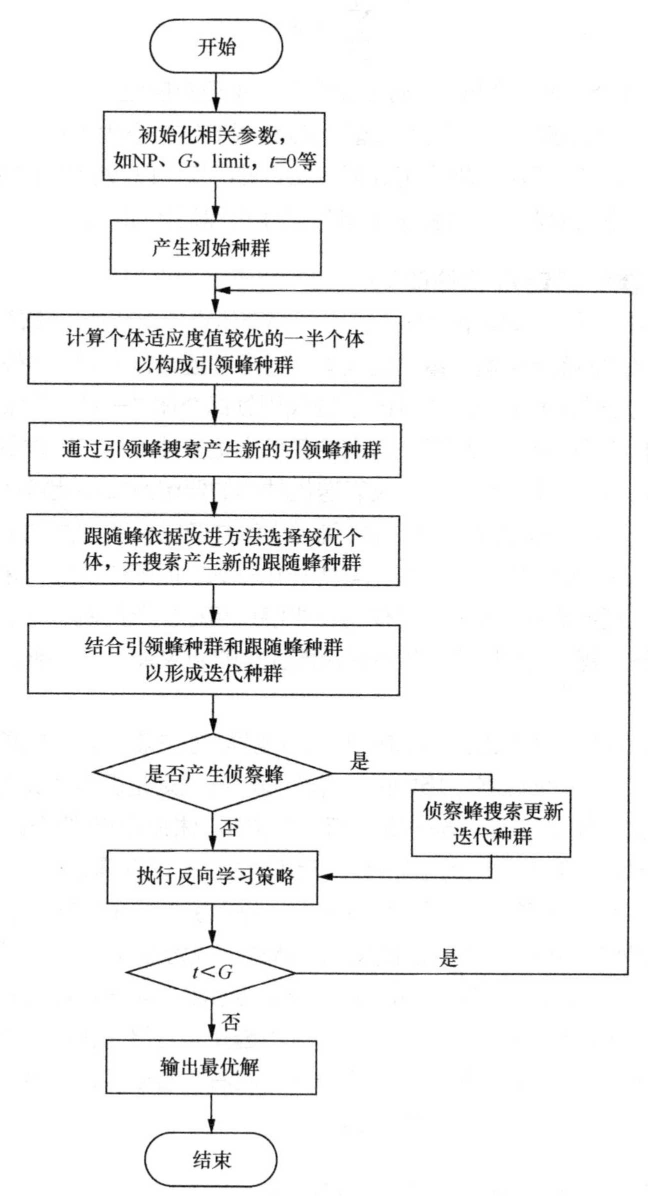

图 7.4　ABC 算法求解高维复杂单目标函数优化问题流程

步骤 1：计算个体 i 与其他个体 j 之间的共享函数值 $\mathrm{sh}(d_{i,j})$，如式（7.7）所示。

$$\mathrm{sh}(d_{i,j})=\begin{cases}1-\left(d_{i,j}/\sigma_{\text{share}}\right)^{\alpha}, & d_{i,j}<\sigma_{\text{share}}\\ 0, & \text{其他}\end{cases} \tag{7.7}$$

式中，σ_{share} 为共享半径，$d_{i,j}$ 为两个个体间的距离（如欧氏距离等），α 负责控制共享函数的形状，通常取 $\alpha=2$。

步骤 2：根据式（7.8）计算个体的共享适应度值。

$$f'(a_i)=\frac{f(a_i)}{\sum_{j=1}^{n}\mathrm{sh}(d_{i,j})} \tag{7.8}$$

式中，$f(a_i)$和$f'(a_i)$分别表示个体i的适应度值和共享适应度值。

ABC 算法本身不具备解决多峰优化问题的能力。本节结合小生境技术对 ABC 算法的内在运行机制进行了改进，实现了小生境人工蜂群算法，其不仅可以找到各个峰，而且能提升算法搜索各个峰的精度。小生境人工蜂群算法的具体操作过程描述如下。

1. 引领蜂个体的确定方式的改进

在 ABC 算法中，父代引领蜂个体与子代引领蜂个体直接对比适应度值取优可确定迭代引领蜂个体，进而能为跟随蜂提供基向量以使其能在自身附近进行搜索。与整体保留较优部分以提高算法收敛速度的迭代种群保留方式相比，迭代引领蜂个体"一对一"保留方式的收敛速度慢很多，但是实质上其是在保证种群进化方向的基础上更多地维持了种群的多样性。如果目标函数含有多个峰，即具有多个极值点，则仅靠迭代种群的保留方式易使算法陷入局部最优，而这种传统的"一对一"对比适应度值（以确定优秀个体并予以保留的方式）会增大算法向全局最优峰聚集的可能，这对避免算法陷入局部最优作用较大。但即使如此，这种方式也只能使种群收敛到全局最优或局部最优的位置，其仅适合求解单目标优化问题，而不能满足多峰函数优化求解全部极值点这一需求，因此须针对多峰函数优化的要求来设计性能高效的精英个体保留方式。

考虑到多峰优化问题的特殊性和峰值点的大小差异，可在某一个峰内通过直接对比适应度值来评价个体优劣，而统一比较各个峰内的个体的适应度值则是没有意义的。这就要求我们须根据某种方式判断出个体是否属于同一峰。而地理位置上相距较近的个体一般都处于同一峰内，因此可通过考虑地形信息对迭代引领蜂的保留方式进行以下修改。

子代和父代个体考虑地形信息进行两两配对，比较每对个体对应的适应度值是否有所改善，若改善，则用新搜索到的子代个体替换父代个体进而成为迭代引领蜂。具体的配对方式为：计算新搜索到的子代个体与父代个体间的欧式距离，选取与第一个父代个体最相近的子代个体，配成一对，第二个父代个体从余下的子代个体中选择与之最为相近的个体进行配对，依此方式一一配对。显然，这样的方式能够保证个体在其左右探索到更优位置，这有利于个体向距离自己最近的峰靠近，而不是向全局最优的峰靠近。

2. 跟随蜂选择较优个体评价方式的改进

在 ABC 算法中，为了提高算法的收敛速度，跟随蜂会依据某种准则选择较优个体并在其附近搜索。在单目标函数优化中，个体适应度值可以作为标准来评判个体优劣。对于多峰优化问题中的不等峰问题，如果仅以适应度值作为个体优劣的评判标准，则跟随蜂会选择峰值点较高的区域搜索，那些函数值较小的峰就很难被选择。随着进化的进行，个体会聚集在峰值点较高的区域，而漏掉峰值点较低的区域。简言之，在多峰函数优化中，不应该用适应度值来评判个体优劣。鉴于多峰优化算法的目的是找出全部极值点，那些靠近全局最优峰或局部最优峰峰值点的个体就被视为优秀个体。因此应建立新的评价标准以用于跟随蜂识别优秀个体。

实验研究表明，共享适应度值方法为每个峰值点赋予了同样的最大适应度值，这可以突出那些靠近全局最优峰或局部最优峰的个体的作用，使跟随蜂以均等的机会向各个峰值点移动，进而达到有效识别峰值点的目的。因此可将共享适应度值作为引领蜂选择较优个体的新的评价方式。鉴于小生境识别技术（Niche Identification Techniques，NIT）可动态识别小生境的边界、半径等信息，进而可避免预设半径，因此这里采用该方法计算小生境半径，并根据式（7.7）和式（7.8）计算共享适应度值，具体方法介绍如下。

步骤 1：计算种群个体之间的距离，设置种群所有个体都是未标记的。

步骤 2：在所有未被标记的个体中选择适应度值最大的个体，并将其作为标记个体，记为 $\boldsymbol{x}_c$ 。

步骤 3：计算其他所有未标记个体与 $\boldsymbol{x}_c$ 的距离，并从小到大进行排序，以形成未标记个体序列。

步骤 4：逐个检测每个未标记个体的适应度值，如果 $\text{fit}(\boldsymbol{x}_{c,i})<\text{fit}(\boldsymbol{x}_{c,i+1})$ ，即后面个体的适应度值大于当前个体的适应度值，则转至步骤 4.1，否则，转至步骤 4.2。

步骤 4.1：如果 $\text{fit}(e)<\text{fit}(\boldsymbol{x}_{c,i})$ ，其中 $e=\boldsymbol{x}_{c,i}+\delta(\boldsymbol{x}_c-\boldsymbol{x}_{c,i})$ ，δ 为一很小的正数，e 为 $\boldsymbol{x}_{c,i}$ 的一个邻近点，则进行步骤 4.1.1，否则，转至步骤 4.1.2。

步骤 4.1.1：如果 $i\geqslant 2$ ，则以 $\boldsymbol{x}_c$ 为小生境的中心点，$\boldsymbol{x}_{c,i-1}$ 为边界个体，则可得小生境半径为 $\|\boldsymbol{x}_c-\boldsymbol{x}_{c,i-1}\|$ ；将 $\boldsymbol{x}_c$ 内的所有个体标记为小生境内个体；否则，将 $\boldsymbol{x}_c$ 作为独立非小生境个体进行单独标记，进入步骤 5。

步骤 4.1.2：如果 $e=\boldsymbol{x}_{c,i}+\delta(\boldsymbol{x}_{c,i+1}-\boldsymbol{x}_{c,i})$ 的适应度值小于 $\boldsymbol{x}_{c,i}$ 点的适应度值，则以 $\boldsymbol{x}_c$ 为小生境的中心点，$\boldsymbol{x}_{c,i}$ 为边界个体，进而可得小生境半径为 $\|\boldsymbol{x}_c-\boldsymbol{x}_{c,i}\|$ ；将 $\boldsymbol{x}_c$ 内的所有个体标记为小生境内个体，进入步骤 5。

步骤 4.2：如果逐个检测个体的适应度值，且没有后者适应度值大于前者适应度值的情况，则以 $\boldsymbol{x}_c$ 为小生境的中心点，最后一个个体为边界个体，并将其内的所有个体标记为小生境内个体。

步骤 5：如果未被标记的个体数目为 1，则将该个体标记为非小生境个体，识别方法结束；如果没有未被标记的个体，识别方法也结束，转至步骤 6；否则，转至步骤 2。

步骤 6：将步骤 5 得到的各个小生境半径代到式（7.7）和式（7.8）中，求解各个点的共享适应度值。

3. 每次迭代的最终种群的确定方式的改进

智能算法中迭代种群的确定方式对算法的收敛速度和种群多样性有很大影响。在 ABC 算法中，每次迭代所得的最终种群是由新生成的引领蜂种群和跟随蜂种群中适应度值较优的一半个体组成的，这种方式只能使种群逐步向全局最优峰或局部最优峰靠近，种群最终只会聚集在某一个峰内，即种群的多样性很差。按照上述分析，这种迭代种群的确定方式只能得到全局最优解或局部最优解，而不能得到各个局部最优解，即其只适合求解单目标问题，而不适合求解多峰函数优化问题。因此有必要为多峰函数优化问题设计合适的迭代种群确定方式。

研究表明，一个好的多峰优化算法必然具有强大的维持种群多样性的能力。而实验研究表明，排挤小生境技术是一种最为简单且能较好维持种群多样性的方式。因此，可选用排挤方式来确定迭代种群。但传统的排挤方式是依据个体的适应度值通过“一对一”比较来确定优秀个体的，对于多峰优化问题中的不等峰问题，如果某个个体距峰值点较远但适应度值较大，而另一个体距峰值点较近但适应度值较小，则按照排挤方式距峰值较远、适应度值大的个体会被选中，而距峰值点较近但适应度值较小的个体会被排挤掉。而实际上，与距峰值较远、适应度值大的个体相比，适应度值较小、距峰值点较近的个体对局部最优峰探索和避免漏峰的贡献更大。鉴于共享适应值方法可以通过衡量个体距峰值点的远近来评判个体的优劣，因此，这里将共享适应值方法加入到了排挤策略中，提出了新的迭代种群确定方式，其具体步骤介绍如下。

步骤 1：按照 7.3.2 节中介绍的方式计算每个个体的共享适应度值。

步骤 2：对于每个跟随蜂个体 i，从引领蜂中选择 CF 个个体，并根据欧式距离从中选择与个体 i 最近的一个个体 j。比较个体 i 和个体 j 的适应度值，保留适应度值较优的个体，并使其进入迭代种群。

步骤 3：循环步骤 2，直至满足种群数目要求为止。

4．设置外部种群

大量实验研究表明，即使运用小生境技术对计算智能算法内在的运行机制进行改进，随着种群的进化，对于较为复杂的多峰函数，个体也不会再像初始状态下的个体那样较为均匀地分散在整个定义域内，如某些峰所在范围内的个体数目会较少，这很可能会造成某些已得的峰值点丢失。因此有必要设置一个外部种群来存储那些已经搜索到的峰值点，以避免漏峰现象出现，这就需要采用某些方法来判断哪些个体是峰值点。

NIT 技术可根据地形信息动态识别小生境范围，从而可判断出某些个体是否在同一峰内，进而求出峰内的最优个体。这种方法对个体数目及个体分布情况具有一定要求，即当个体的数目较少、分布不均匀时，会发生峰识别错误。如对于图 7.5 所示的个体分布情况而言，如果利用 NIT 技术进行识别，则会认为 x_4 和 x_5 这两个个体属于同一峰，从而即会认为所有个体都属于同一峰。

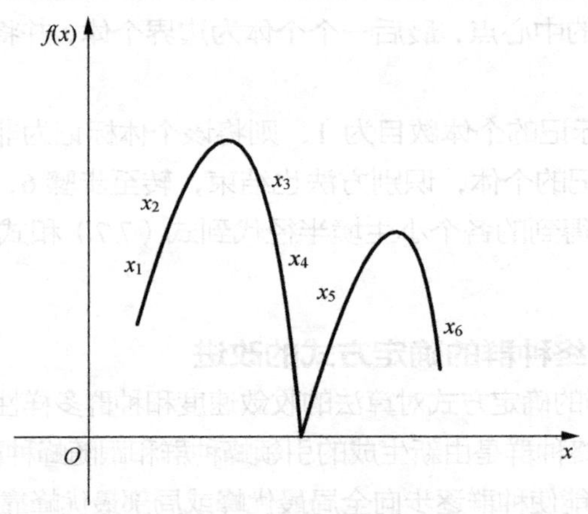

图 7.5　个体分布情况

对照图 7.5 可知，这是峰识别上的错误，如果在个体 x_4 和 x_5 之间（个体 x_4 所在的峰内）存在比 x_5 适应度值低的个体，则不会出现上述峰识别错误。由此可见，个体数目和分布情况会严重影响小生境的识别效果。NIT 技术要求用于判别小生境范围的个体数量较多且均匀分布，但是随着进化的进行，很难保证可行域内的个体分布均匀，即图 7.5 所示的情况很容易出现。换言之，如果将当代种群作为利用 NIT 技术识别小生境范围的基础，则很容易出现漏峰现象。为了避免这种现象出现，必须结合 NIT 技术设计一种适合外部种群保留已得峰值点的方法，该方法的具体操作如下：首先，在可行域内产生大量均匀分布的点，并利用 NIT 技术将可行域划分为若干个小生境；然后，判断第一次迭代产生的个体属于哪几个峰，在各个峰内选取适应度值最大的个体，并将其作为峰值点存储在外部种群中；从第二次迭代开始，按照第一次迭代判断峰值点的方式确定本次迭代的峰值点，如果本次迭代的峰值点与迭代种群中的峰值点属于同一个峰，则选取峰值点较优个体对外部种群进行更新，否则，保持外部种群中的峰值点不变。

5. 小生境人工蜂群算法的操作流程

在经过上述几方面的改进以后，可将小生境人工蜂群算法的步骤总结如下。

步骤 1：初始化参数，包括引领蜂与跟随蜂的数目、迭代次数、外部种群等。

步骤 2：随机产生初始种群。

步骤 3：引领蜂根据式（7.2）搜索产生新种群 **P**1。

步骤 4：按照 7.3.2 第 1 节中所提的方式确定引领蜂种群 **P**2。

步骤 5：跟随蜂按照 7.3.2 第 2 节中的评价方式和 7.2.1 第 1 节的选择策略，从 **P**2 中选择较优个体，并按式（7.2）搜索产生种群 **P**3。

步骤 6：结合种群 **P**2 和 **P**3。

步骤 7：按照 7.3.2 第 3 节中所提的方式确定迭代种群 **P**。

步骤 8：按照 7.3.2 第 4 节中所提的方法更新外部种群。

步骤 9：判断算法是否满足终止条件：若不满足，则转到步骤 3，否则，输出外部种群。

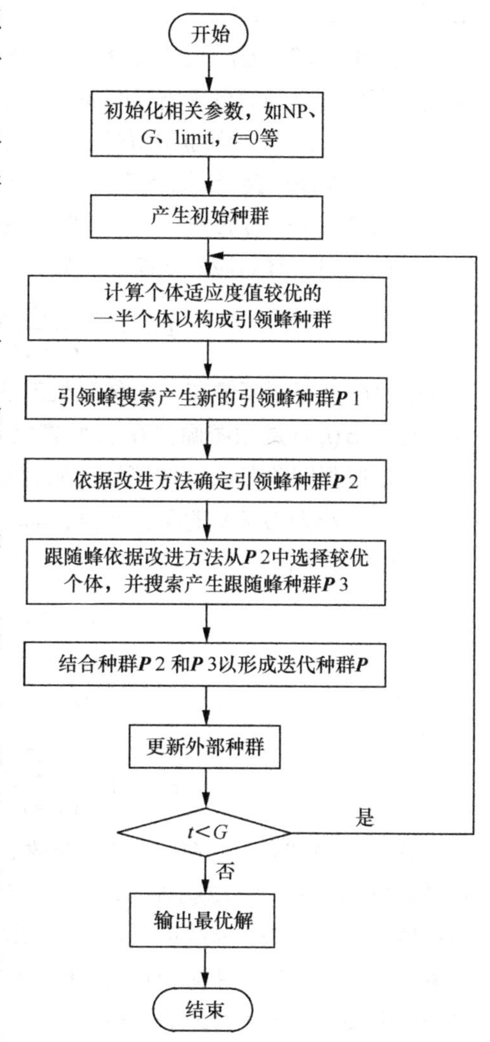

图 7.6　小生境人工蜂群算法的操作流程

为使读者进一步理解小生境人工蜂群算法的原理，本书给出了其操作流程，如图 7.6 所示。

7.4 人工蜂群算法的应用实例

例 7-1　基于 ABC 算法的图像增强算法实现。

解：图像增强的目的是突出图像中的有用信息，使处理后的图像更加适合人类和机器进行分析与处理。图像增强可以被看成是图像分析与图像理解的预处理过程，对于改善图像质量起着重要的作用。

1. 图像增强优化模型

空域图像增强方法的数学表达如式（7.9）所示。

$$g(x,y)=E_H(f(x,y)) \tag{7.9}$$

式中，(x,y) 为图像像素的坐标，$f(x,y)$ 和 $g(x,y)$ 分别代表原始图像和增强处理后的变换图像，

E_H 代表增强操作算子。

空域图像增强方法大致可分为空域全局增强方法和空域局部自适应增强方法两种。前者通常利用图像的全局信息来增强图像，但由于处理过程会受到环境等因素的干扰，处理效果往往不是很理想。后者一般利用图像的局部信息来增强图像，但由于处理过程未考虑图像整体的信息，处理操作往往会受到较大噪声的影响。为此，本书介绍一种结合了图像的全局信息和局部信息的方法。其一方面能够有效地保持图像细节、降低计算量，另一方面又能较全面地反映图像的整体信息。其对应的变换函数如式（7.10）所示。

$$g(i,j)=\frac{k\times D}{\sigma(i,j)+b}[f(i,j)-c\times m(i,j)]+m(i,j)^a \quad (7.10)$$

式中，$f(i,j)$ 是原图像在 (i,j) 像素处的灰度值，$m(i,j)$ 是原图像在 (i,j) 像素处 $n\times n$ 窗上的局部均值，$\sigma(i,j)$ 是原图像在 (i,j) 像素处 $n\times n$ 窗上的局部标准差，D 是原图像的全局均值，$g(i,j)$ 是增强图像在 (i,j) 像素处的灰度值，a、b、c、k 是需要优化的参数。

对于大小为 $M\times N$ 的图像而言，其局部均值、全局均值和局部标准差可表示为式（7.11）~式（7.13）所示。

$$m(i,j)=\frac{1}{n\times n}\sum_{x=0}^{n-1}\sum_{y=0}^{n-1}f(x,y) \quad (7.11)$$

$$D=\frac{1}{M\times N}\sum_{i=0}^{M-1}\sum_{j=0}^{N-1}f(i,j) \quad (7.12)$$

$$\sigma(i,j)=\sqrt{\frac{1}{n\times n}\sum_{x=0}^{n-1}\sum_{y=0}^{n-1}(f(x,y)-m(i,j))^2} \quad (7.13)$$

式（7.10）等号右边第一项中的参数 k、b、c 能够调整图像的全局信息所占的权重，而第二项中的参数 a 能够扩大或减小局部信息所占的权重，所以，式（7.10）综合考虑了图像的全局信息和局部信息。同时，由于参数 a、b、c、k 的微小变化均会引起 $g(i,j)$ 较大的变化，因此利用式（7.10）能够形成不同的增强图像。通过优化上述参数，可以达到改善图像质量的目的。根据实际情况，本例对需要优化的参数进行了限定，即令 $a\in[0,1.5]$、$b\in[0,D/2]$、$c\in[0,1]$、$k\in[0,0.5]$。

由式（7.10）所示的变换可知，每一组参数 $[a,b,c,k]$ 都对应着一幅增强图像。因此，为了评估增强图像的质量，需要设计适应度函数。本书将采用式（7.14）所示的适应度函数。

$$F(I_e)=\log(\log E(I_b))\times\frac{\mathrm{ed}(I_b)}{M\times N}\times\sum_{i=0}^{255}\frac{p(i,j)}{M\times N}\times\log\frac{p(i,j)}{M\times N} \quad (7.14)$$

式中，I_e 是经过式（7.10）变换所得的增强图像，I_b 是利用 Sobel 边缘算子提取的边缘图像，$E(I_b)$ 是边缘强度，$\mathrm{ed}(I_b)$ 是边缘像素的数量，$p(i,j)$ 是像素 (i,j) 出现的频次，$\sum_{i=0}^{255}p(i,j)/(M\times N)\times\log(p(i,j)/(M\times N))$ 是增强图像的二维熵。因此，$F(I_e)$ 其实是由边缘强度、边缘像素数量和二维熵 3 部分构成的。其中，边缘强度的值越大，增强图像的对比度越高；边缘像素数量的值越大，增强图像的细节信息越明显；二维熵值越大，像素强度分布越均匀。

2. 基于 ABC 算法的图像增强具体步骤

利用 ABC 算法解决上述图像增强问题的步骤如下。

步骤 1：读取原始图像，并根据式（7.11）、式（7.12）和式（7.13）计算图像的局部均值、全局均值和局部标准差。

步骤 2：在变量空间中随机产生初始种群 $\boldsymbol{H}=\{\boldsymbol{x}_i, i=1,2,\cdots,\mathrm{NP}\}$，其中，$\boldsymbol{x}_i=\{a,b,c,k\}$。

步骤 3：根据式（7.14）计算种群中各个个体的适应度值。

步骤 4：根据适应度值进行排序，适应度值较优的（NP/2）个个体组成引领蜂种群，适应度值较差的（NP/2）个个体组成跟随蜂种群。

步骤 5：引领蜂种群中的个体按式（7.2）搜索产生新个体，新产生的个体与父代个体进行比较，保留适应度值较优的个体以形成新的引领蜂种群。

步骤 6：根据轮盘赌的方式在步骤 5 中产生的引领蜂种群中选择适应度值较优的个体，并随机选择一个其他个体，按式（7.2）产生新的跟随蜂个体，从而形成跟随蜂种群。需要注意的是，跟随蜂种群会直接生成，其并不会与原跟随蜂种群进行"一对一"的适应度值比较。

步骤 7：合并步骤 5 和步骤 6 中的个体以构成迭代种群。

步骤 8：如果某个个体连续 limit 代不变，则将相应个体直接转换成侦察蜂，按式（7.1）搜索产生新个体，并将其与原个体进行一对一比较，择优保留至迭代种群。

步骤 9：判断计算是否达到最大迭代次数，若达到，则输出最优个体与相应的适应度值以及增强后的图像，否则，转至步骤 3。

3. 实验仿真结果

实验仿真环境为：MATLAB R2016b，英特尔奔腾处理器 G620@2.6GHz，8GB 内存。具体实现程序详见本书配套的电子资源。

算法的参数设置为：种群数目 NP=30、最大迭代次数 G=100、初始代数 g=1。经过反复试验可知，侦察蜂搜索的代数选取 limit=30 时收敛速度快且收敛精度高，因此设置 limit=30。

本例中选择了 3 幅通用的图像，为了便于叙述，这里将它们分别命名为"City""Clock""Tank"。这 3 幅图像的原始图像及其增强后的图像如图 7.7 所示。

（a）City原始图像

（b）City增强图像

（c）Clock原始图像

（d）Clock增强图像

图 7.7　利用人工蜂群算法对 3 幅图像进行增强处理

(e) Tank原始图像

(f) Tank增强图像

图 7.7 利用人工蜂群算法对 3 幅图像进行增强处理(续)

由实验结果可以看到，基于 ABC 算法所得到的增强图像的细节比较清晰，物体的边缘轮廓线也较为明显，图像整体质量较好，具有更自然和舒适的视觉效果，适合人们的视觉感观。表 7.1 列出了利用 ABC 算法在 3 幅图像上所获得的最优参数和最优适应度值。

表 7.1 人工蜂群算法在 3 幅图像上所获得的最优参数和最优适应度值

图像名称	a	b	c	k	最优适应度值
City	0.9981	0.0792	0.9995	0.5000	0.4200
Clock	1.2111	0.0185	0.9998	0.4998	0.6402
Tank	1.2284	0.0692	0.8221	0.5000	0.3922

例 7-2 基于 ABC 算法的 PID 控制器参数优化。

解：PID 控制器自产生以来，一直是工业生产过程中应用最广、最成熟的控制器，其控制质量的好坏取决于控制器参数的整定，因此其参数整定问题受到了人们的关注。所谓参数整定，即对于一个完整的 PID 控制系统，通过合理调整其参数来改善其控制效果。

1. PID 参数控制优化模型

PID 控制器是通过线性组合偏差的比例、积分和微分以构造控制量，从而实现对被控对象的控制的。PID 的控制规律如式（7.15）和式（7.16）所示。

$$u(t)=K_p e(t)+K_i\int_0^t e(t)\mathrm{d}t+K_d\frac{\mathrm{d}e(t)}{\mathrm{d}t} \tag{7.15}$$

$$e(t)=r(t)-y(t) \tag{7.16}$$

式中，K_p 为比例增益；K_i 为积分增益；K_d 为微分增益；$r(t)$ 为系统的参考输入；$e(t)$ 为系统的反馈偏差，即 PID 控制器的输入；$u(t)$ 为 PID 控制器的输出；$y(t)$ 为系统的输出。PID 控制系统原理如图 7.8 所示。

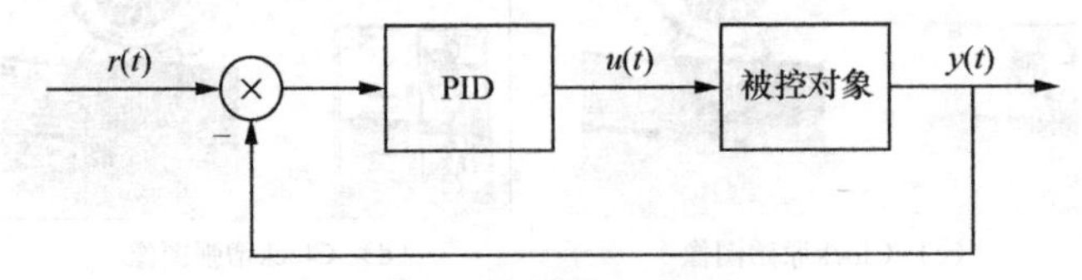

图 7.8 PID 控制系统原理

本实例将PID参数控制问题中最常用的绝对误差矩积分（Integral Time Absolute Error，ITAE）作为性能指标，该指标具有很好的实用性和选择性（系统参数变化引起的指标变化越大，选择性越好）。由于 PID 参数优化的目的是求目标函数的极小值，而人工蜂群算法是向着适应度值高的方向进化，所以本例将适应度函数定义为ITAE的倒数，如式（7.17）所示。

$$f(t)=\frac{1}{\mathrm{ITAE}}=\frac{1}{\int_0^{\infty}t\left|e(t)\right|\mathrm{d}t} \tag{7.17}$$

式中，$e(t)$如式（7.16）所示，其中，系统输入$r(t)$是由问题给出的，本例中的被控对象选用最简单的关系$y(t)=u(t)$，$u(t)$的表达式如式（7.15）所示。

PID参数整定问题的实质是利用某种计算智能算法来寻找一组控制参数，即K_p、K_i和K_d，以使系统的性能指标$|e(t)|$达到最优状态。

2. 基于ABC算法的PID参数控制具体步骤

利用ABC算法优化PID参数的具体操作步骤如下。

步骤1：初始化相关参数，包括K_p、K_i、K_d的取值范围，种群数目NP，最大迭代次数G，初始代数t以及limit等。

步骤2：在变量空间中随机产生数量为NP的初始解$\{K_p,K_i,K_d\}$以构成初始种群。

步骤3：根据式（7.17）计算种群中各个个体的适应度值$f(t)$。

步骤4：根据适应度值对个体进行排序，适应度值较优的（NP/2）个个体组成引领蜂种群，适应度值较差的（NP/2）个个体组成跟随蜂种群。

步骤5：引领蜂种群中的个体按式（7.2）搜索产生新个体，新产生的个体与父代个体进行比较，保留适应度值较优的个体以形成新的引领蜂种群。

步骤6：根据轮盘赌的方式在步骤5所产生的引领蜂种群中选择适应度值较优的个体，并随机选择一个其他个体，然后根据式（7.2）产生新的跟随蜂个体，从而形成跟随蜂种群。这里需要注意的是，跟随蜂种群会直接生成，其并不与原跟随蜂种群进行“一对一”的适应度值比较。

步骤7：合并步骤5和步骤6中的个体以构成迭代种群。

步骤8：如果某个个体连续limit代不变，则相应的个体直接转换成侦察蜂，并按式（7.1）搜索产生新个体；将其与原个体按式（7.3）进行一对一比较，并择优保留至迭代种群。

步骤9：判断计算是否达到最大迭代次数。若达到，则输出最优解；否则，转至步骤3。

3. 实验仿真结果

实验仿真环境为：MATLAB R2016b，英特尔奔腾处理器G620@2.6GHz，8GB内存。具体实现程序详见本书配套的电子资源。

算法的参数设置为：种群数目是60，最大迭代次数是100，经过反复试验得出，控制侦察蜂搜索的迭代数选取limit=10时收敛速度快且收敛精度高，因此设置limit=10。经过100次迭代之后，人工蜂群算法搜索到的最优PID参数是：$K_p=1.2609$，$K_i=1.0000$，$K_d=0.0386$。最优的性能指标值为0.0872。图7.9为目标函数随迭代次数增加的变化曲线，由该图可以看出，人工蜂群算法经过约70代更新后已经收敛到了最优目标函数值。

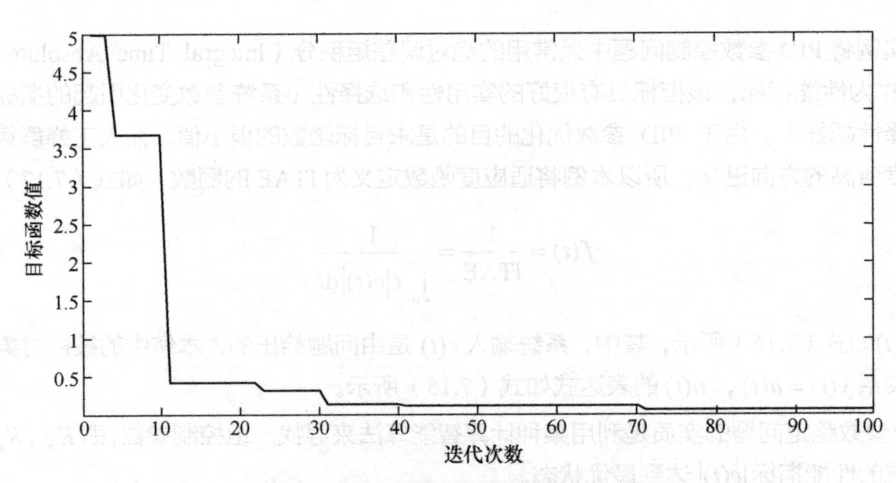

图 7.9　目标函数随迭代次数增加的变化曲线

7.5 本章小结

本章首先介绍了 ABC 算法与自然蜂群觅食行为之间的关系，重点阐述了 ABC 算法的基本思想及其数学模型的构建。然后针对高维复杂单目标优化问题和多峰函数优化问题，详细介绍了 ABC 算法的改进，改进对象包括引领蜂、侦察蜂和跟随蜂，改进方面包括搜索方式、个体保留方式等。最后给出了基于 ABC 算法求解实际问题的具体实例及 MATLAB 实现方法。

7.6 习题

（1）简述 ABC 算法的要素以及它们对算法的影响。

（2）简述人工蜂群算法的特点。

（3）基本 ABC 算法解决高维复杂单目标优化问题的缺陷是什么？如何改进？

（4）分析多峰函数优化过程中小生境技术的作用。

（5）简述 ABC 算法须依靠哪些操作来维持种群的多样性。

（6）简述侦察蜂搜索对 ABC 算法的影响。

（7）试分析适应度共享模型和排挤模型的优缺点。

08 chapter 生物地理学优化算法

本章学习目标：

（1）掌握生物地理学优化算法的基本原理；

（2）掌握混合型迁移操作的改进方法；

（3）了解局部生物地理学优化算法；

（4）了解生态地理学优化算法。

8.1 概述

物种的地理分布是一种极具魅力的自然现象，其中蕴含了巧妙的优化模式：每一个物种的起源都有很大的随机性，但众多物种经过亿万年的迁徙，在自然界形成了复杂多样、美轮美奂的生态地理风貌。生物地理学主要致力于研究生物种群在栖息地上的分布、迁移和灭绝规律，是生命科学和地球科学的交叉学科。早在19世纪，华莱士（Wallace）和达尔文（Darwin）研究的内容就为本学科的产生和后续发展奠定了基础。到20世纪上半叶，生物地理学的研究主要还是对生物地理分布历史的描述，研究的对象也是以陆地生物为主。在20世纪60年代，麦克阿瑟（MacArthur）和威尔逊（Wilson）深入研究了岛屿生物地理分布的数学模型，并在1967年出版了生物地理学理论经典著作"*The Theory of Island Biogeography*"。由此，越来越多的学者们将生物地理学作为了自己的前沿研究领域，并研究至今。

受生物地理学启发，学者西蒙在2008年提出了一种新的计算智能算法——生物地理学优化（Biogeography-Based Optimization，BBO）算法。BBO算法利用物种迁移理论和模型来求解优化问题，机制简单明了，而且在许多优化问题上表现出了比遗传算法、PSO算法等其他启发式优化算法更为优越的性能，从而引起了学术界广泛的研究兴趣。

与其他计算智能算法相似，BBO算法也是基于种群迭代的思想，其核心在于通过对种群中的每个个体进行迁移和变异操作来完成种群的不断优化，继而针对特定的问题，找到解空间中的最优解。但是，BBO算法的基础理论与其他算法相比还存在一些不同的特点。首先，BBO算法不会对种群内的不同个体进行重组，所以种群中的"父代"部分与"子代"部分不存在区别。其次，BBO算法在迭代过程中，始终保留初始种群，其独特之处在于只通过迁移操作和变异操作来优化种群中的解。以遗传算法为例，遗传算法在每次迭代中都会产生一组新解，新解和旧解会组成更大种群，然后在新组成的种群中又择优组成新种群。BBO算法则不需要上述操作。BBO算法是先随机生成一个初始种群，然后种群中的解会通过不断学习和更新来提高解的质量。这种策略与粒子群优化算法相似，但是粒子群优化算法是采用种群向群体最优解和个体历史最优解方向移动的方法来完成优化的，而BBO算法则是利用其他解的迁入过程来完成优化的。总之，BBO算法得益于自身较强的开采能力，操作简单、收敛速度快、不易陷入局部最优。

在应用方面，BBO算法在作业调度问题、交通运输问题、图像处理等领域均有成功应用。在车间作业调度、维修作业分配、课程表调度等具体方面，BBO算法均表现出了相对较好的性能；在交通运输问题中，如路径规划问题、火车皮应急调度问题、空运应急问题等方面，BBO算法表现出了较强的全局搜索能力；在图像处理领域，如图像分割问题、图像压缩问题、目标检测问题等方面，生物地理学及其改进算法也表现出了较好的处理能力。

8.2 生物地理学优化算法的基本原理

在自然界中，生物种群分布在具有明显边界的一系列地理区域内，这些地理区域被称为栖息地。一个栖息地适宜物种生存的程度可用适宜度指数（Habitat Suitability Index，HSI）来描述。由于HSI可以作为栖息地适宜居住的评价标准，因此其成为了影响栖息地中种群分布和迁移的重要因素。影响 HSI 的因素有很多，如降雨量、地表植被分布情况、地质情况、陆地面积和温度等，这些影响因素被称为适宜度指数变量（Suitability Index Variables，SIV）。

HSI 较高的栖息地拥有较多的物种数量，HSI 较低的栖息地拥有较少的物种数量。在 HSI 较高的栖息地中，内部资源竞争激烈，这导致了很多物种的部分个体会选择迁出到邻近的栖息地，因此该类栖息地的迁出率会处于较高水平；与此同时，HSI 较高的栖息地，可容纳的物种数量几乎饱和，空间几乎被占满，所以可迁入的物种极少，因此该类栖息地的迁入率会处于较低水平。总之，高 HSI 的栖息地会呈现出物种相对稳定的状态。

相反地，对于 HSI 较低的栖息地，其具有较低迁出率和较高迁入率的特点。由于物种迁入现象的影响，该类栖息地的 HSI 会有一定程度的提高；但如果 HSI 仍旧处于较低的水平，则迁入的物种将面临灭绝的危险；然而，当某些物种灭绝后，可能会有新的物种大量迁入该类栖息地。因此，与高 HSI 的栖息地相比，低 HSI 的栖息地中的物种分布的动态变化更为明显。

通过自然界中的这些生物种群迁移的自然现象，可以总结出以下 3 条规律。

（1）与居住在较高 HSI 栖息地的生物种群相比，居住在较低 HSI 栖息地的生物种群的动态变化（迁移）更为明显。

（2）栖息地的 HSI 与该栖息地的物种多样性成正比，物种迁移有助于提高栖息地的物种多样性，从而可提高栖息地的 HSI。

（3）栖息地中物种的迁入和迁出与物种的多样性有直接的关系。物种的多样性与物种的迁入率成反比，与迁出率成正比。

BBO 算法正是通过模拟自然界中物种在栖息地间的迁移过程来实现对优化问题寻优的。该算法将优化问题的每个解看成一个栖息地，解的适应度越高表示栖息地拥有的物种越多，其迁出率就越高、迁入率就越低；反之，其对应的迁出率越低、迁入率越高。以单个栖息地的生物种群迁移为例，图 8.1 所示的模型描述了栖息地之间的物种迁移规律，其中，λ 表示迁入率，μ 表示迁出率，它们都是关于栖息地物种数量 s 的函数。

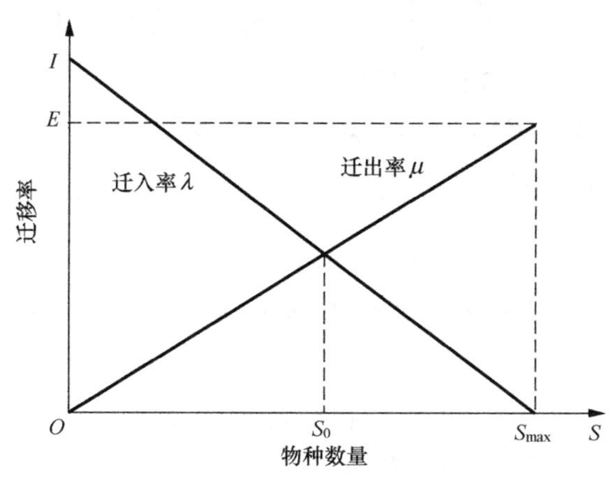

图 8.1 栖息地物种多样性模型

首先观察迁入率曲线。I 表示栖息地的最大可能迁入率，当栖息地的物种数量为 0 时，迁入率 $\lambda = I$ 。随着物种数量的增加，栖息地会越来越拥挤，能够成功地迁入并生存下去的物种会越来越少，因此 λ 值会不断降低。当物种数量达到栖息地可容纳的最大可能物种数量 S_{max} 时，λ 降为 0。

然后观察迁出率曲线。当栖息地中不存在任何物种时，迁出率 μ 必定为 0。随着物种数量的增加，栖息地会越来越拥挤，越来越多的物种将离开该栖息地去探索新的可能居住地，因此 μ 值会不断增大。E 表示栖息地的最大可能迁出率，当物种数量达到最大数量 S_{max} 时，$\mu = E$。

在迁入率曲线和迁出率曲线的交点处，物种的迁入与迁出会达到平衡，其对应的物种数量记为 S_0。但是，一些突发状况可能会导致物种数量偏离该平衡状态。正向偏离（增长）的原因包括迁入者的突然涌入、物种的突然爆发等。负向偏离（减少）的原因包括疾病、自然灾害以及强悍捕食者的进入等。在遭遇巨大的扰动之后，物种数量往往需要相当长的时间才能再次恢复平衡。

图 8.1 中的迁入率和迁出率呈现出了简单的线性模式，但更多情况下它们会是非线性模式。尽管对细节进行了简化，但图 8.1 所示的模型还是展示出了物种迁入与迁出过程的基本性质。

假设一个栖息地正好容纳 s 个物种的概率为 P_s。P_s 从时刻 t 到时刻 $(t+\Delta t)$ 的变化情况可用式（8.1）进行描述。

$$P_s(t+\Delta t) = P_s(t)(1-\lambda_s \Delta t - \mu_s \Delta t) + P_{s-1}\lambda_{s-1}\Delta t + P_{s+1}\mu_{s+1}\Delta t \tag{8.1}$$

式中，λ_s 和 μ_s 分别表示栖息地物种数量为 s 时的迁入率和迁出率。该式的含义是栖息地若要在 $(t+\Delta t)$ 时刻容纳 s 个物种，则应满足下列条件之一。

① 在时刻 t 有 s 个物种，且在时刻 t 到时刻 $(t+\Delta t)$ 期间无迁入和迁出。

② 在时刻 t 有 s–1 个物种，且在时刻 t 到时刻 $(t+\Delta t)$ 期间只有 1 个物种迁入。

③ 在时刻 t 有 s+1 个物种，且在时刻 t 到时刻 $(t+\Delta t)$ 期间只有 1 个物种迁出。

这里假定 Δt 足够小，多于 1 个物种的迁入或迁出概率可忽略不计。为了便于标记，令 $n = S_{max}$。根据 s 的值，可分以下 3 种情况对 P_s 的变化情况进行分析。

（1）$s = 0$，此时 $P_{s-1} = 0$，式（8.1）可转化为：

$$P_0(t+\Delta t) = P_0(t)(1-\lambda_0 \Delta t - \mu_0 \Delta t) + \mu_1 P_1 \Delta t$$

对其进行推导可得：

$$P_0(t+\Delta t) - P_0(t) = -(\lambda_0 + \mu_0)P_0(t)\Delta t + \mu_1 P_1 \Delta t$$

$$\frac{P_0(t+\Delta t) - P_0(t)}{\Delta t} = -(\lambda_0 + \mu_0)P_0(t) + \mu_1 P_1$$

（2）$1 \leqslant s < n$，此时对式（8.1）进行推导可得：

$$P_s(t+\Delta t) - P_s(t) = -(\lambda_s + \mu_s)P_s(t)\Delta t + \lambda_{s-1}P_{s-1}\Delta t + \mu_{s+1}P_{s+1}\Delta t$$

$$\frac{P_s(t+\Delta t) - P_s(t)}{\Delta t} = -(\lambda_s + \mu_s)P_s(t) + \lambda_{s-1}P_{s-1} + \mu_{s+1}P_{s+1}$$

（3）$s = n$，此时 $P_{s+1} = 0$，式（8.1）可转化为：

$$P_n(t+\Delta t) = P_n(t)(1-\lambda_n \Delta t - \mu_n \Delta t) + \lambda_{n-1}P_{n-1}\Delta t$$

对其进行推导可得：

$$P_n(t+\Delta t) - P_n(t) = -(\lambda_n + \mu_n)P_n(t)\Delta t + \lambda_{n-1}P_{n-1}\Delta t$$

$$\frac{P_n(t+\Delta t) - P_n(t)}{\Delta t} = -(\lambda_n + \mu_n)P_n(t) + \lambda_{n-1}P_{n-1}$$

令 $\dot{P}_s = \lim\limits_{\Delta t \to 0} \dfrac{P_s(t+\Delta t) - P_s(t)}{\Delta t}$，综合以上 3 种情况可得：

$$\dot{P}_s = \begin{cases} -(\lambda_s + \mu_s)P_s + \mu_{s+1}P_{s+1}, & s = 0 \\ -(\lambda_s + \mu_s)P_s + \lambda_{s-1}P_{s-1} + \mu_{s+1}P_{s+1}, & 1 \leqslant s < n \\ -(\lambda_s + \mu_s)P_s + \lambda_{s-1}P_{s-1}, & s = n \end{cases} \tag{8.2}$$

记 $\boldsymbol{P}=[P_0,P_1,\cdots,P_n]^{\mathrm{T}}$，则式（8.2）可用矩阵形式描述为：

$$\dot{\boldsymbol{P}}=\boldsymbol{AP} \tag{8.3}$$

式中的 $\boldsymbol{A}$ 可表示为：

$$\boldsymbol{A}=\begin{bmatrix} -(\lambda_0+\mu_0) & \mu_1 & 0 & \cdots & 0 \\ \lambda_0 & -(\lambda_1+\mu_1) & \mu_2 & \ddots & \vdots \\ \vdots & \ddots & \ddots & \ddots & \vdots \\ \vdots & \ddots & \lambda_{n-2} & -(\lambda_{n-1}+\mu_{n-1}) & \mu_n \\ 0 & \cdots & 0 & \lambda_{n-1} & -(\lambda_n+\mu_n) \end{bmatrix}$$

图 8.1 所示曲线的迁入率、迁出率和平衡点 s_0 可表示为：

$$\mu_s=\frac{s}{n}E \tag{8.4}$$

$$\lambda_s=I\left(1-\frac{s}{n}\right) \tag{8.5}$$

$$s_0=\frac{nI}{I+E} \tag{8.6}$$

若 $E=I$，则图 8.1 就会变为图 8.2，迁入率和迁出率满足式（8.7）。

$$\lambda_s+\mu_s=E \tag{8.7}$$

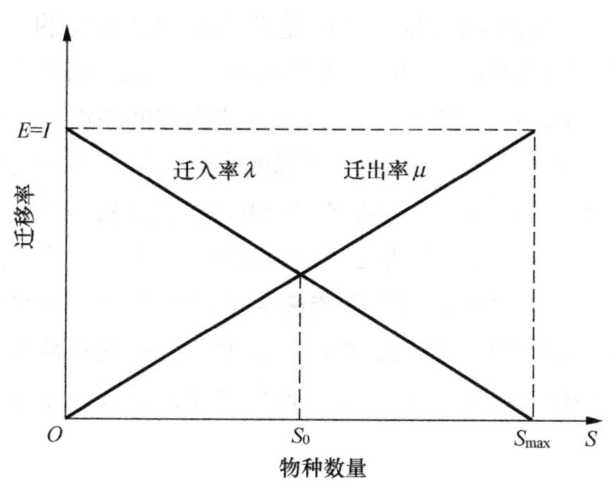

图 8.2 栖息地物种多样性模型（$E=I$）

此时，矩阵 $\boldsymbol{A}$ 可以进一步被化简成式（8.8）所示的形式。

$$\boldsymbol{A}=E\begin{bmatrix} -1 & \frac{1}{n} & 0 & \cdots & 0 \\ \frac{n}{n} & -1 & \frac{2}{n} & \ddots & \vdots \\ \vdots & \ddots & \ddots & \ddots & \vdots \\ \vdots & \ddots & \frac{2}{n} & -1 & \frac{n}{n} \\ 0 & \cdots & 0 & \frac{1}{n} & -1 \end{bmatrix}=EA' \tag{8.8}$$

西蒙通过计算得出，当矩阵 $\boldsymbol{A}'$ 的特征值为 0 时，其对应的特征向量如式（8.9）所示。

$$\boldsymbol{v} = [v_1, v_2, \ldots, v_{n+1}]^{\mathrm{T}} \tag{8.9}$$

式中，

$$v_i = \begin{cases} \dfrac{n!}{(n-1-i)!\ (i-1)!}, & i = 1, \cdots, \lceil (n+1)/2 \rceil \\ v_{n+2-i}, & i = \lceil (n+1)/2 \rceil + 1, \cdots, n+1 \end{cases} \tag{8.10}$$

式中，⌈ ⌉表示向上取整。

设某栖息地的物种数处于稳定状态，则概率表达式如（8.11）所示。

$$P(n) = \frac{v_i}{\sum_{i}^{n+1} v_i} \tag{8.11}$$

BBO 算法将优化问题的每个解看成一个栖息地。解的适应度越高，表示栖息地拥有的物种越多，其迁出率就越高、迁入率就越低；反之，其迁出率越低、迁入率越高。

8.3 生物地理学优化算法的基本流程

BBO 算法根据上述物种迁移的基本原理，通过栖息地之间的物种迁移进行信息交互，以提高栖息地的物种多样性，改善栖息地的 HSI，进而得到 HSI 最优的栖息地个体。若将每个栖息地个体对应为优化问题的可能解，则栖息地的温度、湿度、降雨量、植被分布情况等 SIV 将被作为优化问题每个可能解中的各个分量，栖息地的适宜度指数将被作为评价解集优劣的适应度函数。一个栖息地的 HSI 越高，表示该栖息地个体越优，对应的候选解质量越优。栖息地中物种的迁移机制相当于优化算法中主要的进化机制。HSI 较低的栖息地由于吸收了从 HSI 较高的栖息地中迁出的新生物种群，故提高了自身的物种多样性，并改善了自身的 HSI。这一过程相当于较优个体将部分优异的方向信息传递给了较差个体，以指导较差个体进行进化。BBO 算法通过模拟生物地理学中的物种迁移和物种变异过程来对种群进行不断演化，可完成对优化问题的求解。在 BBO 算法中，两个主要操作分别是迁移操作和变异操作。

8.3.1 迁移操作

栖息地利用迁移操作与其他栖息地进行信息交换，从而对解的搜索空间进行广域搜索。迁移操作的目的是在不同解之间进行信息分享，其中好的解倾向于把自身的信息传播给其他解，而差的解则倾向于从其他解中接收信息。在具体实现时，BBO 算法的每次迭代都会考察种群中的每个解 H_i，设其迁入率和迁出率分别为 λ_i 和 μ_i，则其每个分量都有 λ_i 的概率被修改（即进行迁入）；如果要迁入，则以迁出率 μ_j 为概率从种群中选择一个迁出解 H_j（选择方法可参考遗传算法中的轮盘赌选择方法），再将 H_i 的当前分量替换为 H_j 的对应分量。对 H_i 的所有分量都执行完上述操作后，就产生了一个新解 H_i'。算法通过比较 H_i 和 H_i' 的适应度，会将适应度更高的一个保留在种群中。

上述迁移操作的过程可用算法过程 8-1 所示的伪代码来描述，其中，D 表示问题的维度，即解向量的长度，rand 用于生成一个[0,1]区间内的随机数。

算法过程 8-1 BBO 算法的迁移操作

```
1.for (d=1;d≤D;d++)
2.{
3.    if (rand<λ_i)
4.    {
5.        根据迁出率μ_i，从种群中选出另一个栖息地H_j；
6.        H_i(d)←H_j(d)；
7.    }
8.}
```

其中，第 5 行代码表示按迁出率选取一个迁出解 H_j，每个解被选中的概率与其迁出率 μ_j 成正比，这类似于遗传算法中的轮盘赌操作。

很显然，BBO 算法的迁移操作也是一种随机操作：对于被迁入的解，其不同分量可能被替换成其他不同解中的对应分量，但不一定每个分量都会被替换。较好的解可能有分量被迁入，而较差的解则可能有分量向外迁出，只不过概率较小而已。

8.3.2 变异操作

一些重大突发事件会急剧改变一个自然栖息地的某些性质，从而改变 HSI 并导致物种数量发生显著变化。例如：疾病和自然灾害等突发事件能够彻底地改变栖息地个体的生存环境，导致该栖息地的物种数量脱离平衡点。具有较多或者较少物种均会使栖息地的物种数量概率较低，而物种数量在平衡点 S_0 附近时物种数量概率较高。也就是说，具有物种数量较少或较多的栖息地，比物种数量处于平衡点时的栖息地更容易受到外界干扰而发生突变。由于具有较低物种数量概率的栖息地个体更容易发生变异，因此，栖息地的物种变异率与其物种数量概率成反比。BBO 算法将这种情况建模为 SIV 变异。公式（8.2）描述了一个栖息地的物种数量概率，它决定了栖息地的变异率。物种数量过多或过少时，物种数量概率都相对较低。在中等的物种数量下（接近平衡点），物种数量概率较高。

对应地，BBO 算法给种群中的每个解 H_i 都赋予了一个关联的物种数量概率 P，其中适应度偏高或偏低的解的概率较低，而中等适应度的解的概率较大。解 H_i 的变异率 π_i 与物种数量概率成反比，它们之间的关系如式（8.12）所示。

$$\pi_i = \pi_{\max}\left(\frac{1-P_i}{P_{\max}}\right) \tag{8.12}$$

式中，最大变异率 $\pi_{\max}$ 是一个控制参数，$P_{\max}$ 为所有物种数量概率的最大值。

在具体实现时，BBO 算法的每次迭代都会考察种群中的每个解 H_i，并会使解的每个分量都有 π_i 的概率发生变异。假设需要求解的问题是一个连续优化问题，其第 d 维的取值范围为 $[l_d, u_d]$，则 BBO 算法的变异操作过程可用算法过程 8-2 所示的伪代码来描述。

算法过程 8-2 BBO 算法的变异操作

```
1. for (d=1;d≤D;d++)
2.{
3.        if (rand<π_i)
```

```
4.            H_i(d) ← l_d + rand * (u_d - l_d) ;
5.}
```

其中，第 4 行代码就是在第 d 维的取值范围内取一个随机值，这种方式也适用于取值范围为离散的情况，只不过随机取值的形式不同而已。而对于各维变量之间存在相关性的组合优化问题（如 TSP 问题等），则需要设计专门的变异操作。

BBO 算法的变异机制有利于提高种群的多样性。适应度较低的解易发生变异，这使它们有了提高自身优势的机会；适应度较高的解也易发生变异，这能避免其在种群中占据较大的优势而导致早熟收敛。当然，算法可以采用精英策略来避免种群中的最优解被破坏，如对最优解进行备份并在需要时恢复之。

BBO 算法的另一种实现对变异操作进行了简化，不再去计算每个解的物种数量概率和变异率，而是简单地取种群中适应度排名靠后的部分解（如后 30%的解）进行变异，它们的每个分量可以取统一的变异率，如统一取变异率为 0.03。

8.3.3 算法框架

以迁移和变异操作为基础，可将 BBO 算法的基本框架总结如下。

步骤 1：随机生成问题的一组初始解，构成初始种群。

步骤 2：计算种群中每一个解的适应度，并依次计算每个解的迁入率、迁出率和变异率。

步骤 3：更新当前已找到的最优解 H_{best}，若 H_{best} 不在当前种群中，则将其加入当前种群。

步骤 4：如果算法满足终止条件，则返回当前已找到的最优解，算法结束；否则，转至步骤 5。

步骤 5：对种群中的每个解，按算法过程 8-1 进行迁移操作。

步骤 6：对种群中的每个解，按算法过程 8-2 进行变异操作，然后转至步骤 2。

步骤 3 包含了精英策略，它要求当前种群中的最优解要么被改进，要么保留到下一代中。

在西蒙提出的最新 BBO 算法版本中，迁移操作并不修改现有的解，而是会生成一个新解，并将两个解中较优的一个保留在种群中。这种方式也自然地包含了精英策略。

在 BBO 算法实现过程中，式（8.4）和式（8.5）中的物种数量 s 可用解的适应度函数值替换，那么计算栖息地 H_i 的迁入率和迁出率的公式分别如式（8.13）和式（8.14）所示。

$$\lambda_i = I\frac{f_{max} - f(H_i)}{f_{max} - f_{min}} \tag{8.13}$$

$$\mu_i = E\frac{f(H_i) - f_{min}}{f_{max} - f_{min}} \tag{8.14}$$

式中，f_{max} 和 f_{min} 分别表示当前种群中适应度的最大值和最小值。如果问题是求目标函数的最小值，那么物种多样性应与目标函数值成反比。

BBO 算法的另一种实现方式是算法中群体在进行物种迁移和变异操作之前，物种的迁入率和迁出率按如下方法进行确定：将种群中的个体按适应度值由大到小排序，再根据式（8.15）和式（8.16）计算排第 i 位的个体的迁入率和迁出率。

$$\lambda_i = I\frac{i}{n} \tag{8.15}$$

$$\mu_i = E\left(1-\frac{i}{n}\right) \tag{8.16}$$

在求解一般连续优化问题时，BBO 算法的参数建议设置为：种群大小 $N=50$，最大迁移率 $E=I=1$，最大变异率 $\pi_{max}=0.01$。如果想针对具体问题取得更好的优化性能，则需要通过实验来进一步调节参数。

8.4 改进的生物地理学优化算法

8.4.1 混合型迁移操作

迁移操作是 BBO 算法的核心操作，因此最早对 BBO 算法的改进研究包括迁移操作方式和迁移概率模型的改进。

马海平和西蒙提出了一种混合型 BBO（Blended-Biogeography Based Optimization，B-BBO）算法。受到遗传算法混合交叉操作的启发，该算法提出了一种改进的混合型迁移操作来替代原始 BBO 算法中的迁移操作，即在对解 H_i 进行迁移时，将 H_i 的当前分量和根据迁出率选定的迁出解 H_j 的对应分量进行混合，其操作形式如式（8.17）所示。

$$H_i^{'}(d) = \alpha H_i(d) + (1-\alpha)H_j(d) \tag{8.17}$$

式中，α 是一个[0,1]区间内的实数，它可以取一个预定义的值（如 0.6），也可以取一个随机值。从式（8.17）可以看出，混合迁移是原始迁移的一般化表示，当 α=0 时，混合迁移操作就变成了原始的迁移操作。

混合迁移操作将当前解自身的特征信息与来自迁出解的特征信息进行组合，不仅通过保持原始迁移操作中信息交互的功能提高了自身解的质量，而且进一步避免了因迁移操作的存在导致原本较优的解产生质量下降的现象出现，同时混合迁移操作也比原始的迁移操作更能提高解的多样性。在典型单目标约束优化标准函数上的实验结果表明，B-BBO 算法的性能要优于原始 BBO 算法。

在迁移概率模型的改进中，原始 BBO 算法采用了最简单的线性迁移模型，但是生态系统本质上是非线性的，系统中某一部分的微小改变可能会对整个系统产生复杂的影响，因此实际的物种迁移过程比线性模型所描述的情况更为复杂。马海平总结了多种非线性的迁移模型，并从中选择了几种具有代表性的模型来研究非线性迁移行为对算法性能的影响，其中二次迁移模型和正弦迁移模型的效果较好，为此，这里仅介绍这两种非线性迁移模型。

对于二次迁移模型而言，物种数量为 s 的栖息地的迁入率和迁出率分别按式（8.18）和式（8.19）进行计算。

$$\lambda_s = I\left(1-\frac{s}{n}\right)^2 \tag{8.18}$$

$$\mu_s = E\left(\frac{s}{n}\right)^2 \tag{8.19}$$

这样，λ_s 和 μ_s 就都是 s 的二次凸函数，如图 8.3 所示。

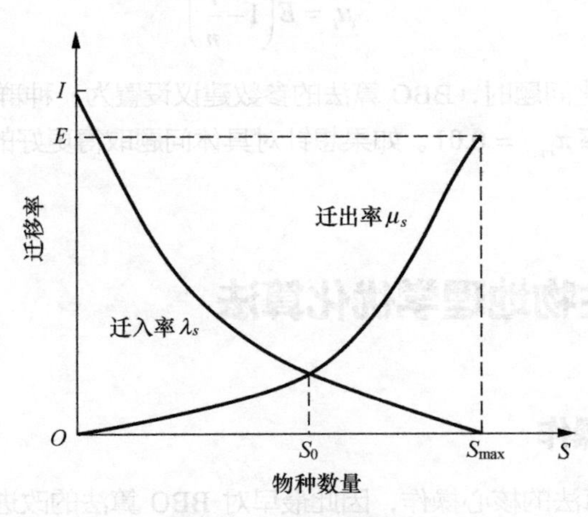

图 8.3　二次迁移模型

该模型基于岛屿生物地理学中的一个实验测试理论，即栖息地的迁移率是栖息地大小和地理邻近度的一个二次函数：如果栖息地拥有较少的物种数量，那么迁入率就会从最大迁入率开始迅速减小，而迁出率则会从零开始缓慢增大；当栖息地中的物种数量趋近于饱和状态时，迁入率会逐渐减小，而迁出率会快速增大。

对于正弦迁移模型而言，其迁入率和迁出率按式（8.20）和式（8.21）进行计算。

$$\lambda_s = \frac{I}{2}\left(1+\cos\frac{s\pi}{n}\right) \tag{8.20}$$

$$\mu_s = \frac{E}{2}\left(1-\cos\frac{s\pi}{n}\right) \tag{8.21}$$

这样，λ_s 和 μ_s 就都是 s 的三角函数，如图 8.4 所示。

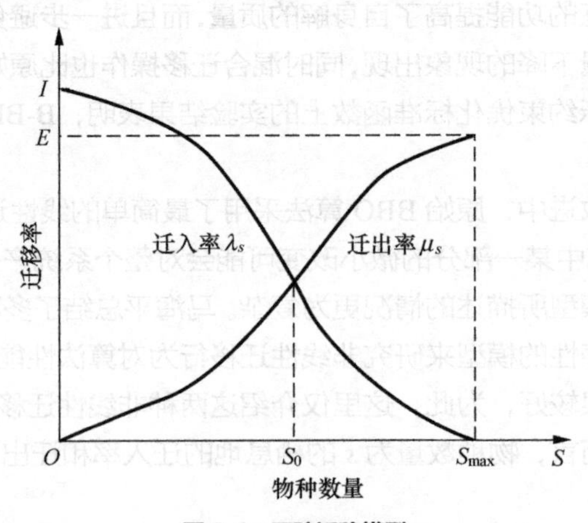

图 8.4　正弦迁移模型

该模型描述的曲线更加符合自然界中栖息地的实际情况，因为它将诸如捕食者与猎物的关系、物种的流动、物种的进化以及种群大小等因素都考虑在内，这些因素使得迁移曲线的形状类似于正弦曲线。当栖息地拥有较少或大量的物种数量时，迁入率和迁出率都将从各自的极值处开始缓慢改变；而当栖息地拥有中等数量的物种时，迁移率将从平衡值处开始迅速变化，这意味着自然界中的栖息地需要花费很长的时间来达到物种数量平衡的状态。

8.4.2 局部化生物地理学优化算法

原始的 BBO 算法使用的是全局拓扑结构，全局拓扑结构指的是任意两个栖息地之间都有可能发生迁移操作。如果种群中当前最优的栖息地陷入了局部最优，其信息会有很大的概率不断地迁移给其他栖息地，从而会导致算法陷入局部最优。为解决这一问题，可以通过引入局部拓扑结构来提高算法性能。

和全局拓扑结构不同，在局部拓扑结构中，每个个体只与种群中的一部分其他个体相连。由于个体不能与不相邻的其他个体直接交互，因此信息在种群中的传播速度比较慢，从而导致算法的收敛速度也比较慢。但是，这种慢速传播也有好处，即算法不容易陷入局部最优。

在局部拓扑结构中，每个个体主要向其邻域中的最优个体（也被称为局部最优个体）学习。一方面，不同邻域中的局部最优个体通常会散布在解空间的不同位置；另一方面，每个局部最优个体都对所有邻居占据明显优势的可能性比较小，这样，算法就不会很快陷入某个局部最优，在较长的搜索过程中，其更有可能发现新的有价值的搜索区域，从而更有可能跳出局部最优并继续进行全局搜索。

基于以上思想，将引入了不同局部拓扑结构的算法统称为局部化生物地理学优化（Local Biogeography-Based Optimization，Local-BBO）算法。

1. 基于环形拓扑结构的迁移

环形拓扑结构是最简单的局部拓扑结构，种群中的每个个体只与其前后两个个体相互连接，这样所有个体之间首尾相连形成了环形，如图 8.5 所示。很显然，环形拓扑结构的平均邻域规模为 2，其缺点是种群中的信息传输较慢，优点是平衡性较好。

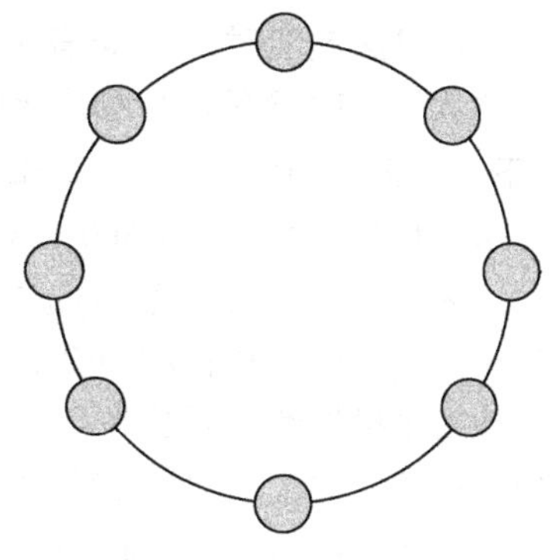

图 8.5 环形拓扑结构示意

在算法实现时，若种群中所有 N 个个体都存放在一个数组 $\boldsymbol{X}$ 中，则每个个体 $\boldsymbol{X}[i]$ 的两个邻居分别是 $\boldsymbol{X}[(i-1)\%N]$ 和 $\boldsymbol{X}[(i+1)\%N]$。

设种群中有 N 个栖息地，它们以解向量的形式存放在数组 $\boldsymbol{H}$ 中，其中第 i 个栖息地用 H_i 表示。在环形结构中，栖息地 H_i 只与其左右两个栖息地 $\boldsymbol{H}[(i-1)\%N]$ 和 $\boldsymbol{H}[(i+1)\%N]$ 相邻，记这两个邻居栖息地在数组中的索引分别为 i_1 和 i_2。在对 H_i 进行迁移操作时，选择左邻居作为迁出栖息地的概率是 $\mu_{i_1}/(\mu_{i_1}+\mu_{i_2})$，选择右邻居的概率是 $\mu_{i_2}/(\mu_{i_1}+\mu_{i_2})$。

算法过程 8-3 是描述环形拓扑结构上的迁移操作过程的伪代码，其中，D 表示问题的维数，即解向量的长度，rand 用于生成一个[0,1]区间内的随机数，f 表示解的适应度函数。

算法过程 8-3 基于环形拓扑结构的迁移操作

```
1.for (d=1;d≤D;d++)
2.{
```

```
3.  if (rand < λ_i)
4.  {
5.       i1 = (i-1)%N, i2 = (i+1)%N;
6.       if (rand < μ_i1 / (μ_i1 + μ_i2))
7.            H_j ← H_i1
8.       else
9.            H_j ← H_i2
10. }
11.  H_i(d) ← H_j(d)
12.}
```

值得注意的是，在原始 BBO 算法中，每一维的迁移操作都要从整个种群中寻找迁出栖息地，因此操作的计算复杂度是 $O(N)$。而在使用了环形结构后，每次执行迁移操作只需要从左右两个邻居中寻找迁出栖息地即可，操作的计算复杂度是 $O(2)$。因此，原始 BBO 算法每次迭代的计算复杂度是 $O(N^2D)$，而基于环形结构的 BBO 算法每次迭代的计算复杂度下降为 $O(2ND)$。

2. 基于矩形拓扑结构的迁移

矩形拓扑结构也是一种常用的局部拓扑结构，种群中每个个体与其上下左右四个个体相互连接，如图 8.6 所示。很显然，矩形拓扑结构的平均邻域规模为 4，其信息传输速度会比环形结构快很多。

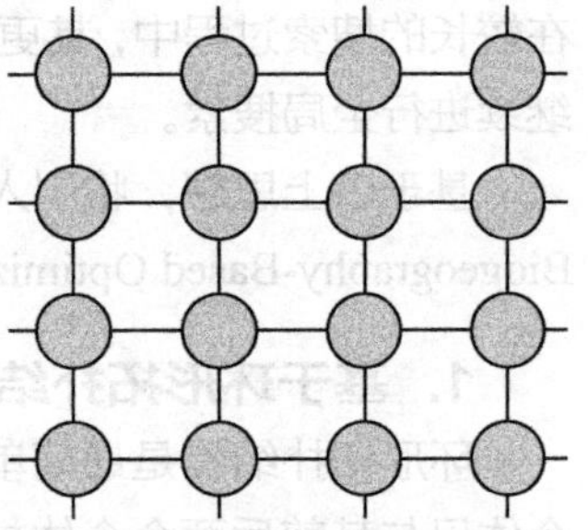

图 8.6 矩形拓扑结构示意

在算法实现时，设种群的个体数量为 $N=K^2$，则其中每个个体 $\boldsymbol{X}[i]$ 的 4 个邻居分别是 $\boldsymbol{X}[(i-K)\%N]$（上）、$\boldsymbol{X}[(i+K)\%N]$（下）、$\boldsymbol{X}[(i-1)+K_1]$（左）和 $\boldsymbol{X}[(i+1)-K_2]$（右），其中 K_1 在 $i\%K=0$ 时为 K，否则为 0；K_2 在 $(i+1)\%K=0$ 时为 K，否则为 0。

还有一种表示方式，用 ω 表示矩形结构的网格宽度，为了不失一般性，设种群大小 N 是 ω 的整数倍。同样采用数组形式来表示种群，并按照矩形结构从左到右、从上到下的顺序来依次存放各个栖息地，栖息地 H_i 的 4 个邻居分别是 $H_{(i-1)\%N}$、$H_{(i+1)\%N}$、$H_{(i-\omega)\%N}$、$H_{(i+\omega)\%N}$。在执行迁移操作时，采用轮盘赌方法从 H_i 的这 4 个邻居中选择一个作为迁出栖息地。

算法过程 8-4 是描述这种矩形拓扑结构上的迁移操作过程的伪代码。

算法过程 8-4　基于矩形拓扑结构的迁移操作

```
1.for (d = 1; d ≤ D; d++)
2.{
3.  if (rand < λ_i)
4.  {
5.       i1 = (i-1)%N, i2 = (i+1)%N, i3 = (i-ω)%N, i4 = (i+ω)%N;
6.       r = rand ;
7.       if (r < μ_i1)
8.            H_j ← H_i1 ;
```

```
9.        else if (r<(μ_{i1}+μ_{i2}))
10.            H_j ← H_{i2}
11.       else if (r<(μ_{i1}+μ_{i2}+μ_{i3}))
12.            H_j ← H_{i3};
13.       else
14.            H_j ← H_{i4};
15.       H_i(d) ← H_j(d);
16.   }
17.}
```

类似地，上述过程中选择迁出栖息地的计算复杂度是O(4)，因此基于矩形拓扑结构的BBO算法每次迭代的计算复杂度是O(4ND)。

3. 基于随机拓扑结构的迁移

在基于环形和矩形拓扑结构的种群中，每个个体的邻域都是固定的。而随机拓扑结构则是一种更为广义的局部拓扑结构，其中的每个个体的邻域个体都是从种群中随机选择的。在设置随机拓扑结构时，通常会先指定一个参数K作为邻域规模，然后为每个个体随机选择K个邻居。这种邻域结构可利用链表进行维护。对于随机拓扑结构而言，算法通常需在执行若干次迭代后重置邻域，即为每个个体重新随机选择K个邻居。

环形拓扑结构和矩形拓扑结构的邻域大小分别固定为2和4，但在随机拓扑结构中，我们可以根据需要来设置拓扑结构中邻域的平均规模$K(0<K<N)$。

在算法实现时，可以使用一个$N \times N$的邻接矩阵Link来维护随机拓扑结构。对任意两个栖息地H_i和H_j，$\text{Link}(i,j)=1$表示两者相邻，$\text{Link}(i,j)=0$表示两者不相邻。

假设K的值已经确定，那么如何来随机地初始化矩阵Link呢？一个简单的方法是为每个栖息地随机选择K个邻居。然而，这种方法有以下两个缺陷。

（1）K必须是整数，这使它的可调整度不高。

（2）种群中所有栖息地拥有相同数量的邻居，这在有些应用场景下并不合适。例如：在从社交网络上抽象出来的模型中，不同个体的邻域规模往往不同。

这里采用另一种更有效的方法来随机地初始化矩阵Link，即设置任意两个栖息地相邻的概率为$K/(N-1)$，这样，整个种群的平均邻域规模也是K。这种方法有以下两个优点。

（1）K可以是小数，这样就能针对具体问题对该参数进行充分调整。

（2）种群中不同栖息地的邻居数量各不相同，涵盖了0和（N–1）之间的所有数值，这更加丰富了邻域结构的实际形式，有助于提高算法的性能，特别是其求解多峰优化问题的能力。

这种初始化种群邻接矩阵的伪代码如算法过程8-5所示。

算法过程8-5　初始化随机拓扑结构的邻接矩阵Link

```
1.邻接矩阵Link初始化;
2. p=K/(N-1);
3.for (i=1;i≤N;i++)
4.    for (j=1;j≤N;j++)
5.        if (rank<p)
```

```
6.            Link(i, j) = Link(j,i) = 1 ;
7.        else
8.            Link(i, j) = Link(j,i) = 0 ;
```

这里的迁移操作同样是采用轮盘赌方法来选择迁出栖息地，其伪代码如算法过程 8-6 所示。

算法过程 8-6　基于随机拓扑结构的迁移操作

```
1. for (d=1;d≤D;d++)
2.   if (rand<λ_i)
3.   {
4.        e=0,J={} ;
5.        for (j=1;j≤N;j++)
6.             if ((j≠i)&&(Link(i,j)=1))
7.                  e=e+μ_j,J=J∪{j} ;
8.        k=0,j=J(0),c=μ_j,r=rand×e ;
9.        while ((c<r)&&(k<|J|))
10.            k=k+1,j=J(k),c=c+μ_j ;
11.       H_i(d)←H_j(d) ;
12.  }
```

类似地，上述过程中选择迁出栖息地的计算复杂度是 O(K)，因此基于随机结构的 BBO 算法每次迭代的计算复杂度是 O(KND)。

在问题求解过程中，可根据种群所处的状态来决定是否要重置邻域结构。具体的重置策略有多种，如每次或固定若干次迭代后进行重置，或在当前最优解经过一次或若干次迭代后没有改善时进行重置。

4. Local-BBO 算法流程

用算法过程 8-3 或算法过程 8-4 去替换 BBO 算法基本框架中的步骤 5，可得到基于环形拓扑结构或矩形拓扑结构的局部化 BBO 算法框架。基于随机拓扑结构的局部化 BBO 算法的基本步骤描述如下（其中，$N_{I_{\max}}$ 表示最优解无改善的迭代次数上限，即如果算法连续进行 $N_{I_{\max}}$ 次迭代后其最优解仍无改善，则重置邻接矩阵 Link）。

步骤 1：随机生成一个初始种群。

步骤 2：根据算法过程 8-5 生成一个初始连接矩阵 Link，并令 $N_I = 0$。

步骤 3：计算种群中每个解的适应度值，并依次计算每个解的迁入率、迁出率和变异率。

步骤 4：若在 $N_{I_{\max}}$ 次迭代中找到了新的最优解 H_{best}，则将其加入种群。否则，按照算法过程 8-5 重置连接矩阵 Link。

步骤 5：如果算法满足终止条件，则当前已找到的最优解为最终最优解，算法结束；否则，进行步骤 6。

步骤 6：根据算法过程 8-6 对种群中的每个解进行迁移操作。

步骤 7：根据算法过程 8-2 对种群中的每个解进行变异操作，然后转至步骤 2。

8.4.3 生态地理学优化算法

使用局部拓扑结构可对 BBO 算法进行有效改进，但其仅能改变迁出栖息地的选择范围，而不能对迁移操作本身进行修改。因此，研究者借鉴生态地理学模型的思想在 Local-BBO 算法的基础上进一步定义了全新的迁移操作，从而得到了 BBO 算法的重大改进算法——生态地理学优化（Ecogeography-Based Optimization，EBO）算法。

1. 生态地理学概述

在 8.2 节介绍的生物地理学迁移模型中，迁移可以发生在任意两个栖息地之间。迁移率只与栖息地的物种多样性有关，而与栖息地到栖息地的迁移路径无关。由此可见该模型对现实情况做了极大的简化，特别是忽略了迁移过程中的各种生态阻隔因素。

在生物地理学的研究过程中，有学者认为物种通常是在某个中心位置诞生，而后该物种的一些个体会偶然地散布到其他地方，并受自然选择的影响而发生变化，这种解释被称为散布说。另一种观点则认为物种的祖先一开始就被分隔在较为广泛的区域，它们的后代在自己的区域里繁衍生息，这种解释被称为阻隔说。两种学说都承认生态阻隔的存在。散布说认为物种的初始种群就被阻隔所包围，但某些个体可以穿越阻隔去开拓新的栖息地，最后其很有可能会演变为新的种类，如图 8.7 所示。阻隔说则认为物种的初始种群会被它们所不能穿越的阻隔划分为若干个子种群，并很有可能演变为不同的新种类，如图 8.8 所示。总之，散布说认为阻隔的出现早于物种的诞生，而阻隔说认为阻隔的出现晚于物种的诞生。

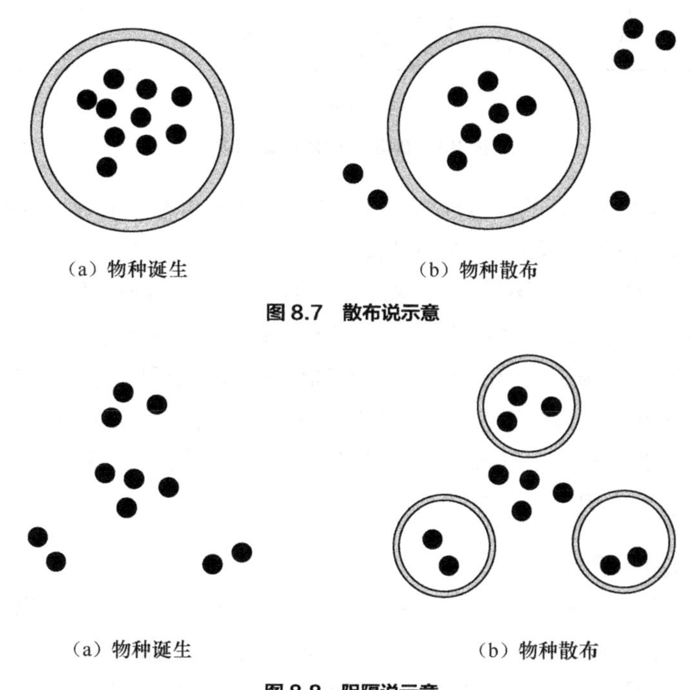

（a）物种诞生　　（b）物种散布

图 8.7　散布说示意

（a）物种诞生　　（b）物种散布

图 8.8　阻隔说示意

杂交种群之间的基因交换会因为新阻隔的出现而中断，这种生态阻隔的演化被认为是物种形成的决定性因素之一。两个被完全阻隔的栖息地之间一般不会存在任何物种相似性。除此之外，栖息地之间的迁移路径可以根据阻隔程度的不同划分为以下 3 类。

（1）廊道（Corridors）：迁移是畅通的，几乎没有任何阻隔，如平原和草原等。廊道所连接的栖息地之间的物种相似性一般会非常高。

（2）滤道（Filter Bridges）：能够使部分生物体通过，如山脉等。滤道所连接的栖息地之间的物种相似性与连接所需的时间大致成反比。

（3）险道（Sweepstakes Route）：只有极少数的生物体才能通过，如海峡等。险道所连接的栖息地之间的物种相似性极低。

图 8.9 分别给出了这 3 类通道的示意。

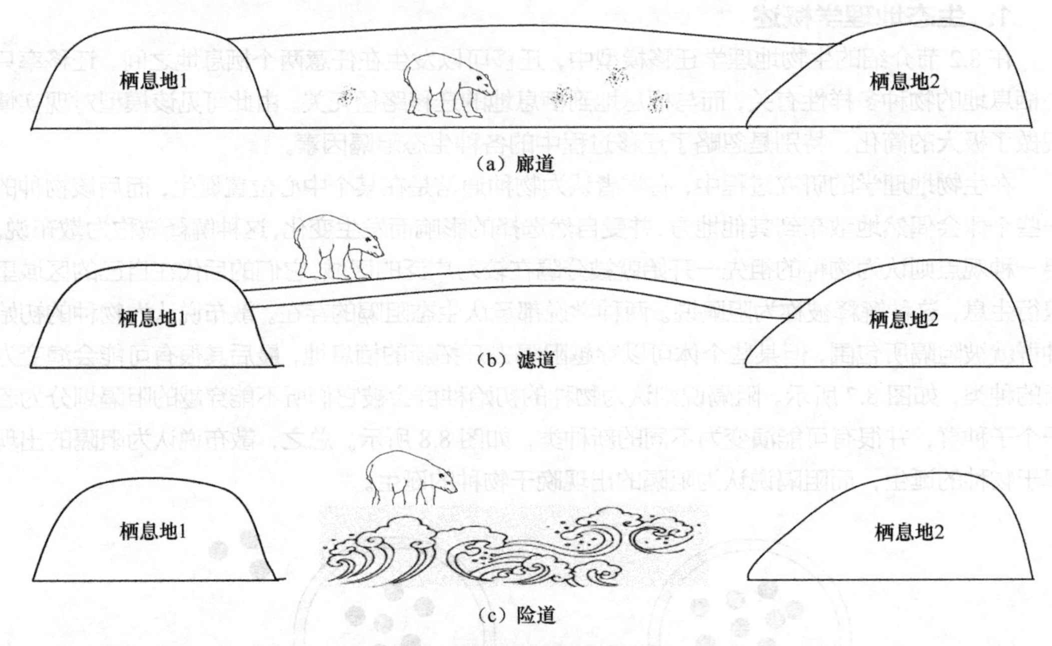

图 8.9　廊道、滤道和险道示意

当迁移的物种到达一个新的栖息地时，如果该栖息地的生态系统很不成熟，而迁入物种对栖息地的环境适应度又很高（如栖息地中没有任何该物种的天敌等），则物种会在栖息地迅速繁衍；如果当前栖息地的生态系统较为成熟，则栖息地上的原有物种通常会和迁入物种展开激烈的竞争，竞争的结果可能是一方占明显优势，另一方退居弱势乃至逐步消亡，也有可能是双方共存并逐步达到新的平衡，共存的比例由双方物种对环境的适应度来决定。所以，在实际生态系统中，栖息地之间的迁移绝不仅仅取决于其物种的多样性，而且在很大程度上会取决于外部环境特别是生态阻隔等情况。迁移的结果不仅取决于迁入的物种，还取决于栖息地原有生态系统对迁入的“阻抗”作用。

2. EBO 算法原理

EBO 算法也采用了局部拓扑结构，每个栖息地只与种群中的其他一部分栖息地相连。和原始 BBO 算法相比，采用局部拓扑结构能够提高种群的多样性且能避免早熟，但同时也会降低算法的收敛速度。因此，EBO 算法的设计策略同 Local-BBO 算法有的一个重要区别是不相邻的栖息地之间并不是完全隔离的，即相邻栖息地之间的迁移路径若被看成廊道，则不相邻的栖息地之间的迁移路径会被看成滤道或险道。换言之，EBO 算法既允许相邻栖息地之间的迁移，也允许不相邻栖息地之间的迁移，这两种迁移方式分别称为局部迁移和全局迁移。

（1）局部迁移和全局迁移

局部迁移发生在相邻的栖息地之间。设 H_i 为接受迁移的栖息地，在对解向量的第 d 维进行迁移时，首先在 H_i 的邻居中按照迁出率选出一个迁出栖息地 H_{nb}，然后执行如式（8.22）所示的操作。

$$H_i(d) = H_i(d) + \alpha(H_{nb}(d) - H_i(d)) \tag{8.22}$$

式中，α 为一个 0~1 的系数，称为“进化动力”系数；$(H_{nb}(d) - H_i(d))$ 项称为两个栖息地之间的“生态差异”，它模拟了两个栖息地之间的物种竞争。生态差异和进化动力系数越大，H_{nb} 对 H_i 的作用越明显。很显然，如果生态差异为 0 或进化动力系数为 0，则迁移操作不会产生任何效果；如果进化动力系数取最大值 1，则迁移操作的结果等于迁入解的分量，这相当于传统 BBO 算法的迁移操作。

全局迁移同时发生在相邻和不相邻的栖息地之间。设 H_i 为接受迁移的栖息地，迁移发生在解向量的第 d 维，此时需要同时选定一个相邻的迁出栖息地 H_{nb} 和一个不相邻的迁出栖息地 H_{far}，而后执行如式（8.23）所示的操作。

$$H_i(d) = \begin{cases} H_{far}(d) + \alpha(H_{nb}(d) - H_i(d)), & f(H_{far}) > f(H_{nb}) \\ H_{nb}(d) + \alpha(H_{far}(d) - H_i(d)), & f(H_{far}) \leqslant f(H_{nb}) \end{cases} \tag{8.23}$$

式中，f 为栖息地的适应度函数。由式（8.23）可知，全局迁移有两个迁入栖息地，其中适应度较高的一个作为主要迁入栖息地，另一个作为次要迁入栖息地。在这个模拟中，主要迁入栖息地占据主导作用，次要迁入栖息地则需要与原栖息地之间进行物种竞争。

当 α 取 0 和 1 之间的随机数时，算法在大部分测试函数上会表现出较好的性能。当然对于一些具体问题，也可以将 α 设为一个固定值，并通过反复测试来寻找 α 的最佳取值。

（2）成熟度控制

EBO 算法允许同时进行局部迁移和全局迁移，那么具体到每一次迁移操作，算法是执行局部迁移还是全局迁移呢？这是通过一个称为不成熟度（Immaturity）的参数 η 来控制的：每次迁移操作有 η 的概率会执行全局迁移，有 $(1-\eta)$ 的概率会执行局部迁移。

设置 η 的一种简单做法是将 η 设置为 $[0,1]$ 区间内的一个常数，其值越大则全局迁移的概率越大，反之则局部迁移的概率越大。当设置 $\eta = 0.5$ 时，全局迁移和局部迁移的概率相等。

受生态地理学思想的启发，这里将算法的整个种群视为一个生态系统，算法开始运行时，系统的成熟度较低，各栖息地的物种入侵阻隔较小，全局迁移占据主导地位；随着算法迭代次数的增加，系统的成熟度不断提高，各栖息地的物种入侵阻隔也会越来越大，局部迁移将逐步占据主导地位。因此，EBO 算法会设置一个初始不成熟度 η_{max} 和一个终止不成熟度 η_{min}，并在迭代过程中按照式（8.24）来更新不成熟度 η。

$$\eta = \eta_{max} - \frac{t}{t_{max}}(\eta_{max} - \eta_{min}) \tag{8.24}$$

式中，t 为算法当前的迭代次数；t_{max} 为算法的最大迭代次数。如果算法限定的是最大函数估值次数，则也可以将 t 和 t_{max} 分别替换为当前的函数已估值次数和最大函数估值次数。

从迁移操作的作用来看，全局迁移更有利于个体在整个解空间内进行全局探索，局部迁移则注重个体在小范围内进行局部开发。因此，使 η 值随着算法迭代次数的增加而逐步递减的策略也符合进化算法的基本准则，即在早期更多地进行全局探索，在后期更多地进行局部开发。

在大部分测试函数上，η_{max} 的取值范围在 0.7 ~ 0.8 之间时较为合适，而 η_{min} 的取值范围在 0.2 ~ 0.4 之间时较为合适。同样，对于具体的应用问题，可通过反复测试来寻找参数的最佳取值。

3. EBO 算法流程

EBO 算法的总体框架和 BBO 算法是类似的，只是 EBO 算法中融合了全局迁移和局部迁移。另外，注意到式（8.22）所示的局部迁移操作和式（8.23）所示的全局迁移操作都对当前解分量进行了修改，这种方式能够有效提高解的多样性，因此 EBO 算法不再采用专门的变异操作。EBO 算法流程如下。

步骤 1：随机生成问题的一组初始解，计算其中每个解的适应度值，并令 $\eta=\eta_{\max}$。

步骤 2：按照迁移率模型计算每个解的迁入率和迁出率。

步骤 3：对种群中的每个解 H_i 依次执行以下操作。

步骤 3.1：将 H_i 复制一份，并将其记作 H_i'。

步骤 3.2：在解 H_i 的每一维上执行以下操作。

步骤 3.2.1：生成一个[0,1]区间内的随机数，如果其值大于 λ_i，则转下一维。

步骤 3.2.2：按照迁出率选出一个与 H_i 相邻的栖息地 H_{nb}。

步骤 3.2.3：生成一个[0,1]区间内的随机数，如果其值大于 η，则按式（8.22）执行局部迁移操作。

步骤 3.2.4：否则，再按照迁出率选出一个与 H_i 不相邻的栖息地 H_{far}，并按式（8.23）执行全局迁移操作。

步骤 3.3：计算迁移后的解 H_i 的适应度值，如果该值劣于原有的适应度值，则将 H_i' 保留在种群中；否则，用迁移后的 H_i 替换 H_i'。

步骤 4：根据式（8.24）对 η 值进行更新。

步骤 5：更新当前已找到的最优解。

步骤 6：如果终止条件满足，则返回当前已找到的最优解，算法结束；否则，转至步骤 2。

从上述流程可以看出 EBO 算法与原始 BBO 算法的另一个区别，即 EBO 算法不会修改已有的解，而是会首先将已有的解复制一份，然后进行迁移操作，最后将原始解和迁移后的解中较优的部分保留在种群中。

8.5 生物地理学优化算法的应用实例

例 8-1 用 BBO 算法求解 Ackley 函数极值问题。

解：Ackley 函数是一个复杂的非线性多峰函数。不同于单峰函数，多峰函数具有多个局部极值点。一般算法较难找到其全局最优解，且在求解时容易陷入局部最优而造成搜索停滞。因此，Ackley 函数主要用于考察算法的全局搜索能力。Ackley 函数的表达式如式（8.25）所示。

$$f(x)=-20\exp\left(-0.2\sqrt{\frac{1}{D}\sum_{i=1}^{D}x_i^2}\right)-\exp\left(\frac{1}{D}\sum_{i=1}^{D}\cos(2\pi x_i)\right)+20+\mathrm{e} \tag{8.25}$$

其搜索空间为 $[-32,32]^D$，最优解为 0，函数图形如图 8.10 所示。

1. 算法实现步骤

用 BBO 算法求解 Ackley 函数最小值的具体步骤如下。

步骤 1：初始化参数 S_{max}、I、E、m_{max}。随机产生 NP 个栖息地个体，构成初始种群 $\boldsymbol{H}=\{\boldsymbol{x}_i, i=1,2,\cdots,\mathrm{NP}\}$。栖息地个数 NP 和最大物种数量 S_{max} 均为 50，$I=E=1.0$，最大突变率 $m_{max}=0.01$；测试函数的维数 D 均取 32 维，迭代次数为 500。

步骤 2：计算每个栖息地个体 $\boldsymbol{x}_i$ 的 $f(\boldsymbol{x}_i)$，即栖息地 HSI。

步骤 3：将 $\boldsymbol{H}$ 中的栖息地个体 $\boldsymbol{x}_i$ 按其对应的 HSI 由高到低进行排序，根据公式 $S_i = S_{max} - i,\ \ i=1,2,\cdots,\mathrm{NP}$ 计算栖息地的物种数量 S_i，之后再根据公式 $\begin{cases}\lambda_i = I\left(1-\dfrac{S_i}{S_{max}}\right)\\ \mu_i = \dfrac{E\times S_i}{S_{max}}\end{cases}$ 计算栖息地 $\boldsymbol{x}_i$ 的迁入率 λ_i 和迁出率 μ_i。

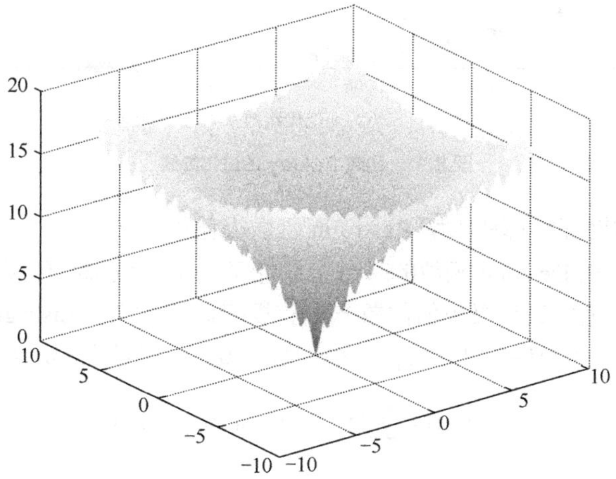

图 8.10 Ackley 函数图形

步骤 4：基于迁入率 λ_i 和迁出率 μ_i，根据公式 $\boldsymbol{x}_{i,j} = \boldsymbol{x}_{k,j}, i,k\in\{1,2,\cdots,\mathrm{NP}\}, j\in\{1,2,\cdots,D\}$ 对 $\boldsymbol{H}$ 中栖息地 $\boldsymbol{x}_i$ 进行物种迁移操作。

步骤 5：根据公式 $P_i = \begin{cases}-(\lambda_i+\mu_i)P_i + \mu_{i+1}P_{i+1}, & S_i = 0\\ -(\lambda_i+\mu_i)P_i + \lambda_{i-1}P_{i-1} + \mu_{i+1}P_{i+1}, & 1\leqslant S_i \leqslant (S_{max}-1)\\ -(\lambda_i+\mu_i)P_i + \lambda_{i-1}P_{i-1}, & S_i = S_{max}\end{cases}$ 计算栖息地个体 $\boldsymbol{x}_i$ 的物种概率 P_i，并根据公式 $m_i = m_{max}\left(1-\dfrac{P_i}{P_{max}}\right)$ 求栖息地 $\boldsymbol{x}_i$ 的变异率 m_i。

步骤 6：根据变异率 m_i 对 $\boldsymbol{H}$ 中的栖息地 $\boldsymbol{x}_i$ 进行物种变异操作。

步骤 7：判断算法是否满足终止条件。若满足，则继续步骤 8，否则，转到步骤 2。

步骤 8：输出最优栖息地个体。

2. 实验仿真结果

仿真环境为：MATLAB R2016b，英特尔奔腾处理器 G620@2.6GHz，8G 内存，具体实现程序详见本书配套的电子资源。

为了考察算法的寻优性能，使算法进行了 30 次独立运行，运算结果的平均值和标准差分别为 7.1061E-01 和 2.6396E-01。独立运行 1 次的时间为 50.75s，其函数进化曲线如图 8.11 所示。

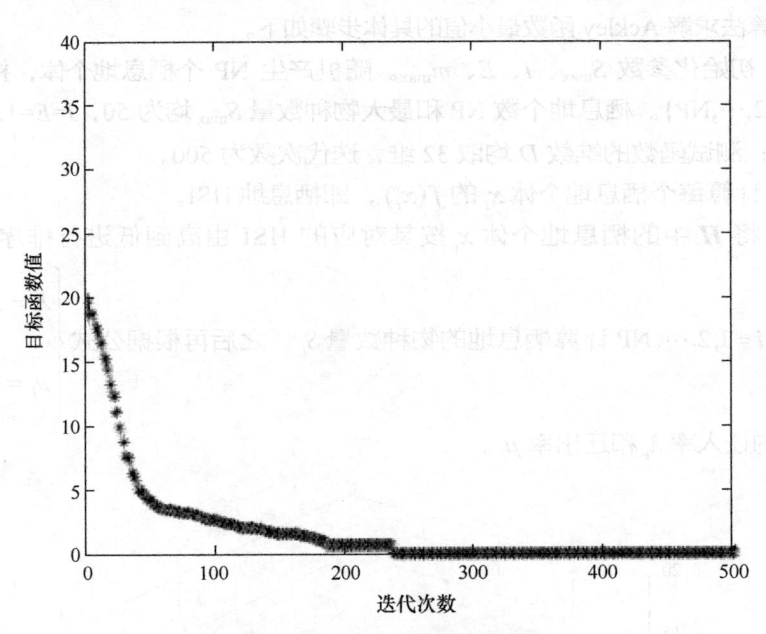

图 8.11 函数 Ackley 的进化曲线

例 8-2 利用生物地理学算法求解 Rastrigin 函数极值问题。

解：Rastrigin 函数在 De Jong 函数的基础上增加了一个余弦调制传递函数，以产生频繁的局部最小值。Rastrigin 函数具有极小值位置分布有规律这一特点。Rastrigin 函数的表达式如式（8.26）所示。其搜索空间为$[-5.12,5.12]^D$，最优解为 0，其函数图形示意如图 8.12 所示。

$$f(x)=\sum_{i=1}^{D}[x_i^2-10\cos(2\pi x_i)+10] \tag{8.26}$$

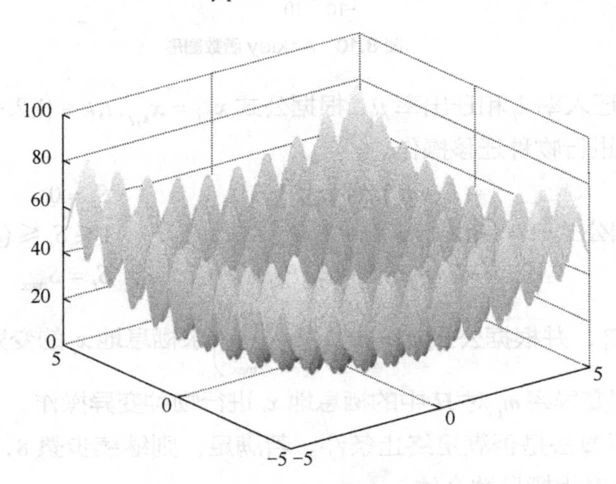

图 8.12 Rastrigin 函数图形示意

1. 算法实现步骤

用 BBO 算法求解 Rastrigin 函数最小值的具体步骤如下。

步骤 1：初始化参数 $S_{\max}$、I、E、$m_{\max}$。随机产生 NP 个栖息地个体，构成初始种群

$\boldsymbol{H}$={ $\boldsymbol{x}_i$,i=1,2,⋯,NP}。栖息地个数 NP 和最大物种数量 $S_{\max}$ 均为 50，I=E=1.0，最大突变率 $m_{\max}$=0.005；测试函数的维数 D 均取 32 维，迭代次数为 500。

步骤 2：计算每个栖息地个体 $\boldsymbol{x}_i$ 的 $f\left(\boldsymbol{x}_i\right)$，即栖息地 HSI。

步骤 3：将 $\boldsymbol{H}$ 中的栖息地个体 $\boldsymbol{x}_i$ 按其对应的 HSI 由高到低进行排序，根据公式 $S_i = S_{\max} - i, i = 1,2,\cdots,\mathrm{NP}$ 计算栖息地的物种数量 S_i，之后再根据公式 $\begin{cases} \lambda_i = I\left(1-\dfrac{S_i}{S_{\max}}\right) \\ \mu_i = \dfrac{E \times S_i}{S_{\max}} \end{cases}$ 计算栖息地 $\boldsymbol{x}_i$ 的迁入率 λ_i 和迁出率 μ_i。

步骤 4：基于迁入率 λ_i 和迁出率 μ_i，根据公式 $x_{i,j} = x_{k,j}, i,k \in \{1,2,\cdots,\mathrm{NP}\}, j \in \{1,2,\cdots,D\}$ 对 $\boldsymbol{H}$ 中的栖息地 $\boldsymbol{x}_i$ 进行物种迁移操作。

步骤 5：根据公式 $P_i = \begin{cases} -(\lambda_i + \mu_i)P_i + \mu_{i+1}P_{i+1}, & S_i = 0 \\ -(\lambda_i + \mu_i)P_i + \lambda_{i-1}P_{i-1} + \mu_{i+1}P_{i+1}, & 1 \leqslant S_i \leqslant (S_{\max} - 1) \\ -(\lambda_i + \mu_i)P_i + \lambda_{i-1}P_{i-1}, & S_i = S_{\max} \end{cases}$ 计算栖息地个体 $\boldsymbol{x}_i$ 的物种概率 P_i，并根据公式 $m_i = m_{\max}\left(1-\dfrac{P_i}{P_{\max}}\right)$ 求栖息地 $\boldsymbol{x}_i$ 的变异率 m_i。

步骤 6：根据变异率 m_i 对 $\boldsymbol{H}$ 中的栖息地 $\boldsymbol{x}_i$ 进行物种变异操作，并引入差分变异算子。

步骤 7：判断算法是否满足终止条件。若满足，则继续步骤 8，否则，转到步骤 2。

步骤 8：输出最优栖息地个体。

2. 实验仿真结果

实验仿真环境为：MATLAB R2016b，英特尔奔腾处理器 G620@2.6GHz，8GB 内存，具体实现程序详见本书配套的电子资源。

为了考察算法的寻优性能，使算法进行了 30 次独立运行，运算结果的平均值和标准差分别为 6.4551E-01 和 1.3315E-02。独立运行 1 次的时间为 9.54s。其函数进化曲线如图 8.13 所示。

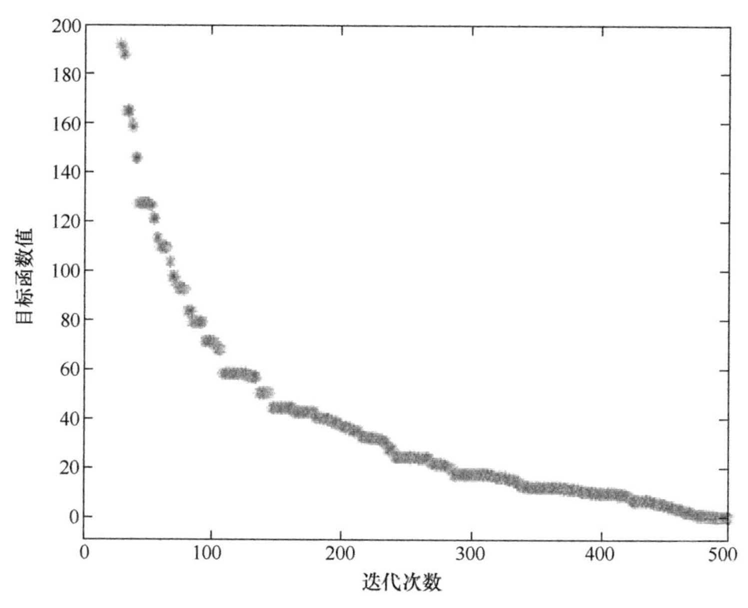

图 8.13　函数 Rastrigin 的进化曲线

8.6 本章小结

本章首先介绍了生物地理学优化（BBO）算法的生物学背景，详细阐述了BBO算法的基本原理，重点讲解了迁移操作和变异操作以及BBO算法的主要流程；然后从混合型迁移操作、局部化生物地理学优化算法、EBO算法3个方面入手，介绍了BBO算法的改进，并给出了它们的基本思想与操作流程；最后给出两个优化函数的应用实例及MATLAB程序实现。

8.7 习题

（1）简述BBO算法中的迁移操作和变异操作。

（2）简述选择二次迁移模型和正弦迁移模型这两种非线性迁移模型的标准。

（3）简述局部拓扑结构相对于全局拓扑结构的优势。

（4）讨论不同局部拓扑结构对局部生物地理学优化算法的影响。

（5）说明EBO算法中引入成熟度控制的作用。

09 chapter

多目标优化算法

本章学习目标：

（1）了解多目标优化算法的基本定义；

（2）掌握二、三目标优化算法的原理和实现方法；

（3）掌握高维多目标优化算法的原理和实现方法。

9.1 概述

多目标优化问题广泛存在于科学研究、工程设计等领域，包括交通路线、计算机系统、机械设计、化学工程、经济学、金融等。在日常生活中，我们也经常会接触到多目标优化问题，如图 9.1 所示，在购买汽车时主要会考虑汽车的性能和价格，往往性能较好时价格昂贵，而性能较差时价格低廉，人们又总是想买到价格便宜且性能又好的汽车，但这两方面往往不能同时兼优，而只能在某一方面有所偏重。这就形成了以汽车性能和汽车价格这两个相互冲突的指标为两个优化目标的一个多目标优化问题。

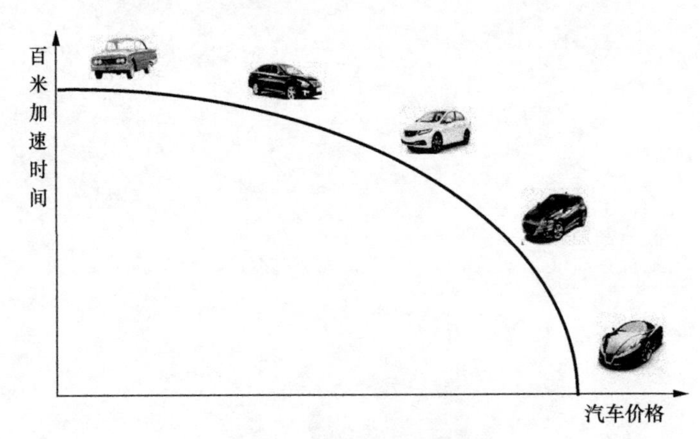

图 9.1 多目标优化问题举例

不同于单目标优化问题，多目标优化问题由于存在多个目标，而多个目标之间往往相互冲突，某一目标性能的提高会引起其他目标性能的降低，因此只能通过权衡折中的方法使所有目标尽可能地达到最优。单目标优化问题只须求得一个最优解即可，而多目标优化问题则须求解一个由不同程度折中的最优解组成的解集，且须保证解集的收敛性和均匀性，这就导致多目标优化问题的求解难度要远远大于单目标优化问题。为了便于读者理解，下面以最小化问题为例给出了多目标优化算法中几个重要的基本定义。

定义 9.1 Pareto 支配

假设 $\boldsymbol{X}_1$ 和 $\boldsymbol{X}_2$ 是多目标优化问题的两个解，当且仅当式（9.1）成立时，称 $\boldsymbol{X}_1$ Pareto 支配 $\boldsymbol{X}_2$，记作 $\boldsymbol{X}_1 \succ \boldsymbol{X}_2$。其中，$\boldsymbol{X}_1$ 是非支配的，$\boldsymbol{X}_2$ 是被支配的。

$$\begin{aligned} &\forall i \in \{1,2,\cdots,m\}, f_i(\boldsymbol{X}_1) \geqslant f_i(\boldsymbol{X}_2) \\ &\wedge \exists j \in \{1,2,\cdots,m\}, f_j(\boldsymbol{X}_1) < f_j(\boldsymbol{X}_2) \end{aligned} \tag{9.1}$$

式中，m 是目标个数。

定义 9.2 Pareto 最优解

对于变量空间中的一个可行解 $\boldsymbol{X}^*$，若 $\boldsymbol{X}^*$ 不受变量空间中的其他解支配，即 $\neg\exists \boldsymbol{X} \in \boldsymbol{R}^n : \boldsymbol{X} \succ \boldsymbol{X}^*$，则称 $\boldsymbol{X}^*$ 为 Pareto 最优解。

定义 9.3 Pareto 最优解集（PS）

由变量空间中所有 Pareto 最优解组成的集合称为 Pareto 最优解集，其具体表示形式如式（9.2）所示。

$$PS = \{X^* \in R^n \mid \neg\exists X \in R^n : X \succ X^*\} \tag{9.2}$$

定义 9.4 Pareto 前沿（PF）

Pareto 最优解集中的所有 Pareto 最优解对应的目标向量组成的集合称为 Pareto 前沿，其具体表示形式如式（9.3）所示。

$$PF = \{F(X^*) = (f_1(X^*), f_2(X^*), \cdots, f_m(X^*)) \mid X^* \in PS)\tag{9.3}$$

9.2 三代多目标优化算法

在多目标优化算法的发展初期，不论是在算法理论研究还是在算法应用实践中，多目标优化算法主要针对目标数量为二个或三个的优化问题。此阶段的多目标优化算法多以小生境技术、Pareto 排序、精英选择策略等作为特征，称为第一代和第二代多目标优化算法。随着多目标优化理论的发展和应用需求的扩大，以生物进化、人工智能、神经科学、统计学、运筹学等交叉学科为基础的各类新型多目标优化算法逐步形成，并被称为第三代多目标优化算法。

9.2.1 第一代多目标优化算法

1989 年，戈德伯格（Goldberg）等人编著了一本关于遗传算法的著作，其中提出了 Pareto 排序和小生境等技术，形成了基于遗传算法的多目标优化框架，这标志着第一代多目标优化算法的萌芽。随后，学者们陆续提出了基于不同生物式启发的优秀算法。最具代表性的算法有多目标遗传算法（Multi-Objective Genetic Algorithm，MOGA）、非支配排序遗传算法（Non-dominated Sorting Genetic Algorithm，NSGA）和基于小生境的遗传算法（Niched Pareto Genetic Algorithm，NPGA）。总体来说，第一代多目标优化算法具有操作简单、易于实现等优点，但存在着小生境半径选取和调整困难等缺陷。

9.2.2 第二代多目标优化算法

1999 年，齐兹勒（Zitzler）和蒂勒（Thiele）提出了强化 Pareto 进化算法（Strength Pareto Evolutionary Algorithm，SPEA），其中引入了精英保留策略，即采用一个外部种群（相对于原来的进化种群而言）来保留进化过程中的非支配个体。随后诞生的多目标优化算法大多都会采用精英保留策略，此阶段提出的算法一般被称为第二代多目标优化算法。最具代表性的算法介绍如下。2000 年，诺尔斯（Knowles）和科姆（Come）提出了 Pareto 存档进化策略（Pareto Archived Evolution Strategy，PAES）及其改进版本——基于 Pareto 包络的选择算法（Pareto Envelope-Based Selection Algorithm，PESA）和改进型 PESA-II；2001 年，埃克森（Enchson）等人提出了 NPGA 的改进版本 NPGA2；科洛（Coello）等人提出了微遗传算法（Micro-Genetic Algorithm，Micro-GA）。2002 年，齐兹勒和蒂勒提出了 SPEA 的改进版本 SPEA2；戴伯（Deb）等人通过对 NSGA 进行改进，提出了 NSGA-II。SPEA2、PESA-II 和 NSGA-II 是第二代多目标优化算法中最流行、最具代表性的算法。其中，NSGA-II 由于对各类问题具有良好的通用性，故成为了目前应用最为广泛的算法之一。因此，本书在后面的章节中将着重对 NSGA-II 进行介绍。

1. SPEA 和 SPEA2

1999 年，齐兹勒和蒂勒提出了 SPEA，它采用进化种群 P 和外部种群 Q 来存储解。外部种群作为精英种群，主要存储进化中产生的非支配解。SPEA 定义 Pareto 强度作为解的适应度。Q 中某个解的 Pareto 强度被定义为该解在 P 中支配解的数量除以 P 中解的总数。因此，Q 中解的 Pareto 强度是一个位于 0 和 1 之间的实数。P 中某个解的 Pareto 强度被定义为在 Q 中支配该解的所有非支配解的 Pareto 强度值之和再加 1。因此，P 中解的 Pareto 强度是一个不小于 1 的实数。所以 SPEA 可以让 Pareto 强度低的解对应着较高的选择概率。此外，当 Q 中非支配解的数目超过预定值时，可用聚类技术来删减个体。同时，SPEA 在交配选择阶段，会采用锦标赛选择方法从进化群体和外部种群中选择个体进入交配池，并进行交叉与变异操作。SPEA 的计算复杂度为 $O(N^3)$，N 为种群大小。

SPEA2 是齐兹勒和蒂勒在 2001 年提出的 SPEA 的改进版本，其主要从 3 个方面进行了改进：适应度分配策略、种群更新方法和多样性保持策略。在 SPEA2 中，个体的适应度函数为 $F(i)=R(i)+D(i)$，其中 $R(i)$ 同时考虑到了个体 i 在进化种群和外部归档集中的个体支配信息，$D(i)$ 是由个体 i 到它的第 k 个邻近个体的距离所决定的拥挤度度量；在种群更新时，其首先进行环境选择，然后进行交配选择。在进行环境选择时，种群首先选择适应度小于 1 的个体进入外部归档集，当这些个体数目小于外部归档集的大小时，选择进化种群中适应度较低的个体。当这些个体的数目大于外部归档集的大小时，种群会运用环境选择进行删减。在交配选择中，种群仍采用锦标赛选择方法选择个体；相较于 SPEA 基于聚类的多样性保持策略，SPEA2 引入了基于近邻规则的环境选择来保持种群的多样性，如果两个个体互不支配，那么比较它们到 $\sqrt{N}$ 个最近邻个体的欧式距离，距离其 $\sqrt{N}$ 个最近邻个体较远的个体具有更大的选择概率。虽然 SPEA2 的计算复杂度仍为 $O(N^3)$，但是基于近邻规则的环境选择得出的解的多样性是很多其他方法所无法超越的。SPEA2 的流程如图 9.2 所示。

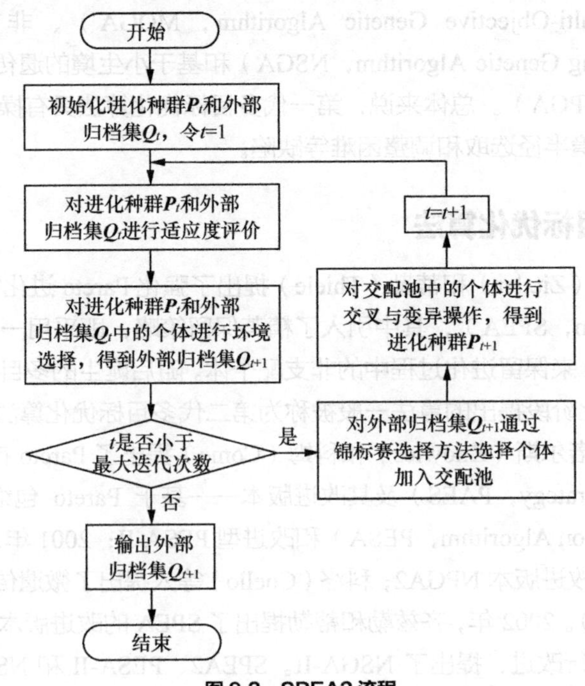

图 9.2 SPEA2 流程

2. PAES、PESA 和 PESA-II

2000 年，诺尔斯和科姆提出了 PAES。该算法首先采用（1+1）进化策略对当前一个解进行变异操作，然后对变异后的个体进行评价，比较它与变异前个体的支配关系，并采用精英保留策略保留其中较好的。该算法引入了空间超格机制，即每个个体分配一个格子，这一策略保持了种群的多样性，故其被之后的许多多目标优化算法所采用。该算法的计算复杂度为 $O(N \times N')$，其中 N 为进化种群的大小，N' 为外部种群的大小。同年，科姆等人基于空间超格的思想又提出了 PESA。PESA 设置了一个内部种群和一个外部种群，进化时其会将内部种群的非支配个体加入外部种群中，在一个新个体进入外部种群的同时，算法要在外部种群中淘汰一个个体，具体的方法是：在外部种群中寻找拥挤系数最大的个体，并将其删除，其中拥挤系数是指该个体所对应的超网格中所包含的个体数目。如果同时存在多个个体具有相同的拥挤系数，则随机删除其中一个即可。2001 年，科姆等人提出了 PESA 的改进版本 PESA-II，该算法提出了基于区域选择的概念，与基于个体选择的 PESA 相比，PESA-II 用网格选择代替了个体选择，在一定程度上提高了算法的效率。PESA-II 的流程如图 9.3 所示。

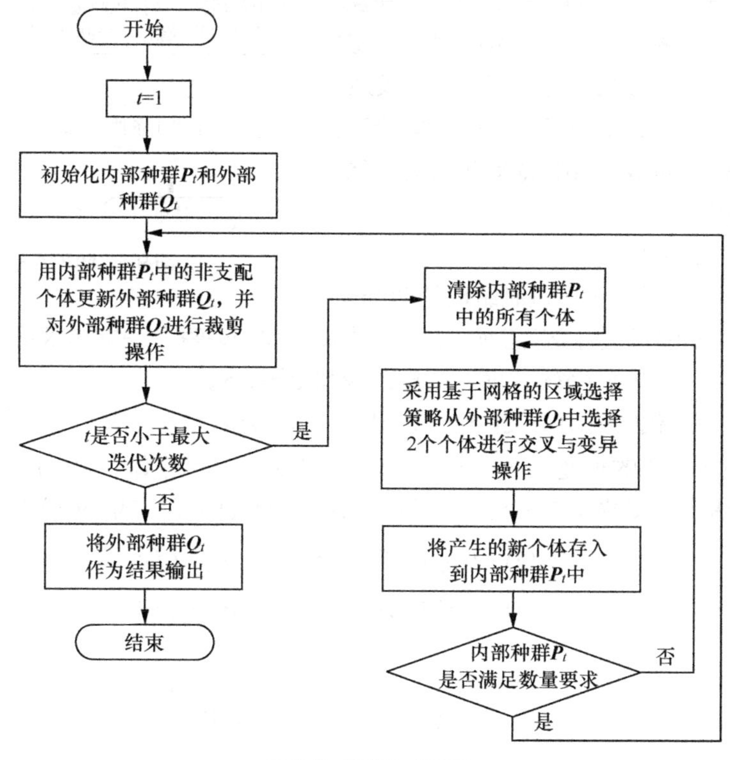

图 9.3　PESA-II 流程

3. NSGA-II

1994 年，戴伯等人将遗传算法用于求解多目标优化问题，提出了 NSGA。2002 年，戴伯等人对 NSGA 进行了改进，提出了 NSGA-II。随着多目标优化问题的发展，NSGA-II 成为了第二代多目标进化算法中最具代表性、优化效果最好、应用最广的算法。与 NSGA 相比，NSGA-II 在以下 3 方面进行了改进。

（1）提出了基于等级的快速非支配排序，将算法的计算复杂度由原来的 $O(mN^3)$ 降低到了 $O(mN^2)$，其中 m 为目标的数量，N 为种群的大小。

（2）提出了基于拥挤度的多样性维护策略，代替了传统的需要指定共享半径的适应度共享策略，使个体操作能扩展到整个变量空间，提高了种群的多样性分布。

（3）引入了精英选择机制，将父代与子代进行合并竞争，以使优秀个体不会丢失，保证了下一代进化种群的优势。

NSGA-II 的流程如图 9.4 所示，下面详细介绍 NSGA-II 的具体步骤。

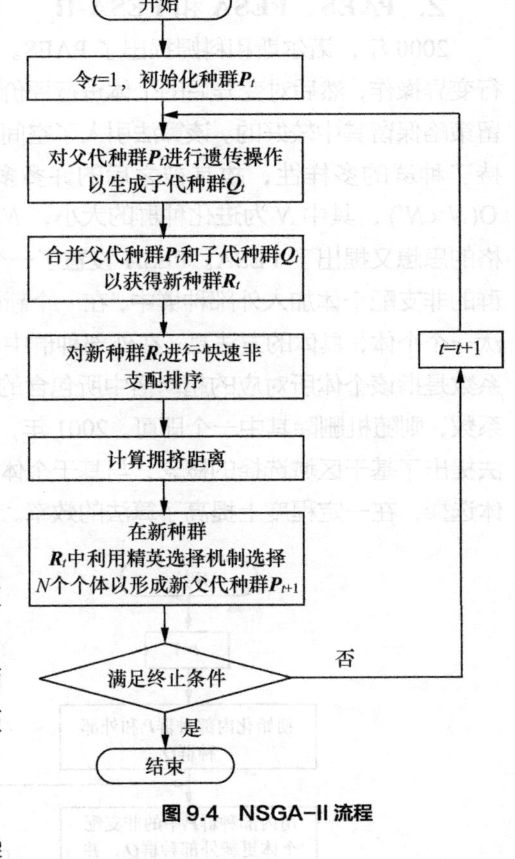

图 9.4 NSGA-II 流程

（1）遗传操作

NSGA-II 中的遗传操作包括二元锦标赛选择、模拟二进制交叉和多项式变异。

① 二元锦标赛选择

二元锦标赛选择是一种局部竞争的选择策略。NSGA-II 中的二元锦标赛选择的基本思想是：每次随机选取 2 个个体，比较这 2 个个体间的支配关系，若其中一个支配另一个，则选择非支配个体，若两个个体互不支配，则选取拥挤距离大的个体，直至交配池被填满为止。

② 模拟二进制交叉

模拟二进制交叉是指对二进制编码的两个染色体（两个个体）的基因进行交叉互换。两个父代染色体经过模拟二进制交叉操作会产生两个新的子代染色体，使子代继承了父代的模式信息，具体操作如下。

设 x_1^t 、 x_2^t 为第 t 代中的两个父代个体， $x_1^t(j)$ 、 $x_2^t(j)$ 表示两个父代个体的第 j 位基因， $j=1,2,\cdots,n$ ， n 为基因的长度， y_1^t、 y_2^t 为第 t 代中的两个子代个体， $y_1^t(j)$ 、 $y_2^t(j)$ 是两个子代个体的第 j 位基因，则模拟二进制交叉操作可表示为式（9.4）、式（9.5）和式（9.6）所示。

$$y_1(j)=0.5[(1+\beta_k)x_1(j)+(1-\beta_k)x_2(j)] \tag{9.4}$$

$$y_2(j)=0.5[(1-\beta_k)x_1(j)+(1+\beta_k)x_2(j)] \tag{9.5}$$

$$\beta_k=\begin{cases}2\mu^{1/(\eta_c+1)}, & \mu\leqslant 0.5\\ 2(1-\mu)^{-1/(\eta_c+1)}, & \text{其他}\end{cases} \tag{9.6}$$

式中， μ 为 0 和 1 之间的随机数， $\eta_c>0$ 为交叉分布指数。 η_c 的值越大，子代个体继承的父代信息越多，即其越接近父代个体； η_c 的值越小，子代个体离父代个体越远。

③ 多项式变异

假设 x_i^t 为第 t 代的第 i 个个体， $x_i^t(j)$ 表示该个体的第 j 位基因， $x_i^u(j)$ 、 $x_i^l(j)$ 表示对应基因的上下限， $y_i^t(j)$ 表示变异后产生的新个体的基因，则多项式变异（Polynomial Mutation，PM）操作可表示为式（9.7）和式（9.8）所示。

$$y_i^t(j)=x_i^t(j)+(x_i^u(j)-x_i^l(j))\cdot\delta_k \tag{9.7}$$

$$\delta_k = \begin{cases} 2r^{1/(\eta_m+1)} - 1 & r < 0.5 \\ 1-(2(1-r))^{1/(\eta_m+1)}) & 其他 \end{cases} \tag{9.8}$$

式中，r 为 0 和 1 之间的随机数，$\eta_m > 0$ 为变异分布指数。

（2）精英选择机制

① 快速非支配排序

在 NSGA-II 中，设种群 $\boldsymbol{P}$ 的大小为 N，其中的第 i 个个体为 p_i，令 n_i 表示种群中支配个体 p_i 的个体数量，$\boldsymbol{S}_i$ 表示种群中被个体 p_i 支配的个体集合。对种群 $\boldsymbol{P}$ 进行快速非支配排序。

步骤 1：对于种群 $\boldsymbol{P}$ 中的每个个体 p_i，$i=1,2,\cdots,N$，令 $n_i=0$，$\boldsymbol{S}_i=\boldsymbol{\Phi}$，$p_i$ 与种群中的其他个体 p_j 逐个比较支配关系，若 p_j 支配 p_i，则令 $n_i=n_i+1$，若 p_i 支配 p_j，则将 p_j 加入集合 $\boldsymbol{S}_i$，并令 $l=1$；

步骤 2：找到种群中所有 $n_i=0$ 的个体，将这些个体复制到新集合 $\boldsymbol{F}_l$ 中，并将其从种群 $\boldsymbol{P}$ 中删除；

步骤 3：考察集合 $\boldsymbol{F}_l$ 中每个个体 q 的支配集 $\boldsymbol{S}_q$，令集合中每个个体 r 的 n_r 减 1；

步骤 4：若 $n_r-1=0$，则令 $l=l+1$，将个体 r 保存到新集合 $\boldsymbol{F}_l$ 中，并将其从种群 $\boldsymbol{P}$ 中删除；

步骤 5：若种群 $\boldsymbol{P}$ 不为空，则转到步骤 3，否则，结束操作。

上述的快速非支配排序每迭代一次会产生一个分类子集 $\boldsymbol{F}_l$，整个算法将种群 $\boldsymbol{P}$ 分类排序成了 L 个子集 $\boldsymbol{F}_1,\boldsymbol{F}_2,\cdots,\boldsymbol{F}_L$，且满足下列性质：

a. $\boldsymbol{F}_1 \cup \boldsymbol{F}_2 \cup \cdots \cup \boldsymbol{F}_L = \boldsymbol{P}$；

b. $\forall i,j \in \{1,2,\cdots,L\}$ 且 $i \neq j$，$\boldsymbol{F}_i \cap \boldsymbol{F}_j = \boldsymbol{\Phi}$；

c. $\boldsymbol{F}_1 \succ \boldsymbol{F}_2 \succ \cdots \succ \boldsymbol{F}_L$，即集合 $\boldsymbol{F}_k$ 中的个体受集合 $\boldsymbol{F}_{k-1}$ 中个体的支配，$k=1,2,\cdots,L$。

② 拥挤距离估计

为了克服适应度法的缺陷，以更好地保持种群的多样性分布，NSGA-II 采用了拥挤距离估计法。种群中个体的拥挤距离是指其周围个体的密度，即其在每一维目标上与相邻两个个体距离的平均值。其计算方法如下：首先对所有个体的每一维目标函数值进行升序排列，并进行归一化操作；然后计算每一维目标在相应坐标轴上投影的相邻点的差值；最后对个体所有目标维的差值取平均，以获得个体的拥挤距离。为了便于理解，图 9.5 给出了拥挤距离的计算图解。对于个体 i 来说，其相邻个体 $(i-1)$ 和 $(i+1)$ 在目标 f_1 上的水平距离为 B、C 两点间的距离，个体 $(i-1)$ 和 $(i+1)$ 在目标 f_2 上的垂直距离为 A、B 两点间的距离，进而可求得个体 i 的拥挤距离为 $(AB+BC)/2$。

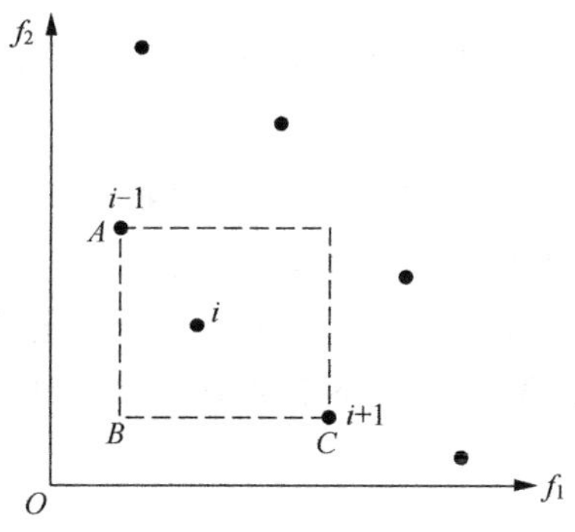

图 9.5 拥挤距离计算图解

上述拥挤距离计算过程的描述可用式（9.9）表示。

$$d_i = \frac{1}{m}\sum_{k=1}^{m}\frac{|f_k(i-1)-f_k(i+1)|}{f_k^{\max}-f_k^{\min}} \tag{9.9}$$

式中，$f_k^{\max}$ 和 $f_k^{\min}$ 分别为第 k 个目标的最大值和最小值，$f_k(i-1)$ 和 $f_k(i+1)$ 分别为在第 k 个目标上与个体 i 相邻的两个个体的目标函数值。拥挤距离代表了个体周围的拥挤密度，拥挤距离越大，个体周围的密度越小，个体的多样性越好。

③ 精英策略

NSGA-II 通过对父代和子代进行共同竞争的精英策略选择可产生新一代种群。精英策略通过快速非支配排序来提升非支配解集的收敛性，利用拥挤距离维持非支配解集中个体的多样性。新一代种群 $\boldsymbol{P}_{t+1}$ 的生成过程如图 9.6 所示。

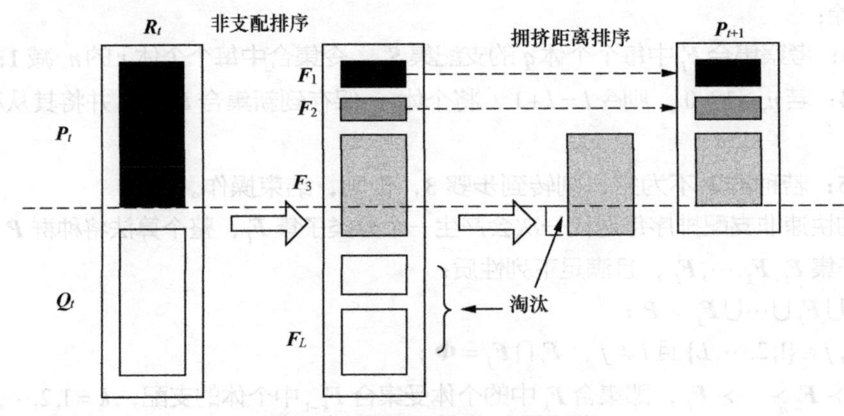

图 9.6　精英策略生成新一代种群示意

首先，将规模都为 N 的父代种群 $\boldsymbol{P}_t$ 和子代种群 $\boldsymbol{Q}_t$ 合并成一个规模为 $2N$ 的过渡种群 $\boldsymbol{R}_t$ 。然后，对种群 $\boldsymbol{R}_t$ 进行快速非支配排序，得到 L 个子集 $\boldsymbol{F}_1,\boldsymbol{F}_2,\cdots,\boldsymbol{F}_L$ 。最后，选择合适的前 i 层子集个体（假设总数为 N_i，则 N_i 大于或等于 N），并从中选择 N 个个体以作为新一代种群 $\boldsymbol{P}_{t+1}$。具体操作如下：如果第 1 层子集中的个体数 $|\boldsymbol{F}_1|$ 小于 N ，则将 F_1 中的所有个体存入一个新种群 $\boldsymbol{P}_{t+1}$ 中，同样，如果前 2 层子集中的个体数 $\left(|\boldsymbol{P}_{t+1}|+|\boldsymbol{F}_2|\right)$ 小于 N ，则将 $\boldsymbol{F}_2$ 中的个体存入 $\boldsymbol{P}_{t+1}$ 中，直至前 i 层子集的个体总数大于 N（此时前 i–1 层子集的个数为 $|\boldsymbol{P}_{t+1}|$ ，且 $|\boldsymbol{P}_{t+1}|$ 小于 N），计算第 i 层子集中所有个体的拥挤距离，并从中选择前 $\left(N-|\boldsymbol{P}_{t+1}|\right)$ 个个体存入 $\boldsymbol{P}_{t+1}$ 中，即选择第 i 层子集的前 $\left(N-|\boldsymbol{P}_{t+1}|\right)$ 个个体，并将其同前 i–1 层子集个体合并以形成新一代种群 $\boldsymbol{P}_{t+1}$。

（3）NSGA-II 流程

以上详细介绍了 NSGA-II 的两个核心模块：遗传操作和精英选择机制。NSGA-II 通过遗传操作实现了种群繁殖，通过精英选择机制实现了父代与子代的环境选择，其具体流程如图 9.7 所示。NSGA-II 的优点是对于目标个数较少的多目标优化问题而言，其解集具有良好的收敛性和分布性，运行效率较高，通用性好；NSGA-II 的缺点是难以找到孤立点，并且当目标个数较多时算法无法收敛。

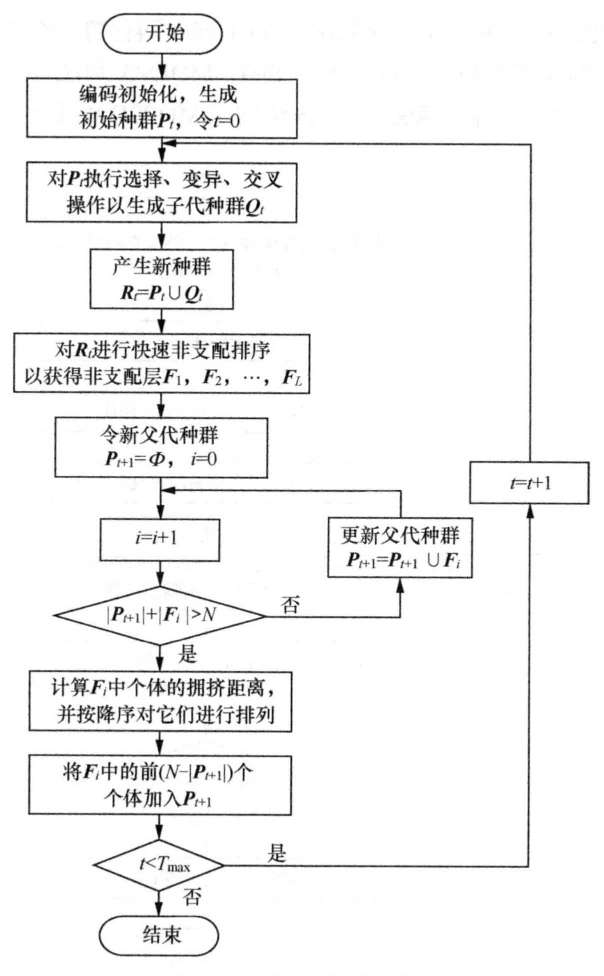

图 9.7　NSGA-II 具体流程

9.2.3　第三代多目标优化算法

第三代多目标优化算法引入了很多新的进化算子以及具有协同并行和分布估计等性能的进化策略，这使计算智能算法可以求解更加复杂的多目标优化问题，进而形成了多目标优化领域“百花齐放、百家争鸣”的形势。目前，具有代表性的第三代多目标优化算法主要有基于粒子群优化的多目标优化算法、基于差分进化的多目标优化算法、基于人工免疫系统的多目标优化算法、基于分布估计算法的多目标优化算法等。

1. 基于粒子群优化的多目标优化算法

2003 年，有学者把 PSO 算法与 NSGA-II 相结合，提出了一种多目标优化算法，该算法的性能优于 NSGA-II；同年，菲尔德森德（Fieldsend）等人将外部种群引入 PSO 算法中，通过外部种群与内部种群的相互作用定义了一种局部搜索算子，并引入一个扰动算子以保持种群的多样性。2004 年，科洛等人提出了一种多目标粒子群优化（Multi-Objective Particle Swarm Optimization，MOPSO）算法，该算法利用外部归档集和内部种群之间的相互作用进行局部搜索，并采用自适应网格裁剪法维护外部归档集的分布性。2005 年，赛拉（Sierra）等人提出了一种基于拥挤距离和ε占优机制的粒子群多目标优化算法。2007 年，易比道（Abido）等人提出了一种两阶段非占优多目标粒子群优化算法。2007 年，科杜鲁（Koduru）等人提出了一种基于粒子群和模糊ε占优的混合算法。在上述算法中，MOPSO 算法是用粒子群优化算法来解决多目标优化问题的最具代表性的算法，图 9.8 给出了 MOPSO 算法的具体流程。

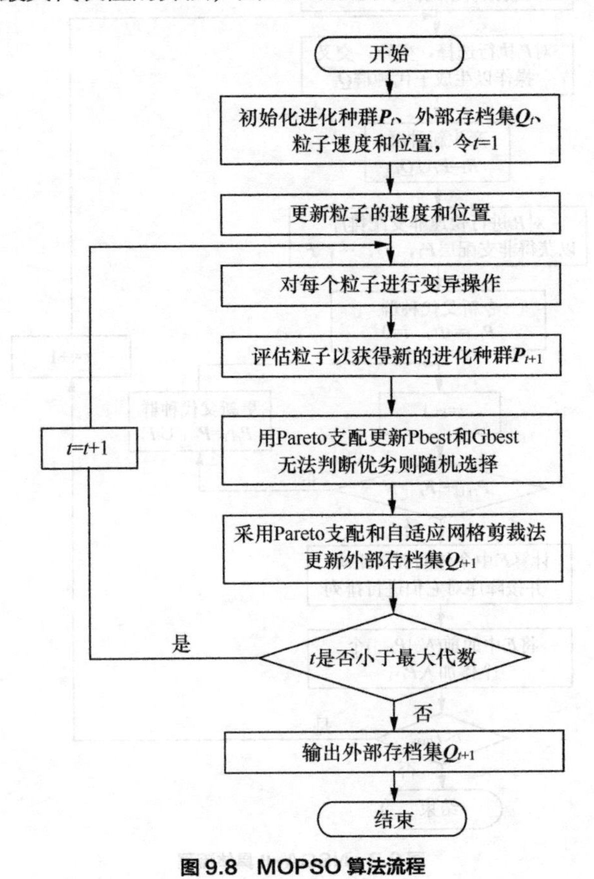

图 9.8 MOPSO 算法流程

MOPSO 算法的主要创新有两点：一是采用自适应网格裁剪法维护外部存档集的分布性。当外部存档集个体的数目超过规定大小时，将外部存档集中个体在目标函数空间上均匀划分为间隔相等的网格，然后统计每个网格中个体的数目，那些位于个体数目较少的网格中的个体在参与锦标赛选择时将被赋予较高的选中概率；二是在保持粒子群优化算法具有良好收敛性的基础上，保证了最终解集的多样性。

2. 基于差分进化的多目标优化算法

基于差分进化（Differential Evolution，DE）的多目标优化算法被视为解决多目标优化问题效果最好的算法，其成为了近年来国内外学者研究的热点。目前已有不少学者将 DE 算法成功应用于多目标优化问题，并取得了良好的效果。薛峰等人提出了一种多目标差分进化（Multi-Objective Differential Evolution，MODE）算法。约里奥（Iorio）等人提出了一种非支配排序差分进化（Non-Dominated Sorting Differential Evolution，NSDE）算法。张青富等人提出了一种基于多目标分解技术的差分进化（MOEA/D Based on Differential Evolution，MOEA/D-DE）算法。科洛等人提出一种基于局部分配的多目标差分进化（Differential Evolution Algorithm Incorporating Local Dominance for Multi-Objective Optimization，MODE- LD）算法。孟红云等人通过借鉴粒子群优化算法的思想，在利用部分优良不可行个体的基础上，提出了一种基于双种群存储和差分进化的约束多目标优化算法。龚文引等人提出了一种基于占优机制的正交多目标差分进化算法。张竞桥等人提出了一种自适应外部存档差分进化（Adaptive Differential Evolution with Optional External Achive，JADE）算法，该算法是目前用差分进化算法解决多目标优化问题的最具代表性的算法。JADE 算法的具体流程如图 9.9 所示。

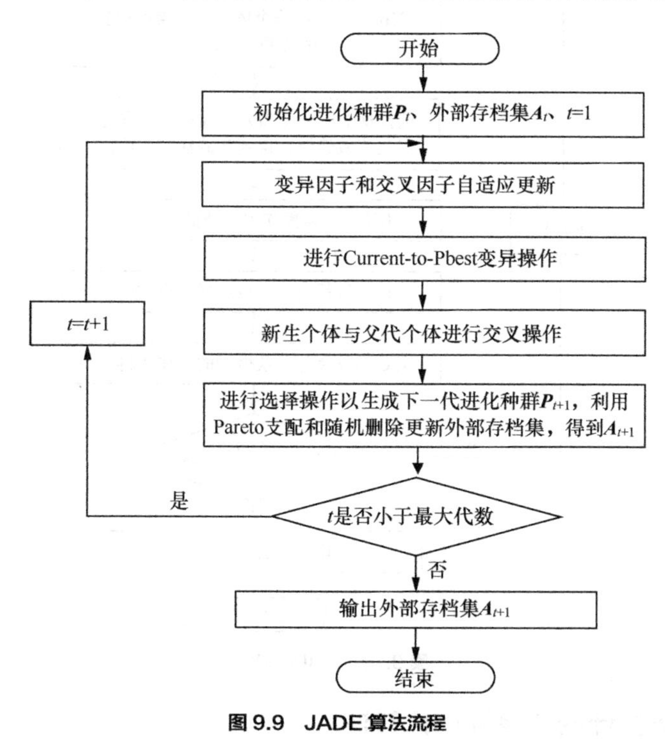

图 9.9 JADE 算法流程

JADE 算法采用“Current-to-Pbest”变异策略来进化种群 $\boldsymbol{P}$，并用外部存档集 $\boldsymbol{A}$ 存储 Pareto 最优解。其中，“Current-to-Pbest”中的 Current 个体是随机在 $\boldsymbol{P}\cup\boldsymbol{A}$ 中选择的，Pbest 个体是随机在 $\boldsymbol{A}$ 中选择的。通过配合使用“Current-to-Pbest”变异策略和最优存档集，达到了提高算法多样性和收敛性的目的。同时，JADE 算法采用自适应方式调整变异因子和交叉因子，提升了算法的健壮性。

3. 基于人工免疫算法的多目标优化算法

近年来，将人工免疫算法（Immune System Algorithm，ISA）应用于求解多目标优化问题的研究引起了很多学者的兴趣。科洛等人提出了一种基于免疫系统的多目标优化算法（Multi-Objective Immune System Algorithm，MISA）。弗雷斯基（Freschi）等人提出了一种向量人工免疫系统（Vector Artificial Immune System，VAIS)。焦李成和公茂果等人提出了一种免疫优势克隆多目标算法（Immune Dominance Clonal Multiobjective Algorithm，IDCMA），后来焦李成和公茂果等人又提出了一种非支配邻域免疫算法（Nondominated Neighbor Immune Algorithm，NNIA）。在这些免疫多目标优化算法中，NNIA 的效果最好，故其成为了最具代表性的算法。NNIA 的具体流程如图 9.10 所示。

NNIA 通过模拟免疫响应中的多样性抗体共生、少数抗体激活等现象，设计了基于非支配邻域的选择方法，其只对少数的激活抗体进行比例克隆复制进化过程，这加强了其对较稀疏区域的搜索。

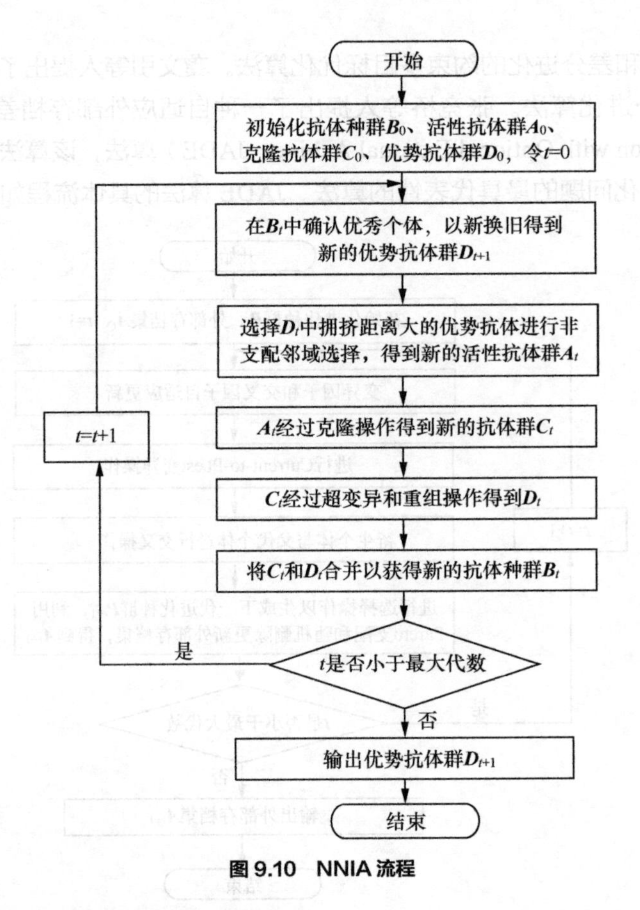

图 9.10　NNIA 流程

4．基于分布估计的多目标优化算法

分布估计算法是计算智能领域新兴的算法之一，它是进化算法和统计学习的有机结合。该算法用统计学习的手段构建变量空间内个体分布的概率模型，然后基于此模型生成子代。该算法不进行传统的交叉与变异操作，而是采用了一种新的进化模式。随着分布估计算法的发展以及该算法在解决一些问题时所表现出的优越性能，一些基于分布估计思想的多目标优化算法相继被提出。卡恩（Khan）等人提出了一种多目标贝叶斯优化算法（Multi-objective Bayesian Optimization Algorithm，MBOA），该算法采用统计学方法构建个体分布的概率模型，其生成的子代具有良好的性能。张青富和周爱民等学者提出了一种基于正则模型的分布估计算法（Regularity Model-based Multiobjective Estimation of Distribution Algorithm，RM-MEDA），该算法根据种群的整体统计信息建立规则模型，能有效求解复杂的多目标优化问题，是目前具有代表性的算法之一。RM-MEDA 通过分析变量空间中解的分布特点，发现对于连续多目标优化问题而言，其变量空间中解分布的形式是分段连续的 m−1 维流形分布（m 是目标个体数）。基于此结论，首先利用局部主成分分析方法来聚类变量空间中的解，并运用主成分分析方法分析每个类以构建概率模型；然后采样概率模型得到新的解，并且合并新旧种群；最后利用 NSGA-II 中的快速非支配排序和精英选择即可生成下一代种群。RM-MEDA 的具体流程如图 9.11 所示。

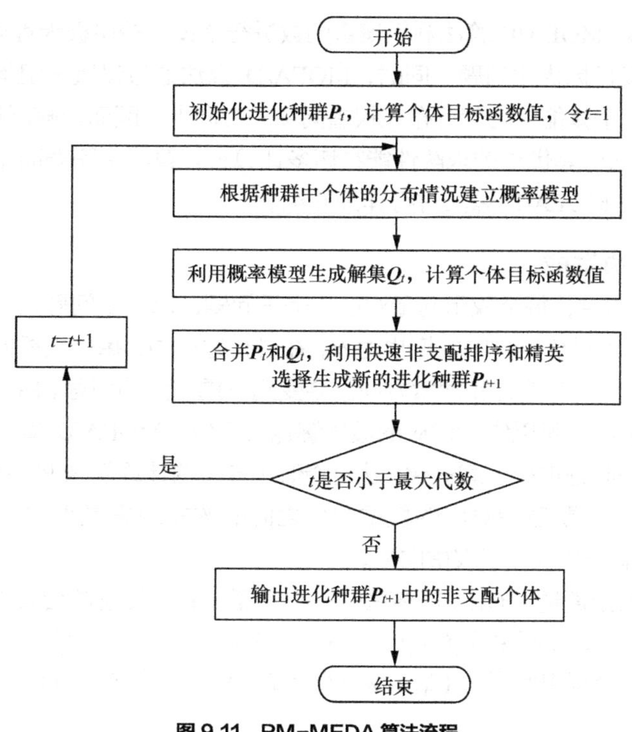

图 9.11 RM-MEDA 算法流程

9.3 高维多目标优化算法

自 20 世纪 80 年代沙弗尔（Schaffer）等学者将优化算法用于求解多目标优化问题以来，大量多目标优化算法被相继提出，如 PESA-II、SPEA2 和 NSGA-II 等。这些基于 Pareto 支配的多目标优化算法对于二目标、三目标的优化问题通常能够表现出很好的性能，但当优化目标超过三个（即具有高维目标）时，由于计算复杂度急剧增加，现有算法运行缓慢。更为严重的是，优化效果也会急剧恶化，主要表现在以下两个方面：①随着目标维数的增大，种群中的个体几乎都是互不支配的，Pareto 支配关系无法产生足够的选择压力去促使种群进化；②由于 Pareto 支配关系的失效，后续多样性维护操作会占主导地位，而过分偏重多样性又会导致最终解集无法收敛到真实 PF。因此，高维多目标优化问题的求解难度极大。由于高维多目标优化问题广泛存在于科学研究和工程应用领域，故其已成为计算智能领域亟须解决的研究难点，但其相关研究目前仍处于初级发展阶段，亟待研究人员加大研究力度。下面介绍 3 种最具代表性的高维多目标优化算法：基于分解的多目标优化算法、NSGA-III 及其改进算法 NSGA-III-OSD。

9.3.1 基于分解的多目标优化算法

2007 年，张青富等人将数学规划方法用于多目标优化问题，提出了一种基于分解的多目标优化（MOEA/D）算法，该算法摒弃了常用的 Pareto 支配，转为采用不同的分解策略进行个体选择，从而为无约束多目标优化问题的解决提供了一种新思路。MOEA/D 算法将多目标问题分解成多个单目标子问题，并对这些子问题同时进行优化求解。相比于一般的进化算法利用

Pareto 支配比较个体，MOEA/D 算法利用聚合函数进行个体比较可极大程度降低计算量，并更加有利于处理高维多目标优化问题。同时，MOEA/D 算法通过设置一组均匀分布的权重向量来引导种群进化，使个体能够均匀分布在权重向量的方向上，因而求解所得 PS 具有良好的分布性。MOEA/D 算法因其优越的求解性能在诸多计算智能算法中脱颖而出，引起了研究者的极大关注。下面将对 MOEA/D 算法进行详细介绍。

1. 权重向量的生成

在 MOEA/D 算法中，每个权重向量对应一个子问题，每个子问题关联一个个体。如果权重向量的数量为 N，则进化种群的规模也为 N。在进化过程中，每个权重向量都对应着一个最优解，而每个子问题的进化轨迹和搜索方向都会受到权重向量的引导。由于相近的权重向量在每一维分量上相差很小，所以它们对应的最优解也很相似。MOEA/D 算法正是利用相邻子问题的这种相似性对子问题进行协同进化，从而降低了算法的计算复杂度，并提升了算法的搜索能力。这里的相邻子问题是指对应的权重向量之间的欧式距离最小的若干个子问题，因此 MOEA/D 算法的性能十分依赖于权重向量。

初始权重向量的设置是 MOEA/D 算法的一个重要步骤，其通常会采用均匀分布的权重向量生成方式。最常用的是在超平面 $f_1+f_2+\cdots+f_m=1$ 或超曲面 $f_1^2+f_2^2+\cdots+f_m^2=1$ 上生成均匀分布的权重向量，每个权重向量 $\boldsymbol{\lambda}=(\lambda_1,\cdots,\lambda_m)$ 满足式（9.10）或式（9.11），$\boldsymbol{\lambda}$ 的每一维分量 λ_i 满足式（9.12）。

$$\lambda_1+\lambda_2+\cdots+\lambda_m=1 \tag{9.10}$$

$$\lambda_1^2+\lambda_2^2+\cdots+\lambda_m^2=1 \tag{9.11}$$

$$\lambda_i\in\{\frac{0}{H},\frac{1}{H},\cdots,\frac{H}{H}\},i=1,2,\cdots,m \tag{9.12}$$

式中，H 是需要定义的正整数，所有权重向量的每一维分量都是从 $\{0/H,1/H,\cdots,H/H\}$ 中取值的，所以生成权重向量的数量为 $N=C_{H+m-1}^{m-1}$。可以看出，MOEA/D 算法中的权重向量的个数依赖于 H 和目标函数的数量 m。

权重向量的均匀性保证了所求解集的均匀性。MOEA/D 算法正是基于这一理论思想，保证了最终获得的真实 PF 的均匀性。图 9.12 给出了权重向量与最优解在真实 PF 上的对应关系。

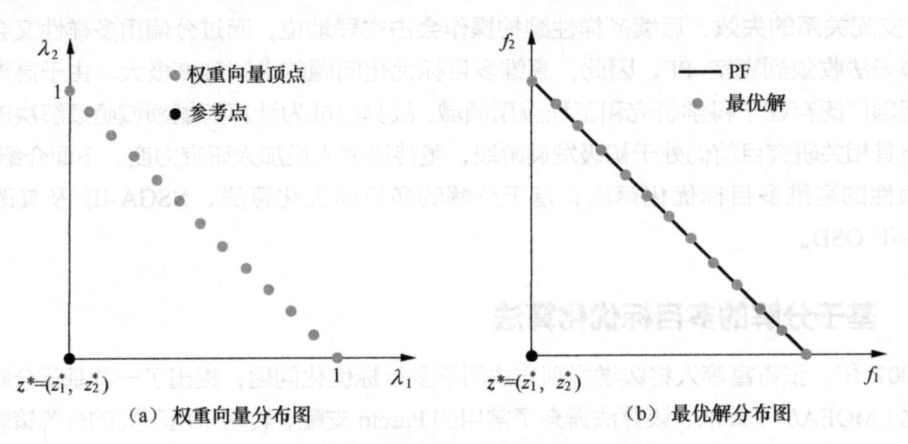

（a）权重向量分布图　　（b）最优解分布图

图 9.12　权重向量与最优解在真实 PF 上的对应关系

2. 分解策略

MOEA/D 算法利用预先设定的多组权重向量将多目标优化问题分解成了多个单目标子问题，并利用不同的分解策略对子问题进行求解。目前，MOEA/D 算法通常会采用以下 3 种分解策略。

（1）加权和法

假设多目标优化问题的目标个数为 m，对于给定的非负权重向量 $\boldsymbol{\lambda}=(\lambda_1,\cdots,\lambda_m)$，利用加权和法可将多目标优化问题分解成单目标子问题，如式（9.13）所示。

$$\min\ g^{\mathrm{WS}}(\boldsymbol{X}\mid\boldsymbol{\lambda})=\lambda_1 f_1(\boldsymbol{X})+\lambda_2 f_2(\boldsymbol{X})+\cdots+\lambda_m f_m(\boldsymbol{X}) \tag{9.13}$$

式中，$\boldsymbol{\lambda}=(\lambda_1,\cdots,\lambda_m)$ 满足 $\lambda_i\geqslant 0$ 且 $\sum_{i=1}^{m}\lambda_i=1, i=1,2,\cdots,m$。给定一个权重向量 $\boldsymbol{\lambda}$，相应单目标子问题的最优解对应着多目标优化问题的一个 Pareto 最优解，因而 N 个权重向量就对应着 N 个 Pareto 最优解。

加权和法实质上是通过聚合不同目标函数来构成凸组合的，所以它不适用于求解真实 PF 为非凸的多目标优化问题。

（2）切比雪夫（Tchebycheff）法

目前应用最多的是切比雪夫法，它利用极大极小策略可将多目标优化问题分解成多个单目标子问题，如式（9.14）所示。

$$\min\ g^{\mathrm{te}}(\boldsymbol{X}\mid\boldsymbol{\lambda},\mathrm{z}^*)=\max_{1\leqslant i\leqslant m}\{|\lambda_i(f_i(\boldsymbol{X})-z_i^*)|\} \tag{9.14}$$

式中，$\boldsymbol{\lambda}=(\lambda_1,\cdots,\lambda_m)$ 满足 $\lambda_i\geqslant 0$ 且 $\sum_{i=1}^{m}\lambda_i=1$，$i=1,2,\cdots,m$，$\mathrm{z}^*=(z_1^*,z_2^*,\cdots,z_m^*)$ 为参考点，其是由当前种群中所有个体在各个目标函数上的最优值构成的理想点。研究表明：切比雪夫法存在的问题是对于连续问题的聚合曲线不平滑。

（3）惩罚边界交集（Penalty Boundary Intersection，PBI）法

PBI 法通过惩罚函数法来构造适应度函数，如式（9.15）所示。

$$\begin{cases}\min\ g^{\mathrm{pbi}}(\boldsymbol{X}\mid\boldsymbol{\lambda},\mathrm{z}^*)=d_1+\theta d_2\\ d_1=\dfrac{\left\|(\mathrm{z}^*-F(\boldsymbol{X}))^{\mathrm{T}}\boldsymbol{\lambda}\right\|}{\|\boldsymbol{\lambda}\|}\\ d_2=\left\|F(\boldsymbol{X})-(\mathrm{z}^*-d_1\boldsymbol{\lambda})\right\|\end{cases} \tag{9.15}$$

式中，$\boldsymbol{\lambda}$ 和 z^* 的定义和切比雪夫法中的相同，θ 为预定的惩罚参数。

PBI 法的实质是在目标空间上聚合差向量 $F(\boldsymbol{X})-\mathrm{z}^*$ 在权重向量 $\boldsymbol{\lambda}$ 的方向上的投影距离 d_1 与目标向量 $F(\boldsymbol{X})$ 到权重向量 $\boldsymbol{\lambda}$ 的垂直距离 d_2，并通过 θ 调整 d_1 和 d_2 的比重。d_1 代表着收敛性，d_2 代表着分布性，所以 PBI 法兼顾了收敛性和多样性。然而 PBI 法中 θ 的设置较难，其过大或过小都会影响算法的性能。

3. MOEA/D 算法流程

在每次迭代中，进化种群都由各子问题对应的最优解组成，MOEA/D 算法须保存的信息有以下 6 点。

（1）$\boldsymbol{\lambda}=(\lambda^1,\lambda^2,\cdots,\lambda^N)^{\mathrm{T}}$：代表 N 个均匀分布的权重向量。

（2）权重向量邻域集合：$\boldsymbol{B}=\{B(1),B(2),\cdots,B(N)\}$。

（3）规模为N的种群$\{\boldsymbol{X}_1,\boldsymbol{X}_2,\cdots,\boldsymbol{X}_N\}$：$\boldsymbol{X}_i, i=1,2,\cdots,N$为第$i$个子问题相应的最优解。

（4）目标函数值集合$F_V^1,F_V^2,\cdots,F_V^N$，其中$F_V^i=F(\boldsymbol{X}_i), i=1,2,\cdots,N$。

（5）参考点$\mathrm{z}^*=(z_1^*,z_2^*,\cdots,z_m^*)$。

（6）外部精英集合EP，存储搜索到的非支配解。

下面以切比雪夫法为例，给出MOEA/D算法的具体流程。

步骤1：初始化阶段。

步骤1.1：生成N个均匀分布的权重向量$\boldsymbol{\lambda}^1,\boldsymbol{\lambda}^2,\cdots,\boldsymbol{\lambda}^N$。

步骤1.2：计算任意两个权重向量之间的欧氏距离，求每个权重向量的邻域集合$B(i)=\{i_1, i_2,\cdots,i_T\}$，$\{i_1,i_2,\cdots,i_T\}$代表距离权重向量$\lambda^i$最近的$T$个权重向量的索引值。

步骤1.3：利用随机方式生成初始种群$\{\boldsymbol{X}_1,\boldsymbol{X}_2,\cdots,\boldsymbol{X}_N\}$，令$F_V^i=F(\boldsymbol{X}_i), i=1,2,\cdots,N$。

步骤1.4：构造参考点$\mathrm{z}^*=(z_1^*,z_2^*,\cdots,z_m^*)$，$z_i^*=\min\{f_i(\boldsymbol{X})\mid \boldsymbol{X}\in\boldsymbol{\Omega}\}, i=1,2,\cdots,m\}$。

步骤1.5：设置$t=1$，$\mathrm{EP}=\boldsymbol{\Phi}$。

步骤2：进化阶段。

步骤2.1：从每个$\boldsymbol{B}(i), i=1,2,\cdots,N$中随机选取一个个体与$\boldsymbol{X}_i$进行遗传操作以生成新个体$\boldsymbol{Y}$。

步骤2.2：若$\boldsymbol{Y}$的某一维分量超出变量空间，则对该分量进行修补操作，让其重新处于变量空间内。

步骤2.3：计算新生个体的目标函数值$\boldsymbol{F}(\boldsymbol{Y})=[f_1(\boldsymbol{Y}),f_2(\boldsymbol{Y}),\cdots,f_m(\boldsymbol{Y})]$。

步骤3：更新阶段。

步骤3.1：更新参考点，若$z_i^*<f_i(\boldsymbol{Y})$，则令$z_i^*=f_i(\boldsymbol{Y}), i=1,2,\cdots,m$。

步骤3.2：若$g^{\mathrm{te}}(\boldsymbol{Y}\mid\boldsymbol{\lambda}^i,\mathrm{z}^*)<g^{\mathrm{te}}(\boldsymbol{X}_i\mid\boldsymbol{\lambda}^i,\mathrm{z}^*)$，则令$\boldsymbol{X}_i=\boldsymbol{Y}$，$F_V^i=F(\boldsymbol{Y})$。

步骤3.3：移除EP中受$\boldsymbol{Y}$支配的个体，若$\boldsymbol{Y}$不受EP中个体的支配，则将$\boldsymbol{Y}$加入EP。

步骤4：判断终止条件。若$t=G_{\max}$，则算法停止并将EP作为结果输出，否则，令$t=t+1$，返回步骤2。

9.3.2 NSGA-III

第三代非支配排序遗传算法（NSGA-III）的基本框架与NSGA-II类似，它们的不同之处在于多样性维护策略是专门被提出用以解决超过三个目标的高维多目标优化问题的，其也是目前解决高维多目标优化问题效果最好的算法之一。NSGA-III通过采用预设均匀分布的参考点显著提升了种群多样性，但由于其仍采用了选择压力低下的Pareto支配关系，故其收敛性有待进一步加强。NSGA-III的总体框架如算法9-1所示。

算法9-1　NSGA-III的框架

```
1  Z ← Reference-points-generation ();
2  P_0 ← Population-initialization ();
3  t ← 0
4  while 终止条件不满足时 do
5      Q_t ← Genetic-operation (P_t)
6      R_t ← P_t ∪ Q_t
```

```
7    (F_1,F_2,…) = Non-dominated-sort (R_t)
8    S_t ← ∅, i ← 1
9    Repeat
10      S_t ← S_t ∪ F_i  and  i ← i+1
11   Until |S_t| ≥ N
12   关键层 F_l = F_i
13   if |S_t| = N then
14      P_{t+1} = S_t , break
15   else
16      P_{t+1} = ∪_{j=1}^{l-1} F_j
17      Normalization(S_t)
18      须从 F_l 中挑选的个体数 K = N-|P_{t+1}|
19      [π(s),d(s)] ← Association-operation (S_t,Z)//π(s) 为个体 s 关联的参考点序号；d(s) 为个体 s 到与之相关联的参考点的垂直距离
20      P_{t+1} ← Niche-preservation-operation(K,ρ_j,π,d,Z,F_l,P_{t+1})
21   end if
22   t = t+1
23 end while
```

步骤 1 中采用了一组均匀分布的参考点来维护种群多样性，参考点规模为H。步骤 2 为初始化种群。假定第t代大小为N（$N \approx H$）的父代种群$\boldsymbol{P}_t$，在步骤 5 中利用遗传操作生成了子代种群$\boldsymbol{Q}_t$，则合并种群为$\boldsymbol{U}_t = \boldsymbol{P}_t \cup \boldsymbol{Q}_t$，其大小为$2N$。为了从$\boldsymbol{U}_t$里选择$N$个个体进入下一代，首先采用步骤 7 的 Pareto 非支配排序将$\boldsymbol{U}_t$划分为不同的等级层，如$\boldsymbol{F}_1$、$\boldsymbol{F}_2$等，然后依次将每层个体加入到一个新的种群$\boldsymbol{S}_t$，直至$\boldsymbol{S}_t$大于或等于N。假设最后加入的等级层是l层，则称其为关键层。$\boldsymbol{S}_t / \boldsymbol{F}_l$中的个体会直接存到下一代种群$\boldsymbol{P}_{t+1}$中，剩余个体还须依据多样性维护策略从$\boldsymbol{F}_l$中选取。NSGA-II 是通过拥挤距离来选择个体的，而 NSGA-III 是通过基于参考点的小生境技术进行选择的。具体过程如下：首先通过步骤 17 对$\boldsymbol{S}_t$进行端点归一化处理，以使不同目标的范围相同，归一化后S_t的理想点就是原点。然后通过步骤 19 的关联操作计算$\boldsymbol{S}_t$中每个个体到参考线（参考点与原点的连线）的距离，并将该个体关联到具有最小垂直距离的那个参考点上。最后，算法执行步骤 20 的小生境保留操作以从$\boldsymbol{F}_l$中选择个体，直至$\boldsymbol{P}_{t+1}$的个体数达到N为止。下面详细介绍 NSGA-III 的关键步骤：参考点生成、归一化进程和小生境保留进程。

1. 参考点生成

为了得到均匀分布的解集，NSGA-III 在目标空间中预先设置了均匀分布的参考点以引导个体进化，其中均匀分布的参考点是采用 Das 和 Dennis 所提出的系统方法来结构化生成的。假定参考点集合$\boldsymbol{Z} = \{\lambda^1, \lambda^2, \cdots, \lambda^N\}$，每一个参考点$\lambda^j$满足的方程如式（9.16）所示。

$$\lambda_i^j \in \left\{\frac{0}{p}, \frac{1}{p}, \ldots, \frac{p}{p}\right\}, \sum_{i=1}^{m} \lambda_i^j = 1 \qquad (9.16)$$

式中，$j = 1,2,\cdots,N$，p是每维坐标轴的分段数。参考点集的规模H为C_{p+m-1}^{m-1}。值得注意的是，如果$p < m$，则这种方法产生的参考点将全部位于边界处而中间区域无参考点分布；如果

$p \geqslant m$，则在高维空间中将会产生大量的参考点，这会导致进化缓慢、求解效率低下等问题。为了避免这些问题产生，在 NSGA-III 中设计了一种双层参考点生成机制，其可以避免使用较大的 p 值。

首先，假定边界层参考点集和内部层参考点集分别为 $\boldsymbol{B}=\{b^1,b^2,\cdots,b^{N_1}\}$ 和 $\boldsymbol{I}=\{i^1,i^2,\cdots,i^{N_2}\}$，它们的分段数分别为 p_1 和 p_2，则整个种群大小的计算公式如式（9.17）所示。

$$N=N_1+N_2=C_{p_1+m-1}^{m-1}+C_{p_2+m-1}^{m-1} \tag{9.17}$$

然后，内层参考点进行坐标变换，假定内层参考点 $i^k=(i_1^k,i_2^k,\cdots,i_m^k)$，$k\in\{1,2,\cdots,N_2\}$，则其第 j 维目标函数值须进行如式（9.18）所示的变换。

$$i_j^k=(1-\tau)/m+\tau\times i_j^k,\ j\in\{1,2,\cdots,m\} \tag{9.18}$$

式中，τ 为收缩因子，通常取 0.5。

最后，$\boldsymbol{B}$ 和 $\boldsymbol{I}$ 一起合并成最终的参考点集 $\boldsymbol{Z}$。当边界层分段数 p_1=2 、内部层分段数 p_2=1 时，可得三维目标空间中双层参考点生成示意，如图 9.13 所示。

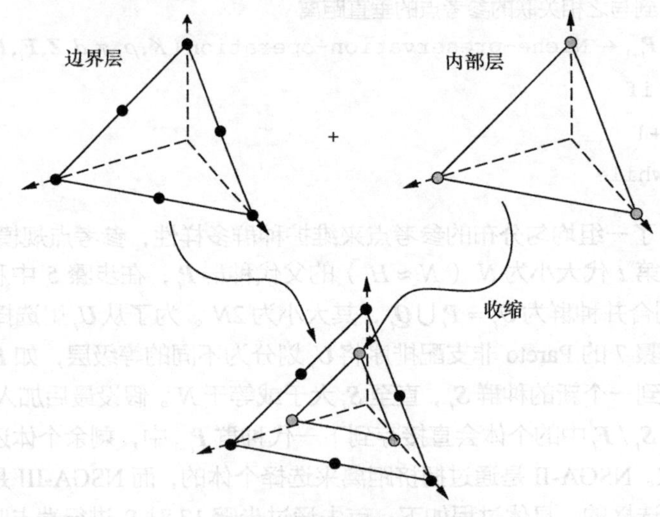

图 9.13　双层参考点生成示意

2. 归一化进程

NSGA-III 采用归一化进程是为了有效解决目标函数量纲不同的多尺度问题，且所采用的归一化进程是在线的，即每一代进化都会根据种群特性进行目标值归一化。

首先，在种群 $\boldsymbol{R}$ 中寻找出每一维坐标轴所对应的极端点，第 i 个极端点的求解公式如式（9.19）所示。

$$z_i^{\text{extreme}}=\underset{u\in\mathrm{R}}{\arg\min}\left\{\max_{1\leqslant j\leqslant m}\left\{\left(f_j(u)-z_j^{\min}\right)/w_j^i\right\}\right\} \tag{9.19}$$

式中，$i=\{1,2,\cdots,m\}$，$z^{\min}=(z_1^{\min},z_2^{\min},\cdots,z_m^{\min})$ 为种群 $\boldsymbol{R}$ 在每维目标上的最小值；$\boldsymbol{w}^i=(w_1^i,w_2^i,\cdots,w_m^i)$，当 $j\neq i$ 时，$w_j^i=10^{-6}$，否则，$w_i^i=1$。

然后，用 z^{extreme} 构造超平面 H。超平面 H 的截距式如式（9.20）所示。

$$\frac{f_1}{a_1}+\frac{f_2}{a_2}+\cdots+\frac{f_m}{a_m}=1 \tag{9.20}$$

式中，$a_1,a_2,\cdots,a_m$ 为超平面 H 与每维坐标轴的截距。将 M 个极端点代入式（9.20），可根据解线性方程组的方法求出 $a_1,a_2,\cdots,a_m$，其中，当方程组的增广矩阵的秩小于 m 或 $a_i<0$ 时，$a=z^{\max}$，$z^{\max}=(z_1^{\max},z_2^{\max},\cdots,z_m^{\max})$ 为种群 $\boldsymbol{R}$ 中每维目标上的最大值。

最后，种群 $\boldsymbol{R}$ 中的个体的归一化可表示如下。

$$f_i^n(u)=\frac{f_i(u)-z_i^{\min}}{a_i-z_i^{\min}},\ u\in\boldsymbol{R}, i=\{1,2,\cdots,m\} \tag{9.21}$$

经过归一化后，超平面 H 与每维坐标轴的截距将变成 1，即构造的超平面将变为单位超平面，从而可以在其上生成均匀分布的参考点。三维目标空间中超平面的建立和截距的形成示意如图 9.14 所示。

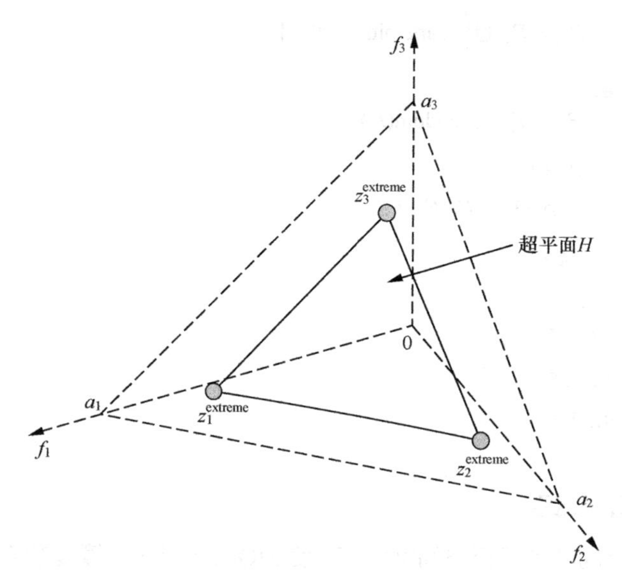

图 9.14 超平面的建立和截距的形成示意

3. 小生境保留操作

NSGA-II 采用的拥挤距离在高维目标空间中会出现运算复杂、密度评估误差大等缺点。为此 NSGA-III 利用均匀分布的参考点来评估个体的密度，以使一个参考点对应一个个体，进而实现最终解集的均匀分布。小生境保留操作的实施过程如算法 9-2 所示。首先，在将每个个体关联到对应的参考点上之后，定义第 j 个参考点的小生境数为 ρ_j，它表示 S_t/F_l 中与第 j 个参考点相关联的个体数；然后，选取具有最小 ρ_j 的参考点以组成参考点集 $\boldsymbol{J}_{\min}=\{j:\arg\min_j \rho_j\}$。如果 $|\boldsymbol{J}_{\min}|>1$，则从中随机选择一个参考点 $\bar{j}\in\boldsymbol{J}_{\min}$。如果关键层 $\boldsymbol{F}_l$ 中没有个体与参考点 $\bar{j}$ 相关联，则此参考点在当前代不再考虑，同时更新 $\boldsymbol{J}_{\min}$ 并重新选择 $\bar{j}$。否则，参考点 $\bar{j}$ 将被考虑：当 $\rho_{\bar{j}}=0$ 时，关联参考点 $\bar{j}$ 与关键层 $\boldsymbol{F}_l$ 中的个体，选取 $\boldsymbol{F}_l$ 中到第 $\bar{j}$ 个参考线的垂直距离最近的个体添加到种群 $\boldsymbol{P}_{t+1}$ 中，同时令 $\rho_{\bar{j}}$ 增加 1；当 $\rho_{\bar{j}}>0$ 时，从与参考点 $\bar{j}$ 相关联且隶属于关键层 $\boldsymbol{F}_l$ 的个体中随机选取一个个体添加到种群 $\boldsymbol{P}_{t+1}$ 中，同时令 $\rho_{\bar{j}}$ 增加 1。上述过程将被重复执行 K 次，直至 $\boldsymbol{P}_{t+1}$ 的个体数达到 N 为止。

算法 9-2 小生境保留操作

输入：$K,\pi(s\in S_t),d(s\in S_t),Z,F_l$

输出：P_{t+1}

计算参考点 $j \in Z$ 的小生境数 $\rho_j = \sum_{s \in S_t / F_l} \left((\pi(s) = j)?1:0 \right)$

```
1    k=1
2    while k≤K do
3         J_min = {j : argmin_{j∈Z} ρ_j}
4         j̄ = random(J_min)
5         I_j̄ = {s : π(s) = j̄, s ∈ F_l}
6         if I_j̄ ≠ ∅ then
7            if ρ_j̄ = 0 then
8               P_{t+1} = P_{t+1} ∪ (s : argmin_{s∈I_j̄} d(s))
9            else
10              P_{t+1} = P_{t+1} ∪ random(I_j̄)
11           end if
12           ρ_j̄ = ρ_j̄ + 1,  F_l = F_l \ s
13           k = k+1
14        else
15           Z = Z / {j̄}
16        end if
17   end while
```

9.3.3 NSGA-III-OSD

高维多目标优化问题的目标空间维度高，使MOEAs存在计算复杂度高、求解难度大等问题。对于这些问题而言，目前最有效的解决方法是目标空间分解（Objective Space Decomposition，OSD）技术，该技术是在不改变目标维数的情况下，将目标空间分解成多个子空间，从而将高维多目标优化问题转化成单目标子问题或是多目标子问题，并以协同的方式进化。NSGA-III-OSD就是将目标空间分解技术与NSGA-III相结合的成功算法。下面将首先介绍NSGA-III-OSD的三个关键技术：目标空间分解、重组操作和环境选择。

1. 目标空间分解

首先，在整个目标空间中设置大量均匀分布的参考点；然后，通过聚类得到 m 个聚类中心，即所须设定的方向向量，以解决方向向量的分布和数量难以设定的问题。由于每个类中的参考点也是均匀分布的，因此目标空间分解可以有效维持由方向向量划定的子空间的多样性。目标空间分解示意如图9.15所示。

目标空间分解的具体过程如下：通过K-均值聚类算法将参考点集划分为 m 类，其聚类集合可表示为 $\{\mathrm{CW}^1, \mathrm{CW}^2, \cdots, \mathrm{CW}^m\}$。这里，选取参考点集中沿坐标轴方向的 m 个参考点为初始聚类中心。由于参考点集是均匀分布在整个目标空间的，因此K-均值聚类后，每一类中包含的参考点数会接近于 $\lfloor N/m \rfloor$。同时可以得到聚类中心的集合 $\boldsymbol{C} = \{\boldsymbol{c}^1, \boldsymbol{c}^2, \cdots, \boldsymbol{c}^m\}$ 且 $\sum_1^m c_i^k = 1$，每一个聚类中心 $\boldsymbol{c}^k$ 确定一个唯一的子空间 $\boldsymbol{\Omega}^k$，确定方式如式（9.22）所示。

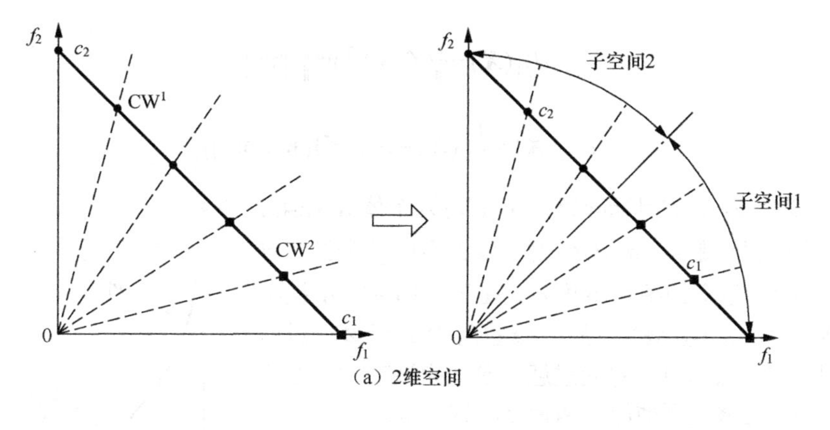

（a）2维空间

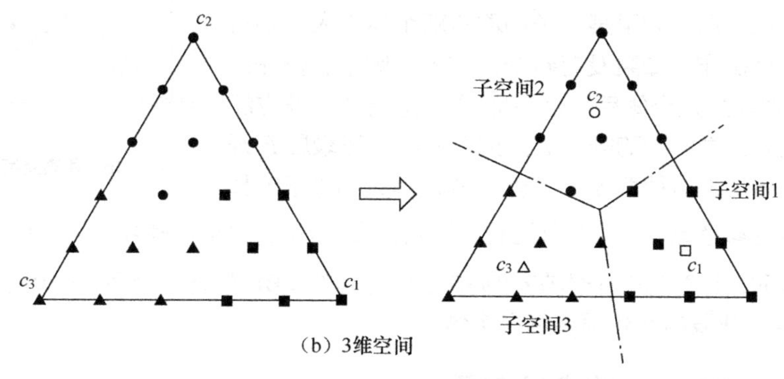

（b）3维空间

图 9.15　目标空间分解示意

$$\boldsymbol{\Omega}^k=\left\{\boldsymbol{F}(\boldsymbol{x})\in \boldsymbol{R}_+^m \middle| \left\langle \boldsymbol{F}(\boldsymbol{x}),\boldsymbol{c}^k\right\rangle \leqslant \left\langle \boldsymbol{F}(\boldsymbol{x}),\boldsymbol{c}^j\right\rangle,\quad j\in\{1,2,\cdots,m\}\right\} \tag{9.22}$$

式中，$j\in\{1,2,\cdots,m\},\boldsymbol{x}\in\Omega$，$\left\langle \boldsymbol{F}(\boldsymbol{X}),\boldsymbol{c}^k\right\rangle$为目标向量$\boldsymbol{F}(\boldsymbol{x})$和聚类中心$\boldsymbol{c}^k$的向量夹角。同时，子空间$\boldsymbol{\Omega}^k$包含的参考点子集$\mathrm{CW}^k$中的参考点可利用同样的机制来确定其子区域。

2. 重组操作

每个子种群都可通过重组操作（包括匹配选择和遗传算子）来生成后代种群以对自身进行更新。其中，匹配选择用于挑选优秀父代以组建匹配池，遗传算子可基于匹配池交叉变异生成后代种群。为避免在高维多目标优化问题中因选择相距遥远的两个解进行重组而导致父代产生的子代性能较差这一问题产生，NSGA-III-OSD 通过采用匹配限制的方式（即重组操作只对两个邻域解进行）增强了局部开发。同时，考虑到各子空间之间个体的信息交流有助于子种群协同进化，匹配的父代会以交换率μ从整个种群中选择子种群，以保证其探索能力。

针对生成的后代种群$\boldsymbol{R}$，关联操作通过计算$\boldsymbol{R}$中的个体到聚类中心的夹角大小，可将其划分到对应的子空间。

3. 环境选择

NSGA-III-OSD 采用 PBI 距离选择个体，这在保证多样性的同时可增强算法的收敛性。对于S^k中的每个个体，它们的 PBI 距离形式如式（9.23）所示。

$$d(\boldsymbol{X})=d_{j,1}(\boldsymbol{X})+\theta d_{j,2}(\boldsymbol{X}),\quad j\in\{1,2,\cdots,|\mathrm{CW}^k|\} \tag{9.23}$$

式中，θ为惩罚参数；$d_{j,1}(\boldsymbol{X})$和$d_{j,2}(\boldsymbol{X})$的表达式分别如式（9.24）和式（9.25）所示。

$$d_{j,1}(\boldsymbol{X})=\left\|(f(\boldsymbol{X}))^{\mathrm{T}} w^{j}\right\| /\left\|w^{j}\right\| \tag{9.24}$$

$$d_{j,2}(\boldsymbol{X})=\left\|f(\boldsymbol{X})-d_{j,1}(\boldsymbol{X})\left(w^{j} /\left\|w^{j}\right\|\right)\right\| \tag{9.25}$$

式中，$f(\boldsymbol{X})$为个体$\boldsymbol{X}$的目标向量；$d_{j,1}(\boldsymbol{X})$为个体$\boldsymbol{X}$在第j个参考方向上的投影距离，$d_{j,2}(\boldsymbol{X})$为个体$\boldsymbol{X}$到第j个参考方向上的垂直距离，示意如图 9.16 所示。在图 9.16 中，d_1越小表示收敛性越好，d_2越小表示分布性越好。PBI 距离通过惩罚的方式引入了收敛信息，并通过惩罚参数来调节收敛性和多样性的比重，能够很好地保证两者之间的平衡。

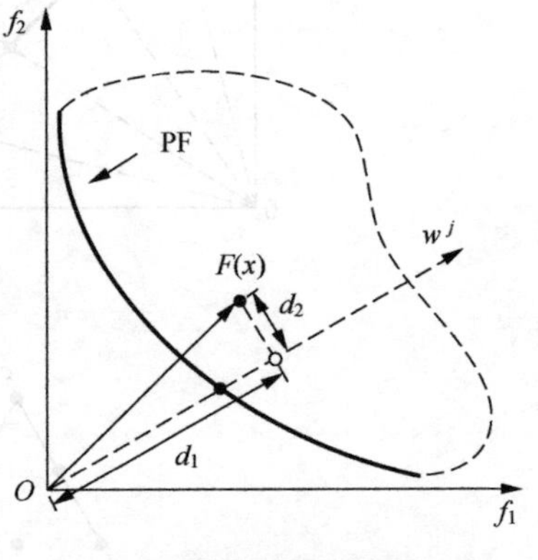

图 9.16　垂直距离和投影距离示意

经过关联操作后，如果某一子种群有新个体加入，则对其进行环境选择操作；如果没有新个体加入，则不进行任何操作。首先，对新加入个体后的合并种群$\boldsymbol{S}^k$进行快速非支配排序，以将其划分为不同的等级层。接着从第一等级层F_1开始依次选择个体加入新种群$\boldsymbol{S}_t$，直到$\boldsymbol{S}_t$的种群大小等于或超过子空间包含的参考点个数$\left|\mathrm{CW}^k\right|$为止。然后，采用关联操作将子种群个体划分到子空间内的子区域中，同时，计算每个个体在相应参考方向上的 PBI 距离。最后，采用小生境保留操作对$\boldsymbol{S}_t$进行修剪，并根据 PBI 距离选择个体。

4．NSGA-III-OSD 的实现步骤

步骤 1：设置初始参数，随机产生初始种群，计算每个个体的目标函数值，生成一组规模为N的均匀分布的参考点。

步骤 2：采用K-均值聚类算法将这组参考点划分为m类，聚类集合和聚类中心分别表示为$\{\mathrm{CW}^1,\mathrm{CW}^2,\cdots,\mathrm{CW}^m\}$和$\{c_1,c_2,\cdots,c_m\}$。基于上述$m$个聚类中心，将目标空间划分为$m$个子空间，子空间集合可表示为$\{\boldsymbol{\Omega}^1,\boldsymbol{\Omega}^2,\cdots,\boldsymbol{\Omega}^m\}$。

步骤 3：分别在m个子空间中随机生成与其包含参考点个数相等的子种群。每个子种群利用匹配选择进程挑选父代个体并生成后代种群。合并每个子种群的后代种群，并通过关联操作将它们分配到各个与之对应的子空间。

步骤 4：通过环境选择进程更新子种群。

步骤 5：判断算法是否满足终止条件$G_{\max}$，若满足，则将种群中的 Pareto 最优解作为结果输出，否则，转到步骤 2。

9.4　多目标优化算法的测试函数和评价指标

9.4.1　测试函数

目前，最常用的多目标优化算法性能测试函数有 DTLZ 测试集和 WFG 测试集。DTLZ 测试集的目标数量和距离参数可以任意扩展，是最著名的多目标优化算法测试集，其具体形式如表 9.1 所示。WFG 测试集是由胡班（Huband）等人提出的可扩展测试集，其特点包括具有无极值参数和无中间参数、具有不同的参数域和 Pareto 优化权衡范围、从 PS 到 PF 有显著的多

对一映射等。WFG 测试集中包含具有不同属性的优化问题，如不可分问题、欺骗性问题、衰退不连续问题、混合形状问题和多峰问题。WFG 测试集的所有函数都符合固定的形式[33]，它们的具体形式如表 9.2 所示。

表 9.1　DTLZ 测试集的具体形式

函数名	定义域	函数表达式	最优解
DTLZ1	[0,1]	$\min f_1(x)=\frac{1}{2}x_1x_2\cdots x_{M-1}(1+g(X_M))$ $\min f_2(x)=\frac{1}{2}x_1x_2\cdots(1-x_{M-1})(1+g(X_M))$ $\vdots$ $\min f_M(x)=\frac{1}{2}(1-x_1)(1+g(X_M))$ 其中：$g(X_M)=100\left[\lvert X_M\rvert+\sum_{x_i\in X_M}(x_i-0.5)^2-\cos(20\pi(x_i-0.5))\right]$ X_M 为决策变量的后 $k=V-M+1$ 个变量	$x_i\in[0,1]$ $i=1,\cdots,M-1$ $x_i=0.5$ $i=M,\cdots,V$
DTLZ2	[0,1]	$\min f_1(x)=(1+g(X_M))\cos(x_1\pi/2)\cdots\cos(x_{M-2}\pi/2)\cos(x_{M-1}\pi/2)$ $\min f_2(x)=(1+g(X_M))\cos(x_1\pi/2)\cdots\cos(x_{M-2}\pi/2)\sin(x_{M-1}\pi/2)$ $\min f_3(x)=(1+g(X_M))\cos(x_1\pi/2)\cdots\sin(x_{M-2}\pi/2)$ $\vdots$ $\min f_M(x)=(1+g(X_M))\sin(x_1\pi/2)$ 其中：$g(X_M)=\sum_{x_i\in X_M}(x_i-0.5)^2$	$x_i\in[0,1]$ $i=1,\cdots,M-1$ $x_i=0.5$ $i=M,\cdots,V$
DTLZ3	[0,1]	$\min f_1(x)=(1+g(X_M))\cos(x_1\pi/2)\cdots\cos(x_{M-2}\pi/2)\cos(x_{M-1}\pi/2)$ $\min f_2(x)=(1+g(X_M))\cos(x_1\pi/2)\cdots\cos(x_{M-2}\pi/2)\sin(x_{M-1}\pi/2)$ $\min f_3(x)=(1+g(X_M))\cos(x_1\pi/2)\cdots\sin(x_{M-2}\pi/2)$ $\vdots$ $\min f_M(x)=(1+g(X_M))\sin(x_1\pi/2)$ 其中：$g(X_M)=100[\lvert X_M\rvert+\sum_{x_i\in X_M}(x_i-0.5)^2-\cos(20\pi(x_i-0.5))]$	$x_i\in[0,1]$ $i=1,\cdots,M-1$ $x_i=0.5$ $i=M,\cdots,V$
DTLZ4	[0,1]	$\min f_1(x)=(1+g(X_M))\cos(x_1^a\pi/2)\cdots\cos(x_{M-2}^a\pi/2)\cos(x_{M-1}^a\pi/2)$ $\min f_2(x)=(1+g(X_M))\cos(x_1^a\pi/2)\cdots\cos(x_{M-2}^a\pi/2)\sin(x_{M-1}^a\pi/2)$ $\min f_3(x)=(1+g(X_M))\cos(x_1^a\pi/2)\cdots\sin(x_{M-2}^a\pi/2)$ $\vdots$ $\min f_M(x)=(1+g(X_M))\sin(x_1^a\pi/2)$ 其中：$g(X_m)=\sum_{x_i\in X_m}(x_i-0.5)^2$，$a=100$	$x_i\in[0,1]$ $i=1,\cdots,M-1$ $x_i=0.5$ $i=M,\cdots,V$
DTLZ5	[0,1]	$\min f_1(x)=\left(1+g(X_M)\right)\cos(\theta_1\pi/2)\cdots\cos(\theta_{M-2}\pi/2)\cos(\theta_{M-1}\pi/2)$ $\min f_2(x)=\left(1+g(X_M)\right)\cos(\theta_1\pi/2)\cdots\cos(\theta_{M-2}\pi/2)\sin(\theta_{M-1}\pi/2)$ $\min f_3(x)=\left(1+g(X_M)\right)\cos(\theta_1\pi/2)\cdots\sin(\theta_{M-2}\pi/2)$ $\vdots$ $\min f_M(x)=\left(1+g(X_M)\right)\sin(\theta_1\pi/2)$ 其中：$\theta_i=\frac{\pi}{4(1+g(X_M))}(1+2g(X_M)x_i)$　$i=2,3,\cdots,(M-1)$ $g(X_M)=\sum_{x_i\in \mathbf{X}_M}(x_i-0.5)^2$	$x_i\in[0,1]$ $i=1,\cdots,M-1$ $x_i=0.5$ $i=M,\cdots,V$
DTLZ6	[0,1]	$\min f_1(x)=\left(1+g(X_M)\right)\cos(\theta_1\pi/2)\cdots\cos(\theta_{M-2}\pi/2)\cos(\theta_{M-1}\pi/2)$ $\min f_2(x)=\left(1+g(X_M)\right)\cos(\theta_1\pi/2)\cdots\cos(\theta_{M-2}\pi/2)\text{sins}(\theta_{M-1}\pi/2)$ $\min f_3(x)=\left(1+g(X_M)\right)\cos(\theta_1\pi/2)\cdots\sin(\theta_{M-2}\pi/2)$	$x_i\in[0,1]$ $i=1,\cdots,M-1$ $x_i=0$ $i=M,\cdots,V$

续表

函数名	定义域	函数表达式	最优解
DTLZ6	[0,1]	$\vdots$ $\min f_M(x)=(1+g(X_M))\sin(\theta_i\pi/2)$ 其中：$\theta_i=\dfrac{\pi}{4(1+g(X_M))}(1+2g(X_M)x_i)\quad i=2,3,\cdots,(M-1)$ $g(X_M)=\sum_{x_i\in X_M}x_i^{0.1}$	$x_i\in[0,1]$ $i=1,\cdots,M-1\ \ x_i=0$ $i=M,\cdots,V$
DTLZ7	[0,1]	$\min f_1(X_1)=x_1$ $\min f_2(X_2)=x_2$ $\vdots$ $\min f_{M-1}(X_{M-1})=x_{M-1}$ $\min f_M(x)=(1+g(X_M))h(f_1,f_2,\cdots,f_{M-1},g)$ 其中：$g(X_M)=1+\dfrac{9}{\lvert X_M\rvert}\sum_{x_i\in X_M}x_i$ $h(f_1,f_2,\cdots,f_{M-1},g)=M-\sum_{i=1}^{M-1}\left[\dfrac{f_i}{1+g}(1+\sin(3\pi f_i))\right]$	$x_i\in[0,1]$ $i=1,\cdots,M-1\ \ x_i=0$ $i=M,\cdots,V$

表 9.2 WFG 测试集的具体形式

函数名	类型	设定
WFG1	Shape t^1 t^2 t^3 t^4	$h_{m=1:M-1}=\text{convex}_m$ $h_M=\text{mixed}_M(\text{with }\alpha=1\text{ and }A=5)$ $t^1_{i=1:k}=y_i$ $t^1_{i=k+1:n}=s\_\text{linear}(y_i,0.35)$ $t^2_{i=1:k}=y_i$ $t^2_{i=k+1:n}=b\_\text{flat}(y_i,0.8,0.75,0.85)$ $t^3_{i=1:n}=b\_\text{poly}(y_i,0.02)$ $t^4_{i=1:M-1}=r\_\text{sum}\left(\{y_{(i-1)k/(M-1)+1},\cdots,y_{ik/(M-1)}\},\{2((i-1)k/(M-1)+1),\cdots,2ik/(M-1)\}\right)$ $t^4_M=r\_\text{sum}(\{y_{k+1},\cdots,y_n\},\{2(k+1),\cdots,2n\})$
WFG2	Shape t^1 t^2 t^3	$h_{m=1:M-1}=\text{convex}_m$ $h_M=\text{disc}_M(\text{with }\alpha=\beta=1\text{ and }A=5)$ t^1 与 WFG1 的一致 $t^2_{i=1:k}=y_i$ $t^2_{i=k+1:k+l/2}=r\_\text{nonsep}(\{y_{k+2(i-k)-1},y_{k+2(i-k)}\},2)$ $t^3_{i=1:M-1}=r\_\text{sum}\left(\{y_{(i-1)k/(M-1)+1},\cdots,y_{ik/(M-1)}\},\{1,\cdots,1\}\right)$ $t^3_M=r\_\text{sum}(\{y_{k+1},\cdots,y_{k+l/2}\},\{1,\cdots,1\})$
WFG3	Shape $t^{1:3}$	$h_{m=1:M}=\text{linear}_m(\text{degenerate})$ $t^{1:3}$ 与 WFG2 的一致
WFG4	Shape t^1 t^2	$h_{m=1:M}=\text{concave}_m$ $t^1_{i=1:n}=s\_\text{multi}(y_i,30,10,0.35)$ $t^2_{i=1:M-1}=r\_\text{sum}\left(\{y_{(i-1)k/(M-1)+1},\cdots,y_{ik/(M-1)}\},\{1,\cdots,1\}\right)$ $t^2_M=r\_\text{sum}(\{y_{k+1},\cdots,y_n\},\{1,\cdots,1\})$
WFG5	Shape t^1 t^2	$h_{m=1:M}=\text{concave}_\text{m}$ $t^1_{i=1:n}=s\_\text{decept}(y_i,0.35,0.001,0.05)$ t^2 与 WFG4 的一致

续表

函数名	类型	设定
WFG6	Shape t^1 t^2	$h_{m=1:M}=\text{concave}_m$ t^1 与 WFG1 的一致 $t^2_{i=1:M-1}=r\_\text{nonsep}\left(\{y_{(i-1)k/(M-1)+1},\cdots,y_{ik/(M-1)}\},k/(M-1)\right)$ $t^2_M=r\_\text{nonsep}\left(\{y_{k+1},\cdots,y_n\},l\right)$
WFG7	Shape t^1 t^2 t^3	$h_{m=1:M}=\text{concave}_m$ $t^1_{i=1:k}=b\_\text{param}\left(y_i,r\_\text{sum}\left(\{y_{i+1},\cdots,y_n\},\{1,\cdots,1\}\right),\dfrac{0.98}{49.98},0.02,50\right)$ $t^1_{i=k+1:n}=y_i$ t^2 与 WFG1 的一致；t^3 与 WFG4 的一致
WFG8	Shape t^1 t^2，t^3	$h_{m=1:M}=\text{concave}_m$ $t^1_{i=1:k}=y_i$ $t^1_{i=k+1:n}=b\_\text{param}\left(y_i,r\_\text{sum}\left(\{y_1,\cdots,y_{i-1}\},\{1,\cdots,1\}\right),\dfrac{0.98}{49.98},0.02,50\right)$ t^2 与 WFG1 的一致；t^3 与 WFG4 的一致
WFG9	Shape t^1 t^2 t^3	$h_{m=1:M}=\text{concave}_m$ $t^1_{i=1:n-1}=b\_\text{param}\left(y_i,r\_\text{sum}\left(\{y_{i+1},\cdots,y_n\},\{1,\cdots,1\}\right),\dfrac{0.98}{49.98},0.02,50\right)$ $t^1_n=y_n$ $t^2_{i=1:k}=s\_\text{decept}(y_i,0.35,0.001,0.05)$ $t^2_{i=k+1:n}=s\_\text{multi}(y_i,30,95,0.35)$ t^3 与 WFG6 的一致

表 9.2 中的$t^{1:p}$为过渡向量，p为变换次数，$\leftarrow$ 表示每个过渡向量都是通过变换函数得到的。M为目标个数，x为M个潜在的向量参数，其中x_{M-1}是潜在位置参数，x_M是潜在距离参数。所有参数的定义域为$[0,1]$。由表 9.2 可知，决策空间的向量z先通过正规化可变为$z_{[0,1]}$，再通过变换函数经p次变换可得到过渡向量$t^1,\cdots,t^p$，x便是基于这些过渡向量求得的。

表 9.2 中与位置相关的参数k必须被位置参数M-1 整除。距离相关参数l可以设置为任何正整数，由于其不可分的衰退性质，因此其在 WFG3 问题中必须为 2 的整数倍。对于任何过渡向量t^i，令$y=t^{i-1}$，则有$y=z_{[0,1]}=\{z_1/2,\cdots,z_n/(2n)\}$。初始设置如下：

$$D=1\text{，}\quad S_{m=1:M}=2m\text{，}\quad z_{i=1:n,\max}=2i\text{，}\quad A_1=1\text{，}\quad A_{2:M-1}=\begin{cases}0, & \text{WFG3}\\1, & \text{其他}\end{cases}$$

DTLZ 和 WFG 这两个测试集的所有问题的属性如表 9.3 所示。

表 9.3 测试问题属性

属性	测试问题
多峰的	DTLZ1, DTLZ3, WFG2, WFG4, WFG9
不可分的	WFG2, WFG3, WFG6, WFG8, WFG9
多尺度的	WFG1-9
有偏好的	DTLZ4, WFG1, WFG7—9
凹面的	DTLZ2—4, WFG4—9

续表

属性	测试问题
凸面的	WFG2
线性的	DTLZ1, WFG3
欺骗性的	WFG5, WFG9
退化的	WFG3, DTLZ5, DTLZ6
不连续的	WFG2, DTLZ7
混合型的	WFG1

9.4.2 评价指标

为了评价不同的多目标优化算法的求解效果，我们须对求得的 PS 进行定量的计算和分析，在该过程中主要采用以下 4 种常见的评价指标。

1．世代距离（Generation Distance，GD）

GD 用于评价算法的收敛性，即求得的最终 PF 对真实 PF 的逼近程度。设求得的最终 PF 为 $\boldsymbol{P}$，真实 PF 为 $\boldsymbol{P}^*$，则 GD 表达式如式（9.26）所示。

$$\mathrm{GD}(\boldsymbol{P},\boldsymbol{P}^*)=\frac{\sqrt{\sum_{\mathrm{u}\in P} d(\mathrm{u},\boldsymbol{P}^*)}}{|\boldsymbol{P}|} \tag{9.26}$$

式中，$d(\mathrm{u},\boldsymbol{P}^*)$ 为求得的最终 PF 中个体 u 到真实 PF 的最小欧式距离，$|\boldsymbol{P}|$ 表示种群 $\boldsymbol{P}$ 的规模。GD 值越小，算法求得的 PF 与问题真实 PF 越接近，即算法收敛性越好。

2．间距（Spacing，SP）

SP 用于评价算法的分布性，即求得的最终 PF 的分布情况，其表达式如式（9.27）所示。

$$\mathrm{SP}=\sqrt{\frac{1}{N-1}\sum_{i=1}^{N}(\bar{d}-d_i)^2} \tag{9.27}$$

式中，N 表示求得的最终 PF 中解的个数，d_i 为解集中第 i 个解的目标向量到其他解的目标向量的最小欧式距离，$\bar{d}$ 为所有非支配解 d_i 的平均值。SP 值越小，算法求得的 PF 的分布越均匀，算法的多样性越好。

3．反向世代距离（Inverted Generation Distance，IGD）

可以通过计算真实 PF 中每个解的目标向量到求得的最终 PF 的距离来综合评价算法的收敛性和分布性，设真实 PF 为 $\boldsymbol{P}^*$，算法求得的 PF 为 $\boldsymbol{P}$，则 IGD 表达式如式（9.28）所示。

$$\mathrm{IGD}(\boldsymbol{P},\boldsymbol{P}^*)=\frac{\sum_{v\in P^*} d(v,\boldsymbol{P})}{|\boldsymbol{P}^*|} \tag{9.28}$$

式中，$d(v,\boldsymbol{P})$ 表示 $\boldsymbol{P}^*$ 中的解 v 到种群 $\boldsymbol{P}$ 中解的最小欧式距离，$|\boldsymbol{P}^*|$ 表示种群 $\boldsymbol{P}^*$ 的规模。只有当解集的收敛性和分布性均佳时，IGD 的值才会小，所以 IGD 值越小，算法的综合性能越好。

4. 超体积（Hypervolume，HV）

可以通过计算算法求得的 PF 与参考点围成的超体积的大小来综合评价算法的收敛性和分布性。设算法求得的 PF 为 $\boldsymbol{P}$，$\boldsymbol{z}=(z_1,z_2,\cdots,z_M)^{\mathrm{T}}$ 是目标空间中的一个参考点，它是被解集 $\boldsymbol{P}$ 中所有目标向量所支配的。解集 $\boldsymbol{P}$ 关于参考点 $\boldsymbol{z}$ 的 HV 指的是被解集 $\boldsymbol{P}$ 所支配且以参考点 $\boldsymbol{z}$ 为边界的目标空间的体积。HV 的表达式如式（9.29）所示。

$$\mathrm{HV}(\boldsymbol{P},\boldsymbol{z})=\mathrm{Volume}\left(\bigcup_{F\in P}[f_1,z_1]\times\cdots\times[f_M,z_M]\right) \quad (9.29)$$

HV 能够在某种程度上综合反映解集的收敛性和多样性，HV 值越大表示算法所得解集的性能越优。HV 在二维目标空间中的含义如图 9.17 所示。

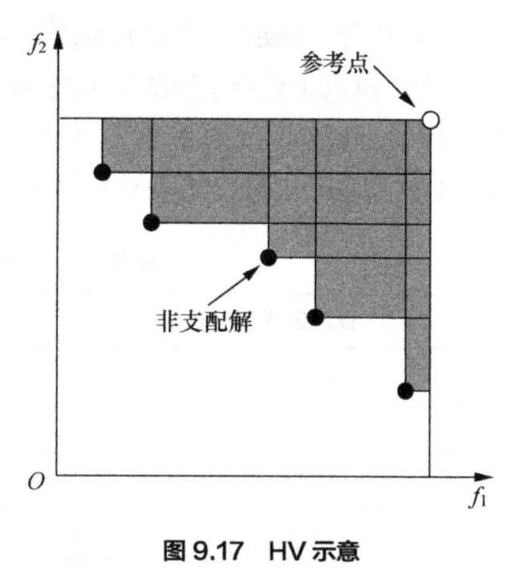

图 9.17　HV 示意

9.5 多目标优化算法的测试实例和应用实例

为了帮助读者更好地理解多目标优化算法的特点与原理，本节将介绍利用多目标优化算法求解多目标优化测试实例和应用实例的具体过程，包括二目标优化测试实例、异构无线网络接入控制问题（三目标优化问题）、高维多目标优化测试实例。

例 9-1　基于 NSGA-II 的二目标优化测试实例。

解：选取 5 个目前最常用且典型的 DTLZ 函数进行仿真。其中，DTLZ1 函数是一个具有线性 PF 面的简单 m 目标测试函数，对应的搜索空间具有多个局部最优边界，容易使算法收敛到这些局部边界而难以达到全局最优边界，可以用来测试算法的收敛性；DTLZ2 函数的前沿边界是第一象限内的单位球面，用来测试算法在增加目标个数时的运算能力；DTLZ3 函数的目标空间拥有多个平行于全局 Pareto 最优边界的局部最优边界，用来测试算法防止陷入局部最优而收敛到全局最优的能力；DTLZ4 函数在靠近 f_1–f_m 平面处具有更密集的解的个体分布，用来测试算法保持解的良好多样性和分布性的能力；DTLZ5 用于测试算法收敛到一条曲线的能力，其可更直观地显示算法的性能。这里目标个数取 m=2，即为二目标优化测试实例。

1. NSGA-II 的优化过程

下面主要介绍利用 NSGA-II 求解上述二目标测试实例的具体过程，读者可以参考 9.2.2 节的内容。

步骤 1：初始化种群，即产生包括 N 个初始个体的种群 $\boldsymbol{P}$。

步骤 2：采用二元锦标赛选择、模拟二进制交叉和多项式变异 3 种遗传操作算法生成子代种群 $\boldsymbol{Q}$。

步骤 3：合并父代种群 $\boldsymbol{P}$ 和子代种群 $\boldsymbol{Q}$，则有 $\boldsymbol{R}=\boldsymbol{P}\cup\boldsymbol{Q}$。

步骤 4：对 $\boldsymbol{R}$ 中的 $2N$ 个个体进行快速非支配排序。

步骤 5：计算所有个体的拥挤距离。

步骤 6：保留 N 个精英个体，并将它们作为下一代种群 $\boldsymbol{P}$。

步骤 7：判断算法是否达到最大进化代数，若是，则结束，否则，转到步骤 2。

2. 实验仿真及结果

所有实验在硬件配置为 Intel®Core™2 Duo CPU P7570 2.26GHz、2.00GB 内存、2.27GHz 主频的计算机上进行，开发环境为 MATLAB R2016b，具体实现程序详见本书配套的电子资源。性能评价指标选取 GD 和 SP。种群大小设为 100，最大迭代次数设为 500，单独运行次数设为 20。GD 和 SP 的均值如表 9.4 所示。

表 9.4 NSGA-II 在 DTLZ 上的仿真结果（GD/SP）

DTLZ 函数	GD 均值	SP 均值
DTLZ1	4.8726	0.0011
DTLZ2	0.0010	7.3e-05
DTLZ3	22.7734	0.0424
DTLZ4	3.6e-04	1.2e-05
DTLZ5	0.1713	0.0014

GD 用来衡量算法的收敛性，GD 值越小，算法求得的 PF 与问题真实 PF 越接近，算法收敛性越好；SP 用来评价算法的分布性，SP 值越小，算法求得的 PF 中的解分布越均匀，算法的多样性越好。读者可以尝试使用其他多目标优化算法，并比较它们的收敛性和分布性。

例 9-2 利用 MOEA/D 算法解决异构无线网络接入控制问题。

解：

1. 异构无线网络接入控制优化模型建立

图 9.18 为异构无线网络接入控制机制示意，其核心部分是优化过程，该过程须全面考虑网络端及用户端的多个目标，并给出最优的接入控制方案。这一问题实质上是多目标优化问题。

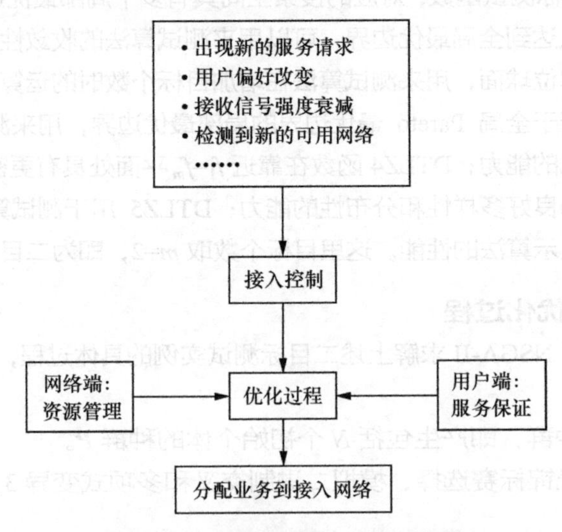

图 9.18 异构无线网络接入控制机制示意

为使模型具有普遍性，在解决该问题时可采用 OFDM 系统的资源分配模型。OFDM 从频域、时域两个方面入手来划分资源，假设在异构系统中共有 m 个候选接入网络，在频域方面，网络 $j\,(1 \leqslant j \leqslant m)$ 的子载波总数为 N_j，将这些子载波分为若干个子信道，每个子信道中都包含 F_j 个子载波；在时域方面，将帧长 $T_{L,j}$ 分为若干个等长时隙，每个时隙都含有 S_j 个符号周

期 $T_{S,j}$ 。那么，时域上的一个时隙与频域上的一个子信道可共同构成二维资源单元（Two-dimensional Resource Unit，TRU）。

假设有 n 个业务等待服务，业务 i $(1 \leqslant i \leqslant n)$ 与网络 j 的连接情况 $x_{i,j}$ 如式（9.30）所示，则可知所求模型的解 $\boldsymbol{X}$ 为一个 $n \times m$ 的 0/1 矩阵。

$$x_{i,j} = \begin{cases} 1, & \text{业务}i\text{ 接入网络 } j \\ 0, & \text{业务}i\text{ 未接入网络 } j \end{cases} \tag{9.30}$$

设业务 i 接入网络 j 时每帧平均需要网络提供的 TRU 资源数为 $t_{i,j}$ ，其计算如式（9.31）所示。

$$t_{i,j} = \frac{R_i}{b_{i,j} / (T_{L,j} / S_j)} \tag{9.31}$$

式中，R_i 为业务 i 的速率，$b_{i,j}$ 为每个 TRU 可携带的信息比特数。

接入控制问题采用的目标函数有 3 个：最小化业务占用总资源、最小化业务阻塞率以及网络的负载均衡。

在各接入网络总资源有限的前提下，以最小化业务占用总资源为优化目标，可使网络剩余容量最大化，从而可以降低各网络的负载率，提高网络资源的利用率。该目标函数如式（9.32）所示。

$$\min \quad f(\boldsymbol{x}) = \sum_{i=1}^{n}\sum_{j=1}^{m}(x_{i,j} \cdot t_{i,j}) \tag{9.32}$$

降低业务阻塞率可使更多的业务成功接入网络，进而为用户提供可靠的接入保证。将最小化业务阻塞率作为优化目标，该目标函数如式（9.33）所示。

$$\min \quad g(\boldsymbol{x}) = 1 - \frac{1}{n}\left(\sum_{i=1}^{n}\sum_{j=1}^{m} x_{i,j}\right) \tag{9.33}$$

此外，为了避免一个网络负载过重而其他网络负载较轻，进而造成网络资源的不合理分配，我们可将各网络负载率的方差最小作为优化目标，以保证网络间的负载均衡。该目标函数如式（9.34）所示。

$$\min \quad h(\boldsymbol{x}) = \frac{1}{m}\sum_{j=1}^{m}\left(\eta(j) - \frac{1}{m}\sum_{j=1}^{m}\eta(j)\right)^2 \tag{9.34}$$

式中，$\eta(j)$ 表示当前业务接入后占用 TRU 资源数与网络 TRU 资源总数的比值，如式（9.35）所示。

$$\eta(j) = \frac{1}{T_j}\left(B_j + \sum_{j=1}^{m} x_{i,j} t_{i,j}\right) \tag{9.35}$$

式中，B_j 表示网络 j 当前已被占用的资源数。业务请求接入时，由于一个业务同一时刻只能接入一个网络，故设计变量 $x_{i,j}$ 须满足式（9.36）。

$$\sum_{j=1}^{m} x_{i,j} \leqslant 1,\ i=1,2,\cdots,n \tag{9.36}$$

由于接入网络 j 的业务占用资源总数不得超过网络 j 所能提供的 TRU 资源总数 T_j，因此设计变量 $x_{i,j}$ 还须满足式（9.37）。

$$\sum_{i=1}^{n} x_{i,j} t_{i,j} \leqslant T_j,\ j=1,2,\cdots,m \tag{9.37}$$

那么，异构无线网络接入控制优化问题即可被建模为式（9.38）所示的形式。

$$\begin{aligned}
&\min\quad f(\boldsymbol{x}) = \sum_{i=1}^{n}\sum_{j=1}^{m}(x_{i,j}\cdot t_{i,j}) \\
&\min\quad g(\boldsymbol{x}) = 1-\frac{1}{n}\left(\sum_{i=1}^{n}\sum_{j=1}^{m}x_{i,j}\right) \\
&\min\quad h(\boldsymbol{x}) = \frac{1}{m}\sum_{j=1}^{m}\left(\eta(j)-\frac{1}{m}\sum_{j=1}^{m}\eta(j)\right)^2 \\
&\text{s.t.}\ \begin{cases}\displaystyle\sum_{j=1}^{m}x_{i,j}\leqslant 1,\ i=1,2,\cdots,n \\ \displaystyle\sum_{i=1}^{n}x_{i,j}t_{i,j}\leqslant T_j,\ j=1,2,\cdots,m\end{cases}
\end{aligned} \tag{9.38}$$

式（9.38）所示的三目标优化问题既考虑了网络性能（最小化业务占用资源、最大程度实现负载均衡），又考虑了用户服务质量（最小化业务接入阻塞率），可以实现三个目标的同时优化，最终可提供多种优化的接入控制方案以供决策者根据不同需求进行选择。

2. 基于 MOEA/D 算法的异构无线网络接入控制的实现步骤

利用 MOEA/D 算法求解式（9.38）所示的三目标优化问题，具体步骤如下。

步骤 1：对异构网络环境中的相关数据进行认知、采集以及预处理。首先建立异构网络融合模型，如图 9.19 所示。异构网络由 3 种目前常见的网络（McWiLL、TD-LTE 和 WiMax）组成，将它们分别表示为网络 1、网络 2、网络 3，网络半径分别为 3km、1.5km、3km。基站位置是随机生成的，并使 3 种网络不同程度地重叠覆盖。每个网络的子载波总数为 1024，帧长为 5ms，每个网络提供的 TRU 资源总数为 54，每个 TRU 资源由 48 个连续子载波以及 10 个符号周期构成，每个符号周期为 0.2ms。

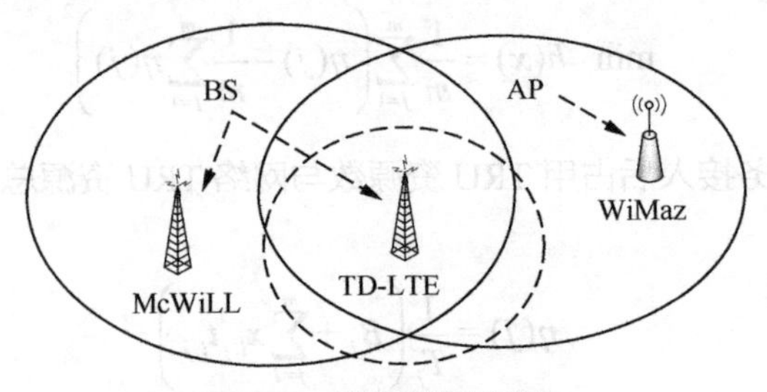

图 9.19 异构网络融合模型

步骤 2：设置 MOEA/D 算法参数，生成权重向量，计算权重向量间的欧氏距离，生成初始种群。为了使生成的设计变量满足式（9.36）和式（9.37），在生成种群时，须保证

一个行向量 x_i 里最多只有一个 1，并且每生成一个行向量都须检测网络 j 的业务占用资源是否超过网络 j 的最大资源数，以此决定该位是否为 1。

步骤 3：权重向量引导不同个体协同进化过程。根据 9.3.1 节中的介绍，进行变异、交叉、修正操作，产生子代个体，并通过比较子代个体与父代个体的适应度值来选择优秀个体进入下一代。

步骤 4：判断迭代次数是否达到 G_{max}，若没有，则转入步骤 3；若达到，则转入步骤 5。

步骤 5：对末代种群个体进行非支配排序，得到 Pareto 最优解集，即为最佳接入控制方案。

3. 异构无线网络接入控制的实验仿真结果

仿真实验在 Intel(R)Celeron(R)CPU G260@2.80GHz、4.00G 内存、2.80GHz 主频的计算机上进行，软件运行环境为 MATLAB R2016b，具体实现程序详见本书配套的电子资源。

仿真实验中，随机产生各网络的初始业务分布和 100 个新到业务，新到业务中实时业务与非实时业务随机出现，实时业务的速率在 50kbit/s—200kbit/s 范围内均匀分布，非实时业务的速率在 40kbit/s—140kbit/s 的范围内均匀分布，每个网络中 TRU 所携带的信息比特数由研究员直接在程序中给出。算法中的参数设置如下：H=15，邻域子问题个数 T=3，变异概率 τ =0.5，交叉概率 CR=0.6，最大迭代次数 G_{max}=200。以业务数量 n=50 为例，图 9.20 给出了算法求得的解集分布。

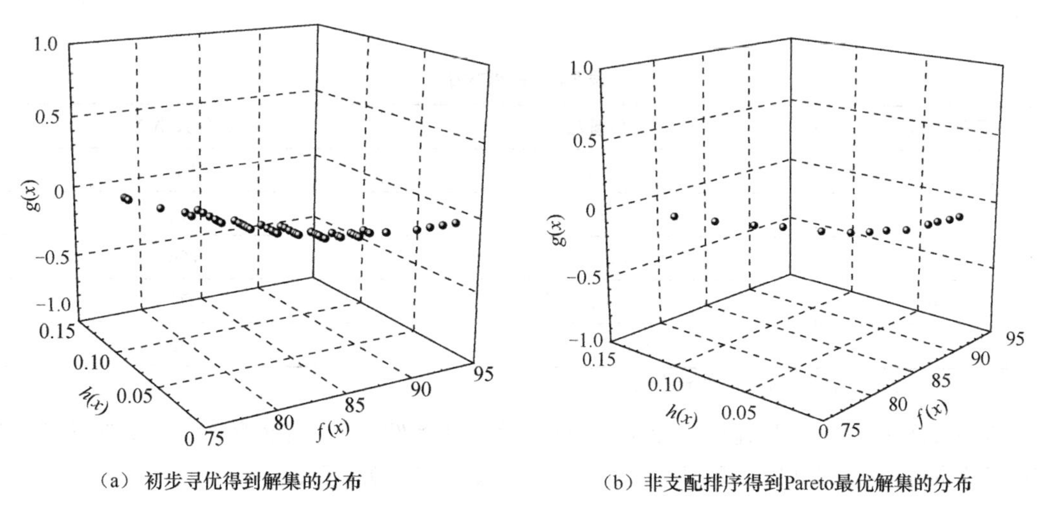

（a）初步寻优得到解集的分布　　（b）非支配排序得到Pareto最优解集的分布

图 9.20　n=50 时初步寻优得到的解集分布

其中，图 9.20（a）为初步寻优得到解集的分布。该图中的每个点都是初步寻优得到的一个解，其形式为一个 0/1 矩阵，对应于一种接入控制方案，每个点的坐标值分别对应于 3 个目标函数值。由于目标函数 $f(\boldsymbol{x})$ 的值为整数且其个数有限，因此初步寻优得到的解分布在有限个间断的区间内。这些解之间未经过 Pareto 支配关系的比较，它们虽然在不同方向上最优，但并非都是 Pareto 最优，因此还须通过非支配排序删除被支配的解，以得到最终的 Pareto 最优解集，其在变量空间中的分布如图 9.20（b）所示。

n=50 时，由于网络剩余资源充足，没有用户被阻塞，故所有解均分布在阻塞率为 0 的平面中。图 9.20（b）中最靠左侧的解占用资源数的函数值最小，但其归一化负载的值较大，即负载均衡程度相对略差；而位于最右侧的解与之相反。这些解在不同的目标函数上各有优势，而靠近中间部分的解在各目标上取得了折中的效果，决策者可根据不同的实际需求从中选解。

例 9-3 基于 NSGA-III-OSD 的高维多目标优化测试实例。

解：选取 4 个目前高维多目标优化领域最常用的 DTLZ 函数进行仿真。其中，DTLZ1 函数是一个具有线性 PF 面的简单 m 目标测试函数，对应的搜索空间具有多个局部最优边界，容易使算法收敛到这些局部边界而难以达到全局最优边界，可以用来测试算法的收敛性；DTLZ2 函数的前沿边界是第一象限内的单位球面，用来测试算法在增加目标个数时的运算能力；DTLZ3 函数的目标空间拥有多个平行于全局 Pareto 最优边界的局部最优边界，用来测试算法防止陷入局部最优而收敛到全局最优的能力；DTLZ4 函数在靠近 f_1-f_m 平面处具有更密集的解的个体分布，用来测试算法保持解的良好多样性和分布性的能力。对于每一类测试函数，目标维数都是从 3 到 15，即 $M\in\{3,5,8,10,15\}$，决策变量的维数 $V=M+r-1$。对于 DTLZ1，取 $r=5$。对于 DTLZ2、DTLZ3 和 DTLZ4，取 $r=10$。

实验在硬件配置为 Intel® Core™2 Duo CPU G620 2.60GHz、4.00G 内存、2.60GHz 主频的计算机上进行，开发环境为 MATLAB R2016b。具体实现程序详见本书配套的电子资源。实验参数设置如下：交叉概率 p_c 取 1.0，变异概率 p_m 取 $1/V$，交叉分布指数 η_c 取值 20，变异分布指数 η_m 取值 20，惩罚参数 θ 取 5。对于 3 和 5 目标问题，交换率 $\mu=0.2$。对于 8、10 和 15 目标问题，$\mu=0.7$。NSGA-III-OSD 的种群大小受限于分段参数 p，其种群大小具体设置如表 9.5 所示。

表 9.5 种群大小

目标维数 M	分段参数 p	种群大小 N
3	12	91
5	6	210
8	$p_1=3, p_2=2$	156
10	$p_1=3, p_2=2$	275
15	$p_1=2, p_2=1$	135

注：p_1 和 p_2 分别表示外层和内层的分段数。

算法每次运行均以最大函数评价次数 MFE 为终止条件。由于不同的测试函数的计算复杂度和目标维数不同，MFE 也是不一样的，其具体设置如表 9.6 所示。

表 9.6 不同测试函数的最大函数评价次数

测试函数	$M=3$	$M=5$	$M=8$	$M=10$	$M=15$
DTLZ1	36 400	126 000	117 000	275 000	202 500
DTLZ2	22 750	73 500	78 000	206 250	135 000
DTLZ3	91 000	210 000	156 000	412 500	270 000
DTLZ4	54 600	210 000	195 000	550 000	405 000

每个算法在每个测试问题上独立运行 20 次，性能评价指标采用 IGD。实验所得 IGD 的平均值和标准差如表 9.7 所示，小括号内数值表示标准差，数据来源于 20 次独立运行中 IGD 值最接近平均值的那一组数据。

表 9.7　测试函数 DTLZ 上的 IGD 实验结果

M	DTLZ1	DTLZ2	DTLZ3	DTLZ4
3	2.039e-02 (1.10e-04)	3.921e-02 (6.09e-05)	6.064e-02 (1.10e-04)	6.065e-02 (2.14e-05)
5	4.955e-02 (9.61e-05)	1.540e-01 (3.17e-04)	1.539e-01 (7.93e-05)	1.598e-01 (6.38e-04)
8	8.125e-02 (2.87e-04)	2.438e-01 (2.01e-03)	2.482e-01 (1.65e-03)	3.649e-01 (9.73e-04)
10	8.457e-02 (1.52e-03)	2.563e-01 (1.56e-03)	2.566e-01 (1.11e-03)	3.437e-01 (1.53e-04)
15	1.212e-01 (1.15e-03)	3.638e-01 (2.22e-03)	3.536e-01 (2.13e-03)	4.733e-01 (1.21e-02)

9.6 本章小结

本章首先对比了多目标优化问题与单目标优化问题的不同，简要介绍了几种多目标优化算法，并对优化效果最好、应用最广的 NSGA-II 进行了重点介绍。然后在简要分析高维多目标优化问题相比于二、三维多目标优化问题的难点的基础上，重点介绍了两种最具代表性的高维多目标优化算法：NSGA-III 和 MOEA/D 算法。最后介绍了目前最常用的多目标优化算法性能对比测试函数及评价指标，详细介绍了利用多目标优化算法求解多目标优化测试实例和应用实例的具体过程，并给出了详细的 MATLAB 程序。

9.7 习题

（1）简要介绍二、三维多目标优化问题和高维多目标优化问题各自的特点。

（2）列出最具代表性的二、三维多目标优化算法，并简述它们的特点。

（3）试说明 NSGA-III 和 MOEA/D 算法的区别与联系，以及各自的优缺点。

（4）试举例说明实际中你所了解的多目标优化问题，并尝试用多目标优化算法对其进行求解。

表 9.7　测试函数 DTLZ 上的 IGD 实验结果

M	DTLZ1	DTLZ2	DTLZ3	DTLZ4
3	2.039e-02 (1.10e-04)	3.921e-02 (6.09e-05)	6.064e-02 (1.10e-04)	6.065e-02 (2.14e-05)
5	4.955e-02 (9.61e-05)	1.540e-01 (3.17e-04)	1.539e-01 (7.93e-05)	1.598e-01 (6.38e-04)
8	8.125e-02 (2.37e-04)	2.438e-01 (2.01e-03)	2.482e-01 (1.65e-03)	3.649e-01 (9.73e-04)
10	8.457e-02 (1.52e-03)	2.563e-01 (1.56e-03)	2.856e-01 (1.11e-03)	3.437e-01 (1.53e-04)
15	1.212e-01 (1.15e-03)	3.638e-01 (2.22e-03)	5.336e-01 (2.15e-03)	4.733e-01 (1.21e-02)

本章小结

本章首先对比了多目标优化问题与单目标优化问题的不同，简要介绍了几种多目标优化算法，并对优化效果最好、应用最广的 NSGA-II 进行了重点介绍。然后在简要分析高维多目标优化问题相比于二、三维多目标优化问题的难点的基础上，重点介绍了两种最具代表性的高维多目标优化算法：NSGA-III 和 MOEA/D 算法。最后介绍了目前最常用的多目标优化算法性能对比测试函数及评价指标，详细介绍了利用多目标优化算法来解多目标优化测试案例和应用实例的具体过程，并给出了详细的 MATLAB 程序。

习题

（1）简要介绍二、三维多目标优化问题和高维多目标优化问题各自的特点。

（2）列出最具代表性的二、三维多目标优化算法，并简述它们的特点。

（3）试说明 NSGA-III 和 MOEA/D 算法的区别与联系，以及各自的优缺点。

（4）试举例说明实际中你所了解的多目标优化问题，并尝试用多目标优化算法对其进行求解。

10 chapter

约束优化算法

本章学习目标：

（1）了解约束条件对优化问题的影响；

（2）掌握约束单目标优化算法的原理和实现方法；

（3）掌握约束多目标优化算法的原理和实现方法。

10.1 概述

随着网络通信、机械设计、图像处理、航空航天、自动控制、装备制造、生产调度和决策科学等领域的应用需求日益突出，约束优化问题已成为计算智能领域的研究新热点。相比于无约束优化问题，约束优化问题中约束条件的存在使搜索空间的拓扑结构变得十分复杂。当所求问题的约束条件数量较多时，可行域空间将变得十分狭小，这需要算法较好地协调全局搜索和局部搜索；当所求问题存在多个不连通的可行域时，其将会有多个局部最优解，这要求算法须兼顾良好的多样性和收敛性。因此，约束优化问题较无约束优化问题的求解难度更大，是目前计算智能领域的研究难点。

约束优化问题根据优化目标数量可分为约束单目标优化问题（Constrained Single-Objective Optimization Problems，CSOPs）和约束多目标优化问题（Constrained Multi-Objective Optimization Problems，CMOPs）。因为目标数量的不同会造成求解难度大不相同，所以不同的约束优化问题所采用的约束处理技术也不同，本书将在下面的章节中分别详细介绍几种具有代表性的约束单目标优化算法和约束多目标优化算法。

为了便于读者理解约束优化问题，下面给出几个重要的基本概念。

不失一般性，以最小化为例，一个具有 n 个设计变量、m 个目标函数以及 $p+q$ 个约束条件的约束优化问题的数学描绘如式（10.1）所示。

$$\begin{cases} \text{minimize} & \boldsymbol{F}(\boldsymbol{X})=\left(f_1(\boldsymbol{X}), f_2(\boldsymbol{X}), \cdots, f_m(\boldsymbol{X})\right)^{\mathrm{T}} \\ \text{subject to} & g_i(\boldsymbol{X}) \leqslant 0, i=1,2,\cdots,p \\ & h_j(\boldsymbol{X})=0, j=1,2,\cdots,q \end{cases} \tag{10.1}$$

式中，$\boldsymbol{X}=(x_1,x_2,\cdots,x_n)^{\mathrm{T}} \in \boldsymbol{R}^n$ 称为已知解，$x_1,x_2,\cdots,x_n$ 称为设计变量，$\boldsymbol{R}^n$ 称为 n 维变量空间，$\boldsymbol{F}(\boldsymbol{X})=(f_1(\boldsymbol{X}),f_2(\boldsymbol{X}),\cdots,f_m(\boldsymbol{X}))^{\mathrm{T}} \in \boldsymbol{R}^m$ 称为目标向量，$f_1(\boldsymbol{X}),f_2(\boldsymbol{X}),\cdots,f_m(\boldsymbol{X})$ 称为目标函数，$\boldsymbol{R}^m$ 称为 m 维目标空间，$g_i(\boldsymbol{X}) \leqslant 0$ 为第 i 个不等式约束条件，p 为不等式约束条件的个数，$h_j(\boldsymbol{X})=0$ 为第 j 个等式约束条件，q 为等式约束条件的个数。

基于式（10.1）的约束优化数学模型，下面给出几个最常用的基本定义。

定义 10.1 约束违反度

为了判断已知解是否满足约束条件，在衡量不满足约束条件时，针对约束条件不满足的程度定义了约束违反度函数，如式（10.2）所示，其大小称为约束违反度。约束违反度越大，已知解不满足约束条件的程度越大；约束违反度越小，已知解不满足约束条件的程度越小。

$$G(\boldsymbol{X})=\sum_{i=1}^{p}\max\left(0,g_i(\boldsymbol{X})\right)+\sum_{j=1}^{q}\max\left(0,\left|h_j(\boldsymbol{X})\right|\right) \tag{10.2}$$

定义 10.2 可行解

对于给定的约束优化问题，当约束违反度 $G(\boldsymbol{X})=0$ 时，即已知解 $\boldsymbol{X}$ 满足式（10.1）中的所有约束条件时，称 $\boldsymbol{X}$ 为可行解。

定义 10.3 可行解集

变量空间中所有可行解构成的集合称为可行解集 Ω_{F}，也称为可行域，其定义如式（10.3）所示。变量空间 $\boldsymbol{S}$ 与可行域的关系如图 10.1 所示。从图 10.1 中可以看到，由于约束条件的影响，可行域大多不规则且互不连通。

$$\Omega_{\mathrm{F}}=\{\boldsymbol{X}\mid g_i(\boldsymbol{X})\leqslant 0, i=1,2,\cdots,p; h_j(\boldsymbol{X})=0, j=1,2,\cdots,q\} \tag{10.3}$$

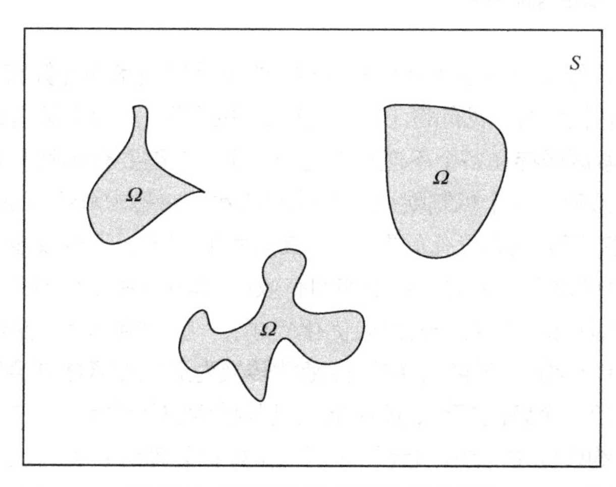

图 10.1 变量空间 S 与可行域 Ω 的关系

定义 10.4 不可行解

对于给定的约束优化问题，如果已知解 $\boldsymbol{X}$ 不完全满足式（10.1）中的约束条件，即 $G(\boldsymbol{X})>0$，则称 $\boldsymbol{X}$ 为不可行解。

定义 10.5 不可行解集

变量空间中所有不可行解构成的集合称为不可行解集 Ω_{IF}，也称为不可行域。变量空间由可行域（图 10.1 中的灰色部分）和不可行域（除灰色以外的部分）组成。对于约束优化问题，最后要求的就是可行域内的最优解。

定义 10.6 Pareto 支配

对于式（10.1）中给定的两个可行解 $\boldsymbol{X}_1$ 和 $\boldsymbol{X}_2$，当且仅当式（10.4）成立时，称 $\boldsymbol{X}_1$ Pareto 支配 $\boldsymbol{X}_2$，记为 $\boldsymbol{X}_1 \prec \boldsymbol{X}_2$。也就是说，对于所有的目标函数，$\boldsymbol{X}_1$ 的值都不比 $\boldsymbol{X}_2$ 的大，并且至少存在一个目标函数，$\boldsymbol{X}_1$ 的值比 $\boldsymbol{X}_2$ 的值小，就称 $\boldsymbol{X}_1$ Pareto 支配 $\boldsymbol{X}_2$。其中，$\boldsymbol{X}_1$ 称为非支配解，$\boldsymbol{X}_2$ 称为被支配解。

$$\begin{aligned}&\forall i\in\{1,2,\cdots,m\}, f_i(\boldsymbol{X}_1)\leqslant f_i(\boldsymbol{X}_2)\\&\wedge\exists j\in\{1,2,\cdots,m\}, f_j(\boldsymbol{X}_1)< f_j(\boldsymbol{X}_2)\end{aligned} \tag{10.4}$$

定义 10.7 Pareto 最优解

对于式（10.1）变量空间中的可行解 $\boldsymbol{X}^*$，若 $\boldsymbol{X}^*$ 不受变量空间中其他可行解的支配，即 $\neg\exists \boldsymbol{X}\in \boldsymbol{R}^n : \boldsymbol{X}\succ \boldsymbol{X}^*$，则称 $\boldsymbol{X}^*$ 为 Pareto 最优解。

定义 10.8 Pareto 解集（Pareto Set，PS）

对于给定的约束优化问题，所有 Pareto 最优解组成的集合称为 Pareto 解集，其定义如式（10.5）所示。

$$\mathrm{PS}=\{\boldsymbol{X}^*\in \boldsymbol{R}^n \mid \neg\exists \boldsymbol{X}\in \boldsymbol{R}^n : \boldsymbol{X}\succ \boldsymbol{X}^*\} \tag{10.5}$$

定义 10.9 Pareto 前沿（Pareto Front，PF）

所有 Pareto 最优解对应的目标向量组成的集合称为 Pareto 前沿，其定义如式（10.6）所示。

$$PF = \{F(X^*) = (f_1(X^*), f_2(X^*), \cdots, f_m(X^*)) \mid X^* \in PS\} \tag{10.6}$$

10.2 约束处理技术

约束优化问题的求解工具一般由两部分组成：约束处理技术与计算智能算法，它们不是简单的叠加，而是需要有机结合。现有的计算智能算法在原理和流程上都是针对无约束优化问题的，当约束条件使搜索区域存在多个不连通的可行域时，就需要有明确而有效的机制来引导种群在可行区域内进行搜索，这个机制就是约束处理技术，它是求解约束优化问题的关键。

约束优化问题相对于无约束优化问题而言，其求解的本质在于有效地均衡目标函数和约束违反度。换言之，约束优化中的关键问题是如何有效地对可行解与可行解、可行解与不可行解、不可行解与不可行解进行比较。对于无约束优化问题，一般会将其目标函数直接转化为适应度函数，而当优化问题具有约束条件时，将目标函数转换为适应度函数就会变得非常困难。此时适应度函数不仅要评价一个解的好坏，还应描述其与搜索空间中可行域的接近程度。因此，约束优化问题相比于无约束优化问题，最大的区别在于如何处理约束条件以及进行不可行解的比较，这些处理和比较所使用的方法构成了约束处理技术。下面着重介绍几种具有代表性且应用广泛的约束处理技术。

10.2.1 惩罚函数法

惩罚函数法是最早被提出且执行最为简单的一种约束处理技术，它通过对目标函数 $F(X)$ 增加惩罚项 $P(X)$ 来构造惩罚适应度函数 $\text{fitness}(X)$，从而将约束优化问题转换为无约束优化问题进行处理。惩罚项的构造通常须基于个体违反约束条件的程度 $G(X)$，同时，惩罚项的形式会随惩罚系数变化而变化。如静态惩罚函数的惩罚系数不依赖于进化代数，其惩罚适应度函数的构建一般会采用哈马法（Hamaifar）等人于 1994 年提出的构建方法：根据已知解偏离可行域距离的远近，将违反约束条件的程度分为几个等级，然后在不同的等级中使用不同的惩罚系数，如式（10.7）所示。违反约束条件的程度越严重，惩罚系数越大。

$$\text{fitness}(X) = F(X) + \sum_{j=1}^{p+q} r_{k,j} G_j^2(X) \tag{10.7}$$

式中，违反约束的程度分成了 l 个等级，$r_{k,j}(k=1,\cdots,l;j=1,\cdots,p+q)$ 为惩罚系数，l 为用户对每个约束条件定义的约束违反水平数。若惩罚项中的惩罚系数随着进化代数的改变而改变，则这类方法称为动态惩罚函数法，其惩罚适应度函数如式（10.8）所示。

$$\text{fitness}(X) = F(X) + (C \times t)^{\alpha} \sum_{j=i}^{p+q} G_j^{\beta}(X) \tag{10.8}$$

式中，t 是进化代数，C、α、β 是需要调整的参数。惩罚函数法因为参数难以选择，故目前已几乎不再使用。

10.2.2 随机排序法

随机排序法（Stochastic Ranking，SR）是鲁纳森（Runarsson）等人于 2000 年提出的一种约束处理方法。该方法采用关键参数 P_f（在 0 ~ 1 之间取值）表示使用目标函数值或约束违反度进行相邻个体比较的概率。当两个待比较的个体都是可行解时，则完全基于目标函数值进行比较；否则，以概率 P_f 进行基于目标函数值的比较，以概率（$1-P_f$）进行基于约束违反度的比较。SR 的具体流程如图 10.2 所示。大量实验结果表明，P_f取 0.45 时约束处理效果最佳，但值得注意的是，0.45 只是一个统计值，不代表其适用于所有的问题。本章后面的小节中将详细介绍基于 SR 的约束优化算法。

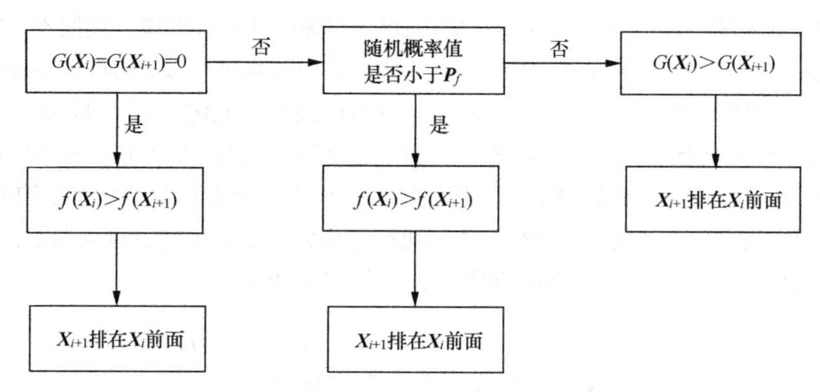

图 10.2 SR 的具体流程

10.2.3 可行性准则

可行性准则又称为 Deb 准则，是戴伯等人于 2001 年提出的一种约束处理技术。它是目前最通用也是最具代表性的一种方法，很多其他改进的约束处理技术都是在它的基础上产生的。Deb 准则主要由 3 条准则构成：①两个待比较的个体都是可行解时，目标函数值较小的个体获胜；②两个待比较的个体中一个是可行解而另一个是不可行解时，可行解获胜；③两个待比较的个体都是不可行解时，约束违反度较小的个体获胜。

Deb 准则主要有以下两个优点：①它强调可行解优于不可行解，能够加快进化向可行域方向进行；②原理简单，操作方便，无须设置额外参数，便于在实际中应用。

同时，Deb 准则也存在缺点。由于 Deb 准则强调可行解一定优于不可行解，所以它会限定进化只在可行域内进行，这使得对于可行域较小或具有多个不连通可行域的约束优化问题，算法极易陷入局部收敛。下面将对 Deb 准则存在的问题进行具体分析：①当可行解 $\boldsymbol{X}_F$ 的目标函数值较差，不可行解 $\boldsymbol{X}_{IF}$ 的目标函数值较优同时约束违反度较小时（如图 10.3 所示），不可行解更接近真实 PF，故保留不可行解 $\boldsymbol{X}_{IF}$ 更利于算法搜索到更优可行解。但根据 Deb 准则 2，算法会选择 $\boldsymbol{X}_F$ 而不是 $\boldsymbol{X}_{IF}$；②当不可行解 $\boldsymbol{X}_1$ 的目标函数值较差而约束违反度较小、不可行解 $\boldsymbol{X}_2$ 的目标函数值较优而约束违反度相对较大时（如图 10.4 所示），让 $\boldsymbol{X}_2$ 参与进化将更利于

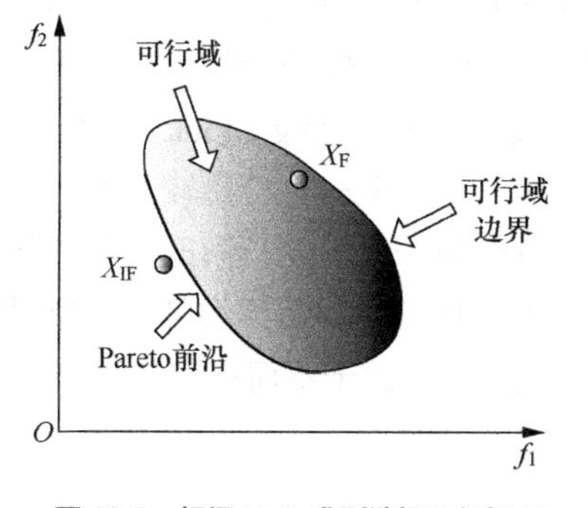

图 10.3 根据 Deb 准则选择可行解 X_F

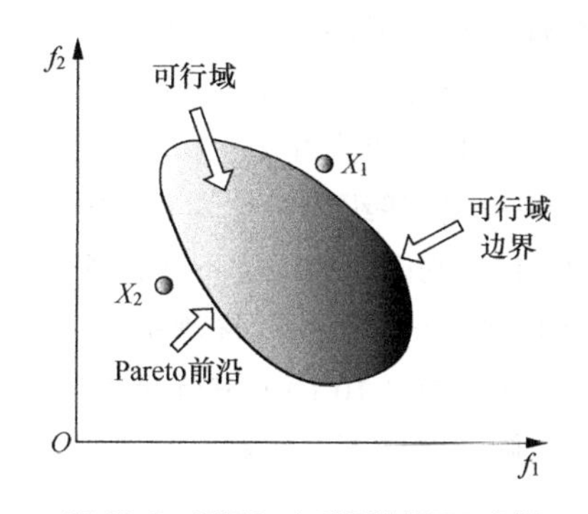

图 10.4 根据 Deb 准则选择不可行解 X_1

算法搜索到靠近真实 PF 的个体，从而能够改善搜索效率并加快收敛速度。但是根据 Deb 准则 3，算法会选择保留 $\boldsymbol{X}_1$ 而不是 $\boldsymbol{X}_2$。

10.2.4 ε 约束法

ε 约束法是高滨哲雄（Takahama）等人于 2006 年提出的一种约束处理技术。实质上它是对 Deb 准则的一种改进，主要改进之处在于 ε 约束通过设置水平参数 ε 将种群中约束违反度小于 ε 的不可行解当作可行解，进而让这些不可行解有机会参与进化，以加强算法对可行域边界的探索力度。ε 约束法放宽了对不可行解的限制，这让部分约束违反度较小的不可行解可参与进化，从而扩大了算法的探索范围，提高了种群的多样性。随着进化迭代次数的不断增加，ε 会逐渐减小直至为零，所以被当作可行解的不可行解也会随之越来越少直至为零，这样就能保证最后所求最优解是可行解。ε 约束法的具体操作如式（10.9）所示。

$$
\boldsymbol{X}_1\text{优于}\boldsymbol{X}_2 \Leftrightarrow \begin{cases} F_1 < F_2, & G_1, G_2 \leqslant \varepsilon(t) \\ F_1 < F_2, & G_1 = G_2 \\ G_1 < G_2, & \text{其他} \end{cases}
$$

$$
\varepsilon(t)=\begin{cases} \varepsilon(0)\left(1-\dfrac{t}{\mathrm{Tc}}\right)^{\mathrm{cp}}, & t < \mathrm{Tc} \\ 0, & \text{其他} \end{cases} \tag{10.9}
$$

$$
\varepsilon(0)=G(\boldsymbol{X}_\theta)
$$

式中，$\boldsymbol{X}_\theta$ 是种群个体根据约束违反度升序排序后第 θ（$\theta = 0.05 \times \mathrm{NP}$，NP 为种群的规模）个个体，$t$ 为当前进化迭代次数，$\mathrm{Tc} \in [0.1G_{\max}, 0.8G_{\max}]$，$G_{\max}$ 为最大进化迭代次数。

ε 约束法是目前应用效果较好的约束处理技术之一，后面的章节中我们将详细介绍基于 ε 约束法的约束优化算法。

10.2.5 多目标优化法

多目标优化法通常有两种方式：一是把每个约束条件都当作一个目标函数。以约束单目标优化问题为例，可以将其转化为无约束的 k+1 目标优化问题（k 为约束条件的个数），这样就得到了一个新的待优化的向量 $F(\boldsymbol{X})=(f(\boldsymbol{X}), f_1(\boldsymbol{X}), \cdots, f_k(\boldsymbol{X}))$，其中 $f_1(\boldsymbol{X}), \cdots, f_k(\boldsymbol{X})$ 为原问题的约束条件，此时可以利用多目标优化技术对 $F(\boldsymbol{X})$ 进行求解。二是把所有的约束条件整合成一个目标函数。以约束单目标优化问题为例，第一个目标为原问题的目标函数 $f_1(\boldsymbol{X})$，第二个目标为个体违反度 $G(\boldsymbol{X})$，令 $\mathrm{fitness}(\boldsymbol{X}) = [F(\boldsymbol{X}), G(\boldsymbol{X})]$，此时可以利用多目标优化技术对 $\mathrm{fitness}(\boldsymbol{X})$ 进行求解。目前，经常使用以下两种多目标优化技术处理转化后的问题。

2008 年，科洛等人提出了一种基于 Pareto 排序过程的个体等级（rank）分配法。该方法首先将所有个体的等级初始化为 0，再将每个个体与其他个体逐一进行比较。当两个个体都是可行解时，它们的排序等级均不变；当一个为不可行解而另一个为可行解时，不可行解的排序等级增加 1；当两个都是不可行解时，约束违反度大的个体的排序等级增加 1。最后将所有个体的排序等级按式（10.10）进行变换，让可行解的适应度值优于不可行解的适应度值，从而确保将可行解保留到下一代种群。

$$\text{rank}(\boldsymbol{X})=\begin{cases}\text{fitness}(\boldsymbol{X}), & \boldsymbol{X}\text{是可行解}\\ 1/\text{rank}(\boldsymbol{X}), & \text{其他}\end{cases} \tag{10.10}$$

2013 年，安东尼奥斯（Antonios）等人提出了子种群评估法。该方法将进化种群划分为多个子种群，部分子种群的评估基于目标函数，而其余子种群的评估基于某个约束条件，在此基础上对每个子种群进行协同优化。不同子种群通过信息交流可维持进化种群的多样性。

多目标优化法将约束优化问题转化为无约束多目标优化问题进行求解时，还存在个体选择压力小、计算量大以及种群收敛性不佳等问题。目前已有实验研究表明：多目标优化法的约束处理效果在约束处理技术中并不是最优的，因此本书不对其做过多介绍。

10.2.6　双种群存储技术

双种群存储技术是孟红云等人于 2008 年提出的一种约束处理技术，其思想是利用可行解集和不可行解集分别存储可行解和不可行解，以避免两者直接比较。对于约束多目标优化问题的研究，现有大多数方法都强调解的可行性具有优先地位，然而维持种群的多样性同样重要，所以双种群存储技术能够通过人为选择让部分不可行解参与进化，以扩大算法对可行域边界的探索范围，从而有助于提高种群多样性。

双种群存储技术主要包括可行解集的更新和不可行解集的更新，其中可行解集更新方式和无约束多目标优化中的种群更新方式相同，根据快速非支配排序法（详见 9.2.2 节）优先选择 Pareto 等级较高的个体，然后采用拥挤密度估计方式在相同的 Pareto 等级层中选择拥挤密度低的个体，以维持种群的多样性。不可行解集更新方式主要是通过比较个体的约束违反度，并优先选择约束违反度小的不可行解，以促使不可行解向可行域边界靠近。

双种群存储技术具有操作简单、无须设定额外参数、能够在一定程度上维护种群多样性等优点。然而，由于它利用了双种群来存储个体，所以计算量较大。同时，双种群存储技术只考虑利用约束违反度来更新不可行解，导致约束违反度较小、目标函数值较差的不可行解保留了下来，进而影响了种群的收敛性，并且双种群存储技术忽略了可行解和不可行解的信息交流和协同进化，使算法效率受到了限制。

10.3　约束单目标优化算法

相比于无约束单目标优化问题，约束单目标优化问题由于存在各种约束条件（如等式、不等式、线性、非线性等），其可行域空间的拓扑结构十分复杂。例如，当约束条件数量较多时，可行域范围将变得十分狭小，此时需要算法具有良好的多样性能力，才能搜索到全局最优解。当具有多个不连通的可行域时，将会存在多个局部最优解，此时需要算法具备较强的探索能力，穿越不同的可行域进行充分搜索，以保证种群最终逼近全局最优解。

约束处理技术是约束单目标优化算法的关键技术之一，它对于协调可行解和不可行解以及平衡目标函数和约束条件具有十分重要的作用，并已成为约束优化领域的一个重要分支。本节将以约束处理技术为主线，介绍几种极具代表性且约束处理效果较好的约束单目标优化算法。

10.3.1 基于随机排序法的约束单目标优化算法

目前，在基于 SR 的约束单目标优化算法中处理效果较好的是 2013 年钱淑渠等人提出的一种基于 SR 的免疫克隆优化算法（Dynamic Stochastic Ranking Immune Optimization Algorithm，DSRIOA）。该算法利用 SR 选择优秀个体进入下一代种群。对于两个要比较的个体，先产生一个随机数 $\mu \in [0,1]$，若它们都是可行解，或者产生的随机数 μ 小于设定的参数 P_f，则只根据它们的目标函数值 $F(\boldsymbol{X})$ 来比较两个个体。否则，根据式（10.11）定义的适应度函数来比较两个个体。

$$\text{fitness}(\boldsymbol{X}) = \begin{cases} F(\boldsymbol{X}), & \boldsymbol{X}\text{ 是可行解} \\ F(\boldsymbol{X}) - G(\boldsymbol{X}), & \text{其他} \end{cases} \tag{10.11}$$

式中，$F(\boldsymbol{X})$ 是目标函数，$G(\boldsymbol{X})$ 是约束违反度。

进行比较操作后，接着对种群进行克隆和变异操作（详见 5.3 节），该算法的总体流程如图 10.5 所示。

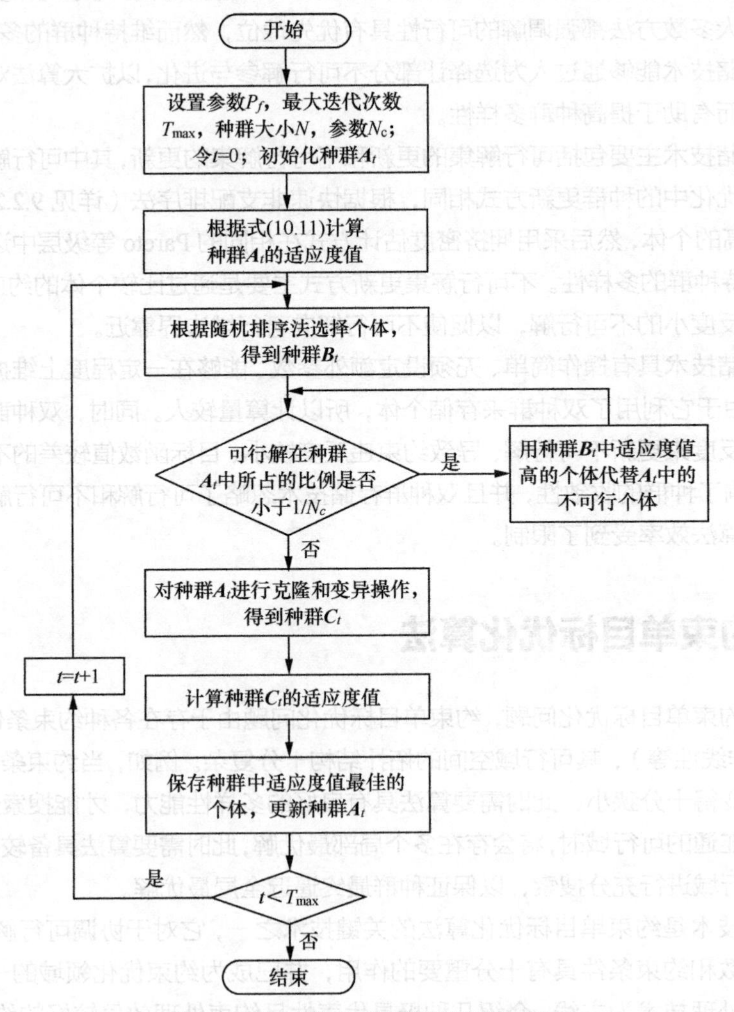

图 10.5 基于 SR 的免疫克隆优化算法流程

基于 SR 的约束单目标优化算法虽然操作简单，但其参数 P_f 对算法的多样性和收敛性有很大影响，针对不同问题需要通过大量实验才能得到参数 P_f 的合理取值。本书仅简单介绍算法的基本流程，不对其做深入的讲解。

10.3.2 基于 ε 约束法的约束单目标优化算法

目前，基于 ε 约束法的约束单目标优化算法是处理约束单目标优化问题效果最好的方法之一，其中最具代表性的算法是 2010 年郑建国等人提出的 εDE 算法。该算法最关键的技术是提出个体比较准则，其主要由 3 条准则组成：①两个个体都是可行解时，选择目标函数值较小的个体；②两个个体都是不可行解时，选择约束违反度较小的个体；③两个个体分别为可行解和不可行解时，如果不可行解的约束违反度小于或等于 ε，则选择目标函数值较小的个体；如果不可行解的约束违反度大于 ε，则选择可行解。

假设对于约束单目标优化问题，F_1 和 F_2 分别是个体 $\boldsymbol{X}_1$ 和 $\boldsymbol{X}_2$ 的目标函数值，G_1 和 G_2 分别是个体 $\boldsymbol{X}_1$ 和 $\boldsymbol{X}_2$ 的约束违反度，那么个体 $\boldsymbol{X}_1$ 和 $\boldsymbol{X}_2$ 的个体比较准则如式（10.12）所示。

$$\boldsymbol{X}_1 <_{\varepsilon} \boldsymbol{X}_2 \Leftrightarrow \begin{cases} F_1 < F_2, & G_1, G_2 \leqslant \varepsilon \\ F_1 < F_2, & G_1 = G_2 \\ G_1 < G_2, & \text{其他} \end{cases} \tag{10.12}$$

式中，ε 的设置方法如式（10.13）所示，它会随着进化迭代次数的增加而逐渐减小，直至为零。

$$\varepsilon(t) = \begin{cases} \varepsilon(t-1)/1.035, & \varepsilon > 10^{-6} \\ 0, & \varepsilon \leqslant 10^{-6} \end{cases} \tag{10.13}$$

式中，t 为进化迭代次数，$\varepsilon(0)=1$。

εDE 算法的进化策略采用 DE 算法，有研究表明：DE 算法在多样性维护和全局搜索方面是目前计算智能算法中性能最优的，这些优势使 DE 算法十分适用于处理约束优化问题。但严格来说，DE 算法不属于群体智能计算方法，因此本书前面的章节没有对其进行详细介绍，这里也只对其进行简单介绍，有兴趣的读者可以查阅相关资料进一步学习。DE 算法的基本思想是从某一随机产生的初始群体开始，将从种群中随机选取的两个个体的差向量作为第三个个体的随机变化源，并对差向量（加权后）按照一定的规则与第三个个体进行求和以产生变异个体，该操作被称为变异。变异个体与某个预先决定的目标个体进行参数混合，生成试验个体，这一过程被称为交叉。如果试验个体的适应度值优于目标个体的适应度值，则在下一代中用试验个体取代目标个体，否则目标个体仍保存下来，该操作被称为选择。算法通过不断地进行变异、交叉、选择，保留优良个体，淘汰劣质个体，进而引导搜索过程向全局最优解逼近。对于当前第 t 代种群中每一目标个体矢量 $\boldsymbol{X}_i(t)$，变异操作的具体过程如式（10.14）所示。

$$\boldsymbol{V}_i(t+1) = \boldsymbol{X}_{r1}(t) + F \times (\boldsymbol{X}_{r2}(t) - \boldsymbol{X}_{r3}(t)) \tag{10.14}$$

式中，t 为进化迭代次数，$r1, r2, r3 \in \{1, 2, \cdots, N\}$，$N$ 为种群规模，并且 $r1$、$r2$、$r3$ 与当前目标索引 i 不同。由此可见，DE 算法的种群规模必须大于或等于 4，否则无法进行变异操作。$\boldsymbol{V}_i(t+1)$ 是目标个体矢量 $\boldsymbol{X}_i(t)$ 对应的变异个体矢量，$\boldsymbol{X}_{r1}(t)$ 被称为基向量。$F \in [0,1]$为一常数，称为缩放因子，用于控制差向量的缩放程度。

将目标个体矢量 $\boldsymbol{X}_i(t)$ 与其对应的变异个体 $\boldsymbol{V}_i(t+1)$ 进行交叉操作，产生试验个体 $\boldsymbol{U}_i(t+1)$，具体操作如式（10.15）所示。

$$u_{i,j}(t+1)=\begin{cases}v_{i,j}(t+1), & \text{rand}(j)\leqslant CR\ or\ j=k\\ x_{i,j}(t), & \text{其他}\end{cases} \tag{10.15}$$

式中，$u_{i,j}(t+1)$ 为试验个体 $\boldsymbol{U}_i(t+1)$ 的第 j 维分量。$x_{i,j}(t)$ 为父代种群中目标个体矢量 $\boldsymbol{X}_i(t)$ 中的第 j 维分量，$v_{i,j}(t+1)$ 为变异个体 $\boldsymbol{V}_i(t+1)$ 中的第 j 维分量，其中 $i=1,\cdots,NP,\ j=1,\cdots,D$。$\text{rand}(j)\in[0,1]$ 为第 j 维分量对应的随机数。$\text{CR}\in[0,1]$ 是 DE 算法的交叉概率因子，它决定了变异个体 $\boldsymbol{V}_i(t+1)$ 在生成的试验个体 $\boldsymbol{U}_i(t+1)$ 中所占的概率。

DE 算法采用优胜劣汰的选择操作来保证算法不断向全局最优解方向进化。选择操作会对试验个体 $\boldsymbol{U}_i(t+1)$ 和目标个体 $\boldsymbol{X}_i(t)$ 进行适应度评价，并会选择适应度较优的个体进入下一代。

通过以上的变异、交叉和选择操作，种群会进化到下一代并反复循环，直到算法的进化迭代次数 t 达到预定的最大进化迭代次数 $G_{\max}$，或种群的最优解达到预定误差精度时算法结束。

下面给出 εDE 的具体操作步骤，其流程如图 10.6 所示。

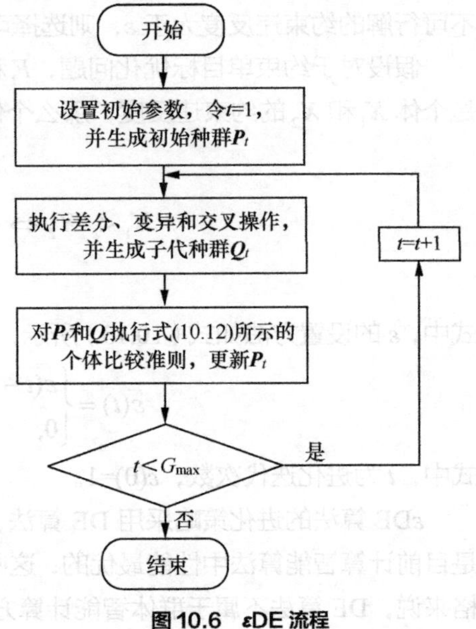

图 10.6 εDE 流程

步骤 1：初始化阶段。初始化参数包括种群规模 N、缩放因子 F、交叉因子 CR、最大进化迭代次数 $G_{\max}$。随机产生初始种群 $\{\boldsymbol{X}_1,\boldsymbol{X}_2,\cdots,\boldsymbol{X}_N\}$，并设置初始进化迭代次数 t=1。

步骤 2：变异操作。按式（10.14）进行变异操作。

步骤 3：交叉操作。按式（10.15）进行交叉操作。

步骤 4：选择操作。由于 DE 算法在最初设计上是针对无约束优化问题的，所有 εDE 算法在选择操作上与原始 DE 算法有所不同。在 εDE 算法中需要计算目标个体 $\boldsymbol{X}_i(t)$ 和试验个体 $\boldsymbol{U}_i(t+1)$ 的目标函数值及约束违反度，并须根据式（10.12）所示的个体比较准则比较个体，以选择 N 个体作为下一代种群。

步骤 5：判断终止条件。如果 t 达到最大进化迭代次数 $G_{\max}$，则算法结束，将种群中的最优解作为结果输出；否则，令 t=t+1，返回步骤 2。

10.3.3 基于双种群存储技术的约束单目标优化算法

目前，基于双种群存储技术的约束单目标优化算法是另一种处理约束单目标优化问题效果较好的方法。下面介绍 2015 年由笔者提出的一种基于混合策略的双种群约束单目标优化算法（Dual Population Constrained Evolutionary Algorithm，DPCEA），该算法分别从约束处理技术和进化策略两个方面入手对原始算法进行了改进。

双种群存储技术会分别存储可行解和不可行解，避免两者直接比较，且在进化过程中能够有效地利用不可行解。但是传统的双种群存储技术在更新不可行解集时，只保留约束违反度较小的不可行解，这样获得的不可行解的目标函数可能较差，让这样“不优秀”的不可行解参与进化反而会影响种群的收敛速度和收敛精度。因此，改进的双种群存储技术对 10.2.6 节中的传统双种群存储技术做了有效改进。这里在详细描述改进的双种群存储技术之前，首先介绍两个相关的定义。

定义 10.10 约束支配

不可行解 $\boldsymbol{X}$ 对应的目标函数值 $F(\boldsymbol{X})$ 及约束违反度值 $G(\boldsymbol{X})$ 均不劣于不可行解 $\boldsymbol{Y}$ 对应的目标函数值 $F(\boldsymbol{Y})$ 及约束违反度值 $G(\boldsymbol{Y})$ 时，称不可行解 $\boldsymbol{X}$ 约束支配不可行解 $\boldsymbol{Y}$。

定义 10.11 非劣不可行解

不可行解集中不存在个体 $\boldsymbol{X}$ 约束支配个体 $\boldsymbol{X}^*$ 时，称 $\boldsymbol{X}^*$ 为非劣不可行解。

接下来介绍改进的双种群存储的具体实现过程。首先进行不可行解集的更新：将当代种群中新产生的不可行解集与当代不可行解集合并，接着根据定义 10.11，从中选取非劣不可行解。如果非劣不可行解的数量小于或等于不可行解集的预定规模 N_{IF}，则将其作为下一代不可行解集。如果非劣不可行解的数量大于 N_{IF}，则选取约束违反度最小的 N_{IF} 个体。其次进行可行解集的更新：进化初期由于可行解的数量可能远小于 N_F 个（可行解集的预定规模），此时，直接将当代种群中新产生的可行解与当代可行解集合并，作为下一代可行解集。随着迭代的进行，当合并集合中的可行解超过 N_F 时，则从中选取目标函数值较优的 N_F 个个体作为下一代可行解集。值得注意的是，当可行解集的数量达到 N_F 时，停止使用 Deb 准则比较个体，直接将可行解集作为进化种群而不是外部存档集，从而提高算法的收敛速度。

利用约束支配的概念来更新不可行解集，并在进化前期保留约束违反度和目标函数同时较优的不可行解。一方面让不可行解参与进化，能够改善种群多样性；另一方面保留目标函数值较优的不可行解，有利于进化向全局最优解靠近。同时，为了有效利用不可行解，DPCEA 算法对所采用的进化策略（即 DE 算法中的变异策略）也进行了相应改进。

为了更好地利用优秀的不可行解，在进化前期应该让一部分优秀的不可行解参与进化。一方面当所求问题的可行域边界离全局最优解很近时，将有利于种群向全局最优解靠近；另一方面当所求问题存在多个孤立可行域时，将有利于对可行域边界进行探索，让进化能够穿越不同的可行域进行充分采样，进而提高种群多样性。基于上述思想，对 DE 的变异操作进行改进，引入不可行解来进化种群，如式（10.16）所示。

$$\boldsymbol{V}_i(t+1)=\boldsymbol{X}_{r1}(t)+F\times(\boldsymbol{X}_{IF}(t)-\boldsymbol{X}_{r2}(t)) \tag{10.16}$$

式中，t 为进化迭代次数，$\boldsymbol{X}_{r1}(t)$ 和 $\boldsymbol{X}_{r2}(t)$ 为第 t 代可行解集中的个体，$r1$，$r2\in\{1,2,\cdots,N_F\}$ 且互不相等，N_F 为可行解集规模，$\boldsymbol{X}_{IF}(t)$ 是以概率 p 选择的最优可行解而以概率 1-p 选择的非劣不可行解，其中 p 的具体计算公式如式（10.17）所示。

$$p=\begin{cases}0.5+0.4t/G_{\max}, & t\leqslant 0.5G_{\max}\\ 1, & t>0.5G_{\max}\end{cases} \tag{10.17}$$

式中，t 为进化迭代次数，$G_{\max}$ 为最大进化迭代次数。

由于概率 1-p 呈线性递减的趋势，在进化前期不可行解在进化中的比重更大，使种群更能利用不可行解的有效信息，所以其能加大算法对搜索空间的探索范围，提高种群多样性，进而为最终收敛提供良好的保障。随着种群不断进化，搜索空间得到充分的开采，如果继续让不可行解参与进化，产生的后代个体将会出现过多的不可行解，这与收敛到可行最优解的目标是背离的，所以在进化后期不让不可行解参与种群进化。

另外，为了加强对可行域的开发力度，从而促使种群向全局最优解靠近。DPCEA 算法还提出了一种关于进化中后期的变异操作，采用最优个体引导策略，让目标函数值最优和次优的可行解同时指导进化，如式（10.18）所示。

$$V_i(t+1)=\boldsymbol{X}_{\mathrm{B}}(t)+F\times(\boldsymbol{X}_{\mathrm{S}}(t)-\boldsymbol{X}_{r1}(t))+F\times(\boldsymbol{X}_{r2}(t)-\boldsymbol{X}_{r3}(t)) \tag{10.18}$$

式中，t 为进化迭代次数，F 为缩放因子，$\boldsymbol{X}_{\mathrm{B}}(t)$ 和 $\boldsymbol{X}_{\mathrm{S}}(t)$ 分别为第 t 代中的最优可行解和次优可行解，$\boldsymbol{X}_{r1}(t)$、$\boldsymbol{X}_{r2}(t)$ 和 $\boldsymbol{X}_{r3}(t)$ 为第 t 代可行解集中的个体，$r1$、$r2$ 和 $r3$ 为随机在 $\{1,2,\cdots,N_F\}$ 中选择的互不相等的正整数。该变异操作通过让最优个体 $\boldsymbol{X}_{\mathrm{B}}(t)$ 引导进化方向，使搜索能够围绕 $\boldsymbol{X}_{\mathrm{B}}(t)$ 进行，从而利于加快收敛速度。同时利用差向量 $\boldsymbol{X}_{\mathrm{B}}(t)-\boldsymbol{X}_{r1}(t)$ 和差向量 $\boldsymbol{X}_{r2}(t)-\boldsymbol{X}_{r3}(t)$ 来增加扰动，兼顾了算法的探索能力。因此，式（10.18）较好地协调了收敛性和多样性。

下面给出 DPCEA 算法的具体操作步骤，其流程如图 10.7 所示。

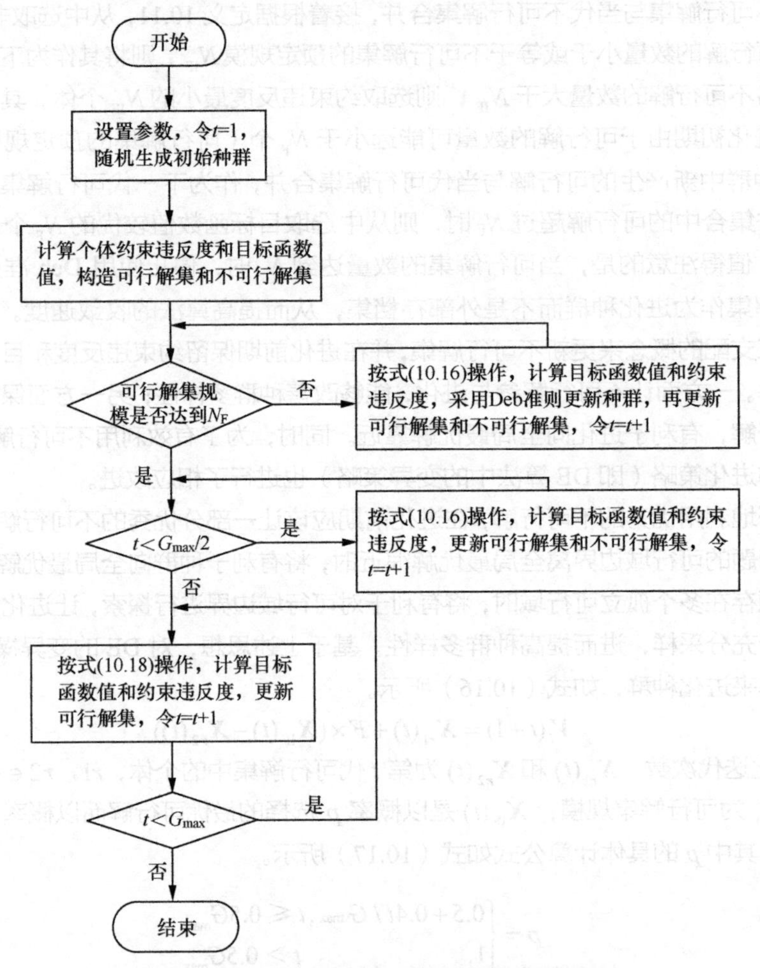

图 10.7　基于混合策略的双种群约束单目标优化算法流程

步骤 1：初始化参数，包括初始种群规模 N、可行解集规模 N_{F}、不可行解集规模 N_{IF}、缩放因子 F、交叉概率因子 CR、最大进化迭代次数 $G_{\max}$，并随机生成初始种群 $\{\boldsymbol{X}_1,\boldsymbol{X}_2,\cdots,\boldsymbol{X}_N\}$，设置进化迭代次数 t=1。

步骤 2：计算种群中所有个体的目标函数值和约束违反度，将种群中的可行解和不可行解分别存储在两个外部归档集中，构造初始可行解集和不可行解集。

步骤 3：如果可行解集规模小于 N_{F}，执行式（10.16）的变异操作，然后计算所有个体的目标函数值和约束违反度，并利用 Deb 准则比较个体，更新种群，更新可行解集和不可行解集，直至可行解集规模为 N_{F}。

步骤 4：如果$t < 0.5G_{\max}$，则执行式（10.16）所示的变异操作，更新可行解集和不可行解集，并将可行解集作为种群。否则，转到步骤 5。

步骤 5：如果$0.5G_{\max} \leqslant t < G_{\max}$，则执行式（10.18）所示的变异操作，并计算个体的目标函数值和约束违反度，更新可行解集。否则，转到步骤 6。

步骤 6：判断终止条件。如果 $t=G_{\max}$，则算法结束，将可行解集中的最优解作为结果输出。否则，令 $t=t+1$，转到步骤 4。

10.3.4 约束单目标优化测试函数

为了验证各种约束优化算法的效果，研究者们设计出了许多约束优化测试函数，下面介绍目前最通用的 13 个约束单目标优化测试函数 g01—g13。表 10.1 给出了所有测试函数的数学描述。表 10.2 给出了所有测试函数的主要特征，其中 n 表示变量空间的维数，ρ 表示可行域占变量空间的比例，LI 表示线性不等式的数量，NI 表示非线性不等式的数量，LE 表示线性等式的数量，NE 表示非线性等式的数量。目前通常将算法进行多次独立运行，并将获得的最优值、最差值、均值和标准差作为评价指标。其中，最优值和最差值能够反映算法收敛到全局最优解的优劣情况，均值能够反映算法的收敛精度，标准差能够反映算法的健壮性。

表 10.1 约束单目标优化测试函数的数学描述

函数	定义域	函数表达式及约束条件	最优值
g01	$0 \leqslant x_i \leqslant 1,$ $i=1,2,\cdots,9,$ $0 \leqslant x_i \leqslant 100,$ $i=10,11,12$ $0 \leqslant x_i \leqslant 1,$ $i=13$	$f(\boldsymbol{X})=5\sum_{i=1}^{4}x_i-5\sum_{i=1}^{4}x_i^2-\sum_{i=5}^{13}x_i$ $g_1(\boldsymbol{X})=2x_1+2x_2+x_{10}+x_{11}-10 \leqslant 0$ $g_2(\boldsymbol{X})=2x_1+2x_3+x_{10}+x_{12}-10 \leqslant 0$ $g_3(\boldsymbol{X})=2x_2+2x_3+x_{11}+x_{12}-10 \leqslant 0$ $g_4(\boldsymbol{X})=-8x_1+x_{10} \leqslant 0$ $g_5(\boldsymbol{X})=-8x_2+x_{11} \leqslant 0$ $g_6(\boldsymbol{X})=-8x_3+x_{12} \leqslant 0$ $g_7(\boldsymbol{X})=-2x_4-x_5+x_{10} \leqslant 0$ $g_8(\boldsymbol{X})=-2x_6-x_7+x_{11} \leqslant 0$ $g_9(\boldsymbol{X})=-2x_8-x_9+x_{12} \leqslant 0$	−15
g02	$0 \leqslant x_i \leqslant 10,$ $i=1,2,\cdots,n,$ $n=20$	$f(\boldsymbol{X})=\left\lvert\dfrac{\sum_{i=1}^{20}\cos^4(x_i)-2\prod_{i=1}^{20}\cos^2(x_i)}{\sqrt{\sum_{i=1}^{20}ix_i^2}}\right\rvert$ $g_1(\boldsymbol{X})=0.75-\prod_{i=1}^{20}x_i \leqslant 0$ $g_2(\boldsymbol{X})=\sum_{i=1}^{20}x_i-150 \leqslant 0$	0.8036
g03	$0 \leqslant x_i \leqslant 1,$ $i=1,2,\cdots,n,$ $n=10$	$f(\boldsymbol{X})=(\sqrt{n})^n\prod_{i=1}^{n}x_i$ $h_1(\boldsymbol{X})=\sum_{i=1}^{n}x_i^2-1=0$	1
g04	$78 \leqslant x_1 \leqslant 102,$ $33 \leqslant x_2 \leqslant 45,$ $78 \leqslant x_i \leqslant 102,$ $i=3,4,5$	$f(\boldsymbol{X})=5.3578547x_3^2+0.8356891x_1x_5+37.293239x_1-40729.141$ $g_1(\boldsymbol{X})=85.334407+0.0056858x_2x_5+$ $0.0006262x_1x_4-0.0022053x_3x_5-92 \leqslant 0$ $g_2(\boldsymbol{X})=-85.334407-0.0056858x_2x_5-$ $0.0006262x_1x_4+0.0022053x_3x_5 \leqslant 0$	−30665.5390

续表

函数	定义域	函数表达式及约束条件	最优值
g04	$78 \leqslant x_1 \leqslant 102$, $33 \leqslant x_2 \leqslant 45$, $78 \leqslant x_i \leqslant 102$, $i = 3,4,5$	$g_3(X) = 80.51249 + 0.0071317x_2x_5 +$ $0.0029955x_1x_2 + 0.0021813x_3^2 - 110 \leqslant 0$ $g_4(X) = -80.51249 - 0.0071317x_2x_5 -$ $0.0029955x_1x_2 - 0.0021813x_3^2 + 90 \leqslant 0$ $g_5(X) = 9.300961 + 0.0047026x_3x_5 +$ $0.0012547x_1x_3 + 0.0019085x_3x_4 - 25 \leqslant 0$ $g_6(X) = -9.300961 - 0.0047026x_3x_5 -$ $0.0012547x_1x_3 - 0.0019085x_3x_4 + 20 \leqslant 0$	−30665.5390
g05	$0 \leqslant x_1 \leqslant 1200$, $0 \leqslant x_2 \leqslant 1200$, $-0.55 \leqslant x_3 \leqslant 0.55$, $-0.55 \leqslant x_4 \leqslant 0.55$	$f(X) = 3x_1 + 0.000001x_1^3 + 2x_2 + 0.000002x_2^3/3$ $g_1(X) = x_3 - x_4 - 0.55 \leqslant 0$ $g_2(X) = -x_3 + x_4 - 0.55 \leqslant 0$ $h_3(X) = 1000\sin(-x_3 - 0.25) + 1000\sin(-x_4 - 0.25) + 894.8 - x_1 = 0$ $h_4(X) = 1000\sin(x_3 - 0.25) + 1000\sin(x_3 - x_4 - 0.25) + 894.8 - x_2$ $= 0$ $h_5(X) = 1000\sin(x_4 - 0.25) + 1000\sin(-x_3 + x_4 - 0.25) + 1294.8 = 0$	5126.4981
g06	$13 \leqslant x_1 \leqslant 100$, $0 \leqslant x_2 \leqslant 100$	$f(X) = (x_1 - 10)^3 + (x_2 - 20)^3$ $g_1(X) = -(x_1 - 5)^2 - (x_2 - 5)^2 + 100 \leqslant 0$ $g_2(X) = (x_1 - 6)^2 + (x_2 - 5)^2 - 82.81 \leqslant 0$	−6961.8139
g07	$-10 \leqslant x_i \leqslant 10$, $i = 1,2,\cdots,n$, $n = 10$	$f(X) = x_1^2 + x_2^2 + x_1x_2 - 14x_1 - 16x_2 + (x3 - 10)^2$ $+ 4(x_4 - 5)^2 + (x_5 - 3)^2 + 2(x_6 - 1)^2 + 5x_7^2$ $+ 7(x_8 - 11)^2 + 2(x_9 - 10)^2 + (x_{10} - 7)^2 + 45$ $g_1(X) = -105 + 4x_1 + 5x_2 - 3x_7 + 9x_8 \leqslant 0$ $g_2(X) = 10x_1 - 8x_3 - 17x_7 + 2x_8 \leqslant 0$ $g_3(X) = -8x_1 + 2x_2 + 5x_9 - 2x_{10} - 12 \leqslant 0$ $g_4(X) = 3(x_1 - 2)^2 + 4(x_2 - 3)^2 + 2x_3^2 - 7x_4 - 120 \leqslant 0$ $g_5(X) = 5x_1^2 + 8x_2 + (x_3 - 6)^2 - 2x_4 - 40 \leqslant 0$ $g_6(X) = x_1^2 + 2(x_2 - 2)^2 - 2x_1x_2 + 14x_5 - 6x_6 \leqslant 0$ $g_7(X) = 0.5(x_1 - 8)^2 + 2(x_2 - 4)^2 + 3x_5^2 - x_6 - 30 \leqslant 0$ $g_8(X) = -2x_1 + 6x_6 + 12(x_9 - 8)^2 - 7x_{10} \leqslant 0$	24.3062
g08	$0 \leqslant x_1 \leqslant 10$, $0 \leqslant x_2 \leqslant 10$	$f(X) = \dfrac{\sin^3(2\pi x_1)\sin(2\pi x_2)}{x_1^3(x_1 + x_2)}$ $g_1(X) = x_1^2 - x_2 + 1 \leqslant 0$ $g_2(X) = 1 - x_1 + (x_2 - 4)^2 \leqslant 0$	0.0958
g09	$-10 \leqslant x_i \leqslant 10$, $i = 1,2,\cdots,n$, $n = 7$	$f(X) = (x_1 - 10)^2 + 5(x_2 - 12)^2 + x_3^4 + 3(x_4 - 11)^2$ $+ 10x_5^6 + 7x_6^2 + x_7^4 - 4x_6x_7 - 10x_6 - 8x_7$ $g_1(X) = -127 + 2x_1^2 + 3x_2^4 + x_3 + 4x_4^2 + 5x_5 \leqslant 0$ $g_2(X) = -282 + 7x_1 + 3x_2 + 10x_3^2 + x_4 - x_5 \leqslant 0$ $g_3(X) = -196 + 23x_1 + x_2^2 + 6x_6^2 - 8x_7 \leqslant 0$	680.6301
g10	$100 \leqslant x_1 \leqslant 10000$, $1000 \leqslant x_2 \leqslant 10000$, $1000 \leqslant x_3 \leqslant 10000$, $100 \leqslant x_i \leqslant 1000$, $i = 4,5,\cdots,8$	$f(X) = x_1 + x_2 + x_3$ $g_1(X) = -1 + 0.0025(x_4 + x_6) \le 0$ $g_2(X) = -1 + 0.0025(-x_4 + x_5 + x_7) \leqslant 0$ $g_3(X) = -1 + 0.01(-x_5 + x_8) \leqslant 0 \leqslant 0$ $g_4(X) = -x_1x_6 + 833.33252x_4 + 100x_1 - 83333.333 \leqslant 0$ $g_5(X) = -x_2x_7 + 1250x_5 + x_2x_4 - 1250x_4 \leqslant 0$	7049.3307

续表

函数	定义域	函数表达式及约束条件	最优值
g11	$-1\leqslant x_1\leqslant 1$, $-1\leqslant x_2\leqslant 1$	$f(\boldsymbol{X})=x_1^2+(x_2-1)^2$ $h_1(\boldsymbol{X})=x_2-x_1^2=0$	0.75
g12	$0\leqslant x_i\leqslant 10$, $i=1,2,3$	$f(\boldsymbol{X})=((x_1-5)^2+(x_1-5)^2+(x_1-5)^2)/100-1$ $g_1(\boldsymbol{X})=(x_1-p)^2+(x_2-q)^2+(x_3-r)^2)$ $p,q,r=1,2,\cdots,9$	−1
g13	$-2.3\leqslant x_1\leqslant 2.3$, $-2.3\leqslant x_2\leqslant 2.3$, $-3.2\leqslant x_3\leqslant 3.2$, $-3.2\leqslant x_4\leqslant 3.2$, $-3.2\leqslant x_5\leqslant 3.2$	$f(\boldsymbol{X})=e^{x_1x_2x_3x_4x_5}$ $h_1(\boldsymbol{X})=x_1^2+x_2^2+x_3^2+x_4^2+x_1^2-10=0$ $h_2(\boldsymbol{X})=x_2x_3-5x_4x_5=0$ $h_3(\boldsymbol{X})=x_1^3+x_2^3+1=0$	0.5395

表 10.2 测试函数 g01—g13 的特征

函数	n	类型	ρ/%	LI	NI	LE	NE
g01	13	二次方	0.0003	9	0	0	0
g02	20	非线性	99.993	1	1	0	0
g03	10	非线性	0.0026	0	0	0	1
g04	5	二次方	27.009	0	6	0	0
g05	4	非线性	0.0000	2	0	0	3
g06	2	非线性	0.0057	0	2	0	0
g07	10	二次方	0.0000	3	5	0	0
g08	2	非线性	0.8581	0	2	0	0
g09	7	多项式	0.5199	0	4	0	0
g10	8	线性	0.0020	3	3	0	0
g11	2	二次方	0.0973	0	0	0	1
g12	3	二次方	4.7697	0	93	0	0
g13	3	非线性	0.0000	0	0	0	0

10.4 约束多目标优化算法

相较于约束单目标优化问题，约束多目标优化问题由于目标数量的增多，且多个目标之间往往相互冲突，因此提高某个目标的性能可能会降低其他目标的性能，必须利用协调和折中的方法让所有目标尽可能达到最优，即所求是一组互不支配的 Pareto 最优解。约束多目标优化问题要求算法不但要稳定有效地找到满足约束条件的 Pareto 解集，而且要使解集具有良好的分布性，所以约束多目标优化问题的求解难度远大于约束单目标优化问题。下面将以约束处理技术为主线介绍几种目前应用效果较好的约束多目标优化算法。

10.4.1 基于随机排序法的约束多目标优化算法

研究人员将基于 SR 的约束处理技术与多目标优化算法相融合，设计了许多基于 SR 的约束多目标优化算法。下面介绍其中一种效果较好的基于 SR 的约束多目标优化算法。

2013 年，简（Jan）等人将 MOEA/D 与 SR 相结合，提出了一种基于分解策略和差分进化的约束多目标优化算法（CMOEA/D-DE-SR）。该算法将 SR 与 MOEA/D 进行结合的关键就在于如何对子代的邻域 $B(i)$ 中的个体进行比较更新，其更新规则如下。

（1）待比较的邻域个体 $\boldsymbol{X}_j$ 与子代 $\boldsymbol{Y}$ 都是可行解，或者随机数 $r < P_f$，如果 $F(\boldsymbol{Y}) < F(\boldsymbol{X}_j)$，那么选择子代 $\boldsymbol{Y}$，其中 $F(\boldsymbol{Y})$ 为个体 $\boldsymbol{Y}$ 的切比雪夫函数值，其可利用第 9 章的式（9.14）计算求得。

（2）待比较的邻域个体 $\boldsymbol{X}_j$ 与子代 $\boldsymbol{Y}$ 都不是可行解，且约束违反度 $G(\boldsymbol{Y}) < G(\boldsymbol{X}_j)$，那么选择子代 $\boldsymbol{Y}$，其中个体的约束违反度可利用式（10.2）计算求得。

CMOEA/D-DE-SR 算法中的参考点的更新规则是：若 $z_i^* < F_i(\boldsymbol{Y})$，则令 $z_i^* = F_i(\boldsymbol{Y})$，$i = 1, 2, \cdots, m$。

综上所述，CMOEA/D-DE-SR 流程如图 10.8 所示。

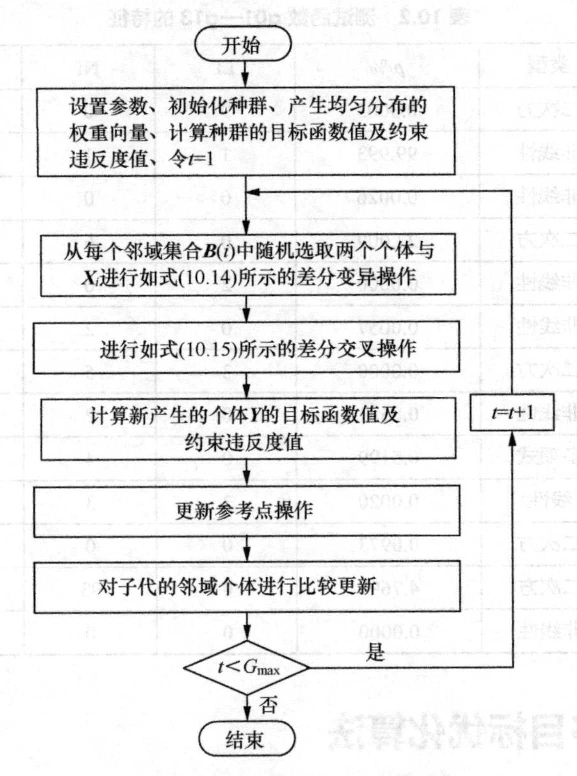

图 10.8　CMOEA/D-DE-SR 流程

实验结果表明，上述算法求得的 Pareto 解集的分布性较好。但是，在求解非凸优化问题时，该算法无法收敛到 Pareto 前沿。

10.4.2　基于双种群存储技术的约束多目标优化算法

对于约束多目标优化问题的研究，现有大多数方法都强调可行解的优先地位，然而不可行解对于维护种群的多样性同样重要。双种群存储技术利用可行解集和不可行解集分别存储可行解和不可行解，能够通过人为选择让部分不可行解参与进化，以扩大对可行域边界的探索范围，从而提高种群多样性。同时，双种群存储技术具有操作简单、无须设定额外参数等优点。这些优点使双种群存储技术比较适合处理约束多目标优化问题。然而，由于双种群存储技术需要同时更新进化种群、可行解集和不可行解集，因此其计算量较大。同时，传统双种群存储技术只考虑利用约束违反度来更新不可行解，这会导致目标值较差的不可行解保留下来，进而会影响种群的收敛性。另外，传统双种群存储技术忽略了可行解和不可行解的信息交流，算法效率受到了一定的限制。针对上述问题，这里介绍笔者于 2015 年提出的一种基于双种群存储技术的约束多目标优化算法。该算法首先对双种群存储技术进行了改进，具体包括对可行解集、不可行解集的更新方式。

1. 可行解集的更新

为了更加准确地反映个体的分布状况，本算法采用 Harmonic 距离来计算个体的拥挤程度，其表达式如式（10.19）所示。

$$d_i = \frac{N-1}{\dfrac{1}{d_{i,1}} + \cdots + \dfrac{1}{d_{i,j}} + \cdots + \dfrac{1}{d_{i,N-1}}} \tag{10.19}$$

式中，N 为对应的种群规模，$d_{i,j}$ 表示在目标空间上个体 $\boldsymbol{X}_i$ 到个体 $\boldsymbol{X}_j$ 的欧氏距离。

可行解集的更新方法如下：首先将新生种群中的可行解与当前代可行解集合并，利用快速排序法对合并后的可行解集进行 Pareto 等级分层，如图 10.9 所示。然后选择较优 Pareto 等级层的个体，如果前 k–1（k>1）层的个体总量小于可行解集的预定规模 N_F，而前 k 层的个体总量大于 N_F，则利用式（10.19）计算第 k 层（最劣 Pareto 等级）所有个体的 Harmonic 拥挤密度，并删除拥挤密度最小的个体，直至数量达到 N_F 为止。最后，将剩余个体作为下一代可行解集。

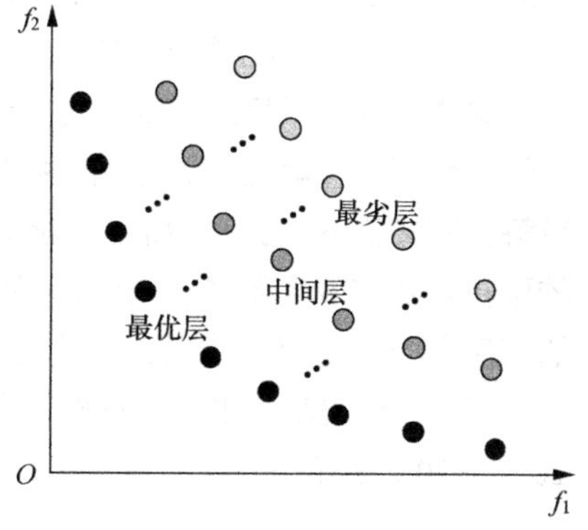

图 10.9 Pareto 等级分层图

2. 不可行解集的更新

实验研究表明，进化过程中让部分不可行解参与进化有利于改善算法的约束求解性能。不可行解是联系不同可行域之间的桥梁，其不仅能够加强算法对可行域边界的探索，提高种群的多样性，而且能够促使进化从不可行域向可行域方向靠近，增强搜索的广度。而大多数双种群存储技术在更新不可行解集时只根据约束违反度进行个体比较，这会导致目标函数值较差的不可行解保留下来，从而会大大减缓种群的收敛速度。同时，不可行解集的更新方式缺乏与可行解集的联系，即两者之间没有信息交流，这限制了算法进化效率的提升。为此，本书介绍一种利用不可行解支配关系来更新不可行解集的方法，即通过加强不可行解与可行 Pareto 最优解的联系，来保留约束违反度和目标函数值均优的不可行解。

定义 10.12 不可行解支配关系

如果不可行解 $\boldsymbol{X}_{IF}$ 满足以下两个条件，则称它满足不可行解支配关系：①$\exists \boldsymbol{X} \in \boldsymbol{S}$ 使 $\boldsymbol{X}_{IF} \succ \boldsymbol{X}$，或者 $\neg\exists \boldsymbol{X} \in \boldsymbol{S}$ 使 $\boldsymbol{X} \succ \boldsymbol{X}_{IF}$；②$G(\boldsymbol{X}) \leqslant \varepsilon$。其中，$\boldsymbol{S}$ 是 Pareto 最优可行解集，ε 取值很小。

根据定义 10.12 的关系①可知，不可行解 $\boldsymbol{X}_{IF}$ 具有较优的目标函数值，这是因为它们的目标函数值不劣于（支配或互不支配）Pareto 最优可行解。同时由于建立了不可行解与可行解在目标函数上的联系，两者的信息得到了一定的交流，这将有助于提高算法搜索效率。从定义 10.12 的条件②可知，不可行解 $\boldsymbol{X}_{\mathrm{IF}}$ 具有较优的约束违反度，这是因为 ε 取值很小（本书中取 ε=0.001）。因此，满足不可行解支配关系的不可行解不仅距离可行域边界较近，而且具有较优的目标函数值，如果让其参与进化，则将有利于算法搜索到更优可行解，在保证多样性的同时可促进种群向真实 PF 靠近。

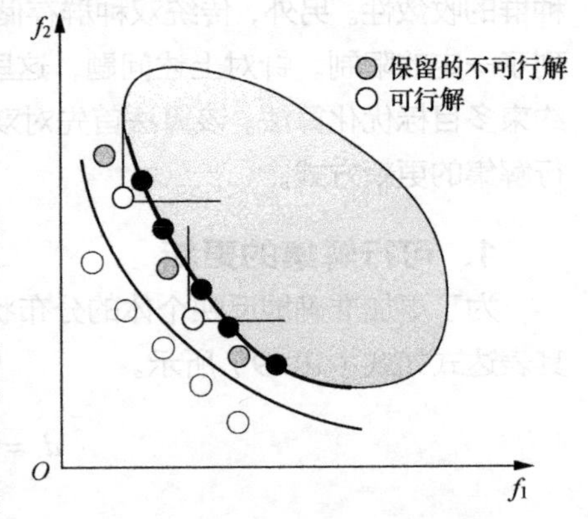

图 10.10 不可行解的更新方式示意

不可行解集的更新方式如下：首先将当代不可行解集与新生种群中的不可行解合并，然后对合并后的不可行解集的个体进行逐一筛选，并选择出满足不可行解支配关系的不可行解。如果其数量大于 N_{IF}（不可行解集的预定规模），则利用式（10.19）计算不可行解的拥挤密度，并删除拥挤密度最小的不可行解，直至解的数量达到 N_{IF} 为止，此时，将剩余不可行解作为下一代不可行解集。不可行解的更新方式的示意如图 10.10 所示。

这样，不可行解集的更新方式能够保留约束违反度和目标函数值均优的个体。一方面，这样的不可行解能够提高算法对可行域边界的探索力度，从而提高多样性；另一方面，由于不可行解具有较优的目标函数值，因此其能够加快算法收敛到真实 PF 的速度。同时，不可行解集的更新方式有效联系了其与可行解集中 Pareto 最优可行解的关系，加强了可行解与不可行解的信息交流，这有利于提高算法的进化效率。

另外，该算法对 DE 变异操作进行了改进，以更好地兼顾算法的探索能力和开发能力，如式（10.20）所示。

$$\boldsymbol{V}_i = r \times \boldsymbol{X}_{r1} + (1-r) \times \boldsymbol{X} + \mathrm{rand} \times (\boldsymbol{X}_{r2} - \boldsymbol{X}_{r3}) \tag{10.20}$$

式中，r 为[0,1]区间内的随机数，$\boldsymbol{X}_{r1}, \boldsymbol{X}_{r2}, \boldsymbol{X}_{r3}$ 为在可行解集中随机选择的不同个体。$\boldsymbol{X}$ 是以概率 p 随机从不可行解集中选择的个体，以及以概率 $1-p$ 从可行解集中选择的 Pareto 最优解个体。其中，p 以线性递减的方式取值，如式（10.21）所示。

$$p = \begin{cases} 0.5 - 0.2 \times t / G_{\max}, & t \leqslant 0.5 G_{\max} \\ 0, & \text{其他} \end{cases} \tag{10.21}$$

在进化前期，算法能够让 Pareto 最优解和优秀的不可行解来指引进化，原因如下：一方面，不可行解的参与有利于提高种群的多样性；另一方面，Pareto 最优解和不可行解均具有较优的目标函数值，这能保证算法的收敛性。在进化后期，由于 Pareto 最优解已十分接近真实 PF，此时 p 变为零，这能够排除不可行解而只让 Pareto 最优解引导种群进化，从而可加强算法对可行域的开发，并加快其收敛速度。

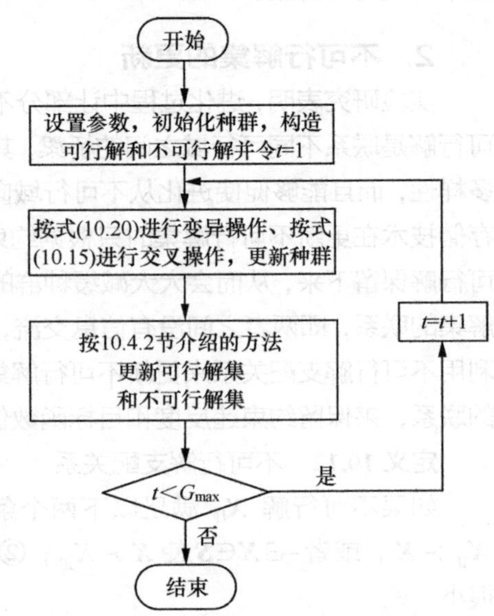

图 10.11 基于双种群存储技术的约束多目标优化算法流程

下面给出该算法的具体操作步骤，算法流程如图 10.11 所示。

步骤 1：初始化阶段。初始化的参数包括种群规模 N 、可行解集规模 N_F 、不可行解集规模 N_{IF} 、交叉因子 CR 和最大进化迭代次数 G_{max} 。利用随机的方法生成初始化种群 $\{\boldsymbol{X}_1, \boldsymbol{X}_2, \cdots, \boldsymbol{X}_N\}$ ，其中，每个个体 $\boldsymbol{X}_i = (x_1, x_2, \cdots, x_n)$ 的第 j 维分量 $x_j = l_j + \text{rand} \times (u_j - l_j)$ ， $j = 1, 2, \cdots, n$ ， $i = 1, 2, \cdots, N$ 。计算目标函数值和约束违反度，将种群中的可行解和不可行解分别存储在两个外部归档集中，构造可行解集和不可行解集。设置初始进化代数 $t = 1$ 。

步骤 2：变异操作。按式（10.20）进行变异操作。

步骤 3：交叉操作。按式（10.15）进行交叉操作，其中 $v_{i,j}$ 为个体 $\boldsymbol{V}_i$ 的第 j 维分量， $x_{i,j}$ 为个体 $\boldsymbol{X}_i$ 的第 j 维分量， $\text{rand}(j)$ 为[0,1]区间内的随机数。用交叉、变异操作后产生的试验个体直接代替目标个体，更新种群。

步骤 4：更新可行解集和不可行解集。

步骤 5：判断终止条件。如果计算达到最大进化迭代次数 G_{max} ，则算法结束，将可行解集中的 Pareto 最优解作为结果输出。否则，令 $t = t + 1$ ，转到步骤 2。

10.4.3 基于 ε 约束法的约束多目标优化算法

ε 约束法是目前效果较好且应用广泛的一种约束处理技术，有许多学者通过将其与多目标优化算法结合，提出了各种约束多目标优化算法。下面介绍一种效果较好的约束多目标优化算法，其是 2018 年笔者提出的一种基于重新匹配策略的 ε 约束多目标分解优化算法（εC-MOEA/D）。

正如 9.3.1 节中所讲，MOEA/D 算法在进化初始阶段是利用随机方式给所有权重向量分配个体的，这可能会导致其他权重向量 $\boldsymbol{\lambda}_j$ 下的最优解 $\boldsymbol{X}$ 被分配给了当前权重向量 $\boldsymbol{\lambda}_i$ ，而 $\boldsymbol{\lambda}_i$ 对应个体 $\boldsymbol{X}$ 的适应度值较差。随着不断的进化，$\boldsymbol{X}$ 将会被在权重向量 $\boldsymbol{\lambda}_i$ 下具有更优适应度值的个体所取代，这会导致 $\boldsymbol{\lambda}_j$ 对应的最优解 $\boldsymbol{X}$ 被遗弃，从而会严重影响算法的多样性和收敛性。下面将以二目标优化问题为例，如图 10.12 所示，对上述缺陷进行具体分析。

由图 10.12 可知，经过随机分配方式为权重向量分配个体后，个体 B 将被分配给权重向量 $\boldsymbol{\lambda}_3$ ，而个体 C 将被分配给权重向量 $\boldsymbol{\lambda}_2$ ，随后个体 B 会在权重向量 $\boldsymbol{\lambda}_3$ 下被个体 F 取代，个体 C 会在权重向量 $\boldsymbol{\lambda}_2$ 下被个体 G 取代，从而可使种群中保留的个体是 F 和 G。但是从图 10.12 中可以明显地看出，个体 B 和 C 是优于个体 F 和 G 的，所以随机分配方式严重损害了算法的多样性和收敛性。那么如何为权重向量 $\boldsymbol{\lambda}$ 分配个体，即权重向量 $\boldsymbol{\lambda}$ 偏重什么样的个体？显而易见，我们应该优先考虑在权重向量 $\boldsymbol{\lambda}$ 下满足 $\min g^{\text{te}}(\boldsymbol{X} \mid \boldsymbol{\lambda}, \boldsymbol{z}^*) = \max_{1 \leqslant i \leqslant m} \{ | \lambda_i (f_i(\boldsymbol{X}) - z_i^*) | \}$ 的最优解个体。为此，εC-MOEA/D 算法定义了一种权重向量偏好个体的偏序关系，如式（10.22）所示。

$$\Delta_{\lambda}(\lambda, \boldsymbol{X}) = g^{\text{te}}(\boldsymbol{X} \mid \lambda, z^*) \tag{10.22}$$

根据式（10.22）选择具有最小 Δ_{λ} 的个体作为权重向量的分配个体。Δ_{λ} 越小，权重向量 $\boldsymbol{\lambda}$ 越偏重个体 $\boldsymbol{X}$。然而，式（10.22）的偏序关系只考虑了权重向量的主动选择权，而忽略了个体的选择权，这会导致算法出现多个权重向量选择同一个个体的情况，从而会降低种群多样性，所以式（10.22）实质上只考虑了收敛性而忽略了多样性。下面我们将以二目标优化问题为例，如图 10.13 所示，对式（10.22）存在的缺陷进行说明。

由图 10.13 可知，个体 B 在权重向量 $\boldsymbol{\lambda}_2$ 和 $\boldsymbol{\lambda}_3$ 下都具有最小的 Δ_{λ} ，所以根据式（10.22），权重向量 $\boldsymbol{\lambda}_2$ 和 $\boldsymbol{\lambda}_3$ 均会选择个体 B 作为其分配个体，而会遗弃个体 C，这不利于种群的多样性维护。

那么如果让个体也主动参与选择权重向量，是不是就能解决上述问题了？答案是显而易见的。为此，εC-MOEA/D 算法又定义了另一种个体偏好权重向量的偏向关系，如式（10.23）所示，该方法能够让更多的个体分配到权重向量，以提高种群多样性。

$$\Delta_X(\boldsymbol{X},\boldsymbol{\lambda})=\left\|\hat{F}(\boldsymbol{X})-\frac{\boldsymbol{\lambda}^{\mathrm{T}}\hat{F}(\boldsymbol{X})}{\boldsymbol{\lambda}^{\mathrm{T}}\boldsymbol{\lambda}}\boldsymbol{\lambda}\right\| \tag{10.23}$$

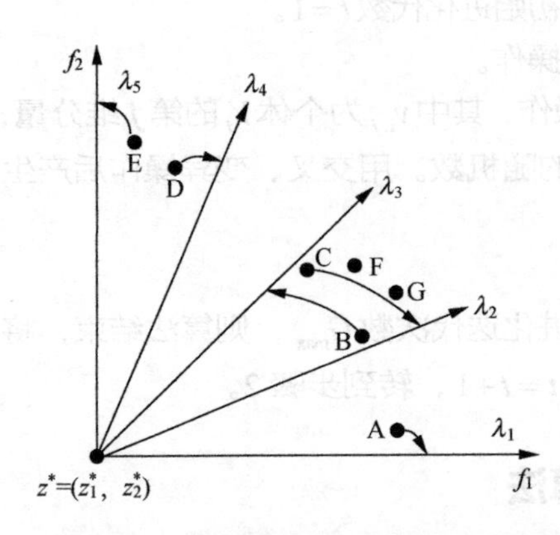

图 10.12 利用随机方式给权重向量分配个体

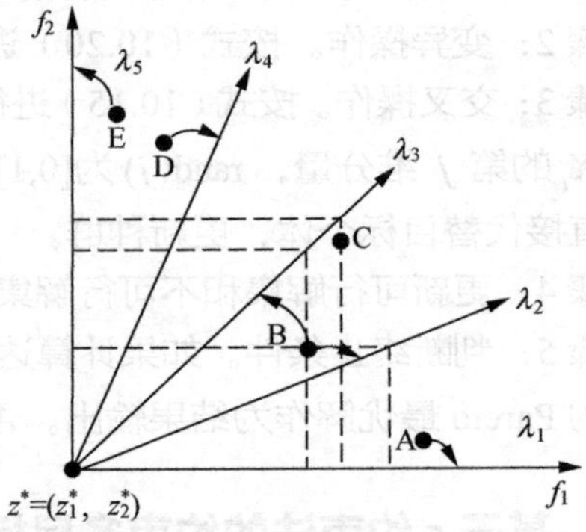

图 10.13 权重向量偏好个体示意

式中，$\|\bullet\|$ 为二阶范数，$\hat{F}(\boldsymbol{X})=(\hat{f}_1(\boldsymbol{X}),\hat{f}_2(\boldsymbol{X}),\cdots,\hat{f}_m(\boldsymbol{X}))$ 的第 i 维分量如式（10.24）所示。

$$\hat{f}_i(\boldsymbol{X})=\frac{f_i(\boldsymbol{X})-z_i^*}{\overline{\overline{f_i}}(\boldsymbol{X})-z_i^*} \tag{10.24}$$

式中，$z_i^*=\min\{f_i(\boldsymbol{X})\mid \boldsymbol{X}\in\Omega\}$，$\overline{\overline{f_i}}(\boldsymbol{X})=\max\{f_i(\boldsymbol{X})\mid \boldsymbol{X}\in\Omega\}$，$i=1,2,\cdots,m$。

式（10.23）的实质是计算目标向量到权重向量的垂直距离 Δ_X，Δ_X 越小说明个体 $\boldsymbol{X}$ 越偏重其对应的权重向量。当多个权重向量同时选择同一个个体 $\boldsymbol{X}$ 时，算法将会把个体 $\boldsymbol{X}$ 分配给具有更小 Δ_X 的权重向量。

通过式（10.22）和式（10.23）可以分别得到两个偏序集合 ϕ_λ（N 行 N 列）和 ϕ_X（N 行 N 列）。其中，ϕ_λ 的第 i 行元素代表权重向量 $\boldsymbol{\lambda}_i$ 通过式（10.22）计算所得的关于所有个体的 Δ_λ，其以升序排列。ϕ_X 的第 j 行元素代表个体 $\boldsymbol{X}_j$ 通过式（10.23）计算所得的关于所有权重向量的 Δ_X，其也以升序排列。

综上所述，权重向量与个体的重新分配策略的具体操作步骤如下。

步骤 1：输入种群 $\{\boldsymbol{X}_1,\boldsymbol{X}_2,\cdots,\boldsymbol{X}_N\}$ 和权重向量集合 $\{\boldsymbol{\lambda}_1,\boldsymbol{\lambda}_2,\cdots,\boldsymbol{\lambda}_N\}$；初始化集合 Ψ（N 行 N 列）为零矩阵，$\Psi(i,j)=0$ 表示权重向量 $\boldsymbol{\lambda}_i$ 没有分配个体，$\Psi(i,j)=1$ 表示权重向量 $\boldsymbol{\lambda}_i$ 分配了个体；初始化集合 $\boldsymbol{R}_\lambda$（1 行 N 列）为零数组，$\boldsymbol{R}_\lambda[i]=0$ 表示权重向量 $\boldsymbol{\lambda}_i$ 是可选的；初始化集合 $\boldsymbol{R}_X$（1 行 N 列）为零数组，$\boldsymbol{R}_X[i]=0$ 表示个体 $\boldsymbol{X}_i$ 是可选的；初始化 $\boldsymbol{S}$ 为空集。

步骤 2：计算偏序集合 ϕ_λ 和 ϕ_X。

步骤 3：随机选择 $\boldsymbol{R}_\lambda[i]=0$ 的权重向量 $\boldsymbol{\lambda}_i$。

步骤 4：选择权重向量 $\boldsymbol{\lambda}_i$ 下具有最小 Δ_λ 的个体（$\boldsymbol{X}_j$），并令权重向量 $\boldsymbol{\lambda}_i$ 满足 $\Psi(i,j)=0$，之后令 $\Psi(i,j)=1$。

步骤 5：判断 $\boldsymbol{R}_X[j]=0$ 是否成立，若是，则将 $\boldsymbol{X}_j$ 分配给 $\boldsymbol{\lambda}_i$，并令 $\boldsymbol{S}=\boldsymbol{S}\cup\boldsymbol{X}_j$，$\boldsymbol{R}_\lambda[i]=1$，$\boldsymbol{R}_X[j]=1$；否则有 $\boldsymbol{R}_X[j]=1$，这说明 $\boldsymbol{X}_j$ 已分配给了另一权重向量 $\boldsymbol{\lambda}_k$，而且 $\boldsymbol{\lambda}_i$ 和 $\boldsymbol{\lambda}_k$ 均最偏好个体 $\boldsymbol{X}_j$，若权重向量 $\boldsymbol{\lambda}_i$ 具有更小的 Δ_X，则 $\boldsymbol{X}_j$ 选择 $\boldsymbol{\lambda}_i$，并令 $\boldsymbol{R}_\lambda[i]=1$，$\boldsymbol{R}_X[k]=0$。

步骤 6：终止条件判断。如果 $\boldsymbol{R}_\lambda$ 数组中的所有元素均为 1，则将 $\boldsymbol{S}$ 输出；否则，转到步骤 3。

经过权重向量与个体的重新分配策略操作，权重向量和个体之间将会形成一一对应的关系，如图 10.14 所示。

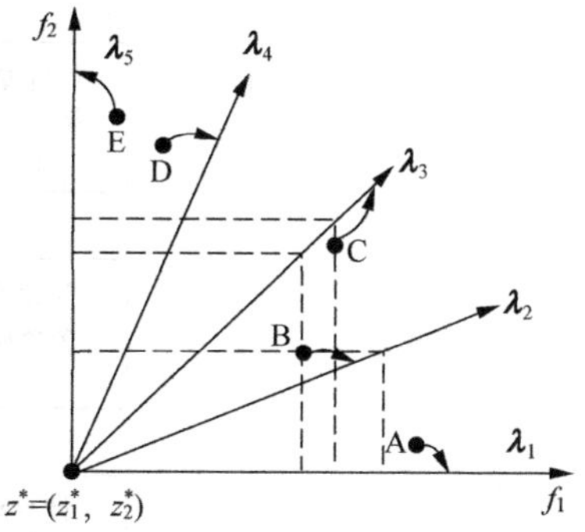

图 10.14 权重向量与个体重新分配示意

由图 10.14 可知，重新匹配策略最终将个体 B 分配给了权重向量 $\boldsymbol{\lambda}_2$，并且将个体 C 分配给了权重向量 $\boldsymbol{\lambda}_3$。这是由于个体 B 在 $\boldsymbol{\lambda}_2$ 和 $\boldsymbol{\lambda}_3$ 中更偏重于 $\boldsymbol{\lambda}_2$，即个体 B 在 $\boldsymbol{\lambda}_2$ 下的 Δ_X 更小，所以算法优先将 B 和 $\boldsymbol{\lambda}_2$ 配对，同时由于除 B 之外 C 在 $\boldsymbol{\lambda}_3$ 下的 Δ_λ 最小，所以将 C 和 $\boldsymbol{\lambda}_3$ 配对。由此可知，重新分配策略能够合理地为权重向量分配个体，以改善种群多样性，最终得到一组均匀分布的 Pareto 最优解集。

由前面的介绍可知，优秀的不可行解在进化中扮演着重要角色，它们参与进化不仅能够加大算法的探索范围，而且能够使进化从不可行域向可行域转移，从而可提高种群多样性。然而，过多利用不可行解反而会影响收敛效果，降低算法效率。而且在进化前期，应该更多地利用部分优秀不可行解的有效信息，以改善多样性的维持能力，而在进化后期，应该注重算法的收敛性，以保证种群收敛到真实 PF。因此，εC-MOEA/D 算法提出一种新的个体比较准则，如式（10.25）所示。

$$\boldsymbol{X}_1 \text{优于} \boldsymbol{X}_2 \Leftrightarrow \begin{cases} g^{\text{te}}(\boldsymbol{X}_1 \mid \boldsymbol{\lambda}, z^*) < g^{\text{te}}(\boldsymbol{X}_2 \mid \boldsymbol{\lambda}, z^*), & G_1, G_2 \leqslant \varepsilon \\ G_1 < G_2, & \text{其他} \end{cases} \tag{10.25}$$

式中，G_1 和 G_2 分别代表个体 $\boldsymbol{X}_1$ 和 $\boldsymbol{X}_2$ 的约束违反度。ε 随进化迭代次数的变化方式如式（10.26）所示。

$$\varepsilon(t) = \begin{cases} \varepsilon(0) \times (1 - t / G_{\max})^2, & t \leqslant 0.4 \times G\max \\ 0, & \text{其他} \end{cases} \tag{10.26}$$

式中，t 为进化迭代次数，$G_{\max}$ 为最大进化迭代次数。$\varepsilon(0)$ 为初始值，其设置方式如式（10.27）所示。

$$\varepsilon(0) = 0.4 \times \sum_{i=1}^{N} G(X_i) / N, \quad i = 1, 2, \cdots, N \tag{10.27}$$

式中，N 为种群规模，$G(\boldsymbol{X}_i)$ 为初始种群个体的约束违反度，$i = 1, 2, \cdots, N$。

上述个体比较准则通过调节 ε 能够在容忍的约束违反度下扩大约束区域，让更多约束违反度小的不可行解参与进化，加强算法对可行域边界的探索力度，以提高种群多样性。同时，ε 会随进化迭代次数的增大而逐渐减小直至为零，从而会不断缩小约束区域，以促使进化到达可行域。种群在进化前期能够让优秀的不可行解参与进化以提高其多样性；在进化后期，新的个体比较准则有点类似于 Deb 准则，其强调可行解优于不可行解，从而可保障算法不断逼近可行 Pareto 区域。

下面给出 εC-MOEA/D 算法的具体操作步骤，算法流程如图 10.15 所示。

步骤 1：初始化阶段。

步骤 1.1：生成 N 个均匀分布的权重向量 $\boldsymbol{\lambda}^1, \boldsymbol{\lambda}^2, \cdots, \boldsymbol{\lambda}^N$。

步骤 1.2：计算任意两个权重向量之间的欧氏距离，求出每个权重向量的邻域集合 $B(i) = \{i_1, i_2, \cdots, i_T\}$，$\{i_1, i_2, \cdots, i_T\}$ 代表距离权重向量 $\boldsymbol{\lambda}^i$ 最近的 T 个权重向量的索引。

步骤 1.3：利用随机方式生成初始种群 $\{X_1, X_2, \cdots, X_N\}$，令 $FV^i = F(X_i)$，$i = 1, 2, \cdots, N$。

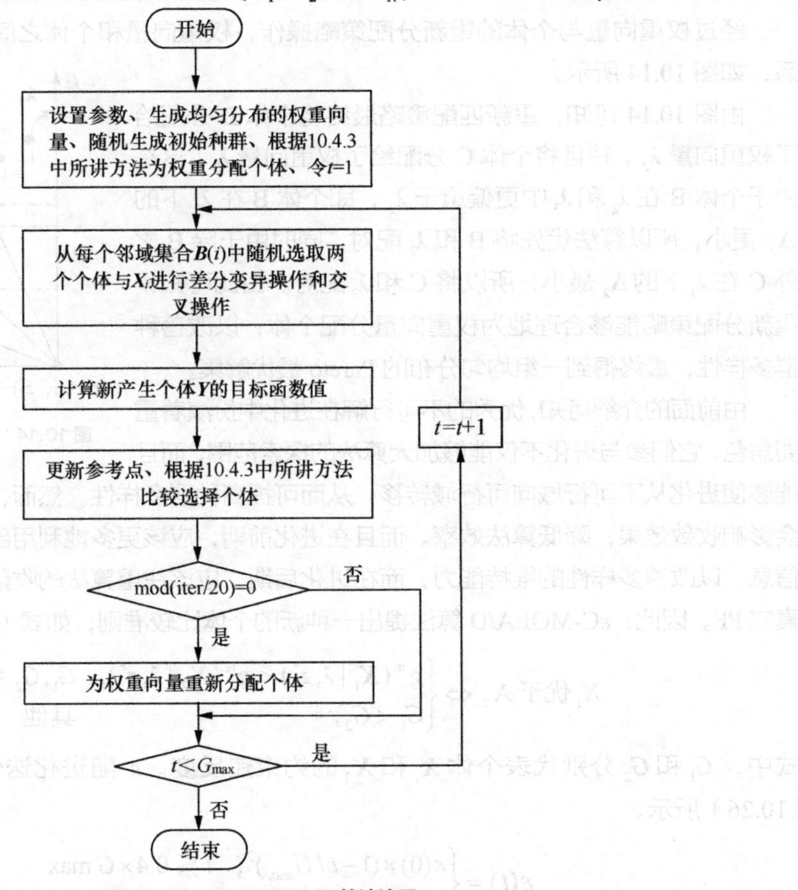

图 10.15 εC-MOEA/D 算法流程

步骤 1.4：构造参考点 $z^* = (z_1^*, z_2^*, \cdots, z_m^*)$，$z_i^* = \min\{f_i(X) \mid X \in \Omega\}, i = 1, 2, \cdots, m$。

步骤 1.5：利用上述方法为权重向量 $\lambda^1, \lambda^2, \cdots, \lambda^N$ 重新分配个体。

步骤 1.6：令初始进化迭代次数 t=1。

步骤 2：进化阶段。

步骤 2.1：从每个 $B(i)$，$i = 1, 2, \cdots, N$ 中随机选取两个个体与 X_i 经过差分变异操作和交叉操作以生成试验个体 Y^*。

步骤 2.2：对试验（新生）个体 Y^* 进行指数变异操作以生成个体 Y。

步骤 2.3：若 Y 的某维分量超出定义域，则对该分量进行修补操作，以使其重新位于定义域内。

步骤 2.4：计算新生个体的目标函数值 $F(Y) = (f_1(Y), f_2(Y), \cdots, f_m(Y))$。

步骤 3：更新阶段。

步骤 3.1：更新参考点，若 $z_i^* < f_i(Y)$，则令 $z_i^* = f_i(Y), i = 1, 2, \cdots, m$。

步骤 3.2：进行个体比较，若 Y 优于 X_i，则令 X_i=Y，$FV^i = F(Y)$。

步骤 3.3：如果 mod（iter/20）=0，则为权重向量 $\lambda^1, \lambda^2, \cdots, \lambda^N$ 重新分配个体。其中，mod（A/B）代表 A 取模 B。

步骤 4：判断终止条件。若 $t = G_{max}$，则算法停止并输出种群中的 Pareto 最优解，否则，令$t=t+1$，返回步骤2。

10.4.4 约束多目标优化测试函数

目前，最常用的多目标优化算法性能对比测试函数有CTP测试集和CF测试集。其中，CTP2～CTP7测试函数的具体表达式如式（10.28）所示。

$$\begin{aligned}
&\min \quad f_1(x)=x_1,\\
&\min \quad f_2(x)=g(x)(1-f_1(x)/g(x)),\\
&\qquad g(x)=1+10(n-1)+\sum_{i=2}^{n}(x_i^2-10\cos(2\pi x_i)),\\
&\text{s.t.} \quad c(x)=a\,|\sin(b\pi(\sin(\theta)(f_2(x)-e)+\cos(\theta)f_1(x))^c)|^d-\\
&\qquad\qquad \cos(\theta)(f_2(x)-e)+\sin(\theta)f_2(x)\leqslant 0,
\end{aligned} \tag{10.28}$$

式中，$x_1\in[0,1]$，$-5\leqslant x_i\leqslant 5$，$i$=2,3,4,5，参数$a$、$b$、$c$、$d$、$e$、$\theta$的取值如表10.3所示。

表10.3 测试函数CTP2-CTP7的参数取值

函数	a	b	c	d	e	θ
CTP2	0.2	10	1	6	1	-0.2π
CTP3	0.1	10	1	0.5	1	-0.2π
CTP4	0.75	10	1	0.5	1	-0.2π
CTP5	0.1	10	2	0.5	1	-0.2π
CTP6	40	0.5	1	2	-2	0.1π
CTP7	40	5	1	6	0	-0.05π

参数a控制连续可行域到Pareto前沿的距离；参数b控制Pareto前沿离散区域的个数；参数c控制Pareto前沿的均匀程度，当c=1时，Pareto前沿均匀分布，当c<1时，Pareto前沿向f_1方向移动，当c>1时，Pareto前沿向f_2方向移动；参数d控制Pareto前沿的长度；参数e控制可行域的位置；参数θ控制Pareto前沿的斜率。

CF测试集的介绍如表10.4所示。

表10.4 CF测试集

函数	定义域	函数表达式及约束条件
CF1	$0\leqslant x_i\leqslant 1$, $i=1,2,\cdots,n$, $n=10$	$f_1(\boldsymbol{X})=x_1+\frac{2}{\lvert J_1\rvert}\sum_{j\in J_1}\left\{x_j-x_1^{0.5\left[1.0+\frac{3(j-2)}{n-2}\right]}\right\}^2$ $f_2(\boldsymbol{X})=1-x_1+\frac{2}{\lvert J_2\rvert}\sum_{j\in J_2}\left\{x_j-x_1^{0.5\left[1.0+\frac{3(j-2)}{n-2}\right]}\right\}^2$ 其中，J_1为[2,n]区间内的奇数，J_2为[2,n]区间内的偶数 $g(\boldsymbol{X})=f_1+f_2-\lvert\sin[10\pi(f_1-f_2+1)]\rvert-1\geqslant 0$
CF2	$0\leqslant x_1\leqslant 1$, $-1\leqslant x_i\leqslant 1$, $i=2,\cdots,n$, $n=10$	$f_1(\boldsymbol{X})=x_1+\frac{2}{\lvert J_1\rvert}\sum_{j\in J_1}\left[x_j-\sin\left(6\pi x_1+\frac{j\pi}{n}\right)\right]^2$ $f_2(\boldsymbol{X})=1-\sqrt{x_1}+\frac{2}{\lvert J_2\rvert}\sum_{j\in J_2}\left[x_j-\cos\left(6\pi x_1+\frac{j\pi}{n}\right)\right]^2$ 其中，J_1为[2,n]区间内的奇数，J_2为[2,n]区间内的偶数 $g(\boldsymbol{X})=t/(1+e^{4\lvert t\rvert})\geqslant 0,\ t=\sqrt{f_1}+f_2-\lvert\sin[2\pi(\sqrt{f_1}-f_2+1)]\rvert-1$

函数	定义域	函数表达式及约束条件
CF3	$0 \leqslant x_1 \leqslant 1$, $-2 \leqslant x_i \leqslant 2$, $i = 2, \cdots, n$, $n = 10$	$f_1(\boldsymbol{X}) = x_1 + \frac{2}{\lvert J_1 \rvert}\left[4\sum_{j \in J_1} y_j^2 - 2\prod_{j \in J_1}\cos\left(\frac{20 y_j \pi}{\sqrt{j}}\right) + 2\right]$ $f_2(\boldsymbol{X}) = 1 - x_1^2 + \frac{2}{\lvert J_2 \rvert}\left[4\sum_{j \in J_2} y_j^2 - 2\prod_{j \in J_2}\cos\left(\frac{20 y_j \pi}{\sqrt{j}}\right) + 2\right]$ 其中，J_1为$[2,n]$区间内的奇数，J_2为$[2,n]$区间内的偶数 $y_j = x_j - \sin\left(6\pi x_1 + \frac{j\pi}{n}\right), j = 2, 3, \cdots, n$ $g(\boldsymbol{X}) = f_1^2 + f_2 - \lvert \sin[2\pi(f_1^2 - f_2 + 1)] \rvert - 1 \geqslant 0$
CF4	$0 \leqslant x_1 \leqslant 1$, $-2 \leqslant x_i \leqslant 2$, $i = 2, \cdots, n$, $n = 10$	$f_1(\boldsymbol{X}) = x_1 + \sum_{j \in J_1} h_j(y_j)$ $f_2(\boldsymbol{X}) = 1 - x_1 + \sum_{j \in J_2} h_j(y_j)$ 其中，J_1为$[2,n]$区间内的奇数，J_2为$[2,n]$区间内的偶数 $y_j = x_j - \sin\left(6\pi x_1 + \frac{j\pi}{n}\right), j = 2, 3, \cdots, n$ $h_2(t) = \begin{cases} \lvert t \rvert, & t < 3(1 - \sqrt{2}/2)/2, \\ 0.125 + (t-1)^2, & \text{其他} \end{cases} \quad h_j(t) = t^2, j = 3, 4, \cdots, n$ $g(\boldsymbol{X}) = t/(1 + e^{4\lvert t \rvert}) \geqslant 0, \ t = x_2 - \sin\left(6\pi x_1 + \frac{2\pi}{n}\right) - 0.5x_1 + 0.25$
CF5	$0 \leqslant x_1 \leqslant 1$, $-2 \leqslant x_i \leqslant 2$, $i = 2, \cdots, n$, $n = 10$	$f_1(\boldsymbol{X}) = x_1 + \sum_{j \in J_1} h_j(y_j)$ $f_2(\boldsymbol{X}) = 1 - x_1 + \sum_{j \in J_2} h_j(y_j)$ 其中，J_1为$[2,n]$区间内的奇数，J_2为$[2,n]$区间内的偶数 $y_j = \begin{cases} x_j - 0.8x_1\cos\left(6\pi x_1 + \frac{j\pi}{n}\right), & j \in J_1 \\ x_j - 0.8x_1\sin\left(6\pi x_1 + \frac{j\pi}{n}\right), & j \in J_2 \end{cases}$ $h_2(t) = \begin{cases} \lvert t \rvert, & t < 3(1 - \sqrt{2}/2)/2 \\ 0.125 + (t-1)^2, & \text{其他} \end{cases}$ $h_j(t) = 2t^2 - \cos(4\pi t) + 1, j = 3, 4, \cdots, n$ $g(\boldsymbol{X}) = x_2 - 0.8x_1\sin\left(6\pi x_1 + \frac{2\pi}{n}\right) - 0.5x_1 + 0.25 \geqslant 0$
CF6	$0 \leqslant x_1 \leqslant 1$, $-2 \leqslant x_i \leqslant 2$, $i = 2, \cdots, n$, $n = 10$	$f_1(\boldsymbol{X}) = x_1 + \sum_{j \in J_1} y_j^2$ $f_2(\boldsymbol{X}) = 1 - x_1 + \sum_{j \in J_2} y_j^2$ J_1为$[2,n]$区间内的奇数，J_2为$[2,n]$区间内的偶数 $y_j = \begin{cases} x_j - 0.8x_1\cos\left(6\pi x_1 + \frac{j\pi}{n}\right), & j \in J_1 \\ x_j - 0.8x_1\sin\left(6\pi x_1 + \frac{j\pi}{n}\right), & j \in J_2 \end{cases}$ $g_1(\boldsymbol{X}) = x_2 - 0.8x_1\sin\left(6\pi x_1 + \frac{2\pi}{n}\right) - \text{sign}[0.5(1 - x_1) - (1 - x_1)^2] \times$ $\sqrt{\lvert 0.5(1 - x_1) - (1 - x_1)^2 \rvert} \geqslant 0$ $g_2(\boldsymbol{X}) = x_4 - 0.8x_1\sin\left(6\pi x_1 + \frac{4\pi}{n}\right) - \text{sign}\left[0.25\sqrt{1 - x_1} - 0.5(1 - x_1)\right] \times$ $\sqrt{\lvert 0.25\sqrt{1 - x_1} - 0.5(1 - x_1) \rvert} \geqslant 0$

续表

函数	定义域	函数表达式及约束条件
CF7	$0 \leqslant x_1 \leqslant 1$, $-2 \leqslant x_i \leqslant 2$, $i = 2,\cdots,n$, $n = 10$	$f_1(\boldsymbol{X}) = x_1 + \sum_{j \in J_1} h_j(y_j)$ $f_2(\boldsymbol{X}) = (1-x_1)^2 + \sum_{j \in J_2} h_j(y_j)$ 其中，J_1为$[2,n]$区间内的奇数，J_2为$[2,n]$区间内的偶数 $y_j = \begin{cases} x_j - \cos\left(6\pi x_1 + \frac{j\pi}{n}\right), & j \in J_1 \\ x_j - \sin\left(6\pi x_1 + \frac{j\pi}{n}\right), & j \in J_2 \end{cases}$ $h_2(t) = h_4(t) = t^2$ $h_j(t) = 2t^2 - \cos(4\pi t) + 1, j = 3,5,\cdots,n$ $g_1(\boldsymbol{X}) = x_2 - \sin\left(6\pi x_1 + \frac{2\pi}{n}\right) - \mathrm{sign}[0.5(1-x_1)-(1-x_1)^2] \times \sqrt{\lvert 0.5(1-x_1)-(1-x_1)^2 \rvert} \geqslant 0$ $g_2(\boldsymbol{X}) = x_4 - \sin\left(6\pi x_1 + \frac{4\pi}{n}\right) - \mathrm{sign}\left[0.25\sqrt{1-x_1} - 0.5(1-x_1)\right] \times \sqrt{\lvert 0.25\sqrt{1-x_1} - 0.5(1-x_1) \rvert} \geqslant 0$

10.5 约束优化算法的应用实例

为了帮助读者更好地理解约束优化算法的特点和原理，本节将介绍利用约束优化算法求解约束优化测试实例和应用实例的具体过程，包括约束单目标优化测试实例和相控阵雷达参数优化设计问题（约束多目标优化应用实例）。

例 10-1 基于 εDE 算法的约束单目标优化测试实例。

解： 选取目前最通用的 13 个测试函数 g01—g13 进行仿真实验。εDE 算法的具体操作步骤及流程已在 10.3.2 节中给出，此处不再赘述。所有实验在硬件配置为 Intel®Core™ 2 Duo CPU P7570 2.26GHz、2.00G 内存、2.27GHz 主频的计算机上进行，程序采用 MATLAB R2016b 编写，具体实现程序详见本书配套的电子资源。利用每个测试函数独立运行 50 次进行仿真实验，所得实验结果的最优值、最差值、均值和标准差如表 10.5 所示。平均每次独立运行时间为 94.83s。

表 10.5 εDE 实验仿真结果

函数	指标			
	最优值	最差值	均值	标准差
g01	−15.0000	−15.0000	−15.0000	5.8e−14
g02	−0.8036	−0.7926	−0.8030	2.5e−03
g03	−1.0000	−1.0000	−1.0000	3.9e−06
g04	−30665.5390	−30665.5390	−30665.5390	2.1e−05
g05	5126.4980	5126.4980	5126.4980	1.7e−05
g06	−6961.8140	−6961.8140	−6961.8140	2.3e−08
g07	24.3062	24.3062	24.3062	6.3e−06
g08	−0.0958	−0.0958	−0.0958	8.4e−17

续表

函数	指标			
	最优值	最差值	均值	标准差
$g09$	680.6300	680.6300	680.6300	2.2e–07
$g10$	7049.2480	7049.2480	7049.2480	9.0e–06
$g11$	0.7500	0.7500	0.7500	6.9e–14
$g12$	–1.0000	–1.0000	–1.0000	0
$g13$	0.0539	0.4388	0.0696	7.6e–02

由表 10.5 可知，εDE 算法在 11 个测试函数（$g02$ 和 $g13$ 除外）上独立运行 50 次时均完全找到了全局最优解。在测试函数 $g02$ 和测试函数 $g13$ 上，εDE 算法收敛到全局最优解的次数均为 47 次。上述实验仿真结果说明了 εDE 算法具备较好的收敛性和健壮性。

例 10-2 基于 10.4.2 节介绍的双种群存储技术的相控阵雷达参数优化设计。

解：相控阵雷达的工作参数是可以调整的，所以对雷达参数进行合理的配置将有利于改善雷达的作战性能，不少学者进行了有关雷达探测参数优化方面的研究，这是一个较为常见的约束二目标优化问题。下面介绍相控阵雷达隐身的参数控制问题，建立以驻留时间和脉冲功率等为优化参数的相控阵雷达探测多目标优化模型，并利用基于双种群存储技术的约束多目标优化算法求解雷达模型参数，以提高相控阵雷达的检测性能和隐身能力。

1. 相控阵雷达参数优化模型

为提高检测概率，相控阵雷达经常采用发送多次脉冲、再将多次回波进行积累/检测/判决的方式工作。相控阵雷达一般采用 Neyman-Pearson 准则，在信噪比给定以及满足虚警概率 p_{fa} 的情况下，其可使检测概率 p_{d} 最大化。雷达的检测性能还与目标截面积有关，目前我们通常利用统计模型即最常用的目标模型 Swerling-I 来近似描绘目标截面积。同时，现代相控阵雷达系统中一般会利用恒虚警处理技术来计算检测概率，本文利用的是典型的单位恒虚警处理技术。相控阵雷达的检测概率 p_{d} 和虚警概率 p_{fa} 可分别通过式（10.29）和式（10.30）求得。

$$p_{\text{d}} = (1 + t / (1 + \text{SNR}))^{-N} \tag{10.29}$$

$$p_{\text{fa}} = (1 + t)^{-N} \tag{10.30}$$

式中，t 为门限因子，N 为恒虚警处理器的参照单元个数，SNR 为信噪比。

雷达在探测目标的同时，其辐射信号也可能会被敌方的无源探测设备截获。因此，为了确保雷达的安全性，需要建立雷达截获模型。根据雷达方程，我们可以得到式（10.31）。

$$R^4 = \frac{G_{\text{T}}^2 \times \lambda^2 \times \sigma \times F_{\text{PR}} \times T_{\text{D}}}{(4\pi)^3 \times P_{\text{T}} \times k \times L_{\text{R}} \times B_{\text{R}} \times T_0 \times F_{\text{N}} \times \text{SNR}} \tag{10.31}$$

式中，R 为雷达与探测目标的距离（m），G_{T} 为雷达天线增益，λ 为雷达波长（m），σ 为目标雷达反射截面积（m^2），F_{PR} 为雷达脉冲频率（Hz），T_{D} 为雷达波束驻留时间（s），P_{T} 为雷达发射功率（W），k 为玻尔兹曼常数（k=1.38×10^{-23}Ws/K），L_R 为雷达系统损耗，B_R 为接收机带宽（Hz），T_0 为接收机噪声温度（T_0=290K），F_{N} 为接收机噪声系数，SNR 为雷达接受到的脉冲信噪比。

经过一系列运算可获得相控阵雷达的截获方程，如式（10.32）所示。

$$P=\frac{4\pi\times k\times L_R\times B_R\times T_0\times F_N\times G_I\times G_{IP}}{G_T\times L_I}\times\frac{R^2}{\sigma}\times\frac{SNR}{n_p} \tag{10.32}$$

式中，P 为截获接收机接收功率，G_I 为截获接收机接收天线增益，G_{IP} 为截获接收机处理器增益，L_I 为截获接收机损耗，$n_p=F_{PR}\times T_D$ 为接收脉冲的数量。

进而可以得到截获概率计算方式，如式（10.33）所示。

$$p_i=\left(\frac{2}{P_I}\times P\right)^{C_0}\times\frac{n_p}{T_I\times F_{PR}} \tag{10.33}$$

式中，p_i 为截获概率，P_I 为截获接收机探测所需功率，C_0 为覆盖区/灵敏度比例因数，通常取 $C_0=0.477$，T_I 为截获接收机搜索时间。

最终可建立以最大化检测概率和最小化截获概率的相控阵雷达探测多目标优化模型，如式（10.34）所示。

$$\begin{aligned}&\max\ \ p_d=f_1(\boldsymbol{X})\\&\min\ \ p_i=f_2(\boldsymbol{X})\\&\text{s.t.}\ \begin{cases}\boldsymbol{X}=[P_T,T_D,R,\sigma]\\P_{min}\leqslant P_T\leqslant P_{max}\\T_{min}\leqslant T_D\leqslant T_{max}\\0\leqslant p_d\leqslant 1\\0\leqslant p_i\leqslant 1\end{cases}\end{aligned} \tag{10.34}$$

式中，$\boldsymbol{X}$ 为雷达参数矩阵，P_{min} 和 P_{max} 分别为 P_T 的下界和上界，T_{min} 和 T_{max} 分别为 T_D 的下界和上界。式（10.34）中包含了两个目标函数、四个设计变量和四个约束条件，其表示一个约束二目标优化问题。

2. 相控阵雷达参数优化的实现步骤

下面介绍利用 10.4.2 节中介绍的基于双种群存储技术的约束多目标优化算法实现相控阵雷达参数优化的具体过程，以方便读者更好地理解基于双种群存储技术的约束多目标优化算法的原理及实现过程，其具体步骤如下。

步骤 1：设置初始参数，包括种群规模 N、可行解规模 N_1、不可行解规模 N_2、交叉因子 CR、最大进化迭代次数 G_{max}。确定相控阵雷达探测模型中变量的上限和下限。利用随机方法产生数量为 N 的初始解 $\{P_T,T_D,R,\sigma\}$，构成初始种群。计算每个个体的目标函数值 $\{p_d,p_i\}$，找出可行解和不可行解。

步骤 2：进化操作。执行变异操作和交叉操作，产生 N 个新个体。

步骤 3：更新操作。计算每个个体的目标函数值及约束违反度值，根据 10.4.2 节所提算法更新可行解集和不可行解集。

步骤 4：判断算法是否满足终止条件 G_{max}，若是，则将种群中的 Pareto 最优解作为结果输出，否则，转到步骤 2。

3. 相控阵雷达参数优化的实验仿真结果

实验硬件环境为 Intel Pentium、CPU:G620、4GB 内存、主频 2.6GHz 的计算机，程序采用 MATLAB R2016b 编写，具体实现程序详见本书配套的电子资源。采用的雷达参数和截获接收机参数分别如表 10.6 和表 10.7 所示。假设 σ=10m^2，R=100km，算法中具体参数的取值为：

种群规模 N=100，可行解集规模 N_1=100，不可行解集规模 N_2=20，缩放因子 F=0.8，交叉因子 CR=0.9，最大进化迭代次数 G_{max}=100。

表 10.6　雷达参数

参数名称	数值	参数名称	数值
峰值功率范围/W	（0　10）	天线增益	10^4
驻留时间范围/s	（0　0.1）	噪声系数	2
虚警概率	10^{-6}	脉冲频率/Hz	10^4
带宽/Hz	4×10^4	系统损耗	5.81
波长/m	0.03	参照单元个数	24

表 10.7　截获接收机参数

参数名称	数值	参数名称	数值
功率门限/W	25×10^{-9}	外部损耗	1.5
扫描时间/s	5	处理器增益	0.5
噪声系数	2.5	天线增益	10^3

图 10.16 给出了求得的 Pareto 方案，从中可以看出该算法所求解集的分布较为均匀，能为决策者提供更加多样的决策方案；同时还可知，当检测概率 p_d 趋于 1 时，截获概率 p_i 的分布会变得稀疏，这表明随着检测概率的提高，算法需要以牺牲更大的截获概率为代价来获取多样的 Pareto 方案。

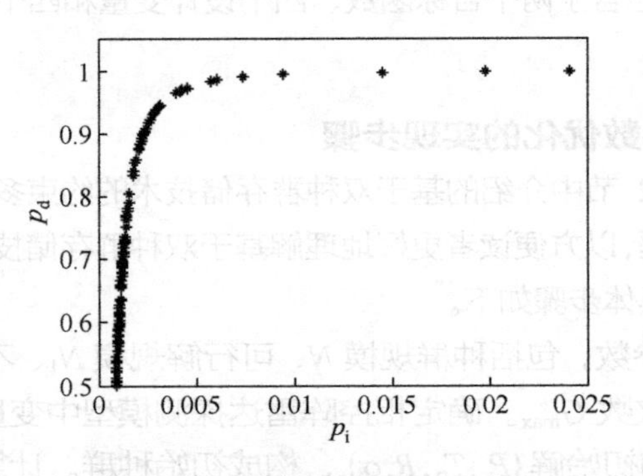

图 10.16　本书算法所求 Pareto 方案

对应图 10.16，在 100 个 Pareto 方案中选取 p_i 较优的 5 个边界解、p_d 较优的 5 个边界解和两者的 10 个折中解，分别如表 10.8~表 10.10 所示。

表 10.8　p_i 较优的边界解

方案	p_i	p_d
方案 1	8.852E-04	5.001E-01
方案 2	8.858E-04	5.012E-01
方案 3	8.999E-04	5.100E-01
方案 4	9.092E-04	5.157E-01
方案 5	9.153E-04	5.217E-01

表 10.9　p_d 较优的边界解

方案	p_i	p_d
方案 6	8.040E-03	9.911E-01
方案 7	1.060E-02	9.949E-01
方案 8	1.568E-02	9.976E-01
方案 9	2.192E-02	9.988E-01
方案 10	2.428E-02	9.990E-01

表 10.10 折中解

方案	p_i	p_d	方案	p_i	p_d
方案 11	1.444E-03	7.641E-01	方案 16	1.531E-03	7.865E-01
方案 12	1.447E-03	7.655E-01	方案 17	1.549E-03	7.896E-01
方案 13	1.456E-03	7.670E-01	方案 18	1.573E-03	7.959E-01
方案 14	1.513E-03	7.824E-01	方案 19	1.608E-03	8.031E-01
方案 15	1.521E-03	7.836E-01	方案 20	1.614E-03	8.048E-01

10.6 本章小结

本章首先分析了约束条件对优化问题的影响，介绍了 6 种最具代表性的约束处理技术；然后对常用的几种约束单目标优化算法和约束多目标优化算法的基本原理及实现步骤进行了详细的介绍；最后给出了利用 εDE 算法解决单目标优化测试实例和利用基于双种群存储技术的约束多目标优化算法实现相控阵雷达参数优化的具体过程，并给出了详细的 MATLAB 程序。

10.7 习题

（1）简述约束单目标优化问题和约束多目标优化问题各自的特点。

（2）写出 6 种常用的约束处理技术，并说明它们各自的特点。

（3）试说明 Deb 准则和 ε 约束的区别与联系，以及它们各自的优缺点。

（4）试举例说明实际中你所了解的约束优化问题，并尝试用约束优化算法对其进行求解。

参考文献

[1] 孙家泽, 王曙燕. 群体智能优化算法及其应用[M]. 北京: 科学出版社, 2017.

[2] 毕晓君. 信息智能处理技术[M]. 北京: 电子工业出版社, 2010.

[3] 邢文训, 谢金星. 现代优化计算方法 (第 2 版) [M]. 北京: 清华大学出版社, 2005.

[4] 汪定伟, 王俊伟. 智能优化方法[M]. 北京: 高等教育出版社, 2007.

[5] 包子阳, 余继周. 智能优化算法及其 MATLAB 实例[M]. 北京: 电子工业出版社, 2016.

[6] RUBANOV N S. The layer-wise method and the backpropagation hybrid approach to learning a feedforward neural network[J]. IEEE Transactions on Neural Networks, 2000, 11(2): 295-305.

[7] 田景文, 高美娟. 人工神经网络算法研究及其应用[M]. 北京: 北京理工大学出版社, 2006.

[8] 飞思科技产品研发中心. 神经网络理论与 MATLAB7 实现[M]. 北京: 电子工业出版社, 2005.

[9] 周开利, 康耀红. 神经网络模型及其 MATLAB 仿真程序设计[M]. 北京: 清华大学出版社, 2005.

[10] 马永杰, 云文霞. 遗传算法研究进展[J]. 计算机应用研究, 2012, 29(4): 1201-1206.

[11] 于莹莹, 陈燕, 李桃迎. 改进的遗传算法求解旅行商问题[J]. 控制与决策, 2014(8): 1483-1488.

[12] 曹道友, 程家兴. 基于改进的选择算子和交叉算子的遗传算法[J]. 计算机技术与发展, 2010, 20(2): 44-47.

[13] 孙晓霞. 蚁群算法理论研究及其在图像识别中的应用[D]. 哈尔滨: 哈尔滨工程大学, 2006.

[14] 段海滨. 蚁群算法——原理及其应用(精) [M]. 北京: 科学出版社, 2005.

[15] 朱庆保, 杨志军. 基于变异和动态信息素更新的蚁群优化算法[J]. 软件学报, 2004, 15(2): 185-192.

[16] 闭应洲, 钟智, 丁立新, 等. 基于重要解成分的信息素更新策略[J]. 计算机科学, 2010, 37(5): 203-205.

[17] 金桂芳. 免疫规划及其在图像分割中的应用研究[D]. 哈尔滨: 哈尔滨工程大学, 2007.

[18] 石宙飞. 基于免疫理论的 MC-CDMA 多用户检测研究[D]. 哈尔滨: 哈尔滨工程大学, 2008.

[19] 李爽. 基于克隆选择算法的 PET-CT 医学图像融合的实现[D]. 哈尔滨: 哈尔滨工程大学, 2008.

[20] 董超. 基于免疫算法的有向传感器网络目标覆盖研究[D]. 哈尔滨: 哈尔滨工程大学, 2011.

[21] 马佳, 石刚. 人工免疫算法理论及应用[M]. 沈阳: 东北大学出版社, 2014.

[22] 刘国安. 粒子群算法改进研究及其在图像检索中的应用[D]. 哈尔滨: 哈尔滨工程大学, 2008.

[23] 张旭. 基于粒子群算法的 OFDM 峰平比抑制问题研究[D]. 哈尔滨: 哈尔滨工程大学,

2009.
[24] 黄少荣. 粒子群优化算法综述[J]. 计算机工程与设计, 2009, 30(8): 1977-1980.
[25] 盛磊. 基于改进粒子群算法的 S 盒优化设计研究[D]. 哈尔滨: 哈尔滨工程大学, 2011.
[26] 王艳娇. 人工蜂群算法的研究与应用[D]. 哈尔滨: 哈尔滨工程大学, 2013.
[27] 蔡超, 周武能. 人工蜂群算法整定 PID 控制器参数[J]. 自动化仪表, 2015, 36(8): 74-77.
[28] 王存睿, 王楠楠, 段晓东, 等. 生物地理学优化算法综述[J]. 计算机科学, 2010, 37(7): 34-38.
[29] 张建科. 生物地理学优化算法研究[J]. 计算机工程与设计, 2011, 32(7): 2497-2500.
[30] 王珏. 生物地理学优化算法的研究及应用[D]. 哈尔滨: 哈尔滨工程大学, 2013.
[31] 焦李成, 尚荣华. 多目标优化免疫算法、理论和应用[M]. 北京: 科学出版社, 2010.
[32] 罗辞勇, 陈民铀, 张聪誉. 采用循环拥挤排序策略的改进 NSGA-Ⅱ算法[J]. 控制与决策, 2010, 25(2): 227-231.
[33] 王朝. 高维多目标进化算法的关键技术研究[D]. 哈尔滨: 哈尔滨工程大学, 2018.
[34] 张磊. 约束优化算法的关键技术研究及应用[D]. 哈尔滨: 哈尔滨工程大学, 2016.
[35] 张永建. 高维多目标进化算法研究及应用[D]. 哈尔滨: 哈尔滨工程大学, 2015.
[36] 孟红云, 张小华, 刘三阳. 用于约束多目标优化问题的双群体差分进化算法[J]. 计算机学报, 2008, 31(2): 228-235.
[37] 王勇, 蔡自兴. 约束优化进化算法[J]. 软件学报, 2009, 20(1): 11-29.
[38] 张敏. 约束优化和多目标优化的进化算法研究[D]. 合肥: 中国科学技术大学, 2008.
[39] GONG W, CAI Z, LIANG D. Adaptive Ranking Mutation Operator Based Differential Evolution for Constrained Optimization[J]. IEEE Transactions on Cybernetics, 2015, 45(4): 716-727.